TRAITÉ

D'ANALYSE CHIMIQUE

À L'AIDE

DE LIQUEURS TITRÉES

PARIS. — IMP. SIMON RAÇON ET COMP., RUE D'ERFURTH 1.

TRAITÉ

D'ANALYSE CHIMIQUE

A L'AIDE

DE LIQUEURS TITRÉES

PAR

LE D{R} FRÉDÉRIC MOHR

A L'USAGE

DES CHIMISTES, DES MÉDECINS, DES PHARMACIENS
DES FABRICANTS DE PRODUITS CHIMIQUES, DES MÉTALLURGISTES
DES AGRONOMES, ETC., ETC.

TRADUIT DE L'ALLEMAND

PAR C. FORTHOMME

PROFESSEUR DE PHYSIQUE A LA FACULTÉ DES SCIENCES DE NANCY

Avec 103 figures dans le texte

PARIS

F. SAVY, LIBRAIRE-ÉDITEUR

24, RUE HAUTEFEUILLE

M DCCC LVIII

A

M. PELOUZE

MEMBRE DE L'INSTITUT.

HOMMAGE DU TRADUCTEUR.

C. FORTHOMME.

LETTRE DE M. PELOUZE

A M. FORTHOMME.

Monsieur,

Je vous remercie d'avoir bien voulu me communiquer votre traduction de l'ouvrage de M. Mohr. Je l'ai lue avec plaisir et profit : j'ose vous assurer qu'elle sera favorablement accueillie en France où depuis longtemps les chimistes et les industriels appelaient de leurs vœux un livre présentant la description des méthodes d'analyse au moyen des liqueurs titrées.

Gay-Lussac, à qui la science et les arts sont redevables des travaux les plus précis et les plus remarquables sur ces nouveaux modes d'essai, avait conçu le projet que vient de réaliser M. Mohr : il voulait réunir dans un ouvrage spécial la description de toutes *les analyses par voie humide* ou *analyses volumétriques*, mais le temps a manqué à cet illustre chimiste pour mettre au jour une œuvre qui aurait été accueillie comme un véritable bienfait pour les arts industriels, en même temps qu'elle aurait été un des événements les plus importants dans la science.

Les essais volumétriques n'ont été pendant longtemps appliqués qu'à un très-petit nombre de substances. On ne connaissait guère, il y a vingt ans, que les essais alcalimétriques et chlorométriques, ceux des indigos et les essais d'argent par les dissolutions titrées de sel marin. Ces divers procédés avaient été perfectionnés ou inventés par Gay-Lussac.

Depuis cette époque, les analyses par voie humide, c'est-à-dire, avec les liqueurs titrées, ont été successivement appliquées à un grand nombre de corps. Elles tendent encore à s'accroître chaque jour, car chacun reconnaît les avantages qu'elles présentent dans maintes circonstances sur les procédés d'analyse ordinaire.

C'est surtout par une grande rapidité d'exécution que se recommandent les analyses volumétriques. Elles sont aux anciens procédés par précipitation et pesée ce que sont les chemins de fer aux routes ordinaires : cette comparaison est même au-dessous de la vérité, car les analyses par les liqueurs titrées exigent souvent cent fois et mille fois moins de temps que les moyens ordinaires, pour donner le résultat cherché.

Dans un certain nombre de cas, il serait presque impossible de recourir aux procédés anciens pour satisfaire aux besoins de l'industrie et du commerce qui exigent la connaissance, pour ainsi dire, immédiate d'un titre. Ainsi la détermination du carbonate de soude dans les sels de soude du commerce peut être faite en quelques instants avec l'acide sulfurique normal. Elle exige un temps très-long, une journée entière, si on fait l'analyse par les procédés ordinaires ; et dans la plupart des cas, les erreurs seront plus considérables avec le procédé des pesées.

Ainsi, pour déterminer dans le chlorure de chaux, le chlore que les acides rendent libre et qui agit comme décolorant, il suffit de quelques minutes lorsqu'on emploie une liqueur normale, tandis qu'il faudrait plusieurs heures pour effectuer cette même détermination à l'aide de précipités qu'il est nécessaire de laver, sécher, peser avec un grand soin; et d'ailleurs, indépendamment du temps, quelle différence relativement à la facilité d'exécution. De simples ouvriers font chaque jour des essais chlorométriques parfaitement exacts, tandis que les procédés par précipitation, lavage et pesée supposent une très-longue pratique des laboratoires.

On peut avancer sans exagération qu'il est presque impossible de doser commercialement le chlore d'un hypochlorite du commerce autrement qu'avec des liqueurs normales.

Il en est de même à plus forte raison du dosage des manganèses. Ces oxydes n'ont de valeur que par la quantité de chlore qu'ils éliminent de l'acide chlorhydrique et qui est proportionnelle à l'oxygène en excès sur le protoxyde MnO. L'essai exact d'un manganèse, considéré au point de vue commercial, serait sujet à des erreurs énormes, si on l'exécutait par voie de précipitation. Il est aussi sûr que rapide avec une liqueur normale arsénieuse.

La rapidité d'exécution constitue donc le principal avantage des analyses volumétriques, mais elle n'atténue en rien leur exactitude. Elles comportent, au contraire, en général, un degré de précision remarquable. Cela se comprend. Citons un exemple.

Prenons le dosage du fer par le procédé de M. F. MARGUERITE. Le fer est dissous et au minimum d'oxydation. Sa dissolution acide et très-étendue d'eau est presque incolore. On y verse avec une burette graduée, une dissolution titrée de permanganate de potasse. Le fer se suroxyde et fait disparaître la couleur violette de ce sel, mais dès que la suroxydation est achevée, le permanganate ne peut plus être décomposé et il suffit d'une seule goutte de liqueur normale en excès pour communiquer une teinte violette au mélange. A ce signe, l'opérateur reconnaît que l'opération est terminée. Il sait ce qu'il lui faut de dissolution normale de permanganate de potasse pour représenter un certain poids de fer. Il calcule la quantité de ce métal qui correspond au nombre de centimètres cubes de dissolution titrée qu'il a dù employer et son analyse est terminée.

L'alumine, la magnésie, la chaux, les phosphates, etc., qui accompagnent souvent l'oxyde de fer et en rendent la détermination si difficile et si lente par les moyens ordinaires, ne gênent en aucune façon l'analyse de cet oxyde par les liqueurs normales et l'on comprend aisément que le fer une fois peroxydé, il suffise dans tous les cas de la moindre trace de caméléon en excès pour communiquer au mélange de tous les corps que nous venons de citer la coloration violette qui caractérise le terme de l'analyse.

La présence des substances étrangères dans l'oxyde de fer ne nuit donc en aucune façon soit à la rapidité, soit à l'exactitude de l'opération qui a pour objet son dosage. Il suffira toujours de quelques minutes pour connaître à 2 ou 3 millièmes près la quantité de fer contenue dans un minerai, etc., etc.

L'exemple que je viens de citer, et je pourrais signaler un grand nombre de cas semblables, montre bien que l'emploi des liqueurs normales n'est pas restreint aux usines, mais que leur usage passera de plus en plus dans les laboratoires de chimie. On peut ajouter que les liqueurs normales deviendront usuelles aussi bien dans les recherches scientifiques que dans les travaux des arts et de l'industrie.

Aussi le livre de M. MOHR, qui réunit et décrit ces nouvelles méthodes dont plusieurs lui appartiennent, sera partout accueilli avec intérêt.

Les chimistes et les industriels français vous sauront gré des soins que vous avez apportés dans la traduction de cet ouvrage.

Agréez, Monsieur, l'assurance de ma considération la plus distinguée.

PELOUZE.

PRÉFACE DE L'AUTEUR.

Les méthodes d'analyse par les liqueurs titrées n'avaient été, jusqu'à ce jour, indiquées et employées qu'isolément comme moyen d'essai et comme devant venir en aide aux analyses ordinaires. J'entreprends aujourd'hui de réunir en un seul faisceau tous les travaux épars qui traitent de cette question et d'en former un système particulier. Je dois dire toutefois, en commençant, que je ne considère pas l'analyse volumétrique comme une science particulière, et que je ne prétends pas qu'on ait toujours gagné quelque chose en transformant une bonne analyse en poids en une analyse volumétrique. A cette occasion, je maintiens que l'analyse chimique forme une science unique dans laquelle les différentes méthodes se complètent mutuellement, se soutiennent, se fortifient, et que toujours l'emploi de la balance en sera la base.

L'analyse volumétrique a des avantages en ce qu'elle épargne du temps et de la peine, et donne, dans la plupart des cas, des résultats aussi exacts et bien souvent plus rigoureux. On ne doit pas perdre ces avantages de vue, et les efforts que l'on tente pour les obtenir, expliquent les nombreuses causes d'erreurs que l'on pourrait rencontrer dans les nouvelles méthodes par les liqueurs titrées, méthodes qui parfois, sont, non-seulement moins certaines et moins exactes, mais encore moins promptes que les analyses par les pesées. C'est ce qu'on pourrait reprocher aux procédés mis fréquemment en usage, quand, après avoir séparé une substance par les opérations analytiques, il faut de nouveau la dissoudre pour la doser avec une liqueur titrée, tandis qu'il eût été peut-être plus simple de la peser directement. Aussi me suis-je souvent demandé s'il y avait avantage réel à proposer une nouvelle méthode au lieu des moyens connus de l'analyse ordinaire.

Si, dans beaucoup de cas, l'analyse en poids est plus longue et plus minutieuse, elle a toutefois l'avantage, qu'on n'a pas assez fait ressortir, de mettre entre les mains du chimiste, comme garantie de son travail, un corps connu reconnaissable. Les propriétés du chlorure d'argent, du sulfate de baryte, du cuivre métallique, du chromate de plomb et des autres substances donnent au chimiste habitué la certitude qu'il a bien entre les mains des corps qu'il connaît.

Dans les méthodes volumétriques cette certitude n'existe plus au même degré. La plupart des protoxydes décolorent de la même façon le permanganate de potasse, tous les haloïdes font naître dans certaines circonstances la couleur bleue de l'iodure d'amidon, tous les acides rougissent la teinture de tournesol, toutes les bases la ramènent au bleu. Il faut donc ici exiger plus de garanties lorsque d'un phénomène on veut déduire un résultat numérique déterminé. L'analyse volumétrique est, dès lors, entre des mains inexpérimentées, d'un secours dangereux qui, faute de prudence, pourrait conduire à de plus graves erreurs que l'analyse en poids. J'ai mis tous mes soins à m'entourer de toutes les précautions possibles, et n'ai admis la validité d'une méthode qu'après l'avoir essayée toujours en dosant directement une quantité connue d'une substance pure. Une fois ces doutes levés, la méthode volumétrique est un des plus précieux dons que la chimie moderne ait fait à l'agriculture, à la physiologie, à la technologie, à la métallurgie, en un mot, à l'humanité toute entière. Elle accroît l'importance des résultats qu'elle fournit en en multipliant le nombre ; elle permet d'entreprendre, pendant la marche d'une opération industrielle, des recherches qui peuvent avoir une grande influence sur sa réussite ; elle est, en un mot, une sorte de microscope, à l'aide duquel on aperçoit en un instant des nombres qu'on ne trouverait autrement qu'avec bien de la peine. Elle permet de faire maintenant à un chimiste de profession des questions qu'on n'aurait pas osé lui poser autrefois, alors qu'il lui fallait un travail de plusieurs jours pour les résoudre. Aujourd'hui les importantes découvertes de la chimie doivent passer du laboratoire dans le domaine de la pratique, car ceux-là même qui restent étrangers à la science, reconnaissent facilement l'importance de l'appliquer utilement. C'est au savant à rechercher toutes les garanties d'exactitude, et au praticien à en profiter.

Une grande difficulté de la méthode, c'était les forces très-différentes des liqueurs d'épreuve. Si, d'un côté, la besogne du chimiste diminuait, d'un autre côté, les flacons s'accumulaient outre mesure dans son laboratoire. Chaque inventeur d'une méthode donnait à sa liqueur d'épreuve ou une force tout à fait arbitraire, ou un titre qui n'était en rapport qu'avec la substance qu'elle devait doser. C'est ainsi que nous avions des acides d'épreuve tout différents pour la potasse, la soude, la chaux ; une dissolution de bichromate de potasse pour le fer, une autre pour l'iode, une troisième pour l'étain. Pour éviter cette confusion, j'ai adopté un système qui, à l'aide d'un calcul fort simple, rend tout uniforme. Il n'y a plus que deux sortes de liquides titrés. Chaque litre contient de la substance active 1 équivalent ou $\frac{1}{10}$ d'équivalent évalué en grammes en supposant celui de l'hydrogène égal à un. Quant aux dissolutions qui pourraient s'altérer, comme celles de permanganate de potasse, de protochlorure d'étain et d'autres semblables, elles n'ont pas de force déterminée, mais on en prend le titre le jour de l'expérience.

Comme tout se mesure en volume, il faut aussi calculer immédiatement d'après les volumes. C'est un procédé incommode et trop long que d'évaluer d'abord la quantité du réactif que renferme la liqueur d'épreuve, puis d'en déduire la substance cherchée d'après son équivalent. Les centimètres cubes de la liqueur d'épreuve employés, multipliés par le millième ou le dix-millième de l'équivalent d'une substance, en donnent le poids en grammes. Dans les tableaux qui se trouvent à la fin de ce volume, et où les nombres placés dans la première colonne verticale, correspondent à ceux des tableaux mis en tête des chapitres, cette multiplication est toute faite d'avance pour les neuf premiers nombres, en sorte que tous les calculs se réduisent à des additions. Les liquides qui n'ont pas une force déterminée, sont toujours rapportés à un poids déterminé de la substance qui donne le titre ; et, à l'aide d'un facteur calculé d'avance, on conclut le poids du corps cherché. De cette façon, toutes les méthodes sont ramenées à un système unique, quelle que soit la substance nouvelle qu'on emploiera, la force de sa dissolution est connue d'avance et la même substance dans une seule dissolution peut servir pour tous les corps qu'elle permet de doser.

Les instruments ont aussi appelé mon attention. J'ai donné aux burettes une forme nouvelle qui a reçu l'approbation générale et leur usage s'est promptement répandu. La pince élastique que j'y adapte, a trouvé, dans le laboratoire du chimiste, de nombreuses applications pour permettre ou arrêter l'écoulement des gaz ou des liquides. D'un autre côté, pour abréger réellement ce genre d'analyses, il faut que la lecture des volumes se puisse faire immédiatement sur les tubes, et pour y parvenir avec la plus grande exactitude, il fallait perfectionner la méthode de subdivision des tubes.

Quant aux procédés d'analyses rapportés dans cet ouvrage, le lecteur au courant de la science remarquera que j'ai soumis à une critique rigoureuse ceux qui étaient déjà connus, et il y trouvera en même temps plusieurs méthodes nouvelles.

L'élimination préalable de l'acide carbonique a permis de donner à l'alcalimétrie une exactitude que les opérations analytiques les plus rigoureuses peuvent à peine atteindre. Le dosage des terres alcalines par une dissolution titrée d'acide azotique, celui de l'acide carbonique par la valeur alcalimétrique de la baryte précipitée, celui de l'acide sulfurique en combinaison, de l'éther acétique, sont tout à fait nouveaux.

Le sulfate double de protoxyde de fer et d'ammoniaque introduit comme nouvelle substance inaltérable propre à titrer le caméléon, a permis de donner une extension inespérée à ce genre d'analyse si exact et si prompt. Les manganèses, les minerais de fer sont dosés par ce moyen non-seulement avec toute la rigueur désirable, mais avec une facilité précieuse. La détermination de l'oxygène en dissolution dans l'eau est aussi traitée pour la première fois.

On a indiqué, pour les analyses par le bichromate de potasse, dans le chlorure double d'étain et d'ammoniaque, une nouvelle substance de titre inaltérable, et enfin l'emploi de l'arsenite de soude est appliqué par l'auteur d'une manière remarquable à la plupart des analyses par oxydation et par réduction. Maintenant, dans ce genre d'analyses, on a deux substances qui peuvent se conserver sans altération, et les opérations, tout en ayant la même rigueur dans les résultats, sont abrégées de moitié.

Je me suis efforcé dans la rédaction de tout exposer avec la plus grande clarté, afin d'être compris non-seulement par le chimiste de profession, mais encore par le fabricant, le propriétaire et même l'ouvrier des mines. Celui qui ne fait pas de la Chimie une étude spéciale, pourra laisser de côté la partie spéculative, et s'en tenir aux seuls résultats pratiques et aux procédés matériels de l'analyse, s'en rapportant pour le reste aux données de la science. Pour les analyses qui sont surtout destinées à des applications dans les arts, j'ai cherché à rendre les méthodes aussi simples, aussi nettes, aussi faciles que possible. Les analyses de manganèse, de minerais de fer, de scories de forges, de chlorure de chaux, de soude, de potasse, le dosage de la chaux dans les marnes, dans les eaux de fontaine, sont d'une telle simplicité que même entre des mains peu expérimentées, elles ne peuvent conduire qu'à d'exacts résultats.

Le développement de cette branche de la chimie est si rapide, que depuis la publication de ce volume, quelques méthodes n'ont déjà plus la même valeur ; aussi ne faudra-t-il pas, au point de vue de la critique, laisser cette remarque de côté.

Je ne terminerai pas sans adresser mes sincères remerciments à M. Bosse, préparateur habile au laboratoire du collége *Charles de Brunswick,* pour le talent avec lequel il a revu l'ouvrage et la complaisance qu'il a mise à repasser les calculs de toutes les analyses.

Coblentz, juillet 1855.

Dr Mohr.

Après la préface de M. Mohr et la lettre que M. Pelouze a bien voulu nous permettre de publier, il ne me reste rien à dire pour faire ressortir l'avantage des méthodes d'analyse que le savant chimiste d'Allemagne a eu l'heureuse idée de réunir en un corps de doctrine, après en avoir perfectionné quelques-unes et imaginé de nouvelles. M. Pelouze, à qui la science doit tant et de si utiles travaux, a contribué plus que tout autre à ramener les recherches des chimistes dans la voie ouverte par Descroizilles et si remarquablement suivie par Gay-Lussac ; c'est à lui que je me suis naturellement adressé pour le prier de prendre sous son patronage un travail que j'ai entrepris dans le but d'être utile à ceux qui aiment la science et à ceux qui enrichissent notre pays des fruits de leurs labeurs industriels.

Que M. Pelouze, qui a bien voulu accepter la dédicace de cette traduction et M. Mohr, qui a suivi mon travail avec une complaisance dont j'ai peut-être abusé, veuillent bien recevoir ici le témoignage public de ma sincère reconnaissance pour la bienveillance avec laquelle ils m'ont offert leurs précieux conseils, et pour les encouragements qu'ils n'ont cessé de me donner.

Je ne terminerai pas non plus sans remercier M. Bréjeard, pharmacien distingué, mon ancien élève et mon ami, de l'empressement qu'il a apporté à répéter avec moi dans son laboratoire toutes les méthodes décrites dans cet ouvrage.

Nancy, le 6 avril 1857.

C. Forthomme.

ÉQUIVALENTS.

CORPS.	SIGNES.	ÉQUIVALENTS.	CORPS.	SIGNES.	ÉQUIVALENTS.
Aluminium....	Al	13,63	Hydrogène....	H	1,00
Antimoine....	Sb	120,52	Iode..........	I	126,88
Arsenic.......	Ar	75,00	Lithium.......	Li	6,64
Argent.......	Ag	107,97	Magnésium....	Mg	12,00
Azote........	Az	14,00	Manganèse....	Mn	27,57
Baryum......	Ba	68,59	Mercure.......	Hg	100,05
Bismuth......	Bi	208,00	Nickel........	Ni	29,55
Bore.........	B	11,04	Or...........	Au	196,67
Brome.......	Br	79,97	Oxygène......	O	8,00
Cadmium.....	Cd	55,74	Palladium.....	Pd	53,24
Calcium......	Ca	20,00	Phosphore.....	Ph	31,36
Carbone......	C	6,00	Platine........	Pt	98,94
Chlore.......	Cl	55,46	Plomb........	Pb	103,57
Chrome......	Cr	26,78	Potassium.....	K	59,11
Cobalt.......	Co	29,49	Silicium.......	Si	14,81
Cuivre.......	Cu	31,68	Sodium.......	Na	23,00
Etain........	Sn	58,82	Soufre........	S	16,00
Fer..........	Fe	28,00	Strontium.....	Sr	43,67
Fluor........	Fl	19,00	Zinc..........	Zn	32,53

OBSERVATIONS.

La température normale des liqueurs $= 17°,5$ centigr.

Les équivalents sont calculés en supposant celui de l'hydrogène égal à un : l'eau $= HO$.

CC indique des centimètres cubes.

Gr. indique des grammes.

Une liqueur normale est un liquide, tenant en dissolution, par litre, un équivalent d'une substance évalué en grammes.

Une dissolution normale-décime contient par litre $\frac{1}{10}$ d'équivalent en grammes d'une substance, ou agit par $\frac{1}{10}$ d'équivalent d'un élément (par exemple d'oxygène) qui y est contenu.

PREMIÈRE PARTIE.

INSTRUMENTS.

CHAPITRE PREMIER.

Introduction.

Le but de la *Méthode d'Analyse par les liqueurs titrées* ou analyse volumétrique, c'est de faire des analyses chimiques quantitatives, en s'appuyant sur des phénomènes faciles à reconnaître et saisissables à la vue. Les liquides dont on se sert, ont une composition, un *titre* exactement déterminé à l'avance, d'où est venu le nom de la méthode, et les quantités qu'on en emploie sont mesurées à l'aide de tubes gradués. Ce procédé permet de faire beaucoup d'analyses en fort peu de temps, avec beaucoup moins de peines que par la méthode ordinaire des pesées, et bien souvent aussi avec plus de rigueur et une approximation plus grande. Comme les opérations se font plus vite et sont moins nombreuses, les analyses sont exposées à bien moins d'erreurs et d'accidents, contre-temps fâcheux qui arrivent parfois quand on touche à la fin d'une opération pénible, et qui dès lors anéantissent les résultats d'un travail de plusieurs jours. Cette méthode par les liqueurs titrées, qui n'était dans l'origine qu'une simple opération technique, destinée à indiquer la richesse des potasses ou des soudes du commerce, s'est élevée peu à peu par la perfection des instruments et des moyens d'expérience, jusqu'à la détermination des équivalents et des poids spécifiques des gaz. Tout en augmentant le nombre des travailleurs dans le domaine de la chimie, en leur assurant des résultats moins limités et plus certains, elle promet à la chimie, en général, des développements semblables à ceux que le célèbre appareil à potasse de Liebig a fait prendre à la chimie organique, et par suite à l'agriculture et à la physiologie.

Titrer, c'est à vrai dire peser sans balance, et cependant tous les résultats sont aussi nets que ceux fournis par cet instrument. C'est qu'en définitive tout revient toujours à une pesée ; seulement on n'en fait qu'une, là où on en aurait souvent beaucoup à faire. L'exactitude d'une pesée normale se retrouve dans chaque analyse qu'on fait avec la liqueur préparée à l'aide de cette pesée. Avec un litre d'acide d'épreuve on peut faire des centaines d'analyses. La préparation de deux litres, ou plus encore, de liqueur normale, n'exige ni plus de temps ni plus de pesées que celle d'un seul litre. Ainsi, quand on en a le temps ou le loisir, on fait des pesées à l'avance, et on les utilise quand on travaille.

La fin des opérations est annoncée par des phénomènes visibles. C'est tantôt un changement de couleur comme dans l'alcalimétrie, tantôt la naissance d'un précipité comme dans le dosage du cyanogène ; d'autres fois c'est un précipité qui cesse de se former, comme dans l'analyse des composés d'argent ou de chlore, ou bien c'est une couleur qui apparaît, comme lorsqu'on fait usage du caméléon minéral, ou lorsqu'on dose l'iode, etc. Tous ces caractères n'ont pas la même valeur ; ils sont d'autant meilleurs qu'ils laissent moins d'incertitude, et que le phénomène produit est plus frappant pour une petite quantité de liqueur ajoutée. Aussi la recherche de nouveaux faits de ce genre susceptibles d'être employés, est-elle le but que se proposent les chimistes qui s'occupent de cette question.

Pour ces sortes d'analyses, on se sert d'instruments à l'aide desquels on amène la liqueur titrée en contact avec le liquide à analyser. Comme ici chaque opération doit être poussée à sa limite d'exactitude, et que l'on ne peut pas, comme dans les analyses ordinaires, laisser couler un excès du liquide ajouté, les instruments doivent être construits de manière à pouvoir verser bien exactement goutte à goutte. On trouvera dans le chapitre suivant la description de ceux qu'on emploie.

CHAPITRE II.

Des burettes.

De toutes les burettes, celle qui me paraît remplir les meilleures conditions est la burette à pince que j'ai imaginée. Ce qui me le fait croire, c'est le long usage que j'en ai fait, et de plus je l'ai comparée souvent et à dessein avec

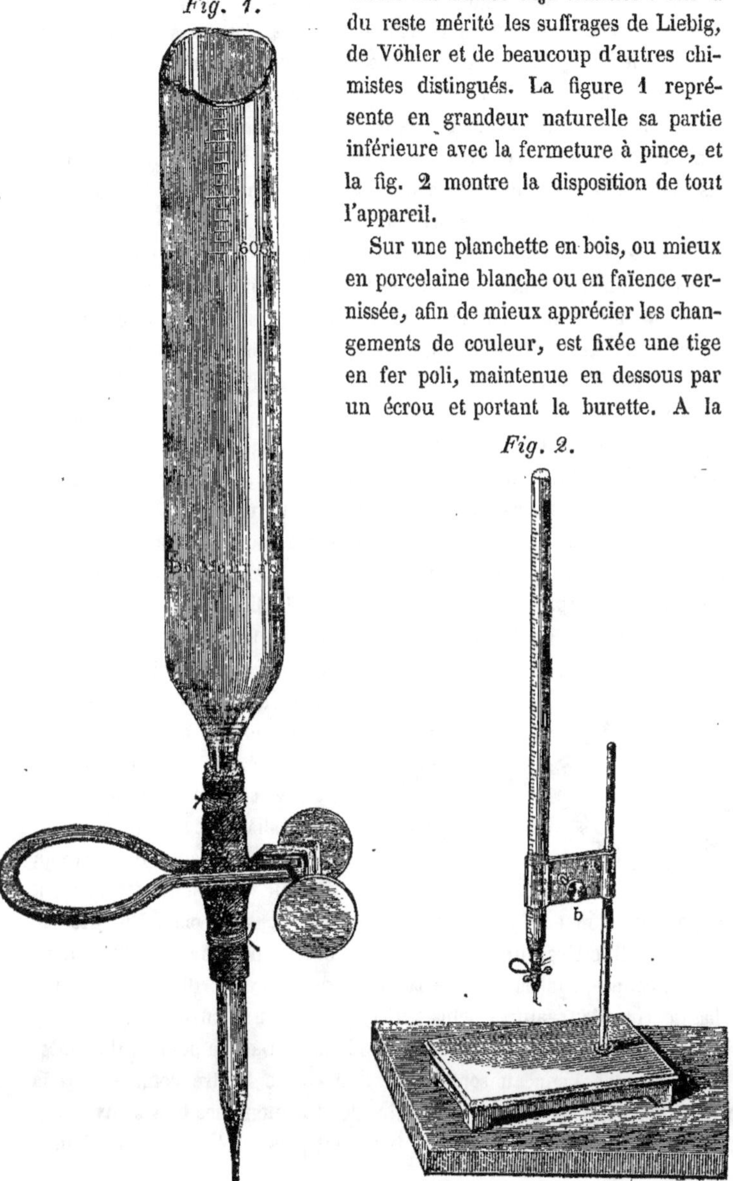

Fig. 1.

Fig. 2.

toutes les autres déjà connues : elle a du reste mérité les suffrages de Liebig, de Vöhler et de beaucoup d'autres chimistes distingués. La figure 1 représente en grandeur naturelle sa partie inférieure avec la fermeture à pince, et la fig. 2 montre la disposition de tout l'appareil.

Sur une planchette en bois, ou mieux en porcelaine blanche ou en faïence vernissée, afin de mieux apprécier les changements de couleur, est fixée une tige en fer poli, maintenue en dessous par un écrou et portant la burette. A la

partie supérieure de la tringle est soudée, ou fixée au moyen d'une vis de
pression, une pièce en laiton *a* portant deux bras élastiques qui avancent
jusque vers le milieu de la tablette, et se terminent chacun par une partie
demi-circulaire dont l'ensemble forme un anneau cylindrique entr'ouvert.
Une vis de pression *b* rapproche ces deux bras de manière à soutenir le tube,
tout en permettant de l'élever ou de l'abaisser à volonté suivant la hauteur
du vase placé dessous. Telle est la disposition très-simple de la burette. Sur
le tube même sont tracées des divisions en centimètres cubes, subdivisées
ensuite en demi, en cinquièmes ou en sixièmes : nous désignerons, par la
suite, les centimètres cubes par CC. Les traits sont tournés en avant du support, afin de les placer dans la fente de la pièce en laiton *a*, pour qu'on
puisse les voir dans toute l'étendue du tube. A la partie inférieure, un peu
étirée de celui-ci, est solidement lié un tube en caoutchouc vulcanisé qui se
termine lui-même par un petit tube effilé. Le tube en caoutchouc, long d'environ 25^{mm}, est fermé vers son milieu au moyen de la pince.

Cette dernière, d'une forme tout à fait nouvelle, est sans contredit le
moyen de fermeture le plus parfait, ainsi qu'un long usage me l'a démontré.
Elle rivalise avec les meilleurs robinets de verre pour contenir des liquides
ou des gaz, et coûte environ vingt fois moins. La pince est faite en fil de
laiton cylindrique écroui, de 2,5 à 3 millimètres de diamètre.

Le fil, représenté en grosseur naturelle dans la fig. 3, est d'abord ployé

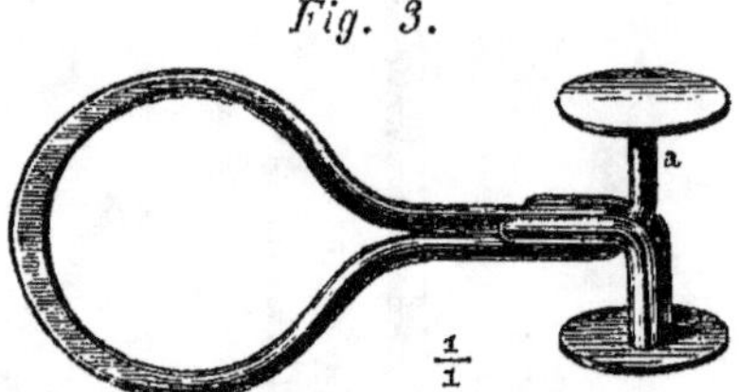

de manière à en faire un cercle
de 20 à 22 millimètres de diamètre, et les deux bouts sont
ensuite étendus à côté l'un de
l'autre, suivant le prolongement
d'un diamètre. L'anneau est
aplati au moyen d'un marteau
poli sur une enclume également

polie, pour lui donner une plus grande élasticité dans son plan. Une des extrémités *a* du fil, est recourbée à angle droit, et terminée par un petit bouton,
l'autre est coupée à la hauteur de la courbure du premier fil, et on y soude
de chaque côté deux autres petits bouts du même fil, courbés aussi à angle
droit, et se terminant tous deux à un autre bouton. Dans la position du repos,
les deux bras de l'anneau sont serrés l'un contre l'autre comme dans la
figure 3. Mais si l'on vient à presser les deux boutons, les bras s'ouvrent et
le tube en caoutchouc qui est entre eux n'étant plus serré, permet au liquide
de s'écouler.

Dans la fig. 4, l'appareil à pince est représenté en coupe au moment où
le tube élastique est entr'ouvert. Cesse-t-on de presser les boutons, la pince

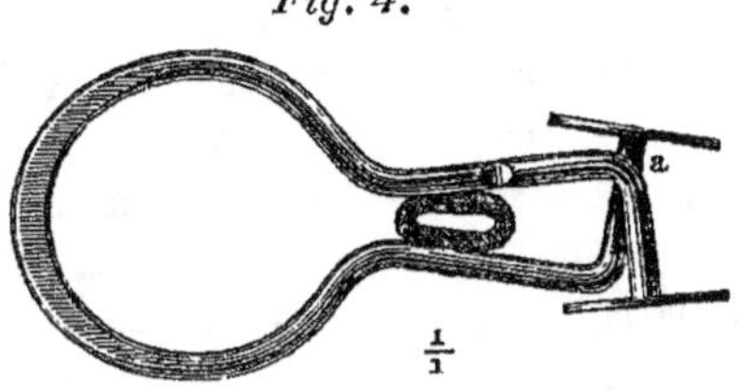

Fig. 4.

se ferme d'elle-même en vertu
de l'élasticité, et l'on n'a jamais
à craindre que les tubes laissent
couler la moindre goutte de liquide. C'est un grand avantage
sur le robinet de verre qui peut
n'être qu'à moitié fermé par
inadvertance , ou dont la clef

peut n'avoir pas été parfaitement rodée. Je n'ai jamais vu couler une seule
goutte en employant la pince; au contraire, avec les robinets en verre il y
avait toujours, ou une goutte de liquide au bout du tube, ou une efflorescence saline autour du robinet. On a cependant besoin d'une fermeture hermétique : or, quand les robinets ordinaires restent longtemps sous la pression
d'une dissolution d'un corps cristallisable comme l'acide oxalique ou la soude
caustique qu'on emploie pour le dosage de l'acide carbonique, le sel cristallise dans l'espace annulaire compris autour de la clef, celle-ci est un peu
dérangée, et dès lors le robinet commence nécessairement à couler. Il faut
donc constamment vider les tubes quand on ne s'en sert pas. Avec les pinces,
je laisse les appareils remplis d'une expérience à l'autre. La cristallisation
n'a plus lieu que dans le petit tube de verre placé au-dessous de la pince,
mais en laissant couler un instant le liquide avec force, on se débarrasse avant
de commencer une nouvelle analyse de ces quelques gouttes d'une dissolution qui serait trop concentrée.

Au lieu d'être fixée sur son support, la burette peut être adaptée à un
matras ou à la tubulure d'une cornue. On la place verticalement, la graduation devant soi, les boutons de la pince à droite et à une hauteur telle que
le bord du vase placé dessous ne touche pas le bout du tube quand on le
retirera, mais puisse cependant enlever la goutte qui resterait suspendue au
bas de la burette.

Pour l'usage, on la remplit quand elle est sur son pied, en versant d'abord
du liquide jusqu'au-dessus du trait 0, puis en pressant fortement les boutons
on ouvre la pince, afin que tout l'air soit entraîné et que le tube se remplisse
complétement. On laisse ensuite couler lentement le liquide jusqu'à ce que
le bord inférieur du ménisque concave touche juste le trait zéro. Excepté le
permanganate de potasse, la burette à pince peut servir pour tous les liquides.

Voici maintenant les avantages que je lui attribue :

1° On peut facilement la remplir jusqu'au zéro, en plaçant cette division à la hauteur de l'œil, et en pressant légèrement le robinet. Lorsque la partie inférieure de la surface miroitante du liquide est tangente au trait zéro, on abandonne les boutons. Le liquide reste alors un jour entier sans bouger. Une des difficultés de remplir les burettes ordinaires tient à ce que, pendant qu'on y verse le liquide, on ne peut en même temps observer l'affleurement : il faut alors tâtonner ou remplir, au moyen d'une pipette, la burette rendue fixe.

2° On peut laisser couler aussi peu de liquide que l'on veut, une demi-goutte, un quart de goutte, suivant les besoins de l'expérience. Avec les autres burettes, il coule toujours une goutte entière assez grosse, et comme dès lors on n'en peut verser moins d'une, la division en dixièmes de CC est tout à fait superflue. En effleurant le bout inférieur de notre burette, on peut enlever de très-petites quantités de liquide.

3° Les liqueurs ne sont pas échauffées par la main, puisqu'on ne touche pas le tube.

4° En répétant une analyse, on va d'abord presque jusqu'aux limites de l'expérience précédente, puis on laisse couler les dernières gouttes en donnant toute son attention au phénomène qui doit indiquer la fin de l'opération; on n'est pas préoccupé de voir si le liquide rentre dans la burette, ou si une goutte tombe à côté du vase.

5° Quelle que soit la hauteur à laquelle la burette soit remplie, il est toujours aussi facile d'en laisser couler une goutte avec certitude; tandis que dans les burettes à main, cela devient très-difficile quand elles sont à moitié vides : pendant qu'on regarde l'ouverture de la burette ordinaire dans la crainte de laisser arriver trop de liquide, on perd l'expérience de vue et presque toujours on est incertain de l'effet produit par la dernière goutte.

6° La nouvelle burette ne peut pour ainsi dire pas se casser, puisqu'elle est toujours sur son support. Les burettes à main qui ne peuvent se tenir d'elles-mêmes, doivent être placées dans des verres vides, dans l'encoignure d'une fenêtre, contre des livres, ce qui occasionne fréquemment leur rupture.

7° La burette à pince peut être aussi haute qu'on voudra, ce qui ne pourrait se faire s'il fallait la tenir à la main. On peut dès lors exécuter de suite plusieurs analyses, tandis qu'autrement, quand les burettes sont courtes, il faut les remplir plusieurs fois.

8° A la fin de l'expérience on peut immédiatement faire la lecture des divisions. La burette à main, au contraire, doit d'abord être redressée, puis il faut attendre que le niveau soit établi.

Toutes ces qualités donnent à la burette à pince un avantage incontestable pour la promptitude et la rigueur du travail. Le mode de fermeture est le même que les tubes soient courts et étroits ou longs et larges. J'en ai construit de toutes les dimensions, et toutes ont été également commodes. La quantité de liquide à employer me guide seule dans le choix : pour de faibles quantités je me sers de tubes minces et étroits, pour de plus grandes les tubes sont plus épais et plus larges.

Voici quelques dimensions des plus convenables :

1° 680^{mm} de longueur, 14^{mm} de diamètre intérieur : volume 104 CC divisés en cinquième, 1 CC occupe 6,5^{mm}. — Commode pour les essais alcalimétriques en grand.

2° 500^{mm} de longueur, 12^{mm} de diamètre intérieur, volume 55 CC, divisés en dixièmes, 1 CC occupe 8,84^{mm}. — Commode pour les analyses délicates sur des volumes assez grands.

3° 400^{mm} de longueur, 8,75^{mm} de diamètre intérieur, volume 19,5 CC partagés en dixième, 1 CC occupe 18,7^{mm}. — Sert pour les analyses très-délicates sur de petites quantités. Chaque dixième de CC a une longueur de 1,87, presque 2^{mm}, et peut par conséquent se subdiviser facilement par moitié à la simple vue.

4° La burette normale servant dans la plupart des cas a 500^{mm} de longueur, 13,5^{mm} de diamètre intérieur, et contient 60 CC subdivisés en cinquièmes, 1 CC à 7^{mm} de longueur.

Quand on s'occupe souvent de ces sortes d'analyses, on reconnaît qu'il est fort commode de pouvoir employer exclusivement pour certaines liqueurs des burettes particulières, on s'épargne la peine de les nettoyer souvent. Il faut en général avoir au moins deux burettes normales des dimensions du n° 4, et une autre à divisions plus petites comme celle du n° 3.

Pour empêcher l'efflorescence du sel à la jointure du tube en caoutchouc et du tube gradué, je chauffe l'extrémité de celui-ci et je la frotte avec du suif qui entre bientôt en fusion, je l'introduis ensuite dans le tube en caoutchouc que je lie fortement avec du fil, je chauffe ensuite à l'extérieur, pour fondre de nouveau le suif, et je laisse refroidir. Lorsque d'une analyse à une autre la burette doit rester pleine de la liqueur d'épreuve, il faut la fermer par le haut pour empêcher l'évaporation. On pourrait naturellement employer pour cela de bons bouchons. Mais les bouchons ne s'adaptent pas tous exactement à tous les tubes, et on ne peut guère s'en servir à cause de leur capillarité : en outre, comme pour les adapter aux tubes ou les enlever, il faut employer les deux mains, l'une devant maintenir ferme le tube, j'ai trouvé beaucoup plus commode de fermer les burettes avec de petites boules en pierre, ou

tout simplement des billes avec lesquelles jouent les enfants. Elles ont une
forme parfaitement sphérique et peuvent s'adapter à tous les tubes quels que
soient leurs diamètres. Mais pour que ce mode de fermeture soit convenable,
il faut que les bords des tubes soient parfaitement dressés. J'abats pour cela,
dans mes burettes, l'arête interne du bord supérieur du tube, en formant
une petite facette conique, au moyen d'un cône de plomb que l'on fait tourner
autour de son axe en l'adaptant à l'arbre d'un tour (voir fig. 5). Les billes
posées alors sur ces tubes ainsi préparés les ferment parfaitement, on peut les enlever facilement, elles ne s'imbibent
point de liquide, et on peut les changer à volonté.

Fig. 5.

Quand on a beaucoup d'analyses à faire, le changement
de burettes, pour passer d'un travail à un autre, est une
opération ennuyeuse, surtout quand, la burette n'étant pas
sèche, il faut la rincer chaque fois avec le nouveau liquide.
On est alors naturellement conduit à se servir de plusieurs
burettes dont chacune est toujours destinée au même liquide. Mais dans ce cas il serait gênant d'avoir un support
particulier pour chacune, ce qui, en outre, exigerait beaucoup d'emplacement. C'est pourquoi j'en ai réuni un certain nombre sur un support unique, à l'aide duquel on
peut les faire tourner autour d'un axe commun.

La fig. 6 représente une pareille étagère. Au centre d'une
forte planche de noyer, de 290 à 300^{mm} carrés, recouverte d'une plaque de
porcelaine, on fixe solidement une tige ronde de fer ou de laiton portant un
petit soubassement circulaire à la base, et fixée au-dessous de la tablette avec
un écrou.

Le long de cette tige peut glisser un appareil formé de deux disques circulaires horizontaux en bois réunis par un tuyau également en bois. Celui-ci
est d'un diamètre un peu plus grand que la tige, pour qu'il n'y ait pas frottement : seulement les deux disques extrêmes sont percés de deux ouvertures
centrales suffisantes pour laisser passer à frottement doux la tige centrale,
afin que tout l'appareil puisse tourner autour de l'axe sans qu'il y ait toutefois de ballotement. On peut voir ces détails dans la fig. 7, de même que la
boule qui supporte le tout, et qui est retenue à l'aide d'une vis de pression,
pour permettre d'élever ou d'abaisser l'appareil suivant la hauteur des vases
qu'on placera dessous.

Les burettes sont maintenues en les plaçant dans des trous disposés sur les
bords des deux disques, ceux de l'étage supérieur étant fendus en avant pour

qu'on puisse voir du haut en bas les divisions des tubes. L'espace libre entre
les deux disques peut servir à placer différents petits objets utiles, tels qu'un

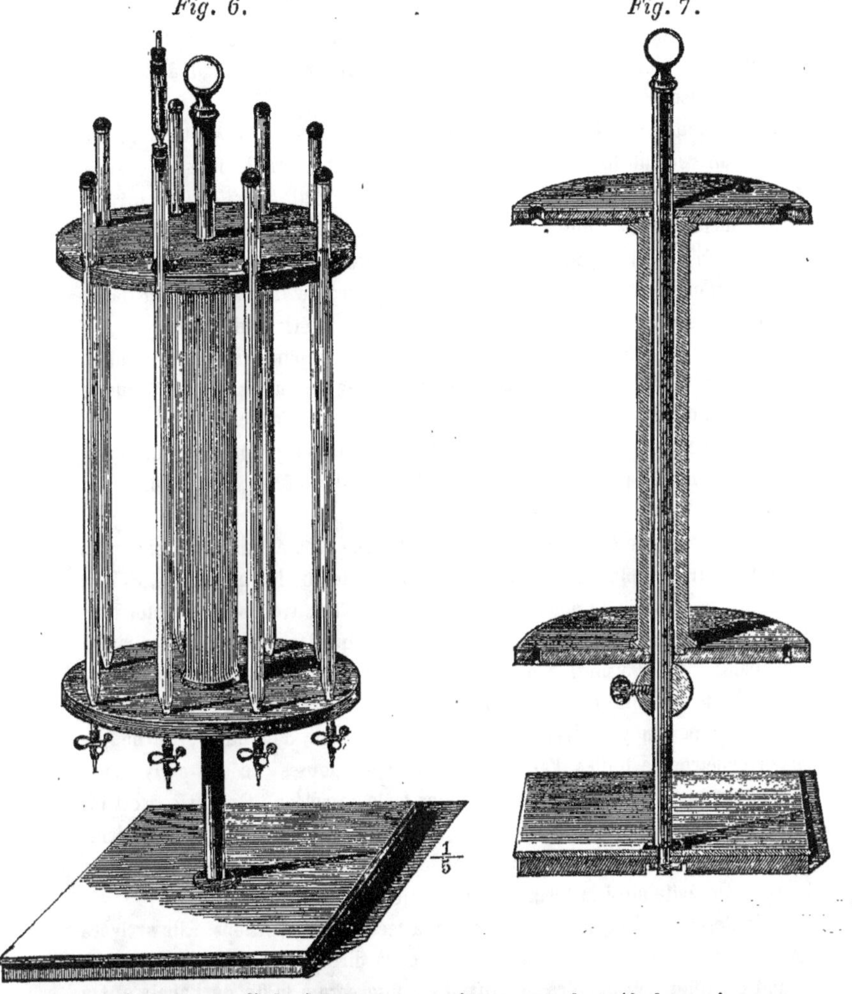

Fig. 6.   Fig. 7.

entonnoir pour remplir les burettes, un petit morceau de suif, du papier, un
crayon, etc. En mettant ce support au bord de la table du laboratoire, on
peut, sans changer de place, employer successivement toutes les burettes en
tournant les disques jusqu'à ce qu'on ait amené devant soi celle qui convient.
Comme, dans la plupart des travaux à exécuter, on emploie deux liquides

différents, et par conséquent deux burettes, ainsi par exemple, l'acide oxalique et la soude caustique, le chlorure de zinc et le chromate de potasse, l'arsénite de soude et la solution d'iode, il est bon de placer les deux liquides correspondants dans deux burettes voisines. Mais dans chaque cas il ne faut pas oublier de bien étiqueter les tubes, sans quoi on s'exposerait à des méprises fâcheuses.

En commençant, il faut d'abord remplir les burettes jusqu'au trait O. On y arrive en versant du liquide au-dessus de ce trait et en le laissant ensuite couler jusqu'à ce qu'il atteigne le zéro, car, de cette manière, la surface aura la même forme que celle qu'elle affectera à la fin de l'opération. La lecture se fait donc toujours dans les mêmes circonstances. L'excédant de la liqueur qu'on a dû verser est reçu dans le flacon; de la main gauche on le tient incliné sur la table et au-dessous de l'orifice inférieur de la burette, en même temps que de la main droite on manœuvre la pince. De cette manière on ne regarde que la division, sans se préoccuper des mains. Aussitôt que le ménisque liquide atteint le zéro, on lache la pince, on s'assied devant la table et on commence son travail. A-t-on terminé avec la première liqueur, on tourne le support pour amener l'autre burette devant soi et on achève son analyse.

C'est de règle de tout écrire de suite, et cela avec autant de détails qu'il le faut, pour que plus tard il n'y ait pas de doute sur les opérations. Si l'on ne veut pas remplir de nouveau les burettes, il faut avoir soin de noter leur état, et il est bon pour cela de les vider chaque fois jusqu'à la division principale la plus voisine. Ainsi par exemple on inscrira sur son cahier de notes : acide oxalique normal, marque 22 CC.

Il est important, en remplissant avec la liqueur d'épreuve, de ne pas laisser pénétrer de bulles d'air, ou se former de mousse, ce qui arrive facilement surtout pour les liquides alcalins et le caméléon. On obvie à cet inconvénient en courbant latéralement l'extrémité d'un petit entonnoir en verre, qu'on souffle soi-même, et qu'on emploie pour faire couler le liquide dans le tube. On évite ainsi la formation des bulles.

J'ajouterai encore quelques mots sur la lecture des divisions. Elle arrivera toujours dans les mêmes conditions, c'est-à-dire que tout sera identique quand on affleurera au zéro, et quand on observera à la fin de l'analyse. On sait qu'un liquide placé dans un vase dont il mouille les parois, s'élève par l'effet de l'attraction moléculaire le long de ces parois au-dessus du niveau hydrostatique. Comme les tubes que l'on emploie ici sont toujours étroits, l'influence de cette attraction s'étend sur toute la surface du liquide, aucune partie de celle-ci n'est plane, et elle affecte une forme concave, dont on ne peut apprécier avec exactitude que le point le plus bas. Mais la surface du liquide réfléchit très-différemment la lumière suivant son incidence et suivant la nature des objets environnants, de telle sorte que dans chaque appartement il faut chercher à placer l'appareil et à se placer soi-même de la manière la plus convenable, pour que la lecture de la division du tube se fasse avec le plus d'exactitude possible. Les apparences seront toutes différentes suivant la position qu'on occupera.

Si l'on regarde un tube de verre d'environ 17^{mm} de diamètre intérieur en partie plein d'eau, à l'endroit où se trouve le niveau du liquide, on voit à peu près ce qui est représenté dans la fig. 8. On distingue deux lignes concaves fermées vers le haut par deux cordes, mais tout est assez confus. Si l'on regarde le même tube en se tournant du côté d'une muraille bien éclairée, l'apparence est celle de la fig. 9. Les deux lignes concaves enveloppent un espace obscur, recouvert en haut par un segment lumineux. Les objets obscurs placés derrière le verre, se réfléchissent mieux dans la partie vide du tube sur la partie opposée que dans la partie remplie de liquide. Le point le plus bas de la surface miroitante paraît obscur en opposition avec la lumière, mais comme on ne peut pas toujours avoir devant soi une muraille bien éclairée, il est important de s'arranger de manière à pouvoir s'en passer. Si l'on place une feuille de papier blanc bien éclairée derrière un tube à moitié plein, on voit ce qui est représenté dans la fig. 10. Les arcs terminés

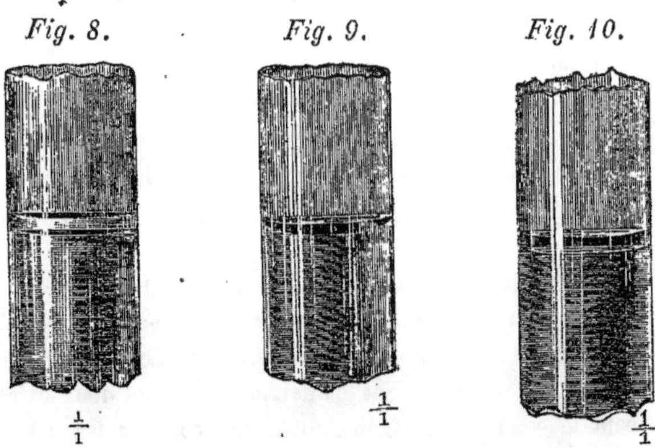

Fig. 8.   *Fig. 9.*   *Fig. 10.*

$\frac{1}{1}$ $\frac{1}{1}$ $\frac{1}{1}$

par les cordes paraissent blancs, et l'intervalle compris entre eux est obscur.

Si maintenant on colle bout à bout un morceau de papier noir glacé et un

autre morceau de beau papier blanc, et si l'on place la ligne de séparation
du noir et du blanc, le noir étant en dessous, à 2 ou 3^{mm} de distance du
point le plus bas de la surface liquide, celle-ci, par réflexion, se dessine noire
comme du charbon sur le fond de papier blanc, et l'on a ainsi le moyen le
plus exact de faire la lecture (fig. 11). Si l'on place le papier noir en haut,

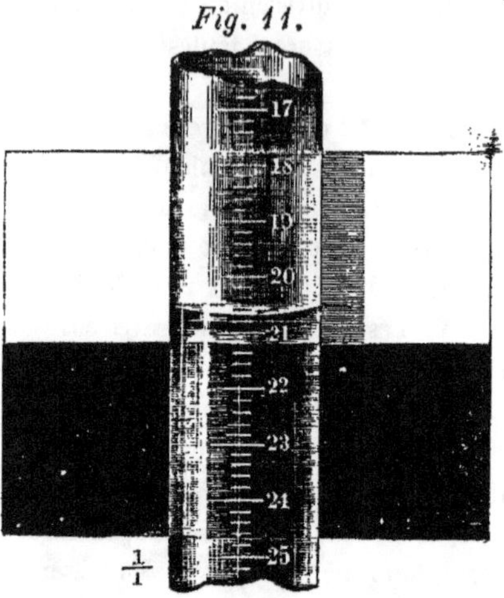

Fig. 11.

la ligne de séparation étant toujours à la même hauteur, la surface du liquide apparaît blanche
sur le fond noir. Toutefois la
première disposition est plus convenable et plus certaine. On aura
donc toujours sous la main quelques feuilles de papier ainsi préparées, ou bien on fera dans un
de ces papiers deux fentes l'une
au-dessous de l'autre, et on le
glissera le long du tube pour
l'amener à la place qu'il doit
occuper. L'exactitude de ce procédé ne laisse rien à désirer ;
l'erreur qui pourrait en résulter
est moindre que celle inhérente à la manière de reconnaître la fin de la réaction, et dès lors se trouve atteinte toute la rigueur qu'on peut exiger de la
méthode.

Ce que nous venons de dire sur la manière de faire les lectures peut s'appliquer à toutes les espèces de burettes ou de pipettes.

Pour que notre ouvrage soit complet et aussi parce qu'on fait encore souvent usage des autres burettes, nous allons en donner la description.

A côté de celle que nous venons de décrire, nous placerons comme variété
la burette à robinet (fig. 12).

Elle consiste en un tube gradué rétréci par le bas, et auquel est soudé,
comme l'indique la figure, un robinet en verre pratiqué dans un tube en
verre épais. Ces robinets sont très-difficiles à fabriquer. Le corps du robinet
est un morceau de tube de verre dans lequel on soude les deux extrémités
du tube formant le conduit par où le liquide doit couler : les deux trous
auxquels ils aboutissent doivent avoir été percés d'avance avec un foret d'acier
et de l'essence de térébenthine. Les robinets, travaillés dans un tube de verre
simplement refoulé pour le grossir en un de ses points ferment d'ordinaire

fort mal. La clef doit s'appliquer bien verticalement, car ici on ne peut pas, comme dans les robinets en laiton, la fixer solidement avec un petit écrou

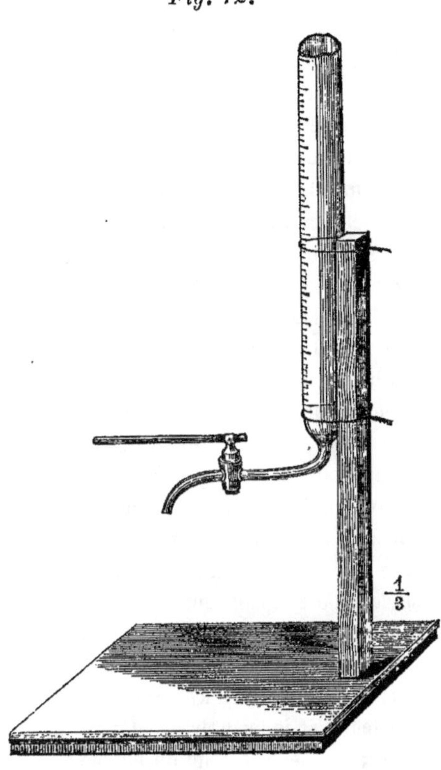

Fig. 12.

carré et une vis. Elle doit donc d'elle-même se tenir bien ferme dans sa position. Il en résulte qu'on est forcé de courber le tube d'écoulement pour que le liquide tombe de haut en bas et dans ce cas tout l'appareil peut se fixer d'une manière fort simple. Le tube divisé est serré au moyen de deux minces fils de cuivre rouge recuits contre une tige en bois qui s'élève au bord d'une tablette. La division est tournée vers la partie antérieure. Je fixe à la clef une longue baguette de verre plein, formant levier qui permet de la tourner fort doucement. Ainsi disposée, la burette à robinet peut ne laisser couler que des fractions de goutte et elle peut servir quand on emploie le caméléon. Mais elle a le désavantage d'être en général très-chère, car un bon robinet coûte à lui seul presque autant que toute une burette à pince ; en outre elle est très-fragile et surtout n'est jamais parfaitement fermée.

On peut aussi adapter le robinet au moyen d'un bouchon de liége à la partie inférieure du tube divisé non rétréci, mais dans ce cas l'instrument ne peut plus servir pour le caméléon.

Les burettes décrites jusqu'à présent sont appelées burettes fixes ou à écoulement ; leur avantage principal c'est d'être fixes et de ne pas s'échauffer par le contact de la main.

Burette de Gay-Lussac.

L'instrument le plus répandu pour les analyses par les liqueurs titrées, qui a été et sera encore souvent employé, est la burette de Gay-Lussac, dans la forme primitive que lui a donnée son illustre inventeur. Elle est représentée dans la fig. 13 en demi-grandeur. Elle consiste en un tube large gradué, et

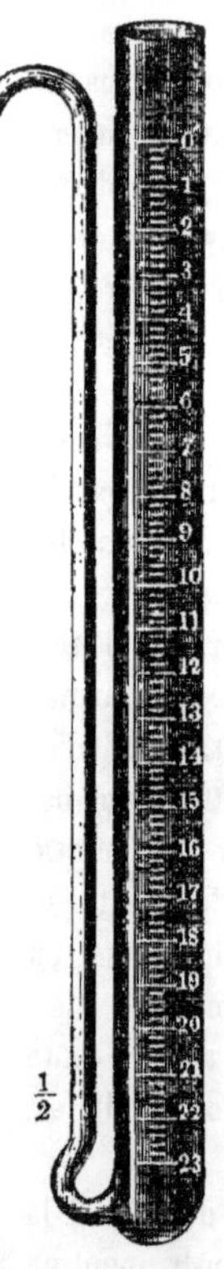

Fig. 13.

un autre plus mince, plus étroit, soudé au fond du premier. Le commencement des divisions est plus bas que l'orifice d'écoulement du tube étroit. Le liquide est toujours plus haut dans celui-ci que dans l'autre par l'effet de la capillarité, mais on ne doit pas y faire attention et ne s'occuper que du niveau dans le tube large, car le phénomène capillaire a toujours lieu dans le même sens et produit le même effet dans les mêmes tubes. Il est prudent de fixer en haut entre les deux tubes un petit morceau de liége convenablement découpé pour empêcher l'effet de la pression de la main, qui, agissant sur un long bras de levier, pourrait déterminer la rupture à l'endroit où le petit tube latéral est soudé au plus gros. On fera bien d'en faire autant vers le milieu là où le pouce presse le tube étroit, surtout si celui-ci n'est pas suffisamment épais dans toute sa longueur, ce qui arrive ordinairement. Il faut remplir la burette de la liqueur d'épreuve jusqu'au zéro et c'est là la première difficulté. On la prend pour cela dans la main gauche et on y verse le liquide du flacon tenu par la main droite. En vidant ce qu'on mettrait de trop ou en reversant du liquide s'il n'y en a pas assez, on arrive à la remplir après plusieurs tâtonnements. Avec une petite pipette on y parvient plus promptement, mais de cette manière on salit un vase de plus. Peut-être serait-il plus court, dans ce cas, de se servir d'une pipette suffisamment large. Comme ces burettes ne contiennent que 22 à 25 CC et qu'elles ne peuvent en contenir davantage, parce qu'elles ne doivent pas être trop volumineuses ni les traits trop rapprochés, qu'en outre elles ne peuvent avoir une trop grande longueur, car on ne pourrait plus les tenir à la main, il en résulte que dans une même opération il faut souvent les remplir plusieurs fois complétement, et c'est un travail ennuyeux que rien ne compense. Une fois pleine

sur toute l'étendue des divisions, on la prend dans la main droite vers le
milieu de sa longueur et on l'incline vers le vase contenant la substance à
analyser. Bientôt on voit le liquide dans le tube étroit monter de plus en plus
haut que dans l'autre en vertu de la capillarité, atteindre le sommet du tube
à déversement, gagner l'orifice avec une vitesse accélérée et enfin s'écouler.
Les premières gouttes se succèdent très-rapidement. Pendant qu'avec la main
gauche on agite le vase, on continue avec la main droite à incliner la burette
et à en faire tomber de nouvelles gouttes. Un inconvénient grave c'est qu'on
ne peut pas en même temps regarder la burette et le liquide à analyser. Pen-

Fig. 14.

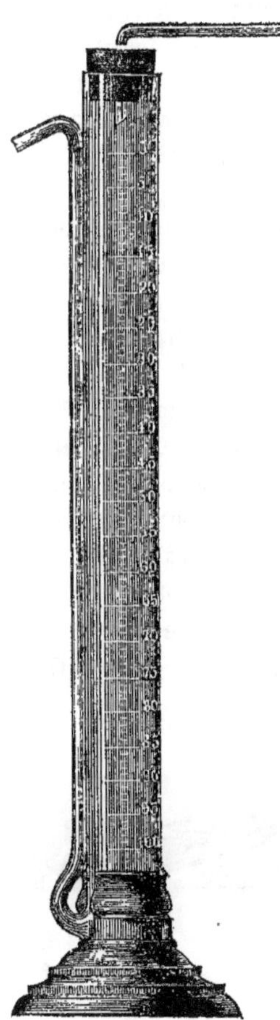

dant qu'on examine celui-ci, la liqueur titrée
peut refluer dans la burette ou bien une goutte
peut tomber à côté du vase. Dans le premier cas,
si l'on est près de la fin de l'opération, il faut
bien des précautions pour faire couler de nouveau
la liqueur, afin que deux ou trois gouttes n'arrivent pas malgré l'expérimentateur avant qu'il ait
le temps d'observer l'effet produit. Si cela avait
lieu, l'analyse serait perdue ou entachée d'incertitude. L'écoulement est d'autant plus difficile
que la burette est plus près d'être vide. Assez
souvent aussi une goutte s'arrête à l'extrémité
du tube et empêche complétement l'écoulement.
D'ordinaire on cherche, en soufflant dans le tube,
à l'y faire rentrer en même temps qu'on relève
l'orifice d'écoulement ; mais presque toujours la
goutte tombe et est perdue.

Pour lever ces difficultés et pour donner aussi
une position fixe à la burette que l'on pose
généralement et non pas sans danger, dans un
coin ou dans un vase en verre, j'en ai muni la
partie supérieure d'un tube par lequel on peut
souffler et j'ai assujéti la partie inférieure à un
pied en bois (fig. 14). De cette manière, l'instrument gagne beaucoup en commodité.

Le tube dont nous venons de parler passe à travers un bouchon qui ferme
la burette ; la branche recourbée horizontalement a 250^{mm} de longueur et est
dirigée perpendiculairement au plan mené par l'axe de l'instrument et le tube
d'écoulement. Pendant l'expérience, on peut facilement le tenir à la bouche
et régler la sortie des gouttes, de même qu'en soufflant un peu plus fort on
peut déterminer un jet continu. En aspirant légèrement, on fait rentrer dans
le tube la goutte qui resterait à l'orifice et gênerait le mouvement du liquide
dans le tube étroit, de cette manière l'écoulement n'offre plus la moindre
difficulté, quand même la burette serait presque vide. En outre, la liqueur
qui est dans la burette est préservée de l'évaporation et de la poussière.

La longueur de la partie supérieure recourbée du tube à déversement a
une influence très-grande sur l'opération. Plus elle est courte, plus il faut
incliner le tube pour le vider complétement, plus on court risque de répandre
du liquide par l'orifice du tube large. Plus au contraire elle est longue, moins
le dernier danger est à craindre, mais plus la vitesse d'écoulement est grande,
car cette partie du petit tube agit comme un siphon.

Si dans la fig. 15 le bec du tube à déversement ne va qu'en a, le tube
principal ne se videra que jusqu'en
a^l pour l'inclinaison que l'on a
supposée : si au contraire le bec
arrive jusqu'en b, la burette se
videra jusqu'en b^l. Si on veut faire
couler davantage, il faut la mettre
bien plus horizontale, avant que
le liquide n'arrive au niveau du
coude du tube latéral ; mais alors la liqueur descend d'autant plus rapidement
que ce petit tube est plus long et on est obligé de relever la burette. Dans le
premier cas que nous avons supposé, il faut pour vider la burette la pencher
comme dans la fig. 16, et le faire comme dans la fig. 17 pour le second. Or

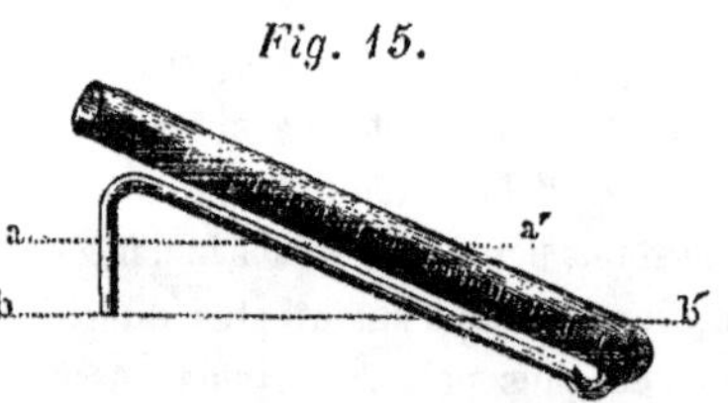

Fig. 15.

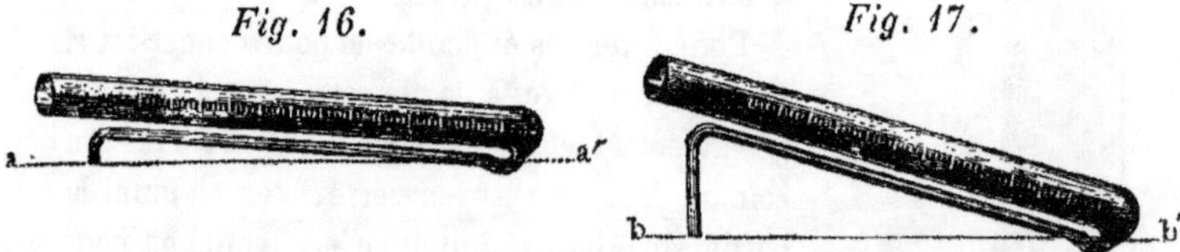

Fig. 16.   Fig. 17.

c'est un avantage important de n'avoir pas à l'incliner beaucoup, car il y a
moins de danger de répandre le liquide. Si ce n'était pas là ce que l'on cherche

surtout à éviter, on n'aurait pas besoin d'un tube spécial pour verser, on pourrait prendre un simple tube gradué; mais personne n'a jamais pu opérer ainsi.

Les fig. 18 et 19 représentent des modifications de la burette de Gay-Lussac

Fig. 18.   *Fig. 19.*   *Fig. 20.*

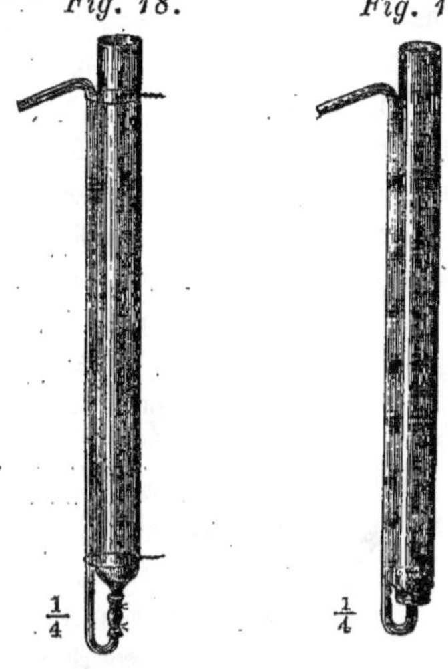

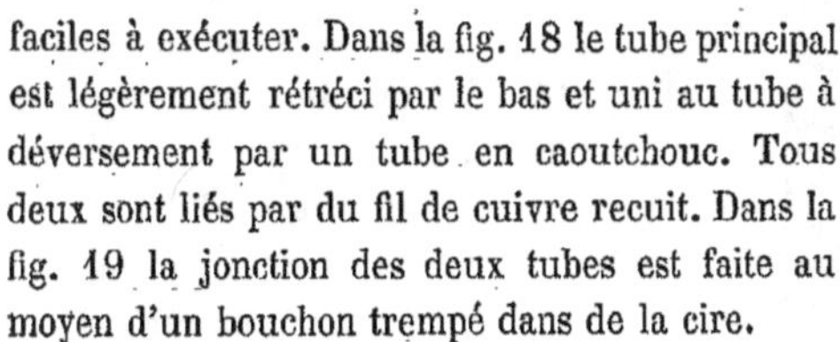

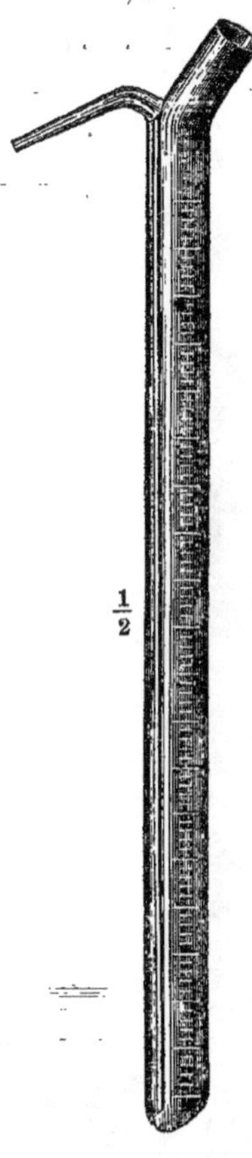

faciles à exécuter. Dans la fig. 18 le tube principal est légèrement rétréci par le bas et uni au tube à déversement par un tube en caoutchouc. Tous deux sont liés par du fil de cuivre recuit. Dans la fig. 19 la jonction des deux tubes est faite au moyen d'un bouchon trempé dans de la cire.

La fragilité des tubes à déversement extérieurs a engagé Geisler de Bonn à les placer dans l'intérieur du tube large (fig. 20).

Le tube principal est rétréci à la partie supérieure et courbé latéralement de manière à former un col. Au sommet de la courbure sort le tube à déversement. Sa partie extérieure est en verre fort, sa partie intérieure en verre mince, mais toutes deux ont le même calibre. La construction de ces burettes demande beaucoup d'habileté. La petitesse du diamètre du tube à déversement permet de faire couler goutte à goutte pour toute position de la burette et quelle que soit la hauteur du liquide; mais cela dure longtemps quand il faut vider par jet continu. On pourrait dans ce cas verser la plus grande partie du liquide par le col oblique du tube et terminer l'opération en versant par gouttes. Le tube intérieur va presque jusqu'au fond de la burette fermée en biais. On peut la vider complétement, mais comme les divisions ne peuvent aller jusqu'au fond du tube, il faut cesser de verser avant d'avoir tout vidé, noter ce que l'on a employé et de nouveau remplir jusqu'au zéro.

J'ai encore donné à la burette de Gay-Lussac une forme plus simple, en laissant le tube à déversement tout à fait indépendant.

La burette est un tube de verre aussi bien calibré que possible et fermé à la lampe (fig. 21). Pour tube à déversement, je choisis un tube de verre mince également bien calibré. Le diamètre extérieur de ce dernier est de 4^{mm} et l'intérieur de 2^{mm},5. Après avoir recourbé presque à angle droit l'extrémité par laquelle on versera en lui donnant 30 à 40^{mm} de longueur, on coupe ce tube de manière que la partie recourbée reposant en haut sur le bord du tube principal, l'autre extrémité touche presque le fond de ce dernier. Au moyen d'un diamant, on fait sur les deux tubes des traits qui doivent se correspondre. On peut mettre de côté un second tube à déversement coupé dans le même morceau de verre que le premier, dans le cas où celui-ci viendrait

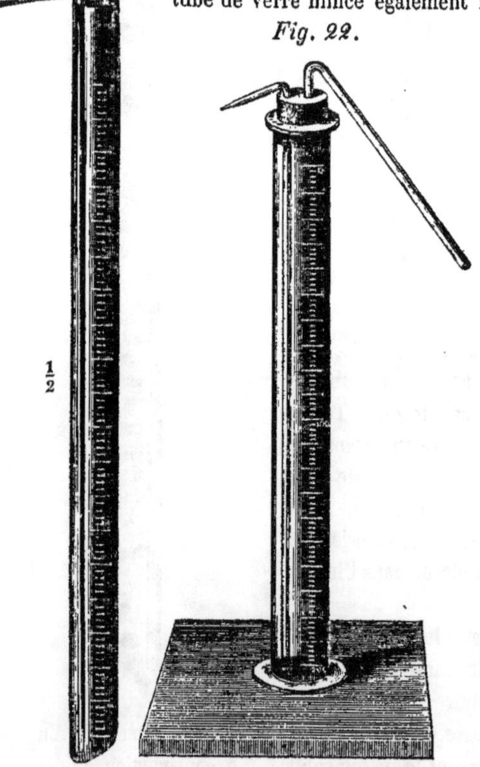

Fig. 21. *Fig. 22.*

½

à se perdre ou à se briser. Cette burette est absolument comme celle de Gay-Lussac, le liquide s'y prend à la partie inférieure. Elle s'emploie, se remplit, se vide de la même manière, mais elle partage aussi ses défauts, seulement elle est moins fragile et peut se construire plus facilement. En outre, on peut la nettoyer complétement sans difficulté.

La fig. 22 en représente une modification fort commode. Elle a un pied en verre. Le tube à déversement et celui qui sert à souffler sont placés dans un bouchon qui ne doit pas être mouillé par le liquide, ce qui permet d'employer cette forme pour le caméléon. Seulement, comme les cylindres à pied sont d'ordinaire mal calibrés, il est préférable en général d'employer un tube de verre fermé à la lampe auquel on adapte un pied en bois comme celui de la fig. 14.

Il est très-important aussi de ne pas tenir ces divers instruments à la main, et on les rend beaucoup préférables en les soutenant à l'aide d'un support mobile autour d'un axe horizontal. On peut employer pour cela les supports en bois à cornues des laboratoires. La burette est fortement pincée en son milieu et de cette manière ne perd jamais l'équilibre (fig. 23). Le support à

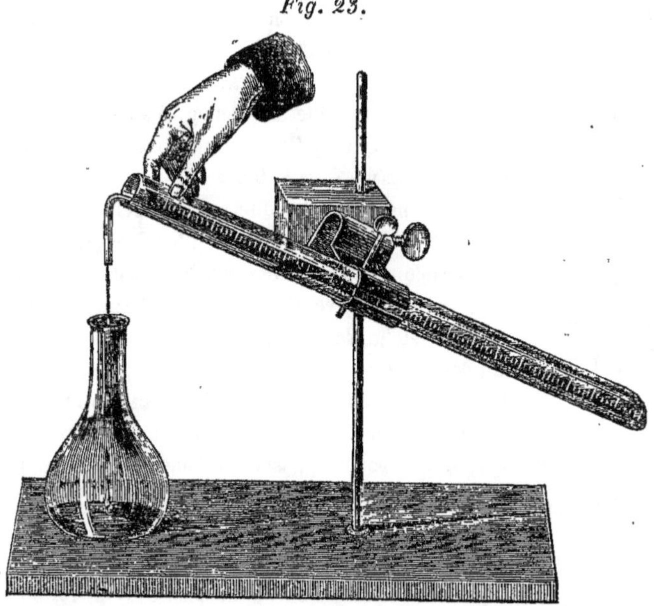

Fig. 23.

cornues est seulement assez serré au moyen de la vis pour pouvoir tourner facilement autour de son axe, en restant toutefois en équilibre dans chaque position par l'effet du frottement. Quand la burette est pleine, on commence à verser le liquide en approchant de l'orifice le vase tenu par la main gauche, plus tard on place celui-ci sur la tablette et on y laisse tomber les gouttes. On

conduit alors la burette avec la main droite, en ayant soin de la saisir par la
partie vide. Plus le mouvement du support est doux, plus le travail est facile.
Cette disposition réunit plusieurs avantages. D'abord la main ne touche plus
le tube dans une partie contenant du liquide et par conséquent celui-ci ne s'é-
chauffe plus. On peut abandonner la burette et donner toute son attention à la
réaction, pendant ce temps l'instrument reste toujours plein et la moindre inclinaison fait tomber les gouttes une à une. Chaque opération peut s'achever en
ne penchant la burette qu'une seule fois, et dès lors on n'a pas à s'occuper de
voir arriver le liquide. On peut abandonner l'appareil quand on veut, et dans
l'intervalle chauffer, filtrer, laisser déposer un précipité, puis immédiatement
reprendre l'expérience sans aucun danger. La capillarité de la première goutte
permet de tourner un peu le tube autour de l'axe sans que la goutte tombe
ou sans que le liquide rentre dans le tube ; cette latitude rend le travail plus
facile. Quand on veut s'éloigner de la burette, on la relève un tant soit peu ; la
goutte prend alors une forme concave vers l'intérieur, mais elle ne coule plus
du tube mouillé. Je conseillerais à tous ceux qui travaillent avec la burette à
déversement d'employer de préférence cette disposition. Pour ne pas être
privé trop longtemps du support à cornues, j'ai fait faire pour le remplacer
une pince en laiton dont on voit l'usage dans la fig. 23 et qui est représentée
seule dans la fig. 24. Le long d'une tige métallique verticale peut se mouvoir

Fig. 24.

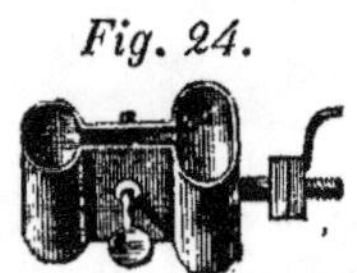

Fig. 25.

un petit bloc parallélépipédique qu'on fixe à la hauteur
convenable au moyen d'une vis de pression. A travers
ce bloc passe le pivot cylindrique de la pince en laiton
et il est retenu soit par le simple frottement, soit par
un double écrou vissé à l'extrémité du pivot, en sorte
que l'on peut donner au tube l'inclinaison voulue.

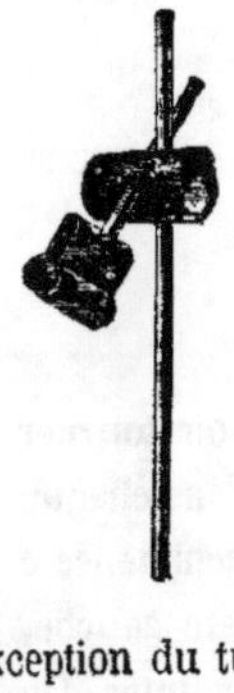

On peut encore obtenir le frottement nécessaire au
moyen d'un bouchon glissant le long de la tige du support et percé d'un trou étroit à travers lequel passe la
tige arrondie de la pince (fig. 25).

En Angleterre, on s'est servi pour les opérations
techniques de larges burettes à pied dont on versait le
liquide par la partie supérieure et non en le faisant
venir du fond. Ces formes ont toutes plus ou moins de
défauts et ne doivent pas être employées.

Parmi les formes vicieuses, je citerai surtout celle
de la fig. 26. C'est a peu près celle de la fig. 20, à
l'exception du tube intérieur qui plonge jusqu'au fond, et c'est là ce qui fait

qu'on ne peut s'en servir. Pour vider tout son contenu, il faut amener la burette dans la position horizontale. Or, bien avant cela déjà la surface du liquide prend une étendue considérable. Le moindre mouvement occasionne des oscillations, des chocs d'ondes liquides, ce qui fait sortir à la fois plusieurs gouttes du tube à déversement. La grande longueur de celui-ci, dans les fig. 18 à 20, a précisément pour but de faire que la surface du liquide soit peu étendue quand la burette est déjà passablement vidée.

On en dirait autant de ces burettes formées d'un cylindre à pied fermé avec un bouchon de verre percé de deux canaux dans le sens de sa longueur, l'un pour laisser entrer l'air, l'autre pour permettre l'écoulement. Il faut aussi les mettre horizontales quand on veut les vider, et moins elles sont remplies, plus il est difficile de verser goutte à goutte, précisément au moment où c'est le plus nécessaire.

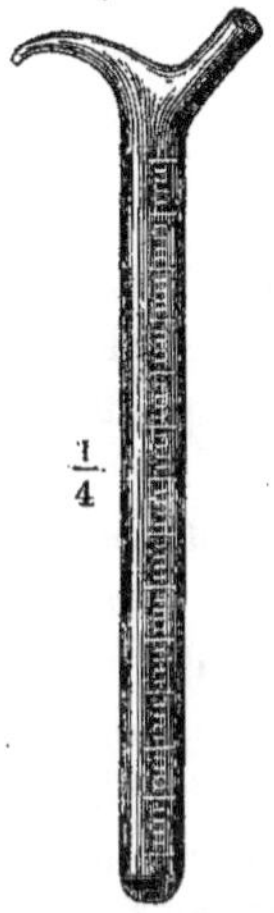

La burette de Kersting (1) diffère essentiellement de celles décrites jusqu'à présent. Elle consiste (fig. 27) en un tube droit auquel est soudé sous un angle obtus un réservoir ovoïde. Pour verser le liquide, on le fait arriver d'abord dans la partie élargie, puis de là dans le vase ; quand on approche de la fin de l'expérience, on abaisse l'extrémité fermée du tube, et le liquide qui reste dans le ventre de la partie large supérieure s'écoule goutte à goutte quand on tourne lentement le tube autour de son axe longitudinal. On a l'avantage de n'avoir alors à opérer qu'avec une faible quantité de liquide. Cette burette est facile à construire ; mais on ne peut pas verser moins d'une goutte, on n'évite pas l'inconvénient d'échauffer le liquide avec la main, et la burette n'a pas de support. Du reste, je ne l'ai jamais essayée.

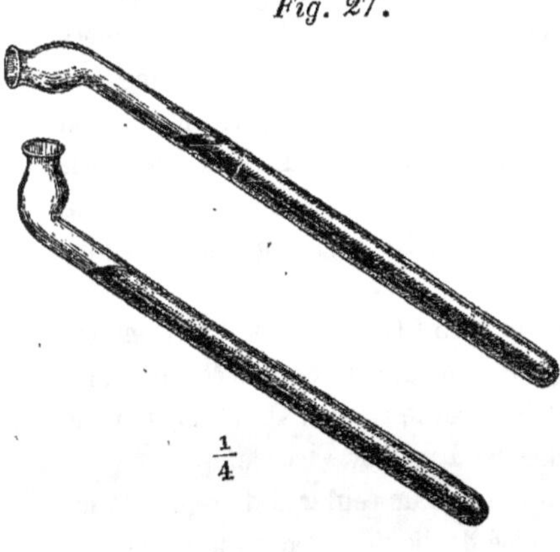

Fig. 26.

$\frac{1}{4}$

Fig. 27.

$\frac{1}{4}$

(1) *Annales de Pharmacie*, 87, 83.

CHAPITRE III.

Des pipettes.

Les pipettes sont indispensables et abrègent beaucoup le travail; elles
servent à puiser le liquide directement dans les flacons, et au moyen de l'index
de la main droite on le laisse couler à volonté. Les pipettes doivent avoir des
dimensions proportionnées à celles des vases contenant les liqueurs titrées,
car elles doivent toutes pouvoir y être plongées presque jusqu'au fond. Rien
n'est plus incommode que lorsqu'elles sont plus grosses que les goulots. Il faut
alors transvaser les liquides dans des récipients plus larges, d'où il résulte une
évaporation et une plus grande concentration, une absorption d'acide carbonique, une perte d'ammoniaque, et toujours, du reste, de la peine inutile.
Je supposerai donc que la largeur du col des flacons destinés à conserver les
liqueurs d'épreuve a de 18 à 20^{mm} de diamètre et que la pipette en a au
plus 15, ou bien que sa partie inférieure, sur une longueur de 170 à 180^{mm},
n'a pas plus de 15^{mm} de diamètre. On pourra dès lors retirer les liquides de
tous les flacons dans toute leur pureté. Cela offre les plus grands avantages.

Quand on verse les liquides directement, on s'expose à remuer les précipités (comme il s'en forme presque toujours dans la dissolution de caméléon),
les alcalis caustiques qui restent sur les bords du goulot absorbent l'acide
carbonique et sont entraînés par le liquide qui coule ensuite, les dissolutions
salines cristallisent autour de l'ouverture et augmentent la concentration des
liqueurs que l'on verse plus tard. Tout cela n'arrive pas si l'on puise le liquide
en repos dans le flacon immobile.

Les plus petites pipettes, de 20 jusqu'à 25 CC de capacité, peuvent être
introduites telles qu'elles dans les flacons et n'ont pas besoin d'être terminées
par un tube plus étroit au-dessous de leur partie élargie. On distingue parmi
elles les pipettes à volume constant et celles à volume variable.

Les pipettes à volume constant ne portent qu'un seul trait de repère et sont
destinées à mesurer un volume déterminé de liquide. On en a qui peuvent
contenir jusqu'à 150 CC.

Les pipettes à volume variable sont cylindriques et partagées sur toute leur
longueur en parties d'égale capacité. Ce sont de véritables burettes dont

l'écoulement est réglé par l'action du doigt. Elles diffèrent des premières par la forme.

Les pipettes à volume constant sont de 1, 2, 5, 10, 20, 25, 50, 100 et 150 CC. Chacune d'elles a des usages particuliers.

La pipette de 1 CC est représentée en grandeur naturelle dans la fig. 28, où l'on a laissé une portion de la tige. Le trait indiquant le volume est tracé sur le tube étroit comme dans toutes les pipettes. On l'emploiera pour mesurer, au lieu de peser, de petites quantités de liquides concentrés, tels que acide acétique cristallisable, éther acétique, acides divers, ammoniaque, dont la densité connue permet de calculer le poids.

La pipette de 5 CC (fig. 29) a la même forme ; on l'emploiera aux mêmes usages pour les liquides moins concentrés, comme l'acide acétique ordinaire.

Celle de 10 CC (fig. 30) peut déjà servir à donner exactement une quantité déterminée de liqueurs d'épreuves. On doit en avoir au moins deux de dimensions bien égales.

Celle de 20 CC aura pour un même diamètre une longueur double de la précédente.

La fig. 31 représente une forme que fabriquent beaucoup les verriers de la Thuringe, mais elle est défectueuse. Le réservoir est déjà trop large pour pouvoir entrer dans la plupart des flacons et le tube effilé inférieur est trop court.

Une forme qu'il faut également rejeter est celle de la fig. 32 en demi-grandeur naturelle ; le réservoir a 23^{mm} de diamètre et ne peut être introduit dans aucun flacon ordinaire.

A partir de ces dimensions, les pipettes doivent être toutes terminées par des tubes inférieurs effilés beaucoup plus longs.

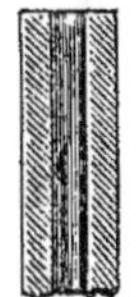
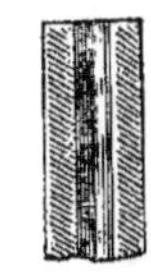
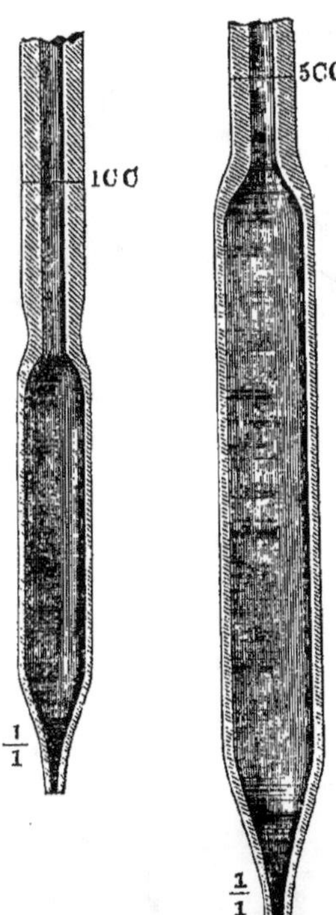

Fig. 28.
240^{mm} long.

Fig. 29.
265^{mm} long.

Celle de 25 CC, dessinée dans la fig. 33 au ⅕ de sa grandeur, a un réservoir de 26^{mm} de diamètre et une tige inférieure de 190^{mm} de long.

Celle de 50 CC a le tube inférieur assez long, mais la partie élargie a environ 37ᵐᵐ de diamètre et 60ᵐᵐ de longueur.

Celle de 100 CC a le réservoir de même section, mais il est un peu plus du double en longueur.

Enfin celle de 150 CC, que j'emploie pour doser l'acide carbonique des eaux minérales, est formée d'une boule de 70ᵐᵐ de diamètre soufflée dans un tube de verre fort et soudée à deux tubes diamétralement opposés (fig. 34).

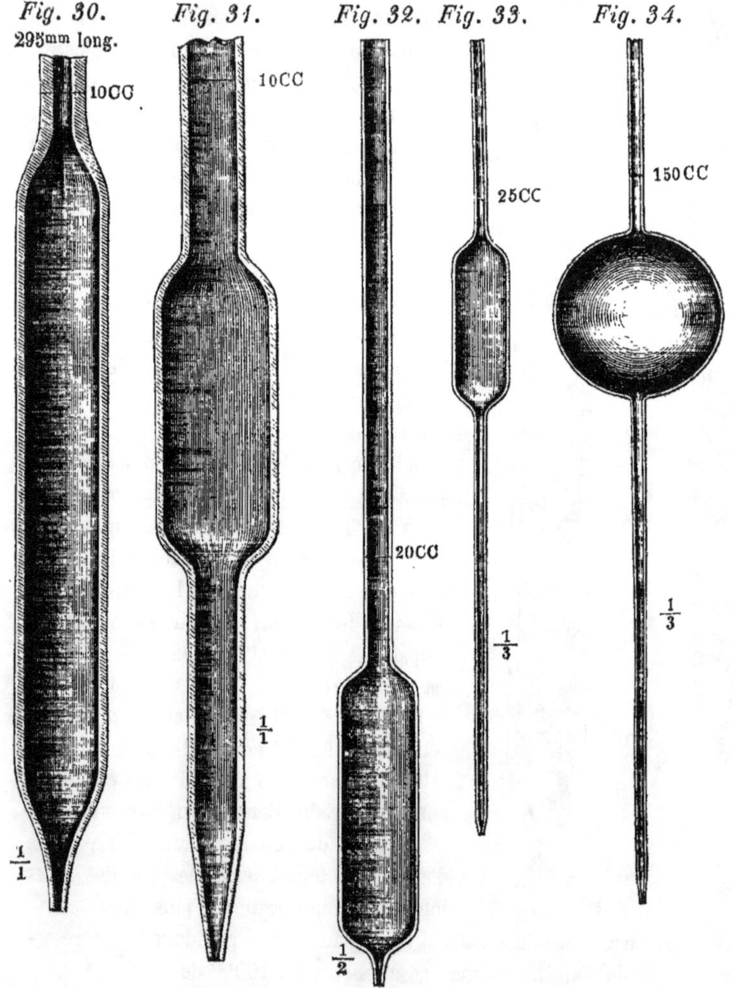

Toutes ces pipettes servent à prendre une quantité déterminée d'un liquide. Dans beaucoup de cas, le travail se trouve par là considérablement abrégé. Supposons qu'on veuille déterminer un des éléments d'un liquide sans cependant en employer la totalité, parce qu'il y a encore à y doser d'autres substances. On introduira ce liquide dans un flacon jaugé qui contient, par exemple, 400 CC jusqu'à un certain trait, puis on achèvera de remplir jusqu'au trait avec de l'eau distillée. En puisant avec une pipette 100 CC, on y trouvera juste le quart de la matière contenue dans la masse totale du liquide ; on peut y doser cet élément et il restera encore les $\frac{3}{4}$ de la liqueur pour les recherches ultérieures. Pour arriver au même résultat d'une autre manière, il aurait fallu faire au moins deux pesées avec des vases d'ordinaire assez lourds ; on connaîtrait bien ainsi, il est vrai, la valeur de la fraction prélevée sur la quantité totale, mais elle ne serait pas avec cette dernière dans un rapport simple. Les pipettes permettent aussi d'étendre des dissolutions avec certitude, afin de saisir mieux les phénomènes pendant les réactions.

La facilité avec laquelle on peut extraire un liquide d'un flacon sans l'agiter, la netteté avec laquelle on peut le laisser tomber goutte à goutte, ont fait employer depuis longtemps la pipette dans les analyses délicates. Dans ce cas, elle ne porte pas de réservoir élargi, mais c'est tout simplement un tube aussi cylindrique que possible, divisé depuis le haut jusqu'en bas.

Quand on fait usage des pipettes, il y a trois manières de les vider :

1° Par écoulement libre ;

2° Par écoulement libre et en touchant avec le bec effilé la paroi mouillée du vase.

3° En soufflant dans le tube.

La pipette doit toujours être employée suivant la méthode pour laquelle elle a été jaugée. Dans le premier des cas précédents, on la tient verticalement et on laisse l'écoulement avoir lieu tranquillement sans secousses. Les gouttes qui restent adhérentes dans la pipette sont enlevées avec elle et ne doivent pas compter dans le travail. Ce qu'il y a d'incommode dans cette méthode, c'est qu'en éloignant la pipette on peut faire tomber une de ces gouttes sur la table, et de plus, vers la fin, l'écoulement se fait très-lentement, ce qui tient à la cohésion de la goutte qui se forme à la pointe. Si l'on fait disparaître cet effet de la cohésion en appuyant la pointe de la pipette contre la paroi mouillée du vase ou en la plongeant un peu dans le liquide, l'écoulement final a lieu bien plus vite et on peut retirer la pipette vide sans avoir à craindre de perdre une seule goutte. La fig. 35 montre la pointe de la pipette de 10 CC après l'écoulement libre ; si l'on touche avec la pointe une lame de verre mouillée, il coule encore une quantité de liquide telle que ce qui reste n'est plus que ce que l'on voit dans la fig. 36. Dans une expérience, on fit ainsi écouler plus de 0,080 gr. d'eau à 14° R. et dans une autre 0,0825. Si maintenant on souffle dans la pipette pour chasser les dernières gouttes d'eau qui restent, on trouve, dans trois expériences, que cette eau pèse 0,0205; 0,0175; 0,0170 grammes. Il faudrait donc, pour avoir toujours la même quantité de liquide, faire sur une pipette trois marques différentes : la plus élevée qui correspondrait à l'écoulement libre, la seconde à l'écoulement en touchant avec la pointe une paroi mouillée, et la plus basse pour le cas où l'on soufflerait dans le tube.

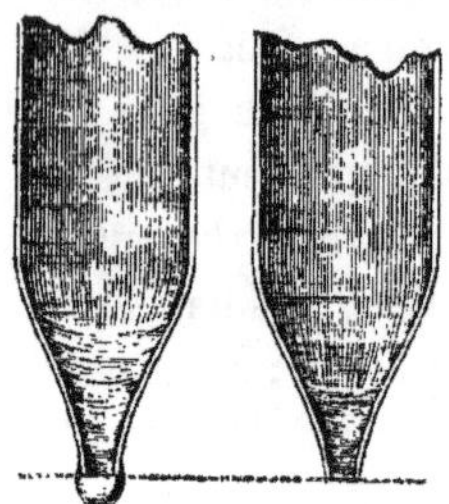

Fig. 35. Fig. 36.

Je me suis toujours arrêté à la deuxième méthode. Il est incommode de souffler, parce qu'ordinairement il faudrait employer de larges vases pour pouvoir porter à la bouche l'extrémité supérieure de la pipette, et d'un autre côté l'écoulement libre est trop lent. Je plonge donc la pointe de la pipette dans le liquide et ensuite je l'en retire lentement; ou bien quand je puis et pour aller plus vite, je souffle tout le contenu hors de l'instrument, et ensuite je touche la surface du liquide avec la pointe quand le flacon ne contient pas d'autre substance que celle qu'on y a fait couler avec la pipette.

Il nous reste à examiner la manière dont elles se terminent à la partie supérieure. On a adopté trois formes diverses : 1° ou le tube est élargi (fig. 37), 2° ou il reste cylindrique (fig. 38), 3° ou bien il est rétréci (fig. 39).

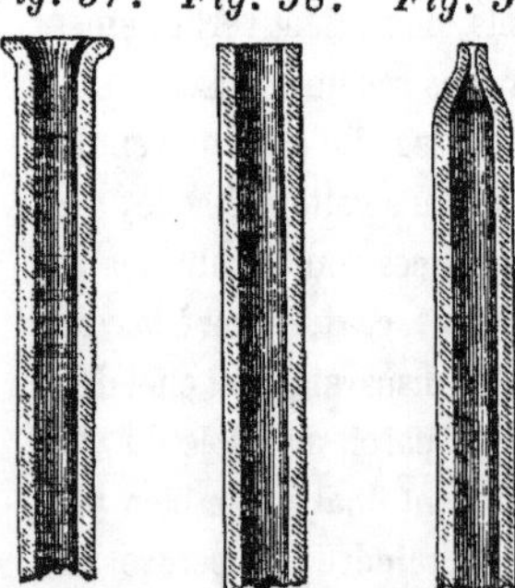

Fig. 37. Fig. 38. Fig. 39.

La pipette est fermée à la partie supérieure au moyen de l'index de la main droite. Quand on laisse passer l'air entre le doigt et le bord du tube, l'écoulement a lieu. Excepté le cas où l'on voudrait vider complétement, il est inutile, à cause de la grande subtilité de l'air, d'enlever complétement le doigt pour permettre l'écoulement, il suffit de presser moins contre les bords de l'ouverture. Il faut donc exercer une pression assez grande pour que, malgré l'action de la colonne de liquide suspendue verticalement, l'air ne puisse nullement pénétrer. Mais une pression donnée, répartie sur différents points, s'exerce d'autant plus faiblement sur chacun d'eux qu'ils sont en plus grand nombre. Si donc nous comparons les fig. 37, 38 et 39, nous verrons clairement que pour empêcher l'air de pénétrer il faudra presser plus fortement sur la forme 37 que sur 38, et sur celle-ci plus que sur 39. En chacun des points du contour la pression nécessaire pour fermer tout passage à l'air, est la même, mais dans la fig. 37, à cause de la plus grande étendue de la circonférence, il faut l'exercer sur un plus grand nombre de points. Or, on tient la pipette entre le pouce et le doigt du milieu; plus donc on appuiera avec l'index contre l'ouverture supérieure, plus aussi il faudra serrer fortement la pipette avec les deux autres doigts, si l'on ne veut pas qu'elle glisse de la main.

Il est donc plus fatiguant de travailler avec une pipette à large ouverture, puisqu'il faut employer plus de forces en deux endroits différents. J'ai toujours rétréci la partie supérieure de mes pipettes, comme dans la fig. 39, et j'ai trouvé que la manipulation est rendue par là bien plus facile. Même les longues pipettes ferment dans ce cas hermétiquement et tiennent parfaitement les liquides, sans que la main droite ait d'efforts fatiguants à faire. Quand la main est gercée, il n'est plus possible de fermer complétement une pipette à large ouverture; car il y a alors sur le bord une multitude de petites fentes par où l'air pénètre toujours, quoi qu'on fasse. Si le tube est étroit, au contraire, il y a toujours une partie de l'épiderme sans gerçure assez large pour le fermer. Enfin l'extrémité rétrécie est plus commode pour aspirer le liquide.

Le bout du doigt placé sur l'ouverture de la pipette doit avoir une certaine moiteur. S'il est tout à fait sec, il ne ferme bien que par une pression forte et fatiguante; s'il est bien mouillé, il ferme hermétiquement par le plus léger contact et ne laisse pénétrer l'air que lorsqu'on le lève entièrement, alors dans ce cas on ne peut faire couler le liquide que par intermittence et en jet continu. Ce qu'il y a de mieux, c'est de passer le bout du doigt sur la lèvre humide et de le frotter une fois contre le pouce. Il reste alors assez d'humidité pour pouvoir à volonté et avec une faible pression, laisser couler le liquide goutte à goutte. On reconnaît cela de suite au moyen de quelques expériences.

Pour remplir la pipette, on la plonge dans le liquide et l'on aspire doucement par en haut. Si on l'enfonce trop peu, il monte avec le liquide des bulles d'air qui gênent. Si l'on aspire trop rapidement, l'air se dégage du liquide et forme à la surface une écume embarrassante : la liqueur peut en outre arriver dans la bouche. C'est surtout dans les pipettes sphériques que le jet ascendant peut pénétrer dans le tube d'aspiration ; mais on n'a plus cet accident à craindre quand le réservoir est en partie rempli. On aspire le liquide jusqu'au-dessus du trait et aussitôt qu'on retire la bouche on pose l'extrémité de l'index sur la pipette : on la tient bien juste devant soi et on laisse couler lentement le liquide jusqu'à ce que le niveau soit au trait d'affleurement. La fig. 40

Fig. 40.

montre clairement la manière de tenir l'instrument. Quant à ce qu'il faut faire ensuite avec l'index, on ne peut guère le dire ; cela dépend de ce que l'on veut obtenir. S'il ne faut laisser tomber qu'une goutte, comme cela arrive toujours à la fin d'une analyse, on n'a pour ainsi dire besoin que d'y penser et déjà la goutte tombe. En tout cas, on amène très-légèrement le doigt en avant, mais sans le soulever. Il faut bien s'exercer à pouvoir, quand on le veut, ne faire tomber qu'une seule goutte de liquide et pour cela on peut faire des essais avec de l'eau jusqu'à ce qu'on soit sûr de son adresse. Il n'y a rien de plus désagréable que de voir un travail presque terminé, perdu par un jet de liquide inattendu.

Les pipettes à volume variable sont cylindriques et rétrécies aux deux extrémités. On en a depuis 20 CC jusqu'à 1 CC.

Une pipette de 20 CC a 330^{mm} de longueur et est divisée sur une étendue de 205^{mm}. Chaque CC occupe 10^{mm} et est partagé en 5 parties.

La division est représentée en grandeur naturelle dans la fig. 41. Cette pipette sert surtout pour le caméléon.

Deux pipettes de 10 CC, de 390^{mm} de longueur, divisées sur 255^{mm}. 1 CC a 24^{mm} de long, est partagé en 10 parties, et l'on peut encore facilement évaluer un demi-dixième. Ces deux pipettes, qui doivent être tout à fait identiques, sont utiles pour beaucoup d'analyses. On achève avec elles les opérations alcalimétriques ; elles servent à verser les liqueurs normales.

On peut voir la division dans la fig. 42.

Des pipettes, où 1 CC occupe 27^{mm}. Voir les subdivisions (fig. 43). Les dixièmes de CC y sont subdivisés en 2 parties.

Des pipettes, où 1 CC occupe une longueur de 99 à 100^{mm} (voir fig. 44). Elles sont directement divisées en cinquantièmes de CC, dont la moitié, soit un centième de CC, peut être évaluée encore avec exactitude.

Une pipette, sur laquelle 1 CC occupe 200^{mm}. Elle est directement divisée
en centièmes de CC (fig. 45). On lit donc immédiatement les centièmes et on
peut encore évaluer même le millième. Elle est terminée par une pointe très-
fine, afin de pouvoir enlever des fractions de gouttes.

Ces différentes pipettes seront employées suivant les besoins.

Pour éviter de les casser, pour pouvoir les saisir facilement, et enfin pour

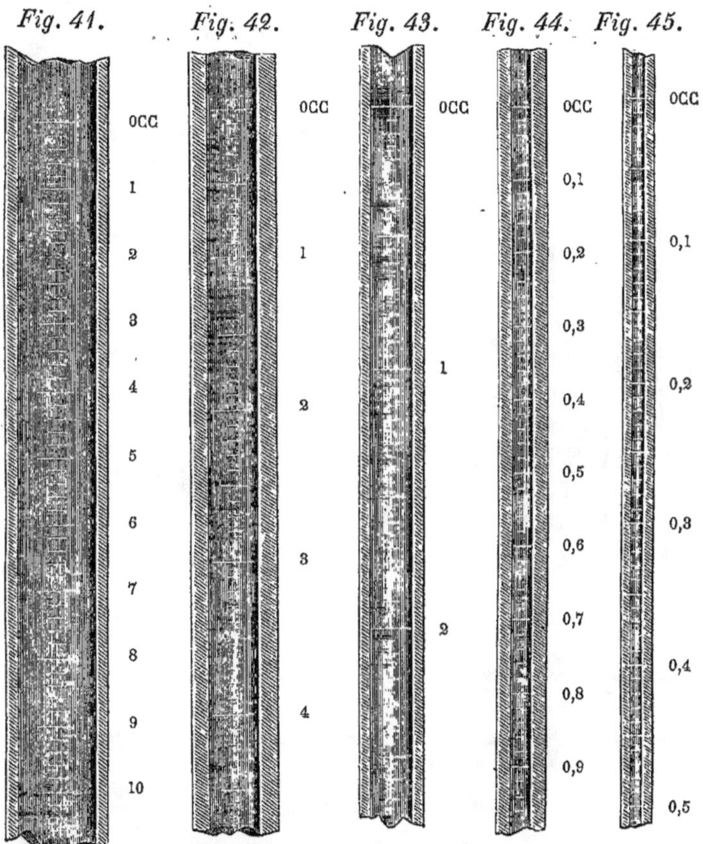

les laisser égoutter et sécher, je les place toutes sur une étagère (fig. 46).
Celle-ci est formée de deux disques en bois horizontaux, réunis par un tube
en bois. Le disque inférieur n'est pas percé, tandis que le supérieur porte un
certain nombre de trous circulaires de différents diamètres. La tige en fer
intérieure qui traverse le tube en bois est fixée dans un pied en bois rendu

plus pesant en y coulant du plomb : et tout l'appareil peut tourner autour de cet axe en fer. Il est inutile ici de pouvoir élever le support à différentes hauteurs.

La fig. 47 montre une pipette fermée à la partie supérieure avec un appareil à pince : cette disposition a l'avantage d'éviter le contact du liquide avec le caoutchouc, ce qui est important pour le caméléon. Une légère pression exercée

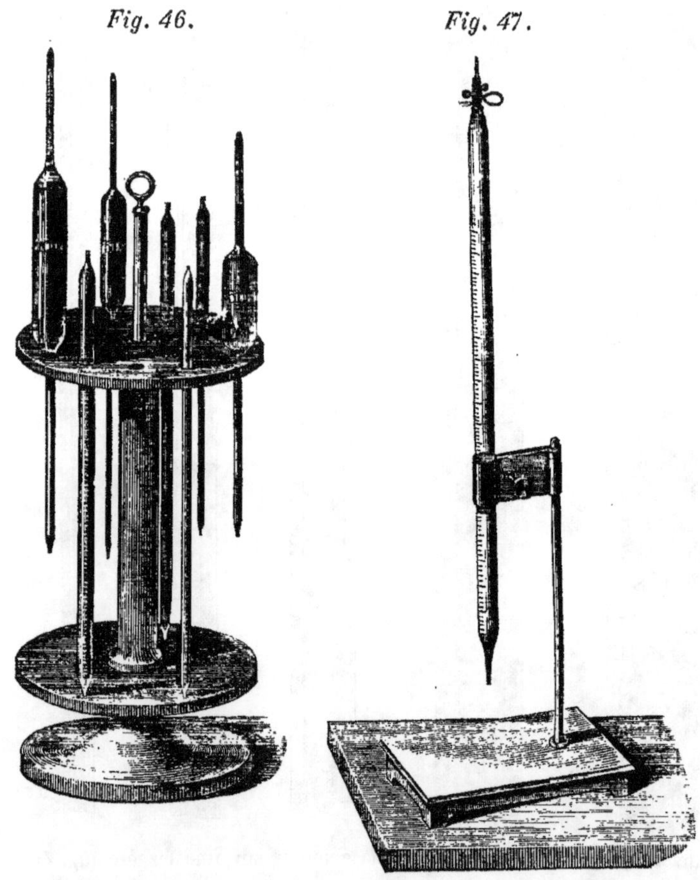

Fig. 46.   Fig. 47.

sur la pince permet la rentrée de l'air et l'écoulement du liquide. Cette disposition ne me semble cependant pas commode. Il est difficile, quelque faible que soit la pression, de ne faire couler que des gouttes ; très-souvent le liquide part en jet continu sans qu'on l'ait voulu. On ne peut pas non plus laisser cette pipette remplie, parce que, même avec la meilleure fermeture, elle coule par l'effet des changements de température et de pression. Les secousses font tomber des gouttes et monter des bulles d'air qui, précisément dans le caméléon, restent longtemps au milieu du liquide. Plus la pipette contient d'air, justement vers la fin de l'opération, moins elle marche comme on le désirerait, ce qui est tout naturel, car l'élasticité de l'air produit alors son plus grand effet.

Je prends la précaution, quand les pipettes sont bien sèches, de les chauffer un peu vers la pointe par où l'écoulement a lieu et de les frotter dans cette partie avec de la paraffine. Les gouttes sont alors plus petites, et jamais le liquide ne grimpe le long de la paroi extérieure par l'effet de la capillarité.

CHAPITRE IV.

Flacons jaugés.

Mesures métriques et système de poids.

Pour préparer les liqueurs normales d'épreuve, de même que pour mesurer rapidement des quantités considérables de substances, pour partager en parties aliquotes déterminées des masses données de substance, on se sert de flacons jaugés.

La simplicité du système métrique français me l'a fait choisir de préférence à toute autre, et comme toute notre méthode repose sur son emploi, je crois utile d'en dire quelques mots ici.

On sait que la Commission chargée de réformer les mesures anciennes, prit comme point de départ la grandeur d'un méridien terrestre. Elle voulait, en effet, baser tout le système sur une mesure primitive naturelle, afin que plus tard, à toutes les époques, on put retrouver à volonté les étalons qu'on en ferait dériver d'après des conventions bien arrêtées. Or, la mesure de ce méridien, qui revient au reste à celle du contour de la terre elle-même, n'est pas chose qu'on puisse faire directement sur notre globe, on n'y peut arriver que par des opérations difficiles, longues et dispendieuses. Il y avait une autre longueur absolue bien plus accessible, plus facile à évaluer, c'était celle du pendule qui bat la seconde. On sait, en effet, que la durée du jour sidéral,

c'est-à-dire, de la révolution de la terre autour de son axe idéal, étant toujours la même, ainsi que la force attractive de notre globe, en un lieu
déterminé, puisque sa masse reste constante, la mécanique apprend, au moyen
de ces deux données invariables, à calculer la longueur du pendule à seconde.
Si on règle un pendule de telle sorte qu'il fasse 86,400 oscillations en un
jour sidéral, la distance de son point de suspension à son centre d'oscillation
sera dans un même lieu une longueur constante. Le pendule à reversion de
Kater offre un moyen simple d'obtenir exactement cette longueur ; elle est
donnée par la distance des deux couteaux d'acier bien trempé de l'appareil.
On pouvait donc ainsi comparer nos unités de longueur à une grandeur
réellement et directement mesurable. Mais la Commission a rejeté ce procédé, et en a adopté un autre qui ne peut être appliqué par une personne
seule et qui, de plus, présente une foule de causes d'erreurs. En effet,
Bessel a prouvé plus tard que le mètre n'est pas réellement la dix-millio-
nième partie du quart du méridien. Mais on ne songe pas à corriger cette
longueur d'après une nouvelle unité mesurée avec plus d'exactitude, et
le mètre restera tel qu'on l'a déterminé, encore bien qu'il soit démontré
qu'il est faux de plusieurs centimètres. Il sera donc pour nous une mesure
absolue, dont l'étalon est déposé aux Archives de Paris. On en a fait dériver
l'unité de poids. Le poids d'un cube ayant pour arête $\frac{1}{10}$ de mètre (fig. 48)

Fig. 48.

et rempli d'eau distillée à son maximum de densité, c'est-à-dire, à 4° centigr.
se nomme *kilogramme* et son volume est le *litre*. En partageant ce poids
en 1,000 parties, chacune d'elles est ce qu'on nomme *un gramme*. Celui-ci
est donc le poids d'un cube d'eau dont le côté est $\frac{1}{10}$ de l'arête du précédent, puisqu'un cube dont l'arête est égale à 10 unités de longueur renferme 1,000 unités cubiques. La face du cube formant le gramme est
dessinée en grandeur naturelle dans la fig. 49, et la fig. 50 le représente lui-
même : la fig. 48 étant $\frac{1}{10}$ de mètre, l'arête du

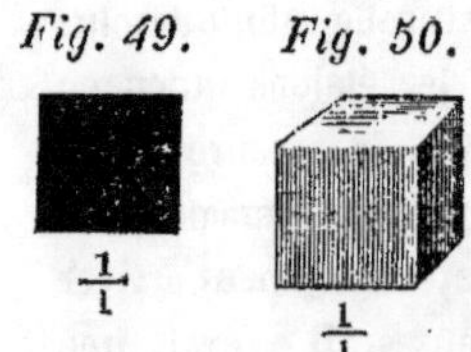

Fig. 49.   Fig. 50.

petit cube en sera $\frac{1}{100}$ ou un centimètre et
celui-ci se nomme pour cela un centimètre cube.
Ainsi donc le gramme est le poids d'un centim.
cube d'eau distillée à 4° cent. Telle est la relation simple qu'il y a entre la longueur et le poids
dans tous les instruments employés dans cet ou-
vrage. La température de 4° cent. n'est pour nous d'aucune importance et

nous choisirons une autre température constante pour laquelle l'eau a une densité tout aussi bien déterminée que pour celle du maximum. On ne peut avoir la température de 4° que pendant peu de jours dans l'année, on ne pourrait donc travailler que dans des circonstances fort rares, ce qui serait tout à fait impraticable. J'ai adopté partout la température de 14° Réaumur = 17° ½ centigr. Dans les plus grandes chaleurs de l'été, on peut facilement obtenir cette température en plongeant les flacons dans de l'eau de fontaine fraîche ; en hiver, dans une chambre bien chauffée (à 15° R.), la plupart des objets sont à 14° R., et enfin en automne et au printemps, la température ne s'éloigne pas beaucoup de celle-là dans une salle fermée. Du reste, une différence de quelques degrés avec la température normale est de peu d'importance. Si nous jetons un coup d'œil sur la table des vrais volumes de l'eau aux différentes températures dressée par M. Despretz, nous verrons que le volume de l'eau qui a 17° cent. est 1,0012, est 1,00179 à 20° c. La différence est donc 0,00059 = $\frac{1}{1700}$. Le liquide aurait donc, en négligeant 3° un volume de $\frac{1}{1700}$ trop grand, ce qui ferait 1 CC sur 1700 CC. Comme dans la plupart des expériences on n'emploie jamais plus de 100 CC, l'erreur même pour 100 CC ne serait que de $\frac{1}{17}$ de CC. Et encore cela se rapporte au volume à 4° pris pour unité, en le prenant à 17° l'erreur est encore moindre. Si l'on voulait faire les corrections relatives aux températures, on pourrait employer la table de M. Despretz dont nous donnons ici un extrait : mais on ne le ferait qu'en admettant que les dissolutions salines très-étendues se comportent comme l'eau pure.

	VOLUME VRAI de l'eau en le supposant égal à 1 à 4°.	VOLUME VRAI de l'eau en le supposant = 1 à 17° c.	CORRECTION à faire pour m. cent. cubes.
12° centigr.	1,00047	0,99927	+ 0,00073 m
13°	1,00058	0,99938	+ 0,00062 m
14°	1,00071	0,99951	+ 0,00049 m
15°	1,00087	0,99967	+ 0,00033 m
16°	1,000102	0,99981	+ 0,00018 m
17°	1,000120	1	
18°	1,000139	1,00018	— 0,00018 m
19°	1,000158	1,00037	— 0,00037 m
20°	1,000179	1,00058	— 0,00058 m
21°	1,000200	1,00080	— 0,00080 m

On voit, d'après cette table, combien sont faibles les corrections à faire
et combien est faible l'erreur que l'on commet quand on ne s'éloigne pas
sensiblement de la température normale. De plus, pour tenir compte de cette
circonstance, il faudrait que les caractères de la réaction fussent extraordinai-
rement nets et parfaitement saillants, car une goutte de plus ou de moins sur
100 centim. cubes surpasse déjà la différence de volume due à la température.
Ainsi il n'y aura pas lieu de faire une correction si délicate, si l'on n'est pas
certain d'une approximation de même ordre dans l'observation du phénomène.
En voyant la table précédente, on ne doit donc pas se demander pourquoi
jusqu'à présent on n'a pas cru nécessaire de faire une pareille correction.

Toutefois, pour la graduation des flacons et des pipettes, il faut se mettre
exactement à la température normale, mais c'est une peine que l'on ne se
donne qu'une fois et qui est tout à fait nécessaire et utile.

L'unité de volume la plus employée est le flacon d'un litre. Son volume
est celui d'un cube d'un décimètre de côté. Pour nous, ce sera le volume
d'un kilogramme d'eau à 14° R.

Le flacon doit porter le trait de repère sur la partie étroite du col, afin que
l'épaisseur d'un cheveu en plus ou en moins ait peu d'influence. Il faut
encore qu'au-dessus de ce trait reste un espace vide suffisant pour pouvoir
facilement agiter le liquide.

Pour jauger ou contrôler ce flacon d'un litre, il faut avoir à sa disposition
une bonne balance et un poids d'un kilogramme bien juste. La balance dont
je me sers est assez forte pour pouvoir porter sur chaque plateau 5 kilogrammes et être encore sensible pour cette charge à une différence de 5 milligrammes.

J'eus bien de la peine à me procurer un poids bien exact d'un kilogramme.
Celui que j'avais rapporté de la Monnaie de Paris s'était beaucoup faussé en
s'oxydant à l'intérieur. Je dois à l'obligeance de M. Repsold, de Hambourg,
un kilogramme massif qui est une copie parfaite du kilogramme en platine du
conseiller d'état d'Altona, M. Schumacker, mort il y a peu de temps. Par des
expériences longues mais rigoureuses, Schumacker avait comparé son kilogramme de platine au poids légal des Archives de Paris. Ce poids étalon, qui
est un cylindre de platine, fut porté, le 22 juin 1799, par une commission
présidée par Laplace, aux Archives de la République française ; là il fut reçu
par Camus, garde des Archives, et placé aussitôt dans une double armoire en
fer, fermée par quatre serrures. C'est à ce kilogramme que fut comparé celui
de M. le conseiller Schumacker avec le concours d'Arago, et la moyenne de
51 pesées fit voir qu'il était de 0,41 milligrammes plus léger que le kilogramme

légal des Archives. Celui qui est en ma possession fut comparé par M. Repsold au kilogr. de Schumacker, et une lettre de MM. A. et G. Repsold de Hambourg, datée du 8 avril 1851, porte qu'il est exact à 0,000001 de son poids, car dans la vérification il s'est trouvé de 1,1 milligramme plus léger. Je n'emploie ce kilogramme qu'une fois tous les deux ans pour corriger mes autres pesées. Une copie aussi exacte que possible de mon poids étalon me sert à faire mes flacons d'un litre.

On place sur un des plateaux de la balance, à côté du kilogramme, un flacon *bien sec*, préalablement essayé avec de l'eau et trouvé convenable, et on fait équilibre de l'autre côté avec des corps métalliques. Quand le fléau est rigoureusement horizontal, on enlève le kilogramme et on verse dans le flacon de l'eau distillée à 14° R. On achève d'établir exactement l'équilibre au moyen d'une pipette très-étroite.

Cela fait, on bouche le flacon avec un bon bouchon en liége traversé par un thermomètre à mince paroi et de façon que la boule plonge au milieu de l'eau. On a soin de mouiller préalablement le bouchon et le thermomètre avec de l'eau distillée. Le flacon est alors fermé et on l'agite jusqu'à ce que le thermomètre marque 14° R., ce à quoi on arrive en plongeant le vase dans de l'eau froide ou dans de l'eau chaude. Puis, enlevant le thermomètre et essuyant le flacon avec soin, on le replace sur le plateau de la balance pour voir si rien n'est changé. On le pose ensuite sur une table horizontale, on colle un morceau de papier sur le goulot et en visant aussi horizontalement que possible une règle horizontale placée vis-à-vis le niveau du liquide, on fait sur le papier une ligne au crayon. Celle-ci étant bien exactement obtenue, on place le flacon solidement dans un support à coulisse au bord d'une table et au moyen d'un diamant on continue sur le verre le trait au crayon. La ligne apparaît sur le goulot juste au niveau de l'eau, comme dans la fig. 51. On a représenté dans les fig. 52 et 53 deux flacons, un d'un litre, l'autre de deux, au quart de leur grandeur naturelle, afin de donner une idée de leurs dimensions et de guider dans le choix des vases les plus convenables.

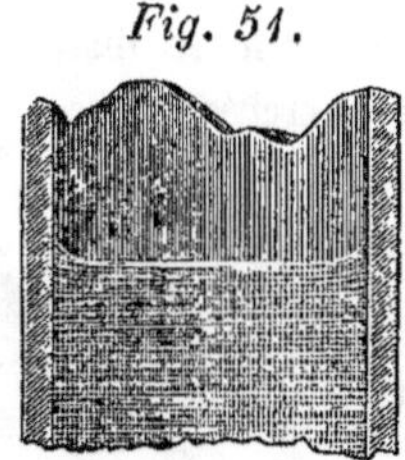

Fig. 51.

Outre ceux-là, on en emploie encore de plus petits, de 100, 200, 300, 500 CC qu'on obtient de même. Ils servent à fractionner de petites quantités de matières dans les rapports que l'on désire. Il n'y a pas d'autres méthodes de subdivision plus rigoureuse, ou de moyens plus exacts de prendre de petites portions déterminées d'une substance.

Qu'il s'agisse, par exemple, de ne vouloir qu'un milligramme d'iodure de
potassium, on en prend 0,5 gr. que l'on dissout dans de l'eau distillée et l'on

Fig. 52.   *Fig. 53.*

complète le volume de 500 CC ; il est évident que 1 CC de ce liquide pris au
moyen d'une pipette contiendra juste 0,001 gr. d'iodure. Ou bien s'il fallait
doser le carbonate de soude contenu dans une liqueur donnée, mais que
l'on ne veut pas employer en totalité, on étendrait celle-ci jusqu'à faire 300
ou 500 CC ; on en tirerait 100 CC avec la pipette, on titrerait et le résultat,
multiplié par 3 ou par 5, donnerait la quantité de carbonate cherchée. Il resterait encore de la liqueur pour y déterminer d'autres éléments.

DEUXIÈME PARTIE.

GAY-LUSSAC.

ALCALIMÉTRIE.

—————

GÉNÉRALITÉS.

L'alcalimétrie embrasse toutes les questions qui reposent sur la saturation des alcalis et des acides. L'acidimétrie doit donc y être comprise, puisque tout problème acidimétrique peut, par une sursaturation avec une quantité déterminée d'alcali, être ramené à une question alcalimétrique et réciproquement.

Dans ces essais, on est toujours averti de la fin des opérations par les changements de couleur faciles à saisir qu'éprouvent certaines substances organiques sous l'action des alcalis et des acides. On emploie en général le tournesol, les bois de Fernambouc et de Campêche.

L'acide oxalique cristallisé sert, d'après mon système, d'élément fondamental à toute l'alcalimétrie. D'après lui, je titre de la soude caustique parfaitement exempte d'acide carbonique, et d'après celle-ci un acide azotique tout à fait pur, qui est par conséquent équivalent de l'acide oxalique.

—————

CHAPITRE PREMIER.

De l'acide oxalique comme point de départ de l'alcalimétrie.

L'acide oxalique cristallisé ($C^2 O^3 + 3\ aq = 63$) se présente en cristaux transparents, incolores, d'une saveur acide prononcée, et agissant fortement sur les couleurs végétales. Il se trouve sensiblement pur dans le commerce, et par de nouvelles cristallisations on peut l'amener à un degré de pureté encore plus grand.

Si l'on dissout dans l'eau l'acide brut du commerce, il reste une poudre blanche insoluble qui est de l'oxalate de chaux. Chauffée au rouge dans un creuset de platine fermé, cette poudre devient grise, fait effervescence avec les acides et offre toutes les réactions de la chaux. Elle provient évidemment de l'eau de fontaine employée pour faire les cristallisations.

L'acide oxalique retient toujours un peu d'oxalate acide de potasse. Si on sublime l'acide cristallisé dans un creuset de platine, pour le faire disparaître complétement, il reste une petite quantité d'un corps blanc, qui a tous les caractères du carbonate de potasse. Il est soluble dans l'eau, a une forte réaction alcaline, et donne avec le chlorure de platine le précipité cristallin bien connu. Dans une expérience, 50 gr. d'un acide cristallisé deux fois a donné 0,118 gr. de carbonate de potasse, qui s'y trouvaient à l'état d'oxalate acide de potasse. On pourrait donc, si l'on voulait, avoir un coefficient de correction pour cet acide; mais je préfère le préparer tout à fait pur.

Quand on fait dissoudre de l'acide oxalique, on remarque toujours un résidu salin qui fond difficilement, et qui ne disparaît complétement qu'à l'aide de la chaleur. Si on laisse ce résidu au lieu de le dissoudre en chauffant, on a une solution qui laisse déposer des cristaux, presque tout à fait purs. Voici dès lors comment j'opère : je pulvérise l'acide brut et le verse dans une capsule avec de l'eau distillée tiède, en quantité telle qu'il reste une grande partie de l'acide non dissous. Je filtre immédiatement et abandonne le liquide à la cristallisation. Je laisse égoutter les cristaux dans un entonnoir, puis ensuite sécher à l'air libre sur du papier à filtre, jusqu'à ce qu'ils n'offrent plus la moindre adhérence entre eux et avec le papier. C'est cet acide oxalique ainsi purifié qui sert pour l'alcalimétrie. Voici les propriétés qui me le font préférer pour cet usage.

1° Il est fortement acide, et le cède peu à l'acide sulfurique quant à l'action sur les couleurs végétales.

2° Lorsqu'il est sec, il est inaltérable. Il n'est ni déliquescent, ni efflorescent. On peut donc en toute confiance, et sans peine, en peser telle quantité qu'on voudra. Et en cela il a un avantage incontestable sur l'acide sulfurique qui ne peut, attendu qu'il est liquide, se peser facilement et qui en outre absorbe rapidement l'humidité de l'air pendant la pesée.

La pureté de l'acide sulfurique à son premier état réel d'hydratation est difficile à obtenir, et encore y fût-on parvenu, comme le flacon doit être souvent ouvert, et que souvent aussi il est mal fermé, la préparation contiendrait bientôt plus d'eau qu'il ne faut, et on ne pourrait plus l'employer en toute sécurité. D'après les recherches de M. Marignac, l'acide sulfurique concentré par distillation n'est pas le premier hydrate, il contient constamment $\frac{1}{12}$ d'équivalent d'eau de plus; tandis que l'acide oxalique ne change ni dans les flacons ni à l'air libre.

Si l'on voulait établir le degré de concentration de l'acide sulfurique au moyen du carbonate de soude sec, on aurait, il est vrai, dans ce dernier, une substance facile à obtenir pure, mais il faudrait faire une saturation qui, vers la fin de l'opération, présente toujours un haut degré d'incertitude à cause du dégagement d'acide carbonique et de l'action de celui-ci sur le tournesol. Comme d'un autre côté on ne peut pas préparer d'avance en proportion bien déterminée des alcalis exempts d'acide carbonique, il est donc indispensable de choisir comme base de l'alcalimétrie un acide inaltérable.

3° L'acide oxalique ne se décompose pas quand il est dissous, il ne moisit pas comme l'acide tartrique et l'acide citrique avec lesquels il partage la propriété d'être solide.

4° Il n'y a pas à craindre qu'il se volatilise quand on le verse dans des liqueurs chaudes ou bouillantes.

5° Quelques gouttes qui pourraient tomber sur l'opérateur, se dessèchent tout simplement, sans toutefois altérer les vêtements. Des gouttes d'acide sulfurique étendu paraissent bien tout d'abord ne faire que mouiller, mais en séchant elles se concentrent et finissent par détruire les étoffes sur lesquelles elles sont tombées. Or, quand on est obligé de faire souvent de ces essais, cet inconvénient n'est pas à négliger.

L'emploi de l'acide oxalique, comme liqueur alcalimétrique, a été publié en novembre 1854 par Astley Price, dans la Gazette de chimie. Je ferai la remarque que j'avais déjà proposé cette méthode en septembre 1852, dans la réunion des naturalistes allemands à Wiesbaden.

CHAPITRE II.

Préparation de l'acide normal.

On pèse exactement, sur une bonne balance, 63 gram. $=$ 1 équivalent en grammes d'acide oxalique cristallisé; après les avoir placés sur une feuille de papier glacé, on les introduit avec soin dans un flacon d'un litre que l'on remplit aux deux tiers d'eau distillée, et on fait dissoudre en imprimant au vase un léger mouvement de rotation : ensuite on verse de l'eau distillée presque jusqu'au trait, et l'on porte la température à 14° R.; on tient le flacon entre le pouce et l'index de la main gauche par la partie supérieure du col, de manière à le laisser pendre devant les yeux, et on laisse couler l'eau de la pipette jusqu'à ce que le point inférieur du ménisque concave coïncide avec le trait.

On ferme le flacon et on l'agite convenablement plusieurs fois.

Cet acide normal ainsi préparé est renfermé dans un flacon à cet usage et fermant aussi bien que possible. Indépendamment de l'étiquette, je marque le flacon à acide en y collant une large bande de papier rouge, et le flacon à alcali normal avec du papier bleu, couleurs qui correspondent à leur action sur le tournesol. Cette précaution n'est pas inutile, car il pourrait se faire que, tout préoccupé de son travail, on vidât une pipette dans un flacon qui ne conviendrait pas, et alors toute la provision de liqueur d'épreuve serait perdue. C'est ce qui pourrait fort bien arriver quand les deux liquides sont renfermés dans deux flacons identiques, ayant des étiquettes semblables : on croit saisir la fiole convenable, et on ne se donne pas la peine de lire ; mais la couleur du papier qu'on a eu soin d'y coller saute immédiatement aux yeux, et empêche une erreur si facile.

CHAPITRE III.

Préparation de la solution normale de soude.

Pour solution normale alcaline, on a pris tantôt le carbonate de soude, tantôt l'ammoniaque caustique, pour moi je préfère la soude caustique. Le carbonate est facile à obtenir pur et anhydre, mais en le saturant par des acides, il dégage de l'acide carbonique, en sorte que vers la fin de l'opération il se forme du bicarbonate qui n'agit que faiblement sur la teinture de tournesol. Il en résulte que le virement du rouge en bleu n'est pas tranché.

L'ammoniaque s'offre bien à nous comme un alcali facile a obtenir pur et exempt d'acide carbonique ; mais à cause de sa volatilité, il ne peut être bon pour ce genre de recherches. Quand on le verse dans une burette, il se répand dans l'atmosphère, et de là une perte incontestable. On pourrait plutôt l'employer avec une pipette, parce qu'en le puisant dans le flacon, la pipette ne contient que de l'air du flacon. Mais d'un autre côté, comme on ne peut, avec une pipette, employer que de petites quantités de liquides, un flacon d'un litre devrait être souvent ouvert avant qu'on eût fait usage de tout son contenu ; il en résulterait donc toujours un affaiblissement des dernières portions de la liqueur. Pour ces motifs je me suis arrêté à l'emploi de la soude caustique, qui n'a d'autre avantage sur la potasse, que de pouvoir être facilement obtenue exempte d'acide sulfurique et de silice.

Je prends du carbonate de soude cristallisé parfaitement pur, parce que si on voulait doser l'acide carbonique par les sels de baryte, l'acide sulfurique formerait un précipité qui, tout en ne forçant pas à rejeter le résultat, le rendrait cependant sensiblement trop faible. La soude caustique doit être bien exempte d'acide carbonique. Pour y arriver, on prend 500 gr. de chaux éteinte, que l'on met avec 3 ou 4 kilogr. d'eau distillée dans une marmite en fonte de fer munie d'un couvercle, et en remuant souvent on donne au tout l'aspect d'une bouillie claire. On ajoute ensuite de l'eau jusqu'à concurrence de 10 kilogr., on porte à l'ébullition, on ajoute peu à peu 2 kil. de carbonate de soude cristallisé pur, et on fait bouillir en ayant soin de remplacer l'eau qui s'évapore jusqu'à ce que la lessive se montre exempte d'acide carbonique. On couvre alors, et on laisse reposer quelques heures. Le carbonate de chaux se dépose, et la liqueur est assez refroidie pour qu'on puisse la transvaser avec un siphon en verre dans un flacon en verre. On verse encore sur le carbonate de chaux 2 ou 3 kilogr. d'eau, on agite, puis on laisse de nouveau déposer, et si l'on veut on décante dans un nouveau flacon, parce que cette seconde lessive est d'ordinaire plus faible, et servira à étendre la première au degré voulu. Maintenant pour donner à la liqueur son degré de concentration convenable, il y a deux cas à considérer suivant que l'on n'a qu'une lessive trop forte, ou bien qu'on en a à la fois une trop forte et une trop faible.

Supposons d'abord qu'on ait une lessive de soude caustique trop concentrée. On commence par la porter à la température normale de 14° R., on verse dans un verre 10 CC de l'acide normal au moyen de la pipette (fig. 30) qui jauge cette quantité, et on y ajoute 1 CC de teinture de tournesol. Puis on remplit de soude jusqu'au trait supérieur une autre pipette de 10 CC donnant le dixième, et on fait couler goutte à goutte en secouant dans l'acide, jusqu'à ce que la dernière goutte fasse subitement passer la couleur du rouge au bleu. Puisque cette soude doit être à volume égal aussi forte que l'acide d'épreuve, il faut évidemment que là quantité d'alcali employée soit étendue de manière à faire 10 CC. Supposons que pour saturer les 10 CC d'acide normal il en ait fallu 7,5 de soude, ces 7,5 CC doivent être étendus de manière à en faire 10, ou bien 75 pour en faire 100 ou 750 pour 1000. Pour cela on fait usage de l'éprouvette à pied ou des flacons à mélange (fig. 54

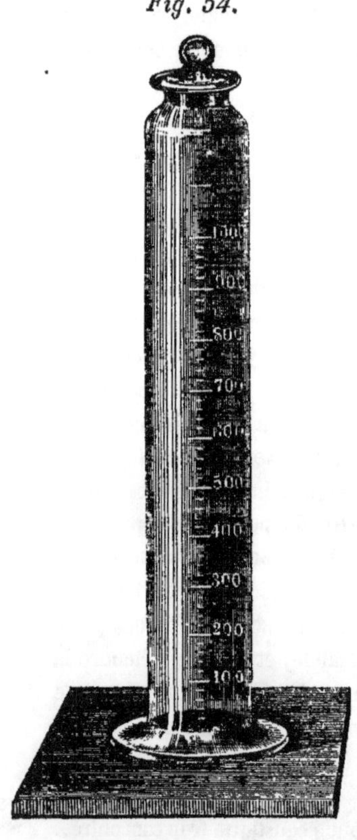

Fig. 54.

et fig. 55). La première est un cylindre assez haut, suffisamment large, à parois verticales et fermé avec un bouchon en verre. Sur toute sa longueur elle porte une graduation de 5 en 5 ou de 10 en 10 CC. Dans l'exemple précédent, on versera dans ce vase 750 CC de la soude caustique employée et on étendra jusqu'à 1,000 CC avec de l'eau distillée. Après avoir bien secoué, on fera un essai avec le mélange. On prendra avec la pipette 10 CC d'acide normal, dans lesquels on fera couler 10 CC de la soude étendue et la dernière goutte devra faire virer au bleu la couleur du mélange qui a dû jusque-là rester rouge. Si cela n'arrive pas, si par exemple la couleur bleue apparaît avant qu'on ait versé toute la soude, c'est que celle-ci est trop forte. On ajoute alors un peu d'eau, on agite et on recommence l'épreuve. Si celle-ci est exacte, on fait l'expérience avec deux pipettes bien identiques de cinquante centimètres cubes chaque. Il y aura alors peut-être encore une erreur qui n'avait pu être observée quand on se servait de burettes plus petites ; on la corrigera en ajoutant avec précaution soit un peu d'eau, soit un peu de soude concentrée et on recommencera les épreuves. Une fois que la différence ne tient plus qu'à quelques gouttes en plus ou en moins des 10 CC, on arrive au but désiré par un tâtonnement facile et cela plus rapidement que par les calculs.

Le second cas que nous avons posé est celui où l'on aurait deux solutions

de soude caustique, dont l'une à elle seule serait trop faible. On opère alors
absolument comme nous allons le dire dans le cas particulier suivant.

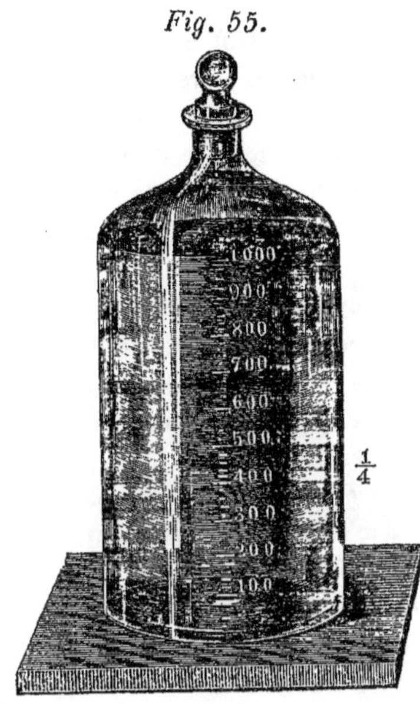

Fig. 55.

Supposons que pour saturer 10 CC
de l'acide normal il ait fallu 15,1 CC
de la lessive faible et seulement 2,3
de la plus forte. Les forces des deux
liquides sont évidemment en raison
inverse du nombre de CC qu'il en
faut pour produire le même effet,
elles sont dans notre exemple comme
$\frac{1}{15,1}$ et $\frac{1}{2,3}$, tandis que la force de la
liqueur normale serait $\frac{1}{10}$. Prenons
donc x CC du premier liquide, y CC
du second, on aura

(I) $\dfrac{x}{15,1} + \dfrac{y}{2,3} = \dfrac{x+y}{10}$.

et la seconde équation est évidemment
(II) $x + y = 1000$

On déduit de (I) $x = \dfrac{116,27}{11,73}\, y$ et
de (II) $x = 1000 - y$: égalant ces
deux valeurs, il suit :

$$\frac{116,5}{11}\, y = 1000 - y$$

$$\text{d'où } y = 91,6 \text{ CC}$$

$$\text{et par conséquent } x = 908,4 \text{ CC.}$$

On versera donc dans le flacon à mélange 91,6 CC de la lessive la plus
concentrée, et on achèvera de remplir jusqu'à 1,000 CC avec la plus faible.
En faisant l'épreuve, le mélange sera tout à fait exact si en versant dans 50 CC
d'acide normal rouge 50 CC du mélange, la dernière goutte ramène la couleur bleue.

Si l'on conduit l'opération en cherchant combien il faudrait de CC d'acide
normale pour qu'avec 10 CC des liquides à mélanges la couleur passe du
bleu au rouge, les nombres obtenus représenteraient directement les forces
des lessives, et l'équation a une autre forme.

Supposons que pour 10 CC de la soude la plus forte il eût fallu 20,5 CC
d'acide normale et seulement 4,85 CC pour les plus faibles. Prenant x CC

de la première, il en faudra 1000 — x de la seconde et alors

$$\frac{20,5\, x}{10} + \frac{(1000-x)\, 4,85}{10} = 1000 \text{ d'où } x = 329.$$

On versera dans le flacon à mélange 329 CC (presque 330) de la lessive forte et on achèvera les 1000 CC avec l'autre. Si en faisant l'épreuve 10 CC du nouveau mélange exigent 10 CC et 3 gouttes d'acide normal, c'est que le résultat est presque exact, seulement la lessive est trop forte de 3 gouttes. Les 990 CC restant étant trop forts de 99 fois 3 gouttes et 30 gouttes de la burette employée formant environ 1 CC, on ajoutera encore 9 CC d'eau et le mélange sera exact.

Aussitôt que la liqueur alcaline normale est bien rigoureusement préparée, il faut la conserver sans altération. La soude caustique absorbe l'acide carbonique dans les flacons les mieux bouchés, parce que le changement de pression et de température détermine un courant continuel d'air dans le flacon. Comme c'est un inconvénient que les meilleures fermetures ne peuvent empêcher, je

Fig. 56.

ne songeai donc pas à m'y opposer, mais bien plutôt à m'en affranchir par un moyen déjà connu. En conséquence, je ferme le flacon avec un bouchon trempé dans de la cire que j'introduis encore chaud, et je fais passer à travers ce bouchon l'extrémité effilée d'un tube analogue aux tubes à chlorure de calcium, mais rempli d'un mélange bien sec de sel de Glauber et de chaux caustique (fig. 56), et ne communiquant en haut avec l'air ambiant qu'au moyen d'un petit tube de verre. Ce mélange, employé par Graham, absorbe l'acide carbonique avec avidité. On broie ensemble, dans un mortier, environ volumes égaux de sel de Glauber et de chaux, on humecte le mélange complétement, puis on le dessèche à feu nu. On le concasse en menus morceaux qu'on introduit dans le tube, en ayant soin de placer à la partie inférieure un tampon de coton pour que la poussière ne tombe pas dans le flacon : on essaye, bien entendu, si le tube n'est pas obstrué à un bout ou à l'autre. C'est ainsi que je conserve dans la cave la provision de soude caustique et dans mon laboratoire ce qu'il en faut pour l'usage ordinaire. On ne trouve jamais trace d'acide carbonique dans la liqueur. Un tube à chaux peut servir plusieurs années. Je garde aussi de la même manière l'eau de baryte, qui d'ordinaire forme facilement un enduit blanc sur les parois internes des flacons. De l'eau de baryte préparée depuis plus d'un an et conservée ainsi est parfaitement claire et le flacon parfaitement diaphane.

Si dans certains cas, on veut employer l'ammoniaque avec des pipettes, comme par exemple dans la fabrication du vinaigre, on peut très-bien pour cet usage prendre l'ammoniaque officinal des pharmaciens. Si 10 CC d'acide normal, additionné de tournesol, exigent 1,7 CC d'ammoniaque, il faudra dans un litre 170 CC de cet ammoniaque et le reste en eau : bien entendu qu'après le mélange il faudra faire encore une épreuve.

CHAPITRE IV.

Des couleurs végétales.

On a toujours fait usage, pour l'alcalimétrie, de différentes substances végétales qui, par des changements de couleur, indiquent un excès d'un alcali ou d'un acide. La plus importante et la plus employée est le tournesol. Il se présente, comme on sait, en petits fragments cubiques, bleus, dans lesquels la matière colorante propre a été unie à dessein avec des terres. En les réduisant en poudre, l'eau chaude leur enlève ce principe colorant. On met une partie de tournesol dans 6 parties d'eau et on laisse digérer le tout au bain-marie ou bien on chauffe jusqu'à l'ébullition, puis on filtre après avoir laissé un peu refroidir. Pour empêcher cette teinture de s'altérer, j'y ajoute une partie d'alcool concentré et je la conserve dans des flacons non fermés. Elle passe généralement parmi les chimistes pour ne pouvoir se garder sans altération. C'est ce qui arrive en effet, lorsque, comme on en a l'habitude, on l'enferme dans des vases bien clos. Un jour je jetai de cette teinture de tournesol décomposée et infecte, et je laissai ouvert le flacon qui en contenait encore un peu : je remarquai que dix minutes après environ, le liquide décoloré avait repris une belle teinte bleue. Je fis alors une nouvelle teinture, et je la renfermai hermétiquement dans un flacon; bientôt elle se décomposa, mais en la versant dans une large soucoupe, elle reprit très-rapidement et presque à vue d'œil sa couleur bleue primitive. Puisque la coloration se développe par l'action de l'air, c'est donc qu'elle est détruite par une désoxydation. Et même une teinture, remplissant un flacon jusque dans le goulot étroit, fut décolorée parce que dans ce cas l'air n'a pas assez d'accès. Je la conserve donc maintenant dans des flacons ouverts, incomplétement remplis et j'en ai ainsi depuis plusieurs années qui n'a pas éprouvé la moindre altération. La légère addition d'alcool la préserve mieux, mais cependant elle n'est pas indispensable. Cette teinture ainsi préparée est fortement bleue; à la lumière transmise elle paraît d'un violet rouge. Elle contient encore une petite quantité d'alcali libre que l'on neutralise avec précaution. On y peut parvenir de deux manières, ou bien on y verse avec soin et goutte à goutte un acide étendu jusqu'à ce que la couleur passe du bleu foncé au bleu violet, ou bien on la fait bouillir dans un vase ouvert avec un peu de sel ammoniac. Il se développe alors de l'ammoniaque; du papier rouge de tournesol qu'on place dans la vapeur devient bleu. Il faut faire bouillir assez longtemps pour que l'ammoniaque se dégage. Le carbonate de potasse et celui de soude bouillis avec du sel ammoniac devenant neutres, il faut admettre que dans ce cas on a obtenu un liquide tout à fait neutre et que la couleur bleu-violet est la couleur propre du tournesol, laquelle devient rouge par l'action des acides et franchement bleue par les alcalis. Quand il y a neutralité, la teinte violette paraît être le mélange des deux teintes des réactions acide et alcaline. Il est important de ne pas mettre du sel ammoniac en excès, parce qu'il arrive parfois qu'il faut mêler la teinture de tournesol aux liqueurs alcalines chaudes, et alors de petites quantités des alcalis fixes seraient neutralisées par la décomposition du sel ammoniac, ce qu'indiquerait le dégagement de l'ammoniaque.

Lorsqu'on veut colorer la teinture avec un acide, le choix de celui-ci n'est pas indifférent; ainsi, par exemple, il ne faudrait pas prendre d'acide sulfurique, parce que dans les opérations sur de la baryte, celle-ci serait précipitée. La même chose aurait lieu avec l'acide oxalique. Il faut se servir d'acides formant des sels solubles, tels que l'acide acétique ou l'acide azotique.

La teinture préparée est mise dans un flacon ouvert avec une pipette partagée en CC (fig. 57). De cette façon l'accès de l'air est libre et on peut commodément prendre toujours des quantités égales de la préparation.

On se sert parfois, au lieu de tournesol, de teintures alcooliques de bois de campêche et de bois de Fernambouc. Elles ont une couleur jaune prononcée qui devient très-claire par l'action des acides. Les alcalis rendent la teinture de campêche d'un beau violet clair et celle de bois de Fernambouc d'un violet foncé.

Fig. 57.

Les bicarbonates alcalins et l'acide carbonique agissent également sur ces matières colorantes et une solution presque jaune devient violette par l'ébullition, à mesure que les bicarbonates alcalins se décomposent. Lorsqu'on colore de l'eau distillée avec ces teintures, le changement de couleur est sans doute très-net même avec une seule goutte ; mais si l'on emploie de grandes quantités de sel, surtout des carbonates alcalins, c'est bien plus lent et moins facile à saisir. J'ai toujours trouvé par de nombreux essais que le virement était bien plus net avec la teinture de tournesol.

Il serait fort à désirer qu'on eût une substance, qui, tout à fait incolore avec les acides, se colorerait sous l'action des alcalis : mais jusqu'à présent on n'en connaît pas. On avait indiqué la solution acide de gallate de peroxyde de fer. Ce corps est soluble dans un grand excès d'acide libre, et se précipite ensuite peu à peu par la neutralisation, de sorte que le phénomène complet de la coloration dure un temps trop long. Si l'on en prend peu, la coloration est faible, et si l'on en prend davantage, la précipitation dure tant que l'acide nécessaire pour faire la dissolution n'est pas complétement saturé.

J'avais proposé, comme moyen acidimétrique, la dissolution de chlorure d'argent dans l'ammoniaque. Aussitôt que la dernière trace d'ammoniaque est neutralisée, le chlorure d'argent apparaît au milieu de la liqueur transparente avec sa couleur blanche. Le phénomène est parfaitement net ; mais on ne peut employer ce procédé à cause de la volatilité de l'ammoniaque et parce que la liqueur d'épreuve devrait être préparée au moment de s'en servir ou ne pourrait être conservée dans les flacons qu'à la condition d'être faiblement concentrée, tandis que dans les autres méthodes les liquides préparés d'avance restent toujours les mêmes dans la burette.

L'ammoniaque coloré en bleu par un sel de cuivre a les mêmes inconvénients et de plus la couleur bleue ne disparaît que plus lentement encore (1).

______

(1) Dans un travail récent de Kieffer (*Ann. de Chimie et de Pharmacie*, vol. 93,

CHAPITRE V.

Des opérations alcalimétriques.

Les alcalis que l'on soumet aux épreuves alcalimétriques contiennent tous, sans exception, une certaine quantité d'eau, soit accidentelle, soit faisant partie intégrante de la substance quand celle-ci est cristallisée. Dans le premier cas, il faudra toujours se débarrasser de cette eau ; toutefois, bien qu'elle affaiblisse de tout son poids la valeur alcalimétrique de la marchandise, elle est cependant moins nuisible que si à sa place il y avait un poids égal de sels étrangers. On détermine cette quantité d'eau en faisant chauffer un échantillon au rouge dans un creuset de platine, et en mesurant la perte de poids. On pèse dans le creuset une certaine quantité de la substance, environ 3 ou 4 grammes, on chauffe au rouge avec une lampe à alcool et on laisse refroidir sous une cloche en verre avec du chlorure de calcium (fig. 58). Quand le

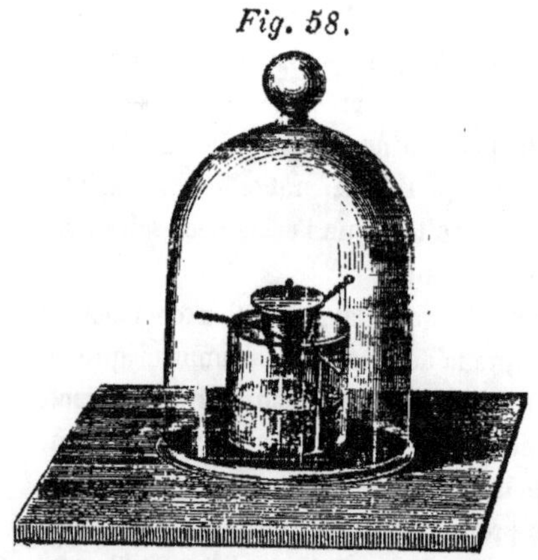

Fig. 58.

refroidissement est complet, on place le creuset couvert sur la balance et on détermine la perte de poids, en pesant le résidu et retranchant son poids du poids total primitif. On calcule la proportion d'eau pour 100 et on le fait connaître dans l'analyse.

La substance chauffée, dont on vient de déterminer le poids, peut servir pour l'essai. On la met dans un ballon, on y ajoute de l'eau distillée et on fait dissoudre. Dans le cas où il y aurait du résidu insoluble, il faudrait filtrer et bien laver le filtre. Si tout se dissous complètement, on y ajoute de 1 à 2 CC de teinture de tournesol, et on pose le vase sous la

page 586), ce procédé est recommandé comme moyen d'analyse alcalimétrique. L'auteur cependant ne voit pas de motifs suffisants pour changer ce qui précède et qui était déjà imprimé lors de la communication de M. Kieffer.

burette remplie d'acide normal jusqu'au zéro (fig. 1). Cet acide se verse dans la burette au moyen d'un entonnoir dont le bout est recourbé de côté, afin que le liquide coule le long des parois et ne tombe pas directement en produisant de l'écume. On remplit jusqu'à environ l'épaisseur d'un doigt au-dessus du zéro, on ouvre complétement la pince par une forte pression, afin que le tube inférieur à écoulement se remplisse entièrement, puis ensuite on ne laisse couler que lentement jusqu'à ce que le niveau soit au zéro; il est presque inutile de dire que ces gouttes sont reçues dans un autre vase, ou dans celui qui contient l'acide normal, ce que facilite la flexibilité du tube en caoutchouc. Afin de faire bien exactement ce premier remplissage, on prend de la main gauche le papier moitié noir (fig. 11), et on le place derrière le tube de manière qu'il soit frappé en plein par la lumière. La partie noire est en dessous, et la ligne de séparation à environ 2^{mm} au-dessous de zéro. De la main droite on presse légèrement les boutons de la pince jusqu'à ce que le liquide soit descendu juste au trait 0 (fig. 11). On fait ordinairement cette opération debout. On s'assied ensuite devant la burette, et on laisse tomber l'acide en jet continu dans l'alcali. Au bout de quelques instants il se fait une effervescence que l'on favorise par l'agitation, en ayant soin, toutefois, que la mousse qui se forme ne passe pas au-dessus des bords. Tant qu'il y a effervescence on laisse couler l'acide, jusqu'à ce que la couleur, passant d'abord du bleu au violet, vire à la couleur rouge pelure d'ognon. Lorsque la couleur est devenue bien franchement rouge, on met le ballon au-dessus d'une lampe à alcool, et on chauffe à l'ébullition en faisant souvent tournoyer le vase. S'il y avait encore du bicarbonate non décomposé, le liquide rede- viendrait bleu : mais s'il reste rouge, c'est que l'acide a été employé en excès. On y verse encore de l'acide normal toujours avec la burette, jusqu'à ce que le niveau soit à une division entière multiple de 10. Si par exemple on n'avait employé que 37,5 CC, on laisse couler jusqu'à 40 CC, pour 64 CC on ira jusqu'à 70. C'est parce que les divisions de 10 en 10 ont été marquées sur la burette par des pesées directes de l'eau qui a servi à faire la gradua- tion, tandis que les subdivisions intermédiaires ont été faites à la machine. On a donc maintenant une liqueur fortement acide, d'où l'on peut chasser l'acide carbonique en faisant bouillir et en soufflant dans le ballon. On intro- duit dans le ballon chaud un tube de verre suffisamment large, on commence par souffler dans le vase pour chasser l'excès d'acide carbonique, puis en- suite en aspirant on y fait entrer de l'air ordinaire. Il ne reste plus qu'à déterminer l'excès d'acide versé. On peut le faire avec une burette ou une pipette partagée en dixièmes de CC.

Comme cette opération n'est pas longue, j'emploie ordinairement la pipette de 10 CC (fig. 42). On puise dans le flacon à soude normale, jusqu'au-dessus du zéro, on ferme la pipette avec le doigt humecté en le passant sur la lèvre, et on laisse couler jusqu'au zéro. On descend la pipette dans le ballon, la pointe un peu au-dessous du col, et on laisse couler en même temps qu'on agite avec la main gauche. Quand les premières gouttes ne font pas naître la couleur bleue, c'est qu'il y a beaucoup d'acide en excès, on peut alors laisser couler un peu plus fort. Mais aussitôt que les gouttes en tombant produisent une tache bleue de plus en plus large, on ne laisse plus venir la soude que goutte à goutte, et on agite entre chaque goutte. Vers la fin de la saturation on voit apparaître une nuance violette qu'une nouvelle goutte fait passer au bleu. On lit les CC employés sur la pipette, et on en tient note. Comme l'alcali et l'acide se saturent exactement volume à volume, en retranchant le nombre de CC d'alcali employés de celui de l'acide, on a les CC d'acide ayant saturé la substance soumise à l'analyse. On peut, d'après cela, calculer la proportion de la base dont on connaît d'avance la nature. L'opération que nous venons de décrire ne nous apprend pas s'il s'agit de potasse ou de soude, mais seulement combien il y a de l'une ou de l'autre, quand d'ailleurs on sait que ce ne peut être que de la potasse ou de la soude. Titrer c'est donc peser, et la balance ne nous donne non plus que la quantité de chlorure d'argent, de sulfate de baryte, etc., quand on est déjà certain que ce doit être une de ces substances. Peser un corps inconnu à la fin d'une analyse, cela n'aurait pas de sens.

Le calcul de la proportion des substances se fait dans cet ouvrage suivant un principe déterminé, savoir en poids équivalents évalués en grammes contenus toujours dans un litre entier.

L'acide normal contient dans un litre un équivalent $=$ 63 gr. d'acide oxalique. Ce litre sature donc ainsi un équivalent en grammes de chaque alcali, par conséquent 69,11 gr. de carbonate de potasse, 53 gr. de carbonate de soude, 28 gr. de chaux caustique, etc. Si l'on opère avec 100 CC, soit $\frac{1}{10}$ de litre, cette quantité saturera $\frac{1}{10}$ équivalent d'alcali, estimé aussi en grammes, savoir : 6,911 gr. de carbonate de potasse, 5,3 de carbonate de soude, 2,8 de chaux. Si donc on verse dans la burette 100 CC d'acide normal, il faudra qu'ils soient tous employés pour des poids de matière pure pesant $\frac{1}{10}$ d'équivalent et pour ce poids particulier chaque CC représentera 1 pour cent de la substance pure. Si celle-ci n'est pas pure, il faudra alors moins de 100 CC et le nombre de CC employés réellement indiquera combien pour 100 il y a de substance pure. Pour les fabricants et dans les opérations où les mêmes analyses doivent se répéter souvent, il est très-convenable de faire des poids particuliers représentant exactement les équivalents : on n'a plus alors qu'à les poser sur la balance sans difficultés. J'en ai fait en plaques d'argentan, métal qui, par sa dureté et son indifférence chimique, se recommande particulièrement comme matière propre à fabriquer des poids. La forme en lame offre en outre assez d'étendue pour qu'on puisse y frapper avec des coins d'acier la valeur de chaque morceau (fig. 59 et 60). Et même, ces lames font

Fig. 59.   Fig. 60.

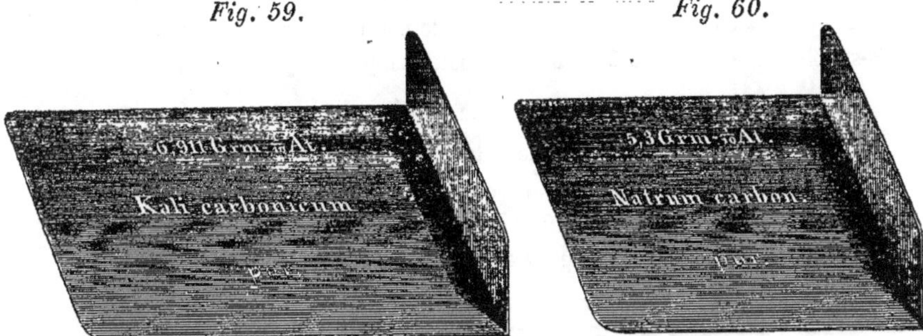

saisir facilement la grandeur relative des équivalents. On peut naturellement opérer de même pour d'autres corps, mais on ne le fera toutefois que lorsqu'on aura occasion de répéter fréquemment le même travail. En pesant donc le poids de $\frac{1}{10}$ d'équivalent en grammes de la substance à essayer, chaque centimètre cube employé indique la proportion pour 100 de la substance pure. Mais on peut également doser une substance d'après une autre dans laquelle elle entre, si l'on a soin de prendre de la seconde un poids correspondant à l'équivalent de la première. Ainsi l'équivalent de la potasse anhydre est 47,11. Ce corps n'existe jamais seul, mais s'il existait, il saturerait sous ce poids un équivalent d'acide oxalique : donc aussi 4,711 gr. de potasse anhydre neutraliseront 100 CC d'acide normal. Si donc on prend un poids de carbonate de potasse égal à $\frac{1}{10}$ de l'équivalent de la potasse anhydre, savoir 4,711 gr. chaque CC d'acide employé représentera un pour cent de potasse anhydre. Si l'on pèse 5,611 gr. (47,11 + 9 = 56,11) chaque cent. cube représentera 1 pour cent de potasse hydratée.

On n'a donc, dans toutes ces opérations, qui sont fort simples, qu'à peser $\frac{1}{10}$ d'équivalent du corps que l'on veut doser, pour que les CC employés en indiquent immédiatement la quantité pour cent. Exemple : un équivalent d'acide carbonique pesant 22 gr., on prendra 2,2 gr. de carbonate de potasse et les CC d'acide donneront la proportion d'acide carbonique sur 100.

1 équivalent d'iodure de potassium pèse 165,99; si l'on pèse 16,599 grammes de carbonate de potasse, les CC d'acide employés indiquent combien on obtiendrait d'iodure de potassium avec 100 du carbonate de potasse essayé, en le saturant par l'acide iodhydrique ou en le traitant par l'iodure de fer.

Il arrive souvent qu'on ne peut pas prendre un poids déterminé de la matière, mais qu'on en doit trouver la proportion dans une substance donnée. Dans ce cas, il y a un calcul fort simple à faire au moyen des poids équivalents. Supposons que pour saturer une quantité indéterminée de carbonate de potasse on ait employé 45 CC d'acide normal, on aura la proportion très-simple : 100 CC : 6,911 de carbonate de potasse :: 45 : x d'où

$$x = \frac{6,911 \times 45}{100} = 3,109 \text{ gr. de carbonate de potasse trouvé.}$$

Pour n'avoir dans ce calcul que des additions à faire, on peut, dans le cas où l'on aurait souvent à le répéter, faire d'avance les produits avec les neuf premiers nombres. On sait que 1,000 CC correspondent à 69,11 gr. de carbonate de potasse, soit 0,06911 pour chaque CC. Donc nous pourrons établir le tableau suivant :

	CENTIMÈTRES CUBES.								
	1	2	3	4	5	6	7	8	9
Quantité de carbon. pot. corresp.	0,06911	0,13822	0,20733	0,27644	0,34555	0,41466	0,48377	0,55288	0,62199

Pour nos 45 de l'exemple précédent, on calculera ainsi :

Pour 40 CC   = 2,7644 (en avançant dans la colonne 4 la virgule d'un rang à droite.)

5 CC   = 0,3455

45 CC représentent   3,1099 gr. comme plus haut.

Ainsi, dans tous les cas, l'opération se réduira à une simple addition, si l'on calcule la table au moyen du poids équivalent entier.

Dans beaucoup d'autres circonstances, comme dans les analyses par réduction et par oxydation, dans le dosage de l'argent et de l'acide prussique, on emploie des liqueurs dont la force n'est que $\frac{1}{10}$ de la force ordinaire. Alors un litre ne contient plus que $\frac{1}{10}$ d'équivalent au lieu d'un équivalent entier, et 100 CC ne correspondent qu'à $\frac{1}{100}$ équivalent. De pareilles dissolutions se nomment *liqueurs normales décimes*.

CHAPITRE VI.

Potasse.

SUBSTANCES.	FORMULES.	ÉQUIVALENT.	POIDS A PESER pour que 1 CC d'acide normal = 1 p. cent de la substance.	1 CC D'ACIDE normal correspond à
1. Potassium	K	39,11	3,911 gram.	0,03911 gr.
2. Potasse.	KO	47,11	4,711	0,04711
3. Potasse hydratée.	KO + HO	56,11	5,611	0,05611
4. Carbonate de po- tasse.	KO + CO²	69,11	6,911	0,06911
5. Bicarbonate de po- tasse.	KO + 2 CO² + HO	100,11	10,011	0,10011

Le sel de potasse le plus important que l'on ait à soumettre aux épreuves alcalimétriques, est la potasse du commerce. Elle arrive de différents pays avec des qualités diverses et plus ou moins mélangée. La potasse ordinaire de pays contient, outre le carbonate de potasse pur, beaucoup de sulfate de potasse, un peu de silicate de potasse, du chlorure de potassium, des sels terreux insolubles, de l'oxyde de fer et des traces d'oxyde de manganèse. Parmi ces substances, les oxydes terreux, qui agissent comme les carbonates alcalins en saturant les acides, doivent être écartés avec soin. Toutefois, il ne faut pas les éliminer avant d'avoir pesé la matière primitive et déterminé la quantité d'eau qu'elle renferme. Si l'échantillon n'était pas bien enfermé, ou bien s'il avait été expédié, enveloppé seulement dans du papier ou dans une vessie, le dosage de l'eau n'aurait plus aucun intérêt, parce qu'il ne se rapporterait plus à la substance première. Alors on chauffe simplement la potasse au rouge et on en pèse $\frac{1}{10}$ équivalent = 6,92 grammes ou bien le poids que l'on veut. On introduit la quantité pesée dans un flacon en verre, une carafe, on y verse de l'eau et on dissout. Le tout est ensuite jeté sur un filtre et celui-ci est lavé parfaitement avec de l'eau distillée jusqu'à ce qu'elle passe tout à fait au neutre, c'est-à-dire, ne ramène plus au bleu le papier de tournesol rougi. Pour être dispensé de ce lavage, on peut dissoudre le poids brut dans une carafe de trois cents centimètres cubes, étendre d'eau jusqu'au trait de jauge et filtrer. Avec la pipette, on prend 100 CC de liquide filtré et on détermine trois fois les CC d'acide normal nécessaires. L'erreur provenant du dépôt non lavé est tout à fait insignifiante. La dissolution est colorée en bleu avec le tournesol et traitée comme nous l'avons dit dans le chapitre précédent. On détermine donc le nombre de CC que la potasse sature et ceux-ci donnent immédiatement la quantité pour cent de carbonate de potasse si l'on a opéré sur 6,92 grammes. Autrement on calculera la richesse au moyen du tableau placé en tête de ce chapitre.

Tous les sels neutres que peut contenir la potasse ne nuisent en rien aux résultats : car, en admettant même qu'ils soient décomposés par l'acide normal, l'acide mis en liberté agira identiquement de même que celui-là. Mais aucun sel neutre ne peut être décomposé avant que tout le carbonate de potasse ne le soit et ce moment est indiqué par la coloration du tournesol. L'acide oxalique pourrait bien chasser l'acide chlorhydrique par l'ébullition, mais cette décomposition n'aurait lieu qu'en chauffant beaucoup et en agitant souvent. Dans tous les cas, l'acide oxalique n'est pas, sous ce rapport, si dangereux que l'acide sulfurique qui déplace facilement l'acide chlorhydrique, mais ne le fait cependant pas quand les dissolutions sont fortement étendues.

La potasse caustique agit comme le carbonate et est comptée comme tel dans les résultats. Il s'en suit que pour en déterminer exactement la proportion cette méthode est insuffisante.

Le silicate de potasse a la même action que le carbonate, puisque la silice est mise en liberté et reste ordinairement dans la liqueur. Mais pour l'usage ce silicate se comporte comme le carbonate, soit qu'on le décompose par la chaux caustique dans la fabrication des savons, soit qu'on le traite par l'acide acétique, l'acide iodhydrique, ou tout autre. Il n'est donc pas nécessaire de s'en préoccuper.

Enfin le sulfure de potassium a aussi une réaction alcaline. On reconnaît sa présence à l'odeur d'acide sulfhydrique qu'exhale la liqueur quand il y a sursaturation. Sa proportion est généralement très-insignifiante et le plus souvent ce sel, comme le silicate de potasse, est équivalent à la quantité de carbonate qui correspond à l'acide normal nécessaire pour sa décomposition. Le sulfure de potassium saturé par les acides donne des sels de potasse purs, et même forme du savon dans la saponification ; dans l'emploi de la potasse en dissolution, il ne tarde pas, du reste, à disparaître ; dans la potasse d'Amérique, il se trouvait autrefois en certaine proportion, et alors elle avait un aspect blanc-rougeâtre ou jaune-rougeâtre. Dans tous les cas, comme ce sulfure se rencontre rarement et qu'il se comporte presque comme la potasse pure, il n'y a pas non plus à s'en occuper spécialement.

Analyses.

1° 2,3035 gr. de carbonate de potasse chimiquement pur, obtenu par la décomposition, dans une capsule d'argent, de la crême de tartre purifiée par plusieurs cristallisations successives. Cette quantité est arbitraire et fut pesée après sa calcination dans un creuset de platine. A cause de la facilité très-grande avec laquelle cette substance absorbe la vapeur d'eau dans l'air, il y aurait moins d'exactitude à en prendre un poids déterminé à l'avance. On y versa 35 CC d'acide normal, puis il fallut 3,1 CC de soude normale pour faire reparaître la couleur bleue. Donc il y eut 35 — 3,1 = 31,9 CC d'acide normal employés pour la saturation complète.

Ce résultat, transformé par le calcul, donne :

$$\begin{array}{ll} \text{Pour 30 CC} = & 2,0733 \\ 1 = & 0,06911 \\ 0,9 = & 0,062199 \\ \hline \text{Total} = & 2,204609 \text{ gram. au lieu de } 2,2035. \end{array}$$

2° Une portion de carbonate de potasse pur, récemment calciné, pesait 2,373 gr. La quantité d'acide oxalique équivalente fut calculée égale à 2,162 gr. et pesée exactement. Ces deux poids furent introduits avec soin dans un ballon, on y versa de l'eau et on fit bouillir. Puis on ajouta de la teinture de tournesol et la couleur devint violet-rouge. Une goutte de soude normale la rendit bleu-clair, une seconde goutte la fit passer au bleu foncé sans apparence aucune de rouge, et la troisième goutte ne fit plus rien ; une goutte d'acide normal ne produisit pas d'effet, la seconde fit passer la couleur au violet léger, la troisième au rouge-violet, la quatrième au rouge net. On voit, d'après cela, que les équivalents de ces corps se saturent complétement, que le doute ne peut porter tout au plus que sur une seule goutte des liqueurs d'épreuve et que l'on ne doit pousser la saturation que jusqu'au violet, sans aller au-delà. Dès lors, je fais la lecture quand la nuance est violette, et en-suite je laisse encore tomber une goutte de soude normale : si celle-ci rend la couleur d'un bleu bien tranché, je m'en tiens à la lecture faite auparavant; mais si cette goutte ne produit pas la couleur bleue, je lis après l'avoir laissé couler et j'en fais arriver une nouvelle de soude normale, qui produit alors presque toujours l'effet attendu.

3° 3,129 gr. de carbonate de potasse chimiquement pur, furent dissous dans l'eau, colorés avec le tournesol et titrés avec deux burettes placées à côté l'une de l'autre, l'une remplie d'acide normal, l'autre de soude normale. Les deux burettes indiquant toujours les quantités de liquide écoulées, on peut rapidement rétablir toute analyse qui serait manquée en dépassant le point exact de saturation ; si l'on sursature par un excès d'acide, on ajoute de nouveau de l'alcali, jusqu'à ce que la dernière goutte fasse passer au violet. Il est évident que les résultats doivent être toujours les mêmes quand on est revenu à la neutralité exacte. Une première fois on employa 50 CC d'acide, puis 4,9 CC de soude ; puis on versa une quantité arbitraire d'acide, et on recommença la saturation : chaque opération est donc une nouvelle analyse. On obtint les résultats suivants :

ÉTAT de la burette acide.	ÉTAT de la burette à alcali.	CC D'ACIDE employés.
50	4,9	45,1
52,4	7,3	45,1
53,3	8,2	45,1
53,9	8,8	45,1
55,6	10,45	45,15
56,2	11,1	45,1

Ainsi le nombre de CC d'acide nécessaire est donc 45,1, qui donne :

Pour 40 CC = 2,7644

$\qquad$ 5 $\quad$ = 034,555

$\qquad$ 0,1 $\quad$ = 0,00691

Total $\quad$ 3,116861 au lieu de 3,129 gr.

4° 2,3555 gr. de carbonate de potasse pur ont exigé 37 CC d'acide, puis ensuite 2,9 de soude = 34,1 CC d'acide, qui correspondent à 2,356651 au lieu de 2,3555. Différence : 1 milligramme.

5° A 1,857 gr. de carbonate de potasse pur on ajouta 32 CC d'acide, puis 5,1 de soude = 26,9 CC d'acide = 1,859 gr. de carbonate de potasse au lieu de 1,857. Différence : 2 milligrammes.

Tous ces essais sont des vérifications de la méthode, puisqu'on opère sur des quantités connues d'avance. Le carbonate de potasse avait été essayé avec le plus grand soin et trouvé exempt de chlore, d'acide sulfurique et d'acide azotique. On voit, par ces exemples, que sous la forme que nous lui avons donnée, la méthode va bien au-delà des besoins des arts et de l'industrie, et peut être mise en parallèle avec les méthodes d'analyses ordinaires, qu'elle surpasse même de beaucoup quand il s'agit des alcalis pour lesquels il n'y a pas de bons procédés d'analyse. Comment, en effet, ferait-on pour déterminer le carbonate de soude s'il était mélangé de chlorure de sodium? La saturation par l'acide sulfurique et le dosage du sulfate de soude nécessite une détermination quantitative du chlorure de sodium ; de même si l'on décomposait par le sel ammoniac pour estimer la quantité de chlore par l'argent. Dans ce cas, la méthode analytique ordinaire n'égale pas en exactitude l'emploi des liqueurs titrées, et exige bien plus de temps et de peines.

Un avantage précieux de la méthode par les liqueurs titrées, c'est d'être tout à fait indépendante des pesées incertaines de vases volumineux, de creusets de platine, d'appareils à dégagement, de cendres de filtres. La méthode si belle de Frésénius et Will pour le dosage des alcalis par la perte de l'acide carbonique, ne donne pas des résultats aussi certains qu'on aurait pu l'espérer à cause de l'emploi des grandes fioles très-hygrométriques. Celles-ci doivent être chauffées pour que le dégagement d'acide carbonique soit complet et après le refroidissement elles ne reprennent jamais leur poids primitif. Il en est de même pour l'analyse du bioxyde de manganèse.

Après avoir constaté la rigueur de la méthode sur des substances d'une composition connue, on est en droit de l'appliquer maintenant à des corps dont on ignore le titre, c'est-à-dire, de s'en servir pour les analyses proprement dites.

6° 2 grammes de potasse de marc de raisin calcinée, récemment chauffée au rouge, échantillon très-pur.

Acide normal........	34	36	40	41
Soude normale......	9,6	11,4	15,7	16,6
CC d'acide employés. ..	24,4	24,6	24,3	24,4

en moyenne 24,4 CC = 1,686 gr. de carbonate de soude = 84,31 pour cent.

7° 2 gr. de potasse, contenant des morceaux granuleux non homogènes.

Acide normal......	25,1	26	28	30	32
Soude normale.....	1,2	2,1	4,2	6,2	8,2
CC d'acide employé...	23,9	23,9	23,8	23,8	23,8

Moyenne 23,85 CC = 1,6482 gr. = 81,78 pour cent de carbonate de potasse.

8° 3 grammes de la même potasse exigèrent en moyenne de cinq expériences 35,5 CC d'acide = 2,4534 gr. = 81,78 pour cent de carbonate de potasse.

9° 3,455 gr. = $\frac{1}{20}$ d'équivalent de potasse commune de pays, furent filtrés. On employa 36 CC d'acide, 3 CC de soude = 33 CC d'acide = 66 pour cent de carbonate de potasse.

Comme ici on n'a employé que $\frac{1}{20}$ d'équivalent au lieu de $\frac{1}{10}$, il a fallu doubler les CC d'acide pour avoir la richesse. Le même essai répété conduisit juste au même résultat.

10° 5,088 gr. de cendres de bois de hêtre, tamisées, calcinées de nouveau, furent mis dans de l'eau, on fit bouillir et on filtra. La liqueur filtrée, fortement colorée en rouge par 14 CC d'acide normal, fut ramenée au violet-bleu par 5,4 CC de soude. Une seconde expérience donna 15 CC d'acide et 6,4 de soude ; ainsi, dans les deux cas, 8,6 CC d'acide employés pour l'essai. L'eau de lavage du filtre, traitée dans un autre vase avec 0,2 CC d'acide, fut ramenée au bleu à l'aide de 0,07 CC de soude normale versée à l'aide d'une pipette donnant le centième de CC : on employa donc pour cette eau 0,13 CC d'acide normal qui, ajoutés aux premiers 8,6 CC, donnent en tout 8,73 CC d'acide $=$ 0,6032 gr. $=$ 11,85 pour cent de carbonate de potasse.

11° 3,1025 gr. de cendres de cigarre calcinées, exigèrent 3,6 CC d'acide pour virer au rouge vif et 0,93 CC de soude, reste 2,67 CC d'acide normal $=$ 0,184 gr. $=$ 5,930 pour cent de carbonate de potasse.

12° 4,166 gr. de potasse caustique hydratée. 64 CC d'acide, puis 1,9 CC de soude $=$ 62,1 CC d'acide employé $=$ 3,48 gr. $=$ 83,64 pour cent de potasse hydratée. A la fin de la saturation on remarqua une légère effervescence, de sorte qu'une partie de la potasse devait être à l'état de carbonate. Par les liqueurs titrées, on peut facilement déterminer la potasse caustique qui se trouve dans le carbonate, ainsi que le carbonate qui peut exister dans l'alcali caustique.

Pour le premier cas, M. Bareswil a conseillé de précipiter par un excès de chlorure de baryum, et, après avoir filtré, de précipiter par un courant d'acide carbonique, la baryte caustique équivalente à la potasse caustique, et d'en déterminer le poids. Je crois avoir beaucoup perfectionné ce procédé tout en le simplifiant.

On dose par la méthode ordinaire toute la quantité d'alcali au moyen de l'acide oxalique, on précipite ensuite par le chlorure de baryum une égale quantité d'alcali, en ayant soin d'étendre de beaucoup d'eau distillée chaude, on sépare le carbonate de baryte en filtrant, et on le dose au moyen de la dissolution normale d'acide azotique, dont on verra la préparation et l'usage au chapitre de la baryte. Je dirai seulement ici que la dissolution normale d'acide azotique, équivalente à celle d'acide oxalique, sature exactement la solution normale de soude volume à volume.

Il est bon, je crois, de donner ici un exemple particulier de ce cas.

Il s'agit d'une dissolution de potasse caustique, qui renferme un peu de carbonate, comme cela arrive presque toujours, et il faut par la méthode des liqueurs titrées doser les deux substances.

5 CC de la dissolution furent versés et pesés dans un petit verre préalablement taré avec le plus grand soin. Le poids fut de 6,020 gr. Son poids spécifique est donc de $\frac{6,020}{5} = 1,204$. La dissolution caustique fut versée avec beaucoup d'eau chaude dans un flacon de 300 CC, et décomposée par le chlorure de baryum ; puis, le flacon rempli jusqu'au zéro fut agité, et on laissa reposer. Comme le précipité ne se sépara pas complétement, on filtra rapidement. 100 CC de la liqueur filtrée furent pris et titrés par l'acide oxalique. Ils exigèrent 6,85 CC d'acide oxalique normal et ensuite 0,5 CC de soude normale, donc, en définitive, 6,35 CC d'acide oxalique normal. Le second tiers de la masse totale, titré avec l'acide azotique normal, fournit aussi 6,35 CC. Donc la quantité d'acide nécessaire pour la masse totale de l'alcali caustique est trois fois 6,35 CC = 19,05 CC. Dans la précipitation, il est seulement nécessaire d'employer une quantité de chlorure de baryum suffisante pour décomposer le carbonate de potasse, car il est tout à fait indifférent qu'il y ait dans la liqueur filtrée de la potasse caustique ou de la baryte caustique. Seulement il ne faut pas qu'il y ait de baryte précipitée ou non dissoute.

Le carbonate de baryte lavé à l'eau chaude fut poussé dans un ballon au moyen d'une fiole à jet, après avoir percé le filtre. On employa 2,5 CC d'acide azotique normal, puis on chauffa fortement pour chasser tout l'acide carbonique et il fallut 1 CC de soude normale pour amener la couleur au bleu. Donc, d'après cela, 1,5 CC d'acide azotique normal donne la mesure du carbonate de potasse.

Comme vérification, on titra en réalité 5 CC de la solution alcaline primitive : ils furent saturés par 21 CC d'acide oxalique normal. Dans le premier cas, on en avait employé 19,05 + 1,5 = 20,55 : il n'y a, comme on voit, que $\frac{1}{2}$ CC de différence. Mais comme ce dernier procédé, de déterminer l'alcalinité totale, et de ne mesurer que le carbonate par le chlorure de baryum est plus certain, j'adopte comme plus exact le nombre trouvé en dernier lieu. D'après cela, 1,5 CC d'acide oxalique normal = 0,10366 gram. de carbonate de potasse et 21 — 1,5 = 19,5 CC = 1,094145 gr. de potasse hydratée. Ces quantités obtenues avec 5 CC = 6,020 gr. donnent pour cent :

> Carbonate de potasse........ 1,722
> Hydrate de potasse.......... 18,175
> Eau et sels neutres......... 80,103
>
> 100,000

Si la quantité de carbonate alcalin est considérable, comme dans la potasse d'Amérique et quelques espèces de soudes, on titre l'alcali en bloc ; on précipite ensuite une quantité égale de la substance avec le chlorure de baryum, on filtre rapidement et on titre la liqueur filtrée, ce qui donne la quantité d'alcali caustique. Les sels de soude se comportent absolument de la même manière, il n'y a de différence que dans les nombres à employer pour faire les calculs : il est donc inutile d'entrer pour eux dans une nouvelle explication. Ainsi, par exemple, si dans les analyses précédentes il s'était agi de soude caustique, on aurait eu :

Carbonate de soude......... 1,320
Soude hydratée............ 12,958
Eau et sels neutres........ 85,722
                            ——————
                            100,000

CHAPITRE VII.

Soude.

SUBSTANCES.	FORMULES.	ÉQUIVALENT.	POIDS À PESER pour que 1 CC d'acide normal = 1 p. cent de la substance.	1 CC D'ACIDE normal correspond à
6. Sodium.	Na	23	2,3 gram.	0,023 gram.
7. Soude anhydre.	$Na\,O$	31	3,1	0,031
8. Soude hydratée.	$Na\,O + HO$	40	4,0	0,040
9. Carbonate de soude sec.	$Na\,O + CO^2$	53	5,3	0,053
10. Carbonate de soude cristallisé.	$Na\,O + CO^2 + 10\,HO$	143	14,3	0,143
11. Bicarbonate de soude.	$Na\,O + 2\,CO^2 + HO$	84	8,4	0,084

Le sel de soude qu'on a le plus souvent à essayer est le carbonate de soude avec ou sans eau. On le trouve dans le commerce sous le nom de soude brute, sel de soude ou cristaux de soude. Dans les fabriques, on n'emploie guère que la soude calcinée. C'est une poudre blanche ou un peu grise qui consiste en grande partie en carbonate de soude, mélangé d'un peu de sulfate de soude et de sel marin. Fréquemment, une partie de la soude est à l'état caustique. Dans les épreuves alcalimétriques, celle-ci passe pour carbonate, ce qui est tout à fait indifférent quand on s'en sert pour fabriquer le savon et le verre.

Les impuretés mécaniquement mélangées, telles que charbon, carbonate de chaux, oxysulfure de calcium, sont séparées par la filtration. Une dissolution de soude à essayer qui n'est pas limpide doit être filtrée avant la saturation et le filtre bien lavé.

Le silicate de soude a la même valeur alcalimétrique que la quantité équivalente de carbonate, mais, du reste, on le rencontre rarement et seulement en petite quantité.

Le sulfure de sodium se reconnaît facilement à l'odeur d'acide sulfhydrique qui se dégage pendant la saturation. On peut le titrer au moyen de la liqueur d'iode, mais comme les fabricants s'en préoccupent peu, il n'est pas nécessaire de se donner cette peine.

Parfois il se trouve aussi de l'hyposulfite de soude. On le reconnaît à ce que la dissolution de soude filtrée, saturée avec de l'acide sulfurique, se trouble par l'ébullition. L'hyposulfite a pour formule : $NaO + S \cdot O^2 + 5\ HO$. Il n'a pas de réaction alcaline. Quand on le décompose par les acides et que l'on chauffe, l'acide hyposulfureux $S\ O^2$ se dédouble en 1 équivalent d'acide sulfureux SO^2 et un équivalent de soufre S. Or, l'hyposulfite de soude étant décomposé par les acides libres, la soude sature une partie de l'acide normal, de sorte que la soude paraît un peu plus riche qu'elle ne l'est réellement. Dans ce cas, on remarque, en faisant bouillir la dissolution acide, l'odeur caractéristique de l'acide sulfureux.

La marche à suivre pour les essais de soude est la même que pour la potasse.

Analyses.

1° 2,283 gr. de carbonate de soude cristallisé, chimiquement pur, venant d'être chauffé au rouge, ont exigé 47 CC d'acide normal, puis 4,2 CC de soude pour obtenir la couleur violette. Il y eut donc 42,8 CC d'acide employés à la saturation. Cela donne 2,2684 gr. de carbonate de soude au lieu de 2,283. Différence : 0,0146.

2° 7,628 gr. de carbonate de soude récemment chauffé au rouge furent dissous dans 300 CC d'eau contenus dans un flacon jaugeant ce volume. On prit $\frac{1}{6}$ = 50 CC de cette solution et on y ajouta 28 CC d'acide normal, puis ensuite 4,1 CC de soude pour la neutralisation, en sorte que la quantité d'acide réellement nécessaire était 23,9 CC. Cette quantité, multipliée par 6, donne pour la quantité totale 143,4 CC d'acide. En calculant d'après l'équivalent 53 du carbonate de soude desséché, on trouve 7,6002 gr. de carbonate.

3° 3 grammes de carbonate de soude desséché, colorés par le tournesol, nécessitèrent 60 CC d'acide normal, moins 3,4 CC de soude = 56,6 CC d'acide en réalité.

Une seconde expérience donna 62 CC d'acide moins 5,4 CC de soude, = 56,6 d'acide = 2,9998 gr. de carbonate au lieu de 3 gr.

Jusqu'au moment même où la couleur bleue reparut, on employa 62 CC d'acide, puis 5,5 CC de soude = 56,5 CC d'acide nécessaire = 2,9945 gr. au lieu de 3.

4° 3 grammes de carbonate de soude desséché furent mêlés à la teinture de tournesol et à 3 gr. de sulfate de soude.

Par répétition, on obtint successivement les quantités suivantes d'acide : 56,8, 56,75, 56,7 et 56,7 CC, dont la moyenne est 56,74 CC, qui donnent 3,007 gr. au lieu de 3 gr. Les sulfates neutres alcalins ont, comme l'avait déjà remarqué Gay-Lussac, une très-légère réaction alcaline. Mais on voit qu'elle est si faible qu'elle rentre dans les limites des erreurs de l'expérience.

5° 3 gr. de carbonate de soude desséché, colorés par le bois de Fernambouc donnèrent, par 4 répétitions, 56,4 CC d'acide normal = 2,9892 gr. au lieu de 3.

6° 5 gr. de carbonate de soude cristallisé, desséché sur un poêle chaud, et devenu un peu blanc, donnèrent par quatre répétitions 34,8 CC d'acide = 4,9764 gr. de carbonate au lieu de 5 gr. Si l'on calcule d'après l'acide employé, le carbonate de soude anhydre, on obtient 1,8444 gr. Comme contrôle, on chauffa dans une capsule de porcelaine 5 gr. du même carbonate cristallisé jusqu'à ce que toute l'eau fut chassée et on détermina exactement la perte de poids. Elle fut de 3,150 gr. = 63 pour cent. Il y avait donc 37 pour cent de carbonate de soude ; or, les 0,37 de 5 gr. font 1,85 gr. et on a trouvé plus haut 1,8444. Voilà un accord d'une exactitude que les analyses en poids les plus rigoureuses ne pourraient certes pas donner.

On remarquera ici que le carbonate de soude récemment cristallisé, donne toujours une quantité d'eau de cristallisation plus grande que celle qu'il devrait contenir réellement, ce qui tient à l'eau-mère interposée entre les lamelles cristallines. Il faut avoir la précaution de ne pas dessécher et faire rougir ce sel dans un creuset en platine ou en argent. Il perce facilement le fond du creuset ou y occasionne des gerçures. Il vaut mieux employer une petite capsule en porcelaine à fond plat, fermée par un couvercle de creuset en porcelaine.

Toutes les épreuves analytiques que nous venons de rapporter sont en si parfait accord avec les poids connus d'avance, que nous pouvons appliquer cette méthode avec confiance à la recherche de quantités inconnues de ces diverses substances.

7° Sel efflorescent de la vallée de Brohl, parfaitement desséché. Il ne contient pas de potasse et sa dissolution fait vivement effervescence avec les acides. Il doit donc renfermer du carbonate de soude.

3 gr. de ce sel traités par l'eau distillée bouillante exigèrent, après filtration, 25 CC d'acide normal, moins 11,7 de soude, reste 13,3 CC d'acide = 0,7049 de carbonate de soude = 23,49 pour cent.

8° 3 gr. d'une soude calcinée du commerce, vendue comme portant 85 °/₀, furent pesés après avoir été desséchés; on décomposa avec la teinture de tournesol et l'acide oxalique normal, et on titra avec la soude normale, trois répétitions donnèrent :

Acide......	51	52	53 CC
Soude......	2,5	3,8	4,6
	48,5	48,2	48,4 CC d'acide d'épreuve.

9° 3 gr. de la même soude, traités par l'acide azotique normal, donnèrent dans deux répétitions :

Acide azotique normal...	50	51
Soude normale........	1,6	2,6
	48,4	48,4 CC d'acide.

Calculant ces deux analyses d'après la moyenne 48,4 CC, on arrive à 2,5652 gr. de carbonate de soude = 85,5 pour cent.

10° 8 pastilles de Rippoldsau qui renferment, ainsi que les pastilles de Vichy, du bicarbonate de soude, furent dissoutes dans de l'eau, puis chauffées, ce qui produisit déjà un dégagement d'acide carbonique. Il fallut 4 CC d'acide oxalique normal pour communiquer au liquide une couleur rouge clair : puis ensuite 0,8 CC de soude normale. Il n'y eut donc que 3,2 CC d'acide normal neutralisé. Multipliant ce nombre par 0,084 (le millième de l'équivalent du bicarbonate), on aura 0,2608 gr. de bicarbonate. Donc, dans 30 pastilles, il y a 1 gr. de bicarbonate de soude.

11° Dissolution de soude caustique.

On en prend avec une pipette 5 ou 10 CC que l'on verse dans un vase en verre taré. On obtient ainsi le poids absolu, et le poids spécifique du liquide.

La quantité que l'on a prise est colorée par la teinture de tournesol, on y fait couler l'acide oxalique normal jusqu'à ce que la couleur soit nettement rouge, on chauffe un peu pour chasser la petite quantité d'acide carbonique, et on achève avec la soude normale pour ramener au bleu.

5 CC d'une dissolution de soude caustique furent traités de cette manière-là. Le poids fut dans deux expériences de 6,030 gr. et 6,02, en moyenne 6,025 gr. Le cinquième $=$ 1,205 est le poids spécifique.

5 CC de la même solution exigèrent :

1° 23,2 CC d'acide oxalique normal (au rouge), et 0,6 CC de soude $=$ 22,6 CC d'acide oxalique normal.

2° 23 CC d'acide oxalique et 0,6 CC de soude $=$ 22,4 CC d'acide.

3° 23 CC d'acide oxalique et 0,4 CC de soude $=$ 22,6 CC d'acide.

Deux expériences sont d'accord et donnent 22,6 CC d'acide oxalique normal. Multipliant par 0,031 le millième de l'équivalent de l'oxyde de sodium, on obtient 0,7006 de soude qui seraient contenus dans 6,025 gr. de la dissolution, soit 11,63 pour cent de soude caustique anhydre.

Si l'on multiplie par 0,040, millième de l'équivalent de $Na\,O + HO$, on aurait 0,904 $=$ 15,004 pour cent d'hydrate de soude.

Le carbonate de soude contenu dans la dissolution de soude caustique est compté naturellement comme soude caustique, de même que dans l'analyse d'une soude, la soude caustique passe pour carbonate. Si l'on veut savoir la proportion de chacun séparément, ce qui est important pour les alcalis caustiques du commerce employés dans les fabriques de savon, on détermine d'abord la contenance totale en soude, puis ensuite on dose l'acide carbonique en le recevant dans du chlorure de calcium ammoniacal, comme cela sera exposé plus loin.

On peut aussi ajouter, à la dissolution de soude, une solution chaude très-étendue de chlorure de baryum, laisser déposer, décanter, laver le précipité sur un filtre avec de l'eau chaude, jusqu'à ce que celle-ci, en sortant du filtre ne ramène plus au bleu la teinture de tournesol rougie, puis placer le filtre et le précipité dans un vase à expérience et doser le carbonate de baryte avec les solutions normales d'acide nitrique et de soude, ainsi que cela sera décrit très-exactement au chapitre de l'acide carbonique.

CHAPITRE VIII.

Ammoniaque.

SUBSTANCES.	FORMULES.	ÉQUIVALENT.	POIDS A PESER pour que 1 CC d'acide normal = 1 p. cent de la substance.	1 CC d'acide normal correspond à
12. Ammoniaque. . .	$Az\ H^3$	17	1,7 gram.	0,017 gram.
13. Sel ammoniac. .	$Az\ H^3 + H\ Cl$	53,46	5,346	0,05346

Ammoniaque pur.

L'ammoniaque pur, en dissolution dans l'eau, se titre avec la plus grande facilité. On peut titrer jusqu'à la couleur violette, au moyen de la burette d'acide oxalique l'ammoniaque pesé ou mesuré et coloré par la teinture de tournesol, ou bien déterminer la quantité d'ammoniaque nécessaire pour faire passer au violet une quantité mesurée d'avance d'acide oxalique coloré par le tournesol, et qu'on a tirée du flacon à l'aide de la pipette. Dans les deux cas, une fois arrivé à la teinte violette, il suffit d'une goutte de réactif de plus pour faire virer au bleu ou au rouge parfait.

Toutefois, pour ne pas peser l'ammoniaque, ce qui occasionne une perte de temps, on en détermine le poids spécifique d'une manière quelconque, on en prend avec la pipette un certain nombre de centimètres cubes dont le produit par le poids spécifique donne en grammes le poids de l'ammoniaque. Supposons que le poids spécifique ait été trouvé = 0,96, alors 10 CC pèseront exactement 10 fois 0,96 ou 9,6 gr. Comme maintenant la détermination du poids spécifique exige à peu près autant de peine qu'une simple pesée, on peut profiter de cette opération pour répéter l'analyse, puisqu'avec la pipette on peut toujours, en procédant avec adresse, prendre des quantités de liquide parfaitement égales en poids. On peut employer cette méthode très-avantageusement, pour avoir à la fois le poids absolu et le poids spécifique d'un liquide.

A cet effet on fera usage de la pipette (fig. 61), qui jauge exactement jusqu'au trait 10 CC d'eau distillée à 14° R., et cela comme toujours, en

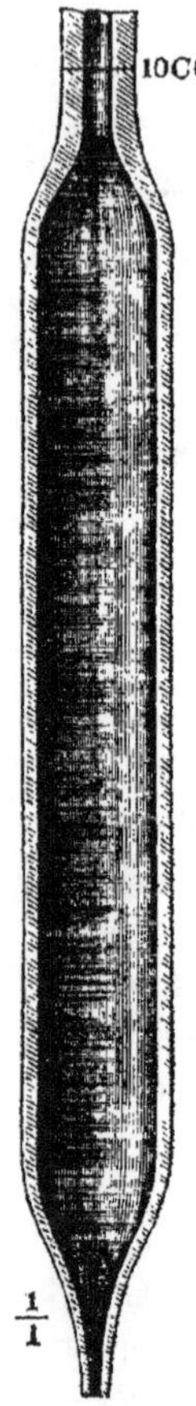

ayant soin, après l'écoulement, d'essuyer le bout de la pipette contre la paroi du vase. On place sur une balance sensible un petit vase léger contenant environ 15 à 20 CC. On lui fait équilibre avec de la grenaille, on remplit la pipette jusqu'au trait avec le liquide à essayer, et on laisse couler ensuite dans le petit flacon. Puis on pèse le liquide. On obtient ainsi son poids absolu en grammes, et en reculant la virgule d'un rang vers la gauche on a le poids spécifique par rapport à l'eau distillée à 14° R. Le volume de l'eau étant juste de 10 CC, le poids absolu d'un autre liquide sous le même volume est son poids spécifique par rapport à celui de l'eau supposé égal à 10, et par le déplacement de la virgule, on l'a par rapport à celui de l'eau pris pour unité.

Une dissolution d'ammoniaque caustique à 14° R. fut pesée, et on trouva pour son poids spécifique 0,9618.

La pipette fut de nouveau essayée, et on trouva qu'elle mesurait juste 10 gr. d'eau distillée à 14° R. On la remplit d'ammoniaque caustique que l'on versa dans le petit vase en verre taré d'avance, et on détermina le poids de la solution. Une première fois on trouva 9,6175 gr. et une seconde 9,618 gr. D'après cela le poids spécifique est donc 0,9618, résultat qui s'accorde parfaitement avec le nombre trouvé précédemment par une autre méthode, et cela plus encore que je n'aurais pu l'espérer. On pèse donc toujours avec cette pipette 9,618 gr. de ce liquide.

Si l'on remplit une pipette de cinq centim. cubes avec cette solution d'ammoniaque caustique, on en aura 5 fois 0,9618 = 4,809 gr. Une pareille quantité exigea 26,9 CC d'acide oxalique normal pour faire paraître la couleur violette. 26,9 CC d'acide correspondent d'après le tableau donné plus haut à 0,4572 gr. d'ammoniaque anhydre contenu dans les 4,809 gr. de la dissolution = 9,509 pour cent.

10 CC = 9,618 gr. de la solution ammoniacale employèrent 54,2 CC d'acide normal = 0,9214 gr. d'ammoniaque dans 9,618 gr. = 9,552 pour cent.

20 CC d'acide normal furent versés dans un petit verre, et au moyen d'une

pipette donnant le 50° de CC, on y versa goutte à goutte l'ammoniaque jusqu'au changement de couleur. On employa 3,7 CC d'ammoniaque. Ceux-ci
pèsent 37 fois 0,9618 ou 3,558 gr. 20 CC d'acide normal correspondent,
d'après le tableau, à 0,34 gr. d'ammoniaque, donc, dans les 3,558 gr. d'ammoniaque liquide, il y en a 0,34 anhydre. Ce qui donne 9,555 pour cent.

Ainsi, au moyen de trois expériences faites par des méthodes différentes et
avec des instruments divers, nous avons trouvé les nombres 9,509, 9,552 et
9,555 pour cent. L'accord est parfait jusqu'aux dixièmes, les différences ne
portent que sur les centièmes pour cent.

Otto, dans son tableau, donne 9,375 pour cent pour une solution ammoniacale à 16° C = 12,8 R dont le poids spécifique est 0,9616. C'est un résultat un peu plus faible que celui que j'ai trouvé.

Dans tous les cas on voit, par là, la simplicité et la rigueur de la méthode.

Il est au contraire difficile de ramener au bleu, au moyen de la soude, une
dissolution d'un sel ammoniacal sursaturé par un acide. Cela tient à la propriété du sel ammoniacal, même neutre, de rendre violette la teinture de
tournesol.

Dans deux quantités égales d'eau distillée, on versa des volumes égaux de
tournesol à l'aide d'une pipette. Les deux liquides étaient fortement colorés
en violet. Dans l'un on mit une petite quantité de sel ammoniac sublimé, et
on porta les deux à l'ébullition. L'eau pure devint un peu bleue, à cause
du dégagement de l'acide carbonique qu'elle renfermait, tandis que l'eau
contenant un peu de sel ammoniac passait au rouge pur, parce que l'alcali
du tournesol se combinait avec l'acide du sel ammoniac, et l'ammoniaque se
dégageait.

Mes recherches sur le dosage du carbonate d'ammoniaque en sursaturant
par l'acide oxalique et en ramenant la neutralité au moyen de la soude, ne
me donnèrent pas des résultats aussi satisfaisants que j'avais l'habitude de les
obtenir dans les autres essais alcalimétriques.

Voici les détails de quelques expériences telles que je les ai obtenues.

1° 3,110 gr. de carbonate d'ammoniaque d'une composition inconnue,
mais qui, d'après son aspect, semblait être un bicarbonate, exigèrent 46 CC
d'acide oxalique, puis 4,2 CC de soude caustique, soit en définitive 41,8 CC
d'acide. Cela correspond à 0,7106 gr. d'ammoniaque = 22,85 pour cent.

2° Dans 4,704 gr. de carbonate d'ammoniaque, on versa 65 CC d'acide
normal, puis 3,7 CC de soude ; il reste 61,3 CC d'acide nécessaire à la saturation : donc en calculant, cela donne 1,0421 gr. d'ammoniaque = 22,15
pour cent.

Des différences semblables se présentèrent chaque fois en répétant d'autres expériences qu'il est inutile de rapporter ici. Il est de toute importance de laisser refroidir complétement le liquide sursaturé d'acide avant d'y verser la soude. Si l'on néglige cette précaution, l'ammoniaque mis en liberté se volatilise, et, peu à peu, la couleur bleue du liquide passe d'elle-même au violet et devient rougeâtre.

3° On m'apporta un jour de la fabrique de gaz à la houille de Coblentz, une masse saline d'une couleur jaunâtre, d'une forte odeur de goudron de houille, et qui s'était déposée dans les réfrigérants. Cette substance était complétement volatile sur la feuille de platine, sa vapeur était incolore, et les acides en dégageaient de l'acide carbonique. Le sel était transparent, très-dur, mais se laissait facilement diviser en morceaux, et ne sentait pas du tout l'ammoniaque. Sur un fourneau chaud il se volatilisait très-peu. Devant être, d'après cela, du carbonate d'ammoniaque, il fut soumis à l'essai analytique.

A 3,02 gr. du sel desséché à l'air, on ajouta 40 CC d'acide oxalique normal, puis 2,2 CC de soude normale pour amener la couleur au violet. Il y eut donc 37,8 CC d'acide saturés. Ce nombre multiplié par 0,017 donne 0,6426 gr. d'ammoniaque ou $\dfrac{0,6426 \cdot 100}{3,02} = 21,27$ pour cent d'ammoniaque.

3,088 gr. du même sel additionnés d'ammoniaque pur, furent traités par le chlorure de barium, on fit bouillir et on obtint un abondant précipité de carbonate de baryte. Celui-ci, lavé à l'eau chaude, fut dosé, comme nous le verrons au chapitre « Baryte », au moyen de l'acide azotique normal et de la soude. Le précipité auquel on ajouta 88,9 CC d'acide azotique normal exigea 12,2 CC de soude normale pour que la teinture de tournesol indiquât la neutralisation parfaite de l'acide libre. Il y eut donc 76,7 CC d'acide azotique normal saturés. Ce nombre multiplié par 0,022 (millième de l'équivalent de CO^2) donne 1,6874 gr. CO^2 pour 3,088 du sel, par conséquent 54,64 pour cent d'acide carbonique.

D'après les recherches de Rose (1) sur le carbonate d'ammoniaque, le bicarbonate d'ammoniaque a pour composition :

		Sel analysé.
1 équivalent d'ammoniaque.......	21,6	21,27
2 équivalents d'acide carbonique. ..	55,72	54,64
2 équivalents d'eau	22,68	23,09

(1) *Ann. de Pharmacie*, vol. 50, page 82.

D'après cela, le sel solide déposé dans l'épurateur de l'usine à gaz serait du bicarbonate d'ammoniaque pur à deux équivalents d'eau. Seulement il faudrait ajouter à l'eau la petite quantité d'huile empyreumatique, ce qui fait paraître les deux autres éléments en proportion un peu moindre.

M. Boussingault (1) a déterminé dans une série d'expériences la proportion d'ammoniaque contenue dans l'eau de pluie, la neige, l'eau de rivière, de source, de fontaine. Sa méthode repose sur ce fait, que dans la distillation de l'eau, contenant peu d'ammoniaque, celui-ci passe complétement dans les premiers produits de la distillation. En ayant soin de bien refroidir les vapeurs, et en prenant les précautions convenables pour que rien ne soit entraîné mécaniquement, ce savant recueille 400 CC sur un litre d'eau auquel il ajoute, pour décomposer le sel ammoniacal et retenir l'acide carbonique, un peu de potasse caustique ou de lait de chaux. La quantité d'ammoniaque se dose au moyen d'un acide sulfurique titré, contenant par litre $\frac{1}{10}$ de l'équivalent fixé par Berzelius, soit 64,250 gr. d'acide sulfurique monohydraté. Comme notre acide normal ne contiendrait que 49 gr. d'acide hydraté, il est donc plus faible encore, par conséquent plus convenable, et peut être employé de préférence à la place du précédent. Pour de très-petites proportions d'ammoniaque, M. Boussingault se sert d'acide encore plus faible, ce que l'on peut faire aussi avec le nôtre.

En outre, il emploie une solution très-étendue de potasse caustique, titrée d'avance avec l'acide sulfurique, ou qui lui est équivalent. A cette occasion il fait aussi la remarque que le liquide, une fois devenu bleu, passe plus tard au rouge : il faut donc faire la lecture sitôt que le liquide présente dans toute sa masse la couleur bleue nette. Il sursature avec une quantité déterminée de son acide normal l'eau distillée ammoniacale, puis il achève avec la potasse caustique. C'est la méthode que j'ai indiquée comme ayant moins de rigueur à cause de l'action du sel ammoniacal neutre sur la teinture de tournesol.

Il me semble que c'est opérer sur une trop petite quantité que de ne prendre qu'un litre d'un liquide ammoniacal aussi faible que l'eau naturelle, et qu'ainsi non-seulement on ne peut pas avoir des résultats certains, mais en outre on ne peut pas compter sur des fractions de milligrammes, ni par l'analyse en volume, ni par l'analyse en poids. Il en serait autrement si l'on employait des quantités plus considérables.

(1) *Annales de Phys. et de Chimie*, 257 ; *annales de Chimie et de Pharm.*, 88, 591 ; *Journal polytech.* de Dingler, 133, 453.

Je vais rapporter ici le dosage de l'ammoniaque d'une eau d'usine à gaz, parce que cette détermination a une importance dans les arts, et que la méthode à suivre doit trouver place dans les procédés techniques.

75 CC d'une eau d'usine à gaz, et fortement colorée en jaune, furent versés dans un ballon convenable, additionnés de lait de chaux, et distillés dans l'appareil représenté ci-dessous (fig. 62).

Fig. 62.

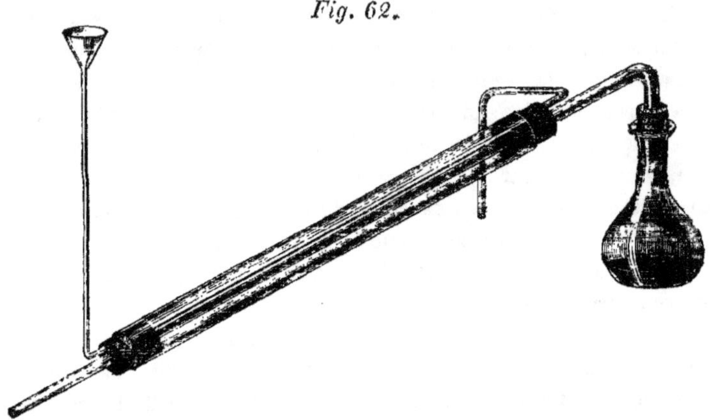

L'extrémité du tube abducteur était reliée au moyen d'un tube en caoutchouc à un tube de verre recourbé amenant le liquide condensé jusqu'au fond du flacon récipient, lequel contenait un peu d'eau distillée. Les produits de la distillation fractionnés furent colorés par la teinture de tournesol, et titrés au rouge avec l'acide oxalique.

On employa :

Pour la première fraction, depuis 0 jusqu'à 26   CC de la burette.
— deuxième —   — 26   —   27,5 —
— troisième —   — 27,5 —   27,6 —
— quatrième —   — 27,6 —   27,61 —

La cinquième portion fut colorée en rouge par la première goutte d'acide oxalique, par conséquent le dégagement d'ammoniaque était complet. Mais comme j'avais opéré avec du tournesol bleu, il fallait, au moyen de la soude normale, ramener au bleu toutes les portions de liquide réunies en un seul volume, et qui avaient exigé 27,61 CC d'acide normal. Il fallut pour cela 0,2 CC de soude normale. Par conséquent la quantité d'ammoniaque obtenue par la décomposition complète de l'eau, correspond à 27,41 CC, qui donnent 27,41 fois 0,017 = 0,46597 gr. d'ammoniaque.

100 CC contiennent donc 0,621 gr., et le litre d'eau de gaz renferme 6,21 gr. d'ammoniaque.

Comme l'eau ne se mesure jamais qu'en volume, il est inutile de chercher son poids spécifique.

CHAPITRE IX.

Ammoniaque en combinaison dans les sels neutres.

Quand les sels ammoniacaux sont tout à fait neutres, l'emploi de la soude caustique titrée est le moyen le plus convenable de déterminer très-exactement la proportion d'acide du sel, et par conséquent aussi de doser l'ammoniaque.

Lorsqu'on fait bouillir un sel ammoniacal neutre avec un excès de soude caustique, l'ammoniaque se dégage complétement, et l'acide reste combiné à la soude. Il sature une quantité équivalente de soude, il ne reste plus qu'à doser la soude libre au moyen de la burette avec l'acide oxalique, pour en déduire la quantité d'ammoniaque. Comme tout l'ammoniaque a été expulsé, il n'y a qu'à saturer la soude caustique par l'acide oxalique, et alors le changement de couleur est parfaitement net et facile à saisir.

Dans tous les cas il faut employer un excès de soude, autrement le liquide bleu deviendrait violet par l'ébullition. Voici comment on dirige l'opération.

Il faut d'abord bien s'assurer de la neutralité du sel d'ammoniaque ou du mélange qui le renferme, sans cela on ne saurait combien l'acide libre a saturé de soude à laquelle ne correspondrait évidemment pas d'ammoniaque. Si ce sel donc est complétement neutre, on en pèse très-exactement une quantité suffisante (de 2 à 4 gr.), on le met dans un ballon, et au moyen d'une pipette, on y ajoute un excès de soude normale et un peu de teinture de tournesol.

D'après notre principe, qu'un litre contient l'équivalent, 100 CC de soude normale décomposeront $\frac{1}{10}$ d'équivalent $=$ 5,346 gr. de sel ammoniac. Il faudra donc, d'après cela, pour 100 CC de soude normale prendre un peu moins de 5,346 gr. de sel ammoniac, par exemple 1 gr. pour 20 CC. La soude alors sera en excès. On chauffe à l'aide d'une lampe à alcool, et on porte à l'ébullition en ayant soin de fermer le ballon avec un bouchon traversé par un tube de verre ouvert aux deux bouts et d'un petit diamètre. La vapeur d'eau et l'ammoniaque s'échappant par une étroite ouverture, on peut facilement reconnaître si la vapeur contient encore de l'ammoniaque en plaçant dans le jet un papier de tournesol rougi, ou mieux une bande de papier trempé dans une dissolution d'azotate de protoxyde de mercure, et qui devient noir par l'action de la moindre trace d'ammoniaque (Otto, *Ann. de Phys. et Chimie*, vol. 93, page 375). Lorsque le courant de vapeur ne détermine aucun changement sur l'un ou l'autre papier, on peut regarder l'opération comme terminée. On laisse le ballon un peu refroidir, on le porte sous la burette remplie d'acide oxalique normal, et on y laisse couler l'acide goutte à goutte, en agitant jusqu'à ce que la couleur bleue vire au violet. La goutte suivante la fait alors passer aussitôt au rouge pur. On retranche les CC d'acide employés, du volume primitif de la soude, et on a la quantité de soude normale saturée par l'acide du sel ammoniacal neutre. Au moyen du tableau on calcule la quantité correspondante du sel neutre ou de l'ammoniaque pur, suivant le but que l'on se propose dans l'analyse.

Analyses.

1 gr. de sel ammoniac sublimé très-pur fut maintenu en ébullition avec 20 CC de soude normale, jusqu'à ce que les vapeurs n'aient aucune réaction alcaline : il fallut ensuite 1,2 CC d'acide oxalique pour faire passer la couleur bleue au violet. Il y eut donc 18,8 CC de soude saturée. Ce nombre multiplié par le millième de l'équivalent 53,46 du sel ammoniac, donne 1,005 gr. de sel ammoniac au lieu de 1 gr.

1 gr. de sel ammoniac, traité de même avec 20 CC de soude normale, exigea 1,3 CC d'acide oxalique. Soude employée 18,7 CC = 0,9997 gr. de sel ammoniac, au lieu de 1 gr.

La moyenne des deux expériences donne donc 1,00237 gr. au lieu de 1 gr., ce qui doit être regardé comme suffisamment exact.

Comme le carbonate d'ammoniaque se détermine moins rigoureusement que tout autre sel ammoniacal neutre, je fus conduit à essayer de transformer le carbonate d'ammoniaque en sel ammoniac, et à doser dans celui-ci la proportion d'acide.

2 gr. de carbonate d'ammoniaque furent jetés dans de l'acide chlorhydrique étendu, et le vase fut fermé par une lame de verre pendant l'effervescence. Le liquide, après la dissolution, était franchement acide, ce qu'on reconnut

au moyen d'une goutte de teinture de tournesol. On évapora alors jusqu'à siccité, en évitant toutefois de trop chauffer le sel ammoniac. Celui-ci desséché fut mis avec de l'eau dans un ballon, on ajouta 40 CC de soude normale, on fit bouillir jusqu'au dégagement complet de l'ammoniaque, et on titra au violet avec l'acide : il en fallut 12,5 CC. La soude saturée correspond donc à 27,5 CC = 0,4675 d'ammoniaque pur, = 23,375 p. c.

Comme expérience inverse, on fit bouillir 2 gr. du même carbonate d'ammoniaque avec 30 CC d'acide normal, et il fallut ensuite ajouter 2,6 de soude. Il y eut donc 27,4 CC d'acide saturés = 0,4658 gr. = 23,29 p. c. d'ammoniaque.

CHAPITRE X.

Terres alcalines.

Pour l'analyse volumétrique des terres alcalines, aussi bien que des oxydes métalliques libres ou en combinaison avec l'acide carbonique, l'acide oxalique ne peut plus servir, parce qu'il forme avec ces substances des composés insolubles qui, enveloppant les parties non encore attaquées, arrêtent la décomposition ultérieure. Il fallait donc choisir un autre acide ne présentant pas cet inconvénient. L'acide azotique me parut pouvoir remplir ce but, les expériences que je fis avec lui donnèrent des résultats tellement exacts, qu'il est permis, sans aucun doute, d'employer cet acide comme moyen alcalimétrique. Étendu dans la proportion d'un équivalent par litre, l'acide azotique agit encore très-énergiquement sur la teinture de tournesol, et, à cet état de dilution, il n'est pas volatil même par l'ébullition, outre que pendant l'analyse il est encore bien plus étendu et toujours saturé en majeure partie avant qu'on ne chauffe la liqueur. L'acide azotique a sur l'acide oxalique le désavantage qu'il ne donne pas par une simple dissolution une liqueur de suite titrée, mais qu'il faut avant tout déterminer son titre par une expérience. Mais d'un autre côté il est préférable à l'acide sulfurique et à l'acide hydrochlorique, parce qu'il forme avec tous les oxydes des sels neutres solubles. C'est ce qui le rend très-propre en particulier au dosage de l'acide carbonique libre ou en combinaison. L'acide azotique doit donc être titré tout d'abord, soit en éta-

6

blissant exactement sa force par rapport à un oxyde basique, soit en lui donnant une force déterminée d'avance, par exemple notre force normale.

Préparation de l'acide azotique normal.

On prend de l'acide azotique pur exempt de chlore, tel qu'on l'obtient en
distillant l'acide brut du commerce, de densité 1,4 — 1,45 après en avoir
éliminé tous les éléments chlorurés, puis on l'étend d'eau distillée dans une
cornue jusqu'à ce qu'il soit incolore. On chauffe ensuite le liquide, ce qui le
colore de nouveau en jaune, on porte à l'ébullition, et on laisse fortement
bouillir quelque temps jusqu'à ce que tout l'oxyde d'azote et l'acide hypoa-
zotique soient évaporés. Il reste après le refroidissement un acide azotique
chimiquement pur, sans couleur et sans odeur, qui ne renferme aucun autre
composé oxygéné d'azote. On peut le mêler à l'iodure de potassium, sans
qu'il se produise la moindre coloration. C'est cet acide qui va servir à faire
l'acide titré. Pour montrer comme cela se fait, je choisirai un cas particulier.

On prit, à l'aide de la pipette, 5 CC d'acide azotique qu'on plaça dans un
ballon convenable avec de la teinture de tournesol. On y fit couler de la soude
normale au moyen de la burette remplie au zéro, et cela jusqu'à ce que la
dernière goutte colorât en violet foncé. On employa pour cela 43,6 CC de
soude normale. Les 5 CC d'acide en question devraient donc, d'après cela,
être étendus d'eau de manière à faire 43,6 CC. En calculant pour 1 litre, je
trouve que 114,7 CC d'acide azotique doivent être étendus de manière à
faire 1 litre. On prit donc 114,7 CC d'acide azotique avec les pipettes, à savoir d'abord 100 CC, puis 14,7 CC avec une autre pipette, on les mit dans
le flacon d'un litre, on ajouta de l'eau distillée jusqu'au trait de jauge. On
prit 10 CC de ce mélange, qu'on essaya avec la soude normale, et ils se trouvèrent rigoureusement titrés à une goutte près.

Mais comme le titre de l'acide azotique était fixé d'après celui de la soude,
et que celui-ci était établi d'après l'acide oxalique, on était déjà trop éloigné
du point de départ pour être certain d'une rigueur suffisante ; je crus donc
plus certain de faire un nouvel essai qui devait servir en même temps de
titre pour toutes les analyses des oxydes terreux libres ou carbonatés. Je pris
pour point de départ le carbonate de baryte. On peut l'obtenir facilement
d'une pureté absolue et le peser anhydre, ce qui n'est pas le cas du carbonate de soude, et de plus il a un équivalent assez élevé, ce qui donne encore
plus de garantie dans la pesée.

On fit dissoudre dans de l'eau distillée du chlorure de barium parfaitement exempt de fer, de chaux et de strontiane, et après avoir ajouté de l'ammoniaque caustique, on le précipita par le carbonate d'ammoniaque. Le précipité fut lavé à l'eau distillée tant que celle-ci se troubla par l'azotate d'argent. Le précipité enlevé du filtre avec une spatule en corne, fut mis en trochistes, séché, et les morceaux bien secs, broyés dans une capsule en porcelaine, furent chauffés fortement jusqu'à ce que, en y plongeant une spatule froide, celle-ci ne se recouvrit plus de poussière blanche. On remplit de cette poudre encore chaude un petit vase en verre tiré dans un tube de verre et préalablement chauffé.

On pesa exactement 3 gr. de ce carbonate de baryte, et les plaçant dans un ballon en verre, on y versa, au moyen de la pipette, de l'acide azotique tant qu'il y eut effervescence. On employa à cela 35 CC d'acide. Le ballon couvert d'un entonnoir en verre, et placé au-dessus d'une lampe à alcool, fut chauffé jusqu'à ce que les dernières traces de carbonate de baryte se fussent dissoutes. On agita fortement pour faire partir tout l'acide carbonique. Puis le vase fut mis au-dessous de la burette à pince remplie de soude normale, et on titra jusqu'au bleu. Il fallut pour cela 4,8 CC de soude. Des 35 CC d'acide azotique employé, il n'y en avait donc que 30,2 CC de saturé. Une seconde expérience donna un résultat tout à fait identique. Prenons pour équivalent du carbonate de baryte le nombre 98,59 qui doit correspondre à 1 litre d'acide normal, alors d'après la proportion $1000 : 98,59 = 30,2 : x$, les 30,2 CC d'acide azotique correspondent à 2,9774 gr. de carbonate de baryte au lieu de 3 gr. Ce résultat qui s'appuie sur le titre de l'acide oxalique, est si approché de l'exactitude complète, qu'on peut s'en contenter, et il offre une garantie pour la méthode, puisque deux transformations successives n'amènent, en définitive, qu'une erreur aussi légère. Toutefois l'expérience même que nous venons de faire, nous donne un moyen de pousser la rigueur encore plus loin.

En effet, puisque 3 gr. de carbonate de baryte saturent 30,2 CC d'acide azotique, alors 1 équivalent $= 98,59$ gr. saturera 992,5 CC d'acide. Mais, d'après notre système, 1 équivalent devrait saturer 1000 CC, il faudrait donc étendre l'acide azotique dans ce rapport, c'est-à-dire, à 992,5 CC d'acide azotique ajouter 7,5 CC d'eau distillée. C'est ce que l'on fit avec une pipette, le tout fut bien mélangé, et on fit un nouvel essai.

3 gr. de carbonate de baryte furent décomposés par 35 CC du nouvel acide, chauffés jusqu'à dissolution complète, et après y avoir ajouté de la teinture de tournesol, on titra avec la soude normale qui était tout à fait équivalente à l'acide azotique : il fallut 4,5 CC de soude, en sorte qu'il y avait 30,5 CC d'acide azotique neutralisés.

Calculons maintenant les 30,5 CC d'acide azotique d'après l'hypothèse de 1 équivalent par litre (par la proportion 1000 CC : 98,59 gr. = 30,5 CC : x gr.), on trouve 3,00699 gr. de carbonate de baryte au lieu de 3 gr., résultat si près de la vérité, que je crus inutile de tenter aucune autre correction.

On voit, d'après cela, qu'il y a deux manières différentes d'employer l'acide azotique : 1° on détermine le nombre de CC d'acide azotique nécessaire pour saturer un poids exact, déterminé d'avance, de carbonate de baryte, et on se sert de ce résultat pour toutes les analyses ultérieures en se faisant une table de correction pour l'acide azotique (dans le cas précédent, 992,5 CC d'acide azotique, devraient être toujours comptés pour 1000, puisque 1 cent. cube doit représenter $\frac{1}{1000}$ d'équivalent de ce corps : on fait alors le calcul pour les neuf premiers nombres entiers); ou bien 2° on corrige réellement la dissolution d'acide azotique en calculant la quantité d'eau qu'il faut y ajouter pour qu'elle satisfasse à la condition de renfermer un équivalent d'acide par litre, ou de saturer 1 équivalent de carbonate de baryte par litre.

Le premier procédé est très-exact, mais il nécessite un calcul pour chaque quantité d'acide employée : le second est au commencement un peu plus long et plus difficile, attendu qu'il est assez délicat de fixer exactement la concentration de l'acide, mais il a l'avantage d'épargner plus tard tout calcul. Comme maintenant on a toujours une soude normale équivalente à l'acide oxalique, et que dans tous les cas on en doit avoir une équivalente à l'acide azotique, puisque la correction ne doit porter que sur les CC d'acide azotique employés pour la saturation, par conséquent après en avoir retranché les CC de soude, il est donc préférable de titrer exactement l'acide azotique à un équivalent par litre.

Maintenant l'acide azotique, corrigé au moyen du carbonate de baryte, se montra tout à fait équivalent à la soude normale, qui elle-même avait été titrée par l'acide oxalique. On a donc ainsi une double garantie de la rigueur de composition des liquides servant de base aux analyses.

CHAPITRE XI.

Baryte.

SUBSTANCES.	FORMULES.	ÉQUIVALENT.	POIDS A PESER pour que 1 CC d'acide normal $=$ 1 p. cent de la substance.	1 CC D'ACIDE normal correspond à
14. Barium	Ba	68,59	6,859 gram.	0,06859 gr.
15. Baryte	$Ba\,O$	76,59	7,659	0,07659
16. Hydrate de ba-ryte.	$Ba\,O + HO$	85,59	8,559	0,08559
17. Baryte cristalli-sée.	$Ba\,O + 9\,HO$	157,59	15,759	0,15759
18. Carbonate de ba-ryte.	$Ba\,O + CO^2$	98,59	9,859	0,09859
19. Chlorure de ba-rium.	$Ba\,Cl$	104,05	10,405	0,10405
20. Azotate de ba-ryte.	$Ba\,O + Az\,O^5$	150,59	15,059	0,15059

Comme nous l'avons montré dans le chapitre précédent, l'acide azotique d'épreuve a une force qui est, ou mesurée d'après le carbonate de baryte, ou équivalente exactement au carbonate de baryte, en partant du principe qu'un litre correspond à un équivalent. Il est évident qu'au moyen de cet acide, on pourra titrer le carbonate de baryte lui-même aussi bien que la baryte pure, et toutes les combinaisons qui peuvent donner dans les circonstances normales du carbonate de baryte. On comprend qu'on ne pourra s'en servir pour aucun des autres corps qui peuvent agir de la même manière. Cela, du reste, n'est pas du domaine de notre méthode; elle remplace bien les pesées, mais elle ne peut se substituer à l'analyse proprement dite. Si donc il n'y a aucune substance qui puisse entraver le travail, on pèse le corps à analyser en le prenant dans une quantité quelconque d'une substance indifférente, sans avoir besoin de l'isoler. Mais s'il y avait des corps pouvant réagir eux-mêmes sur les liquides d'épreuves, il faudrait les écarter par les opérations analytiques ordinaires, si non on obtiendrait des résultats erronés.

Baryte caustique.

La baryte en dissolution dans l'eau, l'eau de baryte se dose avec facilité aussi bien par l'acide oxalique que par l'acide azotique.

On détermine le poids spécifique de l'eau de baryte; au moyen de la pipette on en prend un certain nombre de CC qui, multipliés par le poids spécifique, donnent le poids absolu de l'eau de baryte. Si l'on veut, on peut en prendre sur la balance un certain poids. Par exemple 25 CC d'eau de baryte saturée à 20° R. pèsent 25,77 gr. Le poids spécifique est donc $\frac{25,77}{25} = 1,031$.

On fait couler cette quantité d'eau de baryte ou toute autre dans un flacon, on y ajoute de la teinture de tournesol, et on y fait arriver l'acide d'épreuve jusqu'à ce que le liquide passe subitement du bleu au rouge. Comme dans ce cas il n'y a pas d'acide carbonique, le changement de couleur est instantané et très-net. Si l'on emploie l'acide oxalique, il se forme un abondant précipité d'oxalate de baryte, mais qui n'empêche pas de reconnaître la couleur. Le mélange trouble est bleu jusqu'à ce qu'il devienne subitement rouge rose.

Si l'on emploie l'acide azotique normal, tout le liquide reste parfaitement clair : on ne voit que quelques flocons colorés qui sont une laque de la matière colorante avec la baryte, mais qui ne gênent en rien le phénomène.

Analyses.

1° 25 CC d'eau de baryte dans laquelle se trouvait encore des cristaux, nécessita pour sa saturation dans quatre essais différents, 9,25 CC et 9,3 CC d'acide oxalique et 9,2, puis 9,25 CC d'acide azotique d'épreuve : en moyenne 9,25 CC d'acide.

L'équivalent de l'hydrate de baryte est 85,59; ainsi 1 CC d'acide normal = 0,08559 gr. d'hydrate de baryte; les 9,25 CC sont donc équivalents à 9,25 fois 0,08559 = 0,7917 gr. d'hydrate de baryte : ceux-ci sont contenus dans 25,77 gr. d'eau de baryte, ce qui fait 3,07 p. c.

2° 25 CC d'une eau de baryte saturée à 10° R. exigèrent dans trois opérations, 6,2, 6 et 6, 1 CC d'acide. Ayant négligé de prendre le poids spécifique de la dissolution, je ne puis achever le calcul, mais on voit que la force de cette eau est environ les $\frac{2}{3}$ de celle de la précédente.

3° 2 gr. de cristaux de baryte secs furent dissous dans l'eau, et après y avoir ajouté de la teinture de tournesol, furent titrés au rouge. Le changement de couleur fut très-net. Il fallut pour cela 12,7 CC d'acide azotique normale. Si nous adoptons pour formule de la baryte cristallisée Ba O + 9 HO, l'équivalent est 157,59 et 1 CC d'acide normal correspond à 0,15759 gr. de baryte cristallisée. Les 12,7 CC précédents représentent donc 12,7 × 0,15759 = 2,0013 gr. de baryte cristallisée au lieu de 2 gr.

Un second essai, fait avec la même quantité, donna juste de nouveau 12,7 CC d'acide normal.

4° 3 gr. de cristaux de baryte exigèrent dans deux expériences 19,3 CC d'acide azotique normal. Cela correspond d'après la formule adoptée à 3,04148 gr. de baryte cristallisée au lieu de 3 gr.

Si l'on calcule la proportion de baryte anhydre, en multipliant 19,3 CC par 0,07659 ($= \frac{1}{1000}$ équivalent de baryte), on obtient 1,47818 gr. de baryte sur 3 gr. de cristaux = 49,272 pour cent. La formule fournit 48,6. L'expérience 3, calculée pour la baryte pure, donne 48,63 p. c.

Cette coïncidence des résultats entre eux, et avec le calcul, établit l'exactitude de la formule avec 9 équivalents d'eau, que quelques expériences rendaient douteuse, attendu que Rose et Noad admettent 10 équivalents d'eau. Mais il faut faire attention que les cristaux de baryte sont lamelleux, et peuvent très-facilement retenir de l'eau mère. La formule, avec 10 équivalents d'eau donne 54 p. c. d'eau, tandis que Noad n'en avait trouvé que 53,06 et Rose 53,34.

On a déjà établi plus haut la possibilité de doser le carbonate de baryte, et comme l'acide azotique a été préparé de manière que sa force coïncide exactement avec celle de l'acide oxalique normal, il est évident que cette analyse ne laissera aucun doute.

Pour appliquer la méthode dans ce cas, on réduisit en poudre très-fine un très-bel échantillon de carbonate de baryte naturel cristallisé (withérite), on pesa exactement, on décomposa avec l'acide azotique d'épreuve, et après la dissolution complète, on dosa l'acide encore libre par la soude normale.

1 gr. de withérite fut mis dans 12 CC d'acide azotique, où il fut facilement et complétement dissout avec l'aide de la chaleur. Il fallut ajouter 1,75 CC de soude normale, ce qui laisse 10,25 d'acide normal = 1,015 gr. au lieu de 1. En titrant au bleu foncé il fallut 1,8 CC de soude = 10,2 CC d'acide = 1,0056, au lieu de 1 gr.

2 gr. de withérite dissous dans 22 CC d'acide azotique normal exigèrent ensuite 1,4 CC de soude normale = 20,6 CC d'acide. Quatre essais donnèrent tous 20,6 CC d'acide normal = 2,0309 au lieu de 2 gr. de withérite.

2 gr. de withérite, avec 22 CC d'acide, puis 1,5 CC de soude normale. Dans quatre essais on employa toujours 20,5 CC d'acide normal = 2,02100, au lieu de 2 gr. de withérite.

Toutes ces analyses donnent un petit excès. La withérite contient ordinairement un peu de carbonate de chaux, dont l'équivalent est plus petit : c'est de là que provient l'excès.

Une seconde expérience donna identiquement les mêmes résultats. Il était à présumer qu'il y avait là encore une petite quantité de carbonate de chaux.

Le carbonate de baryte se laissant facilement doser, on ramènera l'analyse d'un sel de baryte à la détermination du carbonate, en précipitant le sel soluble au moyen du carbonate d'ammoniaque; on lavera le précipité avec soin, on le décomposera au moyen d'une quantité déterminée d'acide azotique normal qu'on devra chaque fois ajouter en excès, on chauffera pour opérer la dissolution et chasser l'acide carbonique, et enfin on titrera en achevant avec la soude normale.

On connaîtra donc le nombre de CC d'acide d'épreuve employés à la saturation du carbonate de baryte, et par le calcul on en déduira la quantité du sel de baryte à analyser.

Pour éprouver cette méthode, on fit les essais suivants :

1° On pesa exactement 2 gr. de nitrate de baryte, exempt de chlorure, finement pulvérisé et bien desséché. On les fit dissoudre à chaud dans de l'eau distillée, on précipita par un excès de carbonate d'ammoniaque, le tout fut fortement chauffé et jeté sur un filtre. Le précipité fut lavé jusqu'à ce que l'eau ne ramenât plus au bleu le tournesol rougi, puis on le laissa égoutter. Tout le filtre fut mis dans un ballon en ayant soin de ne rien perdre, on ajouta la teinture de tournesol, et on fit couler l'acide azotique normal. Le liquide qui devenait promptement rouge, repassait au bleu par l'agitation jusqu'à ce qu'il y eut un excès d'acide azotique. Le liquide s'éclaircit par la chaleur, seulement on y voyait flotter les débris du filtre. Lorsque tout l'acide carbonique fut chassé en agitant et en aspirant l'air du ballon, on titra au bleu avec la soude normale. Chaque goutte fit naître, là où elle tombait, un précipité de baryte caustique, mais il se dissolvait promptement par l'agitation dans le liquide acide, jusqu'au moment où la couleur passa subitement du rouge au bleu. On employa 8,6 CC de soude normale qui, retranchés des 24 CC d'acide, laissent 15,4 CC d'acide azotique. Ceux-ci, multipliés par le millième de l'équivalent de nitrate de baryte (= 0,13059), donnent 2,011 gr. d'azotate de baryte au lieu de 2 gr.

2° Nouvelle expérience avec 2 gr. d'azotate de baryte. Comme 15,1 CC d'acide azotique étaient suffisants, on en mit 16 et on opéra du reste comme plus haut 1°. Il fallut 0,7 CC de soude. Dès lors 15,3 CC d'acide azotique furent saturés. En multipliant par 0,13059, on obtient 1,998 gr. d'azotate de baryte au lieu de 2 gr.

3° 3 gr. de nitrate de baryte furent traités de la même manière. 25 CC d'acide azotique, moins 2 CC de soude pour obtenir la couleur bleue, font 23 CC d'acide employés. En multipliant par 0,13059, cela donne 3,0057 gr. au lieu de 3.

Le même essai, répété avec le même poids, conduisit à des résultats identiques.

4° 3 gr. de chlorure de barium cristallisé, desséché à l'air, furent dissous dans l'eau, précipités par le carbonate d'ammoniaque et traités comme plus haut.

Par deux répétitions on obtint :

Acide azotique d'épreuve	26,2	27	CC
Soude normale	1,8	2,5	CC
Acide azotique nécessaire	24,4	24,5	CC

En moyenne 24,45 CC

L'équivalent du chlorure de barium bihydraté étant 122,05 donne 2,98412 gr. de chlorure au lieu de 3 gr.

Un autre essai donne 2,989 au lieu de 3.

5° 5 gr. de chlorure de barium cristallisé = 40,3 CC d'acide normal = 4,9186 gr. au lieu de 5 gr. (mauvais essai).

6° 2 gr. de chlorure de barium cristallisé = 16,3 CC d'acide normal = 1,9894 gr. au lieu de 2.

On voit qu'à cause de la forme lamelleuse des cristaux du chlorure de barium, il est difficile de déterminer exactement la proportion d'eau qu'il renferme, car il retient très-facilement de petites quantités d'eau-mère. La dessiccation complète du chlorure de barium est de plus une opération qui offre des incertitudes, attendu que la température à laquelle partent les dernières traces d'eau est très-voisine de celle à laquelle le chlorure de barium s'oxyde au contact de l'air et se décompose. Si, d'un autre côté, on le calcine dans un creuset de platine, il ne se dissout plus complétement, il acquiert une réaction fortement alcaline, et un courant d'acide carbonique y forme un précipité de carbonate de baryte.

Je cherchai dès lors à deshydrater le chlorure de barium en le chauffant fortement dans une capsule en porcelaine, sans toutefois porter au rouge. La capsule tarée d'avance perdait toujours de son poids, même après avoir été chauffée plusieurs heures. Quand cette perte ne fut plus sensible, je pesai deux épreuves de 2 gr. chacune, et j'en fis le dosage d'après la méthode décrite. Je trouvai 2,944 et 1,9336 gr. au lieu de 2, différence beaucoup trop grande, et qu'il faut attribuer à ce qu'il y avait encore de l'eau retenue.

Une portion de ce même sel fut alors chauffée plus fortement dans un creuset de porcelaine, mais toujours sans faire rougir. Deux épreuves de 2 gr. chacune, titraient toutes deux 1,9648 gr. au lieu de 2. Ce résultat est déjà plus près de la vérité, mais cependant l'erreur portant sur les milligrammes n'est pas aussi petite que j'avais l'habitude de la trouver dans les autres expériences. Je conclus de là que le chlorure de barium soit hydraté, soit anhydre, ne doit pas être employé pour fixer le titre de l'acide azotique, puisqu'on ne peut pas être certain de la quantité d'eau qu'il renferme, ni de celle qu'il perd. Il ne reste donc que deux sels pouvant être employés à cet usage, le carbonate et l'azotate de baryte. Le carbonate, dont je me suis servi plus haut pour établir la force de l'acide azotique, offre cet avantage qu'on le trouve tout pur, et qu'il n'est pas nécessaire de le préparer d'abord par précipitation et lavages.

L'azotate de baryte est un sel très-facile à obtenir anhydre et à peser, et qui, en particulier pour le dosage de l'acide sulfurique, a l'avantage de donner sous un poids connu une quantité déterminée de baryte soluble. Le carbonate de baryte pourrait bien s'employer aussi pour cet usage, mais il faudrait chaque fois le rendre soluble, en outre pendant les pesées il absorbe plus facilement l'eau que l'azotate.

Il est fâcheux que l'azotate de baryte ne soit pas plus soluble dans l'eau, car il est impossible d'en faire une liqueur titrée de notre force normale. Il faudrait pour cela en dissoudre 130,59 gr. dans un litre, environ 1 p. de sel pour 8 d'eau, or, suivant Gay Lussac, à 15° C il faudrait 12,5 p. d'eau. D'après cela une dissolution de ce sel, en rapport avec le poids équivalent, n'en pourrait contenir que $\frac{1}{2}$ équivalent ou 65,295 gr.

CHAPITRE XII.

Strontiane.

SUBSTANCES.	FORMULES.	ÉQUIVALENT.	POIDS A PESER pour que 1 CC d'acide normal $=$1 p. cent de la substance.	1 CC d'acide normal correspond à
21. Strontium.....	Sr	43,67	4,367 gram.	0,04367 gr.
22. Strontiane.....	SrO	51,67	5,167	0,05167
23. Carbonate de strontiane......	$SrO + CO^2$	73,67	7,367	0,07367
24. Chlorure de strontium......	$SrCl$	79,13	7,913	0,07913
25. Azotate de strontium........	$SrO + AzO^5$	105,67	10,567	0,10567

La strontiane se comportant absolument comme la baryte, il est inutile de rapporter ici toutes les expériences.

2 gr. de belle strontianite cristallisée de Drensteinfurt exigea 30,1 CC d'acide azotique normal et 1,8 CC de soude normale, ce qui fait 28,3 CC d'acide. Multipliant par 0,07367, on obtient 2,0848 gr. de carbonate de strontiane au lieu de 2 gr.

CHAPITRE XIII.

Chaux.

SUBSTANCES.	FORMULES.	ÉQUIVALENT.	POIDS A PESER pour que 1 CC d'acide normal $=$ 1 p. cent de la substance.	1 CC d'acide normal correspond à
26. Calcium.	Ca	20	2 gram.	0,020 gram.
27. Chaux.	CaO	28	2,8	0,028
28. Carbonate de chaux.	$CaO + CO^2$	50	5	0,050
29. Chlorure de cal-cium.	CaCl	55,46	5,546	0,05546
30. Chlorure de cal-cium cristallisé. . .	$CaCl + 6HO$	109,46	10,946	0,10946
31. Sulfate de chaux.	$CaO + SO^3$	68	6,8	0,068
32. Gypse.	$CaO + SO^3 + 2HO$	86	8,6	0,086
33. Azotate de chaux.	$CaO + AzO^5$	82	8,2	0,082

Le dosage alcalimétrique de la chaux pure ou carbonatée se fait facilement avec l'acide azotique titré au moyen du carbonate de baryte. Le changement de couleur est aussi facile à saisir que pour la baryte.

L'acide qu'on employa pour cette détermination étant préparé depuis long-temps, on crut bon de fixer de nouveau son titre au moyen du carbonate de baryte.

2 gr. de carbonate de baryte exigèrent, dans deux essais parfaitement con-cordants, 20,2 CC d'acide azotique. Donc un équivalent $=$ 98,59 gr. de carbonate de baryte en emploierait 995,8 CC. Prenant donc les 995,8 CC pour 1,000 CC, ce qui doit être d'après notre système, il faudra remplacer chaque centimètre cube par 1,0042 CC pour corriger l'acide normal, non en réalité, mais dans les calculs.

1 gr. de carbonate de chaux bien pur, préparé au moyen du chlorure de calcium et du carbonate d'ammoniaque, fut pesé bien sec et titré avec cet

acide azotique et la soude normale. Dans deux expériences tout à fait concordantes, on employa 19,9 CC d'acide azotique d'épreuve.

Multiplions ce nombre par 1,0042, nous trouverons qu'au lieu de 19,9 CC il faut en prendre 19,98358, et ceux-ci multipliés à leur tour par 0,050 (millième de l'équivalent du carbonate de chaux), donnent 0,999179 gr. de carbonate de chaux au lieu de 1 gr. Je ne pouvais m'attendre à une si grande exactitude.

Analyses.

1° 2 gr. de carbonate de chaux grenu blanc de Auerbach, sur la Bergstrass où ce carbonate forme un amas dans le gneiss, furent traités par 40 CC. d'acide azotique puis 4,1 CC de soude normale. Il y eut alors 35,9 CC. d'acide employés, qui en représentent 36,050 après la multiplication par 1,0042 et le produit de ceux-ci par 0,050 donna 1,8025 de carbonate de chaux. Le carbonate de chaux grenu naturel contient donc 90,2 pour 100 de carbonate pur. Il reste une poudre grenue qui, après la décantation du liquide, fut chauffée avec 3 CC d'acide azotique normal. On ajouta la teinture de tournesol, on titra avec la soude normale et il en fallut juste 3 CC. Rien ne s'était donc dissout, et au dosage précédent de la chaux il n'y a rien à ajouter.

2° 2 gr. de calcaire liasique de Viesloch, près d'Heidelberg, traités par 40,5 CC d'acide azotique normal, exigèrent ensuite 5,9 CC de soude. Cela donne 34,6 CC d'acide qui en représentent 34,744 en les ramenant à la force normale. En calculant le carbonate de chaux d'après ce résultat, on obtient 1,7372 gr. = 86,86 pour 100.

Pendant la dissolution dans l'acide azotique, il se sépara un précipité insoluble fortement coloré qui altéra tellement la couleur du tournesol, qu'il fut nécessaire de filtrer et la liqueur fut parfaitement incolore. Avant d'employer la soude, on ajouta une nouvelle quantité de tournesol.

3° 2 gr. de calcaire jurassique de Sigmaringen de couleur jaunâtre : 41 CC d'acide azotique, dont il faut retrancher 2,2 CC de soude = 38,8 CC corrigés d'après le titre précédent, donnent 38,96 CC d'acide. = 1,9481 gr. de carbonate de chaux = 97,4 pour 100. Il ne fut pas nécessaire de filtrer.

4° 2 gr. de craie du commerce récemment pulvérisée : 40 CC d'acide, 1 CC de soude = 38,9 CC d'acide. Correction faite d'après le titre précédent, 39 CC d'acide = 1,95 gr. de carbonate de chaux = 97,5 pour 100. La filtration ne fut pas nécessaire.

5° 2 gr. de spath calcaire blanc éclatant de Viesloch, près d'Heidelberg, finement pulvérisés et desséchés, furent dissous dans 41 CC d'acide azotique normal, on y ajouta 1,25 CC de soude, restent 39,75 CC d'acide employés. Ceux-ci corrigés d'après le titre admis donnent 39,916 CC = 1,9958 CC de carbonate de chaux = 99,79 pour 100.

6° 2 gr. du même spath calcaire, furent dissous dans 41 CC d'acide azotique ; en deux répétitions on ajouta 1,3 CC de soude = 39,7 CC d'acide. La correction les ramenant à 39,886 CC = 1,9933 gr. de carbonate de chaux = 99,66 pour 100.

7° Eau de chaux,

100 CC d'eau de chaux fraîchement préparée, filtrée à chaud, refroidie à 14° R., additionnée de teinture de tournesol, exigèrent 2,764 CC (corrigés) d'acide azotique normal = 0,0744 de chaux anhydre.

D'après cela, une partie de chaux est dissoute dans 1290 p. d'eau.

100 CC d'eau de chaux de pharmacie exigèrent dans deux expériences concordantes 4,87 CC d'acide azotique normal = 0,1363 gr. de chaux.

Donc une partie de chaux est dissoute dans 733 p. d'eau.

100 CC d'eau de chaux récemment préparée, refroidie dans la glace et filtrée froide, exigèrent 5 CC d'acide azotique normal = 0,140 gr. de chaux.

Donc une partie de chaux est dissoute dans 714 p. d'eau.

8° Mortier de la tour de Drusus, à Mayence.

2 gr. de mortier grossièrement pulvérisé furent décomposés à l'aide de la chaleur par l'acide azotique normal. La teinture de tournesol ajoutée resta rouge avec 8,1 CC d'acide ; on employa en outre 1,8 CC de soude. Il reste 6,3 CC d'acide azotique qui furent saturés.

Le même essai répété sur 2 gr. de mortier en poudre donna 6,2 CC d'acide saturés. En moyenne 6,25 CC = 0,3125 gr. ou 15,62 pour 100 de carbonate de chaux. Le reste était du sable quartzeux en grains grossiers.

9° La cendre de cigarre renferme, comme on sait, un sel double formé de carbonate de potasse et de carbonate de chaux. La proportion d'alcali libre est extrêmement faible. En traitant la cendre de cigarre par l'eau, on obtient toujours un liquide calcarifère qui, au bout de quelque temps, laisse déposer du carbonate de chaux.

a. 1 gr. de cendre de cigarre (elle forme 22,65 pour 100 du cigarre sec) fut jeté sur un filtre avec de l'eau chaude et parfaitement lavé.

La liqueur filtrée satura 0,8 CC d'acide oxalique normal.

Toute la partie insoluble des cendres fut décomposée à chaud par l'acide azotique normal, le liquide fut filtré, coloré par le tournesol et titré au bleu avec la soude normale. On employa 12,3 CC d'acide azotique normal.

La chaux fut précipitée de ce liquide par le carbonate de soude, et on lava le précipité à chaud sur un filtre. Ensuite on le dosa seul avec l'acide azotique et la soude. Il satura 4,8 CC d'acide azotique normal. En les retranchant des 12,3 CC, il reste 7,5 CC comme représentant le carbonate de potasse, qui forme le composé insoluble avec le carbonate de chaux.

Nous avons donc obtenu :

0,8 CC d'acide oxalique normal $=$ 0,05528 gr. de potasse libre.

7,5 CC d'acide azotique normal $=$ 0,5183 gr. de carbonate de potasse combiné.

4,8 CC d'acide azotique normal $=$ 0,240 gr. de carbonate de chaux ou

  Carbonate de potasse soluble. . . . . 5,528 pour 100
  Carbonate de potasse insoluble. 51,832
  Carbonate de chaux. 24,000
  Résidu insoluble (par différence). . . 18,640
              100,000

CHAPITRE XIV.

Magnésie.

Les expériences que j'ai tentées dans le but de doser la magnésie par des liqueurs titrées ne m'ont rien donné de satisfaisant. Les résultats n'étaient ni concordants ni exacts.

Quand on ajoute à la magnésie calcinée de la teinture de tournesol et de l'acide azotique normal, la couleur passe immédiatement au rouge, mais après un temps fort court elle revient au bleu. Cela se reproduit tant qu'il y a une trace de magnésie non dissoute. Si l'on ajoute de l'acide azotique jusqu'à ce que la couleur reste manifestement rouge, et si l'on achève l'opération par la soude caustique normale, afin de ramener la couleur au bleu, le résultat qu'on obtient donne toujours trop peu de magnésie. La même chose a lieu quand on opère sur le carbonate de magnésie.

1 gr. de carbonate de magnésie officinal fut traité par 20,5 CC d'acide azotique normal et 2,6 CC de soude : il y eut donc 17,9 CC d'acide saturés.

1 gr. de la même magnésie chauffée au rouge, laissa 0,414 gr. de magnésie calcinée. Ce dernier poids étant décomposé par 18,3 CC d'acide azotique

normal, il fallut ajouter ensuite 0,4 CC de soude normale : il y eut donc
encore ici 17,9 CC d'acide normal saturé. Ces 17,9 CC, multipliés par 0,020,
donnent 0,358 gr. au lieu de 0,414.

2 gr. de carbonate de magnésie précipité à chaud et de la plus grande
pureté, furent traités par 42 CC d'acide azotique normal et 3,5 CC de soude,
donc 38,5 CC d'acide furent saturés : ce qui correspond à 0,770 gr. de
magnésie.

Mais 2 gr. du même carbonate de magnésie donnèrent par la calcination
0,848 gr. de magnésie pure, au lieu de quoi nous ne trouvons que 0,770.

Si l'on verse dans du sulfate de magnésie neutre de la soude normale, la
magnésie pure se précipite ; mais comme celle-ci est un peu soluble dans l'eau,
la dissolution non encore complétement décomposée bleuit déjà la teinture de
tournesol préalablement rougie. Il fallut donc encore abandonner ce moyen.

On fit bouillir 2 gr. de sulfate de magnésie avec du carbonate de soude ; le
précipité lavé, fut placé avec le filtre dans un vase à précipité, puis traité par
l'acide azotique et la soude : une fois on trouva 1,205 gr. et une autre fois
1,414 gr. de sulfate au lieu de 2 gr.

Cette différence considérable en moins tient certainement à ce que le carbonate de magnésie, qui n'est pas complétement anhydre, ne se précipite pas
en totalité, et ensuite aussi à ce qu'il se dissout un peu dans l'eau de lavage.
Au reste, ce procédé donnerait tant d'embarras qu'on ne gagnerait pas grand
chose sur l'analyse par les pesées, attendu que la magnésie devrait toujours
tout d'abord être séparée des autres composés basiques, ce qui exige la plupart du temps des opérations analytiques minutieuses.

CHAPITRE XV.

Oxyde de zinc.

Cet oxyde ne peut pas se titrer par les acides. Il se dissout, il est vrai, complétement dans un excès d'acide azotique titré, mais quand on ajoute de la
soude, l'oxyde se précipite en flocons sans que pour cela la teinture de tournesol passe au bleu. Quand les flocons ne se redissolvent plus, le liquide
prend une couleur violette. Si maintenant on ajoute goutte à goutte de l'acide

azotique de manière à dissoudre exactement les flocons, on obtient toujours un résultat trop faible.

1 gr. de carbonate de zinc laissa, après la calcination, 0,681 gr. d'oxyde de zinc. Ce dernier fut traité par 19 CC d'acide azotique normal, puis par 3 CC de soude pour amener la couleur au violet. Jusqu'à la dissolution complète, il fallut de nouveau ajouter 0,4 CC d'acide. Il y eut donc 16,4 CC d'acide employés. Si l'on prend pour équivalent de l'oxyde de zinc 40,2 (Gmélin), on obtient le nombre 0,6592 gr. d'oxyde de zinc; prend-on 40,6, comme l'admettent d'autres chimistes, on trouve 0,6658 au lieu de 0,681 gr., différence trop forte pour que l'analyse puisse être regardée comme bonne.

ACIDIMÉTRIE.

L'acidimétrie ou le dosage des acides est la réciproque des opérations alcalimétriques. On donne la dissolution alcaline et il faut trouver son action sur la substance acide.

Comme dissolution normale alcaline, j'emploie la soude caustique d'une force équivalente à celle de la dissolution normale d'acide oxalique. Celle-ci contenant par litre 63 gr. d'acide oxalique cristallisé ou un équivalent évalué en grammes, nous regardons comme normale la dissolution de soude caustique qui sera préparée équivalente en volume à la première. On pourrait faire une dissolution de carbonate de soude en pesant directement le sel chimiquement pur et anhydre, mais la présence de l'acide carbonique rend les phénomènes moins faciles à saisir. On ne peut jamais saturer exactement volume à volume; mais il faut toujours sursaturer la dissolution alcaline, chasser l'acide carbonique par l'ébullition, puis achever avec de la soude pure. On ne peut donc opérer avec le carbonate de soude qu'à la température de l'ébullition, ce qui est un grand inconvénient. La soude caustique permet d'obtenir la saturation à toute température.

Je préfère la soude à la potasse, parce qu'on peut facilement en préparer un sel exempt de chlore et d'acide sulfurique.

J'ai renoncé à l'ammoniaque à cause de sa volatilité. En versant le liquide dans les burettes, l'ammoniaque dissout se dégage en partie dans l'atmosphère et la dissolution s'affaiblit. On ne peut connaître la valeur de cette perte, il faut faire de fréquents contrôles de la liqueur et la titrer chaque fois qu'on a fait une analyse. En outre, les sels ammoniacaux neutres agissent sur la

teinture de tournesol, comme on le reconnaît de suite, en mettant quelques
petits morceaux de sel ammoniac dans cette teinture. Comme cette action a
déjà lieu à froid et dans des vases fermés, on ne peut pas l'attribuer à un
dégagement d'ammoniaque. L'ammoniaque enfin agit moins énergiquement
sur les couleurs végétales que les alcalis caustiques fixes.

Pour procéder à une opération acidimétrique, on ajoute de la teinture de
tournesol à l'acide pesé ou mesuré en volume, puis on y fait couler la soude
caustique au moyen de la burette à pince. Afin que la soude n'absorbe pas
d'acide carbonique dans la burette, je la ferme (fig. 63) au moyen d'un tube

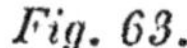

Fig. 63.

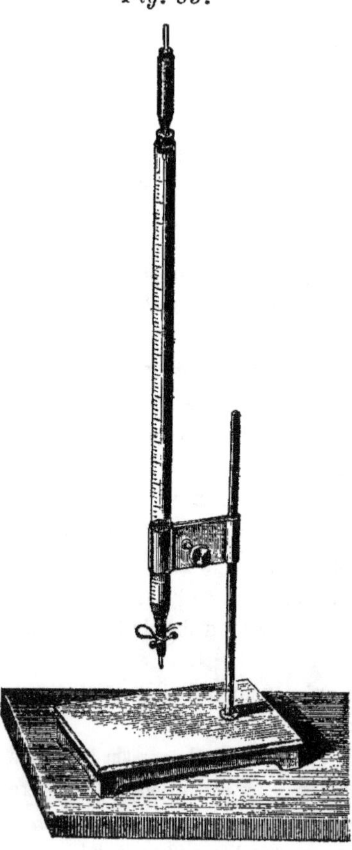

rempli, comme nous l'avons déjà dit,
d'un mélange sec de sulfate de soude
et de chaux. En prenant cette précaution, la burette peut rester pleine
des jours entiers.

Il n'y a que la petite quantité qui
est au-dessous de la pince qui absorbe l'acide carbonique. Mais quand
on veut se servir de l'appareil, on
n'a qu'à laisser sortir un filet rapide
de liquide qui entraîne cette partie
carbonatée et ce qui coule ensuite est
de la soude pure.

Les acides minéraux forts, tels que
l'acide sulfurique, l'acide azotique,
l'acide chlorhydrique, forment avec
la soude des sels parfaitement neutres. Ceux-ci n'ayant pas d'action sur
le tournesol, le bois de Fernambouc
et les autres matières colorantes sensibles, il faut dans l'opération aller
jusqu'au moment où on ramène la
couleur à être ce qu'elle était dans
l'origine. Pour avoir dans ces essais
un guide sûr, on procède par comparaison surtout quand on commence.
On met dans deux verres semblables
la même quantité d'eau distillée et de
teinture de tournesol : l'un des verres

sert de terme de comparaison. Dans l'autre, on ajoute l'acide à doser, puis on y verse la soude normale, en ayant soin, vers la fin de l'opération, d'agiter entre chaque goutte, jusqu'à ce qu'on ait ramené la nuance à être la même que celle du verre ne contenant pas d'acide. On lit alors les CC employés. Pour de petites quantités d'acides, il n'est souvent nécessaire, pour atteindre ce but, que d'une fraction de goutte, de sorte qu'une goutte entière produit presque le ton exact de la nuance. Dans ce cas, on prend avec une baguette en verre, mais avant qu'elles ne tombent, les gouttes qui se présentent, et on les porte dans le liquide. Si la quantité d'acide est plus grande, on obtient avant la fin de l'opération une couleur mixte, parce qu'une partie du sel est déjà neutre, tandis qu'une autre est encore acide. Plus est grande la quantité d'acide saturé, plus est faible l'effet d'une goutte vers la fin de l'opération et plus il y a de gouttes dont l'effet est incertain. Cela est tout naturel, puisque les petites différences que l'on pourrait observer sont répandues sur une plus grande quantité de matière, et deviennent par conséquent moins tranchées. Si l'on colore de l'eau avec de la teinture de tournesol, $\frac{1}{4}$ de goutte suffit pour déterminer très-nettement le changement de couleur; mais quand on opère sur une quantité un peu considérable de substance à analyser, 3 ou 4 gouttes font moins d'effet que le quart dans le cas précédent. S'il n'en était pas ainsi, on pourrait, en augmentant la quantité de liquide employé, accroître à volonté la rigueur de l'analyse, ce qui, évidemment, est impossible.

Beaucoup de sels neutres à acide organique faible ont une réaction alcaline. L'acétate de soude cristallisé colore facilement en violet l'extrait alcoolique jaune de Fernambouc : la teinture de tournesol rendue violette est rendue bleue par le même sel. Pour essayer cette action particulière d'un sel, il faut toujours opérer par comparaison. On colore avec de la teinture de tournesol violette de l'eau distillée que l'on doit auparavant avoir soin de faire bouillir, parce que l'acide carbonique qu'elle contient agirait, puis on partage le liquide dans deux verres.

Dans l'un d'eux on place le sel à essayer.

De très-beau *tartarus natronatus* cristallisé montra ainsi une réaction alcaline incontestable, de même le tartrate de potasse et le citrate de potasse. Au contraire, l'oxalate de soude fut parfaitement indifférent.

Une fois la saturation de l'acide achevée, on lit le nombre de CC de soude normale employée et on fait les calculs, comme on l'a déjà dit. On multiplie le nombre de CC par le millième de l'équivalent de l'acide anhydre ou de son hydrate, si l'on veut en connaître la proportion, puis on calcule la quantité pour cent de l'acide contenu d'après la quantité de la solution acide employée.

CHAPITRE XVI.

Acide chlorhydrique.

SUBSTANCES.	FORMULES.	ÉQUIVALENT.	POIDS A PESER pour que 1 CC de soude normale = 1 p. cent de la substance.	1 CC DE SOUDE normale correspond à
34. Acide chlorhy-drique........	ClH	56,46	5,646 gram.	0,05646 gr.

On fit d'abord usage pour cet essai d'une dissolution officinale d'acide chlorhydrique chimiquement pur.

A 12° R. = 15° C., on prit 5 CC avec une pipette et on les fit couler dans un petit verre taré. Ils pesaient 5,603 gr. Cela donne pour la température indiquée un poids spécifique égal à $\dfrac{5,603}{5} = 1,1206$. En opérant directement avec la balance hydrostatique, je trouvai 1,1239. Ce dernier nombre est évidemment le plus exact, parce que l'effet de la capillarité est différent pour l'eau et l'acide chlorhydrique, et que cela n'a pas d'influence dans l'emploi de la balance hydrostatique.

Les 5 CC d'acide chlorhydrique furent étendus d'eau distillée, de manière à en faire 300 CC et on en prit chaque fois 100 avec une pipette.

1° 100 CC = 12,6 CC de soude normale.

2° 100 CC = 12,6 CC (de 12,6 à 25,2 CC).

3° 100 CC = 12,6 CC (de 25,2 à 37,8 CC).

Ces trois résultats étant absolument identiques, nous pouvons les ajouter, et par conséquent 5,603 gr. d'acide chlorhydrique ont saturé 37,8 CC de soude normale.

37,8 fois 0,03646 = 1,378 gr. d'acide chlorhydrique anhydre = 24,59 pour 100.

La table de Ure (Otto-Graham, vol. II, page 382, 2ᵉ édit.), donne 24,466 pour 100 pour la richesse d'un acide chlorhydrique dont la densité est 1,1206.

Pour obtenir de suite la proportion pour 100 d'acide chlorhydrique anhydre, on peut procéder de la manière suivante :

Puisque 1 équivalent = 36,46 gr. d'acide anhydre sature juste 1 litre de soude normale, 3,646 gr. d'acide doivent en saturer exactement 100 CC. Si donc on pèse 3,646 gr. d'un acide contenant de l'eau, les CC de soude normale employés pour la saturation donnent immédiatement la proportion pour cent d'acide chlorhydrique. Mais pour n'avoir pas à peser la dissolution d'acide chlorhydrique, lorsqu'une fois on connaît son poids spéficique, on peut la mesurer avec une pipette divisée en dixièmes de CC. Comme les liquides occupent un volume d'autant moindre que leur poids spécifique est plus grand, il faut d'abord diviser le poids en grammes par le poids spécifique pour savoir le nombre de CC correspondants au poids en grammes. 3,646 grammes d'acide chlorhydrique dont le poids spécifique est 1,1239 occuperont un volume de $\frac{3,646}{1,1239} = 3,24$ CC.

D'après cela, on versa à l'aide d'une pipette 31 ¼ CC du même acide dans de l'eau distillée, et après y avoir ajouté de la teinture de tournesol, on ajouta de la soude normale jusqu'à l'apparition de la couleur bleue. Dans deux expériences on employa :

1° de 0 à 24,5 CC

2° de 24,5 à 49   CC

On trouve donc directement par deux essais 24,5 pour 100, résultat analytique qui coïncide presque rigoureusement avec les 24,59 pour 100 trouvés plus haut.

Acide chlorhydrique brut.

5 CC pèsent 5,784. — Poids spécifique, 1,1568. Étendus de manière à faire 300 CC, ils donnèrent :

1° 100 CC = 16   CC

2° 100 CC = 15,8 CC

3° 100 CC = 15,8 CC

La totalité = 47,6 CC de soude normale. 47,6 fois 0,03646 = 1,735496 gr. d'acide chlorhydrique = 30,006 pour 100.

CHAPITRE XVII.

Acide azotique.

SUBSTANCES.	FORMULES.	ÉQUIVALENT.	POIDS A PESER pour que 1 CC de soude normale = 1 p. cent de la substance.	1 CC DE SOUDE normale correspond à
55. Acide azotique anhydre.......	AzO^5	54	5,4 gram.	0,054 gram.

La force de l'acide azotique se détermine aussi très-facilement et avec exactitude par les procédés alcalimétriques.

5 CC d'un acide azotique incolore, tout à fait pur, pesaient dans un verre taré d'avance 6,042 gr. Son poids spécifique serait donc $\frac{6,042}{5} = 1,2084$.

Déterminé directement par la balance hydrostatique, il fut trouvé égal à 1,2056. Ce dernier nombre est encore ici le plus exact.

Ces 5 CC = 6,042 gr. d'acide azotique, exigèrent 32,1 CC de soude normale pour ramener la couleur au bleu, et comme l'équivalent de l'acide azotique est 54, cette quantité d'alcali représente 32,1 fois 0,054 = 1,7334 gr. de AzO^5 contenus dans les 6,042 gr. Cela fait 28,69 pour 100.

Le poids spécifique de l'acide azotique étant 1,2056, le volume des 5,4 gr. est $\frac{5,4}{1,2056} = 4,48$ CC.

$4\frac{1}{2}$ CC de cet acide azotique, ce qui, à $\frac{2}{100}$ de CC près est égal au nombre précédent, quantité qu'on peut négliger, furent versés au moyen d'une pipette dans de l'eau distillée, on les colora par le tournesol et on ajouta la soude normale.

Deux expériences parfaitement d'accord donnèrent 28,6 CC de soude normale, nombre qui donne directement la proportion pour 100 d'acide anhydre.

D'après la table de Ure (Otto-Graham, vol. II, p. 149), un acide azotique de densité égale à 1,208, contenait 28,7 pour 100, nombre qui s'accorde parfaitement avec les résultats précédents, d'autant plus que dans la table de

Ure le poids spécifique aussi bien que la proportion pour 100 sont un peu trop élevés.

5 CC d'un acide azotique jaune fumant pesaient 7,204 gr. Cela correspond à un poids spécifique = 1,4408. On le trouva de 1,4336 en opérant directement avec la balance. Ces 5 CC saturèrent 83,5 CC de soude normale. Ceux-ci correspondent à 83,5 fois 0,054 = 4,509 gr. = 62,59 pour 100 d'acide azotique.

Le poids spécifique d'un acide contenant 62,59 pour 100 est, d'après la table précédente, 1,433.

Le poids spécifique de l'acide azotique normal fut trouvé égal à 1,0336. La richesse de cet acide doit évidemment être, pour cent, la dixième partie de l'équivalent, soit 5,4 pour cent.

La table de Ure donne pour le poids spécifique 1,037 la proportion de 5,6 pour cent, dont la différence avec 5,4 est 0,2. Si l'on calcule par interpolation, en admettant que la différence des proportions pour cent est proportionnelle à la différence des densités, on trouve que dans cette partie de la table, une différence de 0,8 pour cent correspond à une différence de 5 unités du 3e ordre décimal dans le poids spécifique. D'après cela, 0,2 pour cent = 0,0012, et en retranchant ce nombre de 1,037, il reste, d'après la table, 1,0358 comme poids spécifique d'un acide contenant 5,4 pour cent, et nous avons trouvé 1,0336. La différence n'est que de 0,0022 et encore on ne pourrait dire lequel des deux résultats est le plus exact. Dans tous les cas, on voit par là que l'emploi de la méthode alcalimétrique est parfaite pour l'acide azotique.

CHAPITRE XVIII.

Acide sulfurique.

SUBSTANCES.	FORMULES.	ÉQUIVALENT.	POIDS A PESER pour que 1 CC de soude normale = 1 p. cent de la substance.	1 CC DE SOUDE normale correspond à
56. Acide sulfurique anhydre.	SO^3	40	4 gram.	0,040 gram.
57. Acide sulfurique hydraté.	$SO^3 + HO$	49	4,9	0,049
58. Bisulfate de potasse.	$KO + 2SO^3 + HO$	156,11	15,611	0,15611
59. Bisulfate de soude.	$NaO + 2SO^3 + HO$	120	12,0	12,0

L'emploi fréquent de l'acide sulfurique pour les dosages alcalimétriques fait présumer avec raison que réciproquement cet acide doit pouvoir se doser au moyen des alcalis. Et, en effet, cela n'offre aucune difficulté, attendu que l'acide sulfurique colore en rouge la teinture de tournesol avec autant d'intensité que la soude le fait en bleu.

Acide sulfurique officinal étendu.

10 CC pesaient 11,239 gr. — Poids spécifique, 1,1239. Il fallut pour les saturer 39,9 CC de soude normale, ce qui correspond à 39,9 fois 0,049 = 1,9551 gr. d'acide sulfurique monohydraté. Cette quantité étant contenue dans 11,239 gr., cela fait 17,4 pour cent. D'après la formule de la préparation, l'acide devait être au titre de 16,66 pour cent.

Pour obtenir immédiatement la proportion pour cent d'acide monohydraté, il faudrait peser $\frac{1}{10}$ de l'équivalent de l'hydrate ou 4,9 gr. L'acide sulfurique en question ayant pour poids spécifique 1,1239, 4.9 gr. occupent un volume de $\frac{4,9}{1,1239} = 4,36$ CC. Ce volume, puisé au moyen d'une pipette, exigea

17,3 CC dans deux expériences parfaitement concordantes. Cette méthode donne donc 17,3 pour cent, $\frac{1}{10}$ pour cent de moins que ce qu'on a obtenu plus haut.

La table de Bineau (Otto-Graham, vol. II, p. 279) donne pour un acide contenant 17,3 pour cent le poids spécifique 1,1234, qui est presque égal à celui que nous avons trouvé.

On opéra sur de l'acide sulfurique pur, distillé, mais préparé depuis long-temps. Une quantité arbitraire fut versée dans un petit verre taré, puis pesée.

3,027 gr. de cet acide exigèrent 59,4 CC de soude normale = 2,9106 d'acide monohydraté : d'après la quantité employée, cela fait 96,15 pour cent.

5,912 gr. de ce même acide, étendus pour faire 300 CC et dont on prit avec la pipette 100 CC, saturèrent :

1° 38,65 CC

2° 38,65 CC

donc pour la totalité 3.38,65 = 115,95 CC. Ceux-ci donnent 5,68155 gr. d'acide sulfurique monohydraté, soit 96,102 pour cent.

Le poids spécifique, mesuré à la balance hydrostatique, fut trouvé égal à 1,838 à 15° R.

La table de Bineau donne la densité 1,8384 pour un acide hydraté contenant 96 pour cent. L'accord, comme on le voit, est très-satisfaisant.

Une petite quantité de cet acide fut portée à l'ébullition dans un petit ballon et on l'y maintint pendant un quart d'heure : il se dégageait d'épaisses vapeurs d'acide sulfurique. Le ballon fut recouvert d'un verre de montre et on laissa refroidir.

Un certain poids de cet acide bouilli fut titré par la soude normale.

2,464 gr. d'acide exigèrent 49 CC de soude normale, qui représentent 49 fois 0,049 = 2,401 d'acide sulfurique monohydraté ou 97,44 pour cent.

2,72 gr. du même acide furent neutralisés par 54,1 CC de soude normale. Ceux-ci représentent 2,6509 d'acide monohydraté ou 97,45 pour cent.

Ainsi, d'après cela, l'acide sulfurique, après une longue ébullition en perdant beaucoup d'acide, ne s'était concentré que de 1,3 p. c., d'où il résulte que pour un acide déjà fortement concentré, une ébullition ultérieure prolongée ne fait rien gagner en comparaison de la dépense de combustible et du travail, et que, ainsi que l'avait déjà trouvé M. Marignac, on n'obtient jamais par l'ébul-lition le monohydrate pur, mais, au contraire, il reste un acide moins riche. Cela prouve, en outre, combien étaient incertaines et inexactes, pour le dosage des alcalis, les méthodes d'analyse volumétrique qui prenaient pour point de départ l'acide sulfurique obtenu par distillation et qu'on regardait comme le véritable hydrate. Seulement, comme pendant la saturation les bicarbonates alcalins qui se forment dans la liqueur changent la couleur de la teinture de tournesol bien avant la fin de la décomposition, le fait dont nous venons de parler resta ignoré. Avec un changement de couleur aussi lent, on ne pouvait espérer mettre cette question hors de doute.

Huile de vitriol de Nordhausen.

1° 1,737 gr. de cet acide exigèrent 37,4 CC de soude normale.

2° 1,456 gr.   —   —   31,3 CC   —

La première quantité correspond à

    105,504 pour cent d'acide monohydraté

  ou 86,12   pour cent d'acide sulfurique anhydre.

La seconde donne :

    105,34 pour cent d'acide sulfurique monohydraté

  ou 86,00 pour cent d'acide anhydre.

L'acide sulfurique, ayant pour composition $SO^3 + HO$ qu'on ne trouve pas, mais qu'on ne peut préparer qu'en mélangeant l'acide anglais avec celui de Nordhausen, contiendrait 81,63 pour cent d'acide sulfurique anhydre.

On peut considérer ici aussi le sulfate acide de potasse ou de soude, car on y peut doser très-facilement, par les procédés alcalimétriques, l'acide en excès.

3 gr. de sulfate acide de potasse, en poudre, conservé depuis longtemps, furent dissous dans l'eau, traités par la soude normale et en neutralisèrent 20,4 CC. L'équivalent du sel $KO + 2 SO^3 + HO$ étant 136,11, les CC de soude doivent être multipliés par 0,13611. Dans ce cas, les 20,4 CC donnent 2,77664 gr. = 92,55 pour cent de sulfate acide ayant la composition indiquée plus haut.

3 gr. du même sel, mais précédemment un peu desséché, exigèrent 20,6 CC de soude normale = 2,804 gr. = 93,46 pour cent de sel pur.

Ayant mélangé une partie de ce sel avec un peu d'acide sulfurique et l'ayant chauffé au rouge sombre dans un creuset de platine, j'obtins un très-beau sel blanc qui se conservait parfaitement sec à l'air, mais qui, cependant, retenait encore un peu d'acide sulfurique libre. En effet :

1° 2 gr. = 15,1 CC de soude normale = 2,0552 gr. = 102,76 pour
                             cent de sulfate acide de potasse.

2° 3 gr. = 22,5 CC de soude normale = 3,0624 gr. = 102,08 pour
                             cent de sulfate acide de potasse.

3° 3 gr. = 22,6 CC de soude normale = 3,076 gr. = 102,53 pour
                             cent de sulfate acide de potasse.

On voit, d'après cela, que le sulfate acide de potasse fondu ne peut pas, comme substance alcalimétrique, remplacer l'acide oxalique, puisqu'il contient toujours un excès d'acide sulfurique qu'il retient fortement pendant long-temps. J'avais eu autrefois l'idée de remplacer l'acide sulfurique par ce composé acide, parce qu'il était plus facile de le peser et qu'il n'était pas aussi hygroscopique. Mais les expériences précédentes m'y ont fait renoncer.

L'analyse du bisulfate de soude se fait absolument de la même manière. Les CC de soude normale employés doivent être multipliés par 0,12.

CHAPITRE XIX.

Dosage de l'acide sulfurique à l'état de combinaison.

La méthode que nous allons décrire a été trouvée par mon fils Charles (1). Elle se rattache au dosage de l'acide carbonique.

Si l'on précipite un sel de baryte soluble par le carbonate d'ammoniaque ou celui de soude, le carbonate de baryte détermine la quantité de baryte ou d'acide carbonique. On dissout ce carbonate avec l'acide azotique normal, et la liqueur est ramenée à la teinte bleue du tournesol par la soude caustique équivalente à l'acide. On déduit de là le nombre de CC d'acide azotique saturé, employé précédemment pour décomposer le carbonate de baryte. Mais si préalablement on enlève avec de l'acide sulfurique à la quantité connue de sel de baryte une quantité inconnue de baryte, on peut, en précipitant à l'état de carbonate la baryte qui doit rester dans ce cas, et en la titrant, en déterminer exactement la proportion; et en la retranchant de la quantité totale que renfermait le sel de baryte employé, on saura ce qu'a précipité l'acide sulfurique et par conséquent on aura dosé celui-ci.

On pourrait croire que cette opération nécessite deux filtrations; mais l'expérience a prouvé qu'une seule suffit, et qu'après la précipitation par le sulfate, on peut, dans le même liquide, précipiter le reste de baryte par le carbonate d'ammoniaque, parce que, à cause du faible excès de ce dernier, le sulfate de baryte n'est pas décomposé par l'alcali carbonaté.

(1) *Ann. de Chimie et de Pharmacie*, T. XC, p. 165.

Pour montrer l'exactitude et l'emploi de cette méthode, nous allons rapporter quelques expériences faites sur des quantités connues de sels purs.

3 gr. d'azotate de baryte, finement pulvérisé et desséché à chaud, furent précipités par le carbonate d'ammoniaque à la température de l'ébullition, on filtra, lava avec de l'eau chaude, jusqu'à ce que celle-ci n'ait plus d'action sur le papier de tournesol rougi. Le filtre humide fut mis avec le précipité dans un vase à précipité, on ajouta de la teinture de tournesol et, avec la burette, 25 CC d'acide azotique normal.

Après avoir chassé l'acide carbonique par l'ébullition et l'aspiration de l'air, on titra de nouveau avec la soude normale et il en fallut juste 2 CC. Il y eut donc 23 CC d'acide azotique saturés. L'équivalent du carbonate de baryte est 130,54. Multiplions-en la millième partie par 23, nous obtenons 3,0024 gr. d'azotate de baryte au lieu des 3 gr. qu'on avait employés. Il en résulte que le titre du liquide normal est exact et que le carbonate de baryte précipité peut servir à doser la baryte.

On pesa de nouveau 3 gr. d'azotate de baryte, on les fit dissoudre et on ajouta 1,5 gr. de sulfate de potasse sec ; la décomposition fut faite en laissant longtemps digérer à la chaleur ; puis, sans rien filtrer, le reste du sel de baryte fut précipité à l'ébullition avec du carbonate d'ammoniaque en petit excès. On filtra et on lava avec soin.

Le filtre humide et la matière qu'il contenait furent chauffés avec 10 CC d'acide azotique normal dans un vase à précipité, et on titra ensuite au bleu avec la soude normale. Il fallut 4,3 CC de celle-ci, donc le carbonate de baryte avait saturé 10 — 4,3 = 5,7 CC d'acide azotique. Sans l'addition du sulfate de potasse, nous eussions employé, comme dans l'exemple précédent, 23 CC : il y eut donc 23 — 5,7 = 17,3 CC d'acide azotique de moins. C'est là la mesure du sulfate de potasse. Son équivalent étant 87,11, alors 0,08711 fois 17,3 = 1,507 gr. de sulfate de potasse au lieu de 1,500 gr.

En répétant la même expérience, on obtint identiquement les mêmes nombres.

4 gr. d'azotate de baryte et 2 gr. de sulfate de potasse, traités comme plus haut, saturèrent 7,7 CC d'acide azotique normal. Sans addition de sulfate de potasse, il eut fallu 30,66 CC.

30,66 — 7,7 = 22,96 CC d'acide azotique normal, mesurent donc le sulfate de potasse. Cela correspond à 22,96.0,08711 = 2,000045 gr. au lieu des 2 gr. employés.

Comme il serait ennuyeux de peser chaque fois le nitrate de baryte, et que d'un autre côté il n'est pas assez soluble pour qu'on en puisse faire une solution normale, on essaya le chlorure de barium pur cristallisé, et on fit une solution normale contenant 122,05 gr. par litre. Cette dissolution, précipitée par le carbonate d'ammoniaque, devait saturer l'acide azotique normal volume à volume.

Dans deux expériences, il fallut pour 10 CC de la solution normale de chlorure de barium, 10,09 et 9,95 CC d'acide azotique, en moyenne 10,02 CC. Le liquide est donc convenable.

On fit usage de cette solution dans les essais suivants :

1 gr. de sulfate de soude sec fut ajouté à 20 CC de chlorure de barium normal. La baryte non précipitée, transformée en carbonate, satura 5,9 CC d'acide azotique normal. Ceux-ci retranchés de 20 CC, laissent 14,1 CC comme mesure du sulfate de soude.

14,1 fois 0,071 donnent 1,001 au lieu de 1 gr. de sulfate de soude sec.

L'exactitude de la méthode est suffisamment prouvée par ces expériences.

Ce procédé de dosage fut donc regardé comme applicable aux opérations techniques, et on l'essaya pour le cas où il y aurait des sels étrangers. On fit un mélange de 4 parties de carbonate de soude pur et une partie de sulfate de soude sec. On en pesa 2,5 gr. qui contenaient par conséquent 0,5 gr. de sulfate de soude. On en détermina d'abord le titre alcalimétrique au moyen de l'acide azotique normale et de la soude caustique (qui doit être parfaitement exempte de sulfate) et la même épreuve fut employée pour le dosage de l'acide sulfurique. Lors donc que le liquide fut ramené au bleu et qu'on eut déterminé la proportion de carbonate de soude, on acidifia faiblement et on versa avec la pipette de la solution normale de chlorure de barium.

Dans le cas dont il s'agit, on prit 10 CC de cette dernière et on opéra comme plus haut. Le carbonate de baryte exigea 2,98 CC d'acide azotique normal; il y eut donc 10 — 2,98 = 7,02 CC saturés qui mesurent le sulfate de soude. Multipliant 7,02 par 0,071, on a 0,49842 gr. de sulfate de soude au lieu de 0,5 gr. L'erreur est ici de 0,00158 gr.

2 gr. de potasse indigène de la Moselle, préalablement chauffée au rouge, furent dissous, sursaturés par l'acide chlorhydrique, additionnés de 10 CC de solution normale de chlorure de barium et traités comme plus haut. 4,17 CC d'acide azotique normal furent saturés, par conséquent 10 — 4,17 = 5,83 CC furent employés. En les multipliant par 0,08711, on trouve 0,5078 gr. = 25,39 pour cent de sulfate de potasse.

Une seconde analyse de la même potasse donna 25,1 pour cent.

Pour doser l'acide sulfurique dans des sels dont la base forme un composé insoluble avec l'acide carbonique, il faut préalablement précipiter la base par le carbonate de soude. Quand la décomposition est achevée, la liqueur filtrée contient tout l'acide sulfurique à l'état de sulfate de soude, avec l'excès de carbonate de soude. On a alors un mélange analogue à la soude brute et que l'on traite de même. On sursature avec l'acide chlorhydrique, on précipite par la solution normale de chlorure de barium, et on dose alcalimétriquement le reste du sel de baryte.

1 gr. de sulfate de zinc cristallisé, chimiquement pur, fut décomposé à l'ébullition par le carbonate de soude, la liqueur filtrée fut additionnée de 20 CC de solution normale de chlorure de barium, l'opération fut terminée comme on sait. Le carbonate de baryte satura 13 CC d'acide. Donc 20 — 13 = 7 CC d'acide mesurent le sulfate de zinc. Son poids atomique est 143,2 et 7 fois 0,1432 donnent 1,002 gr. de sulfate de zinc cristallisé au lieu de 1 gr.

Dans cette analyse, il n'y a qu'une filtration de plus. Il faut laver le précipité tant que le liquide qui coule, sursaturé par l'acide chlorhydrique, offre des traces d'acide sulfurique. On se sert pour le reconnaître de la solution normale de chlorure de barium elle-même, que l'on a mise dans une burette à pince, de sorte que la quantité qu'on emploie pour essayer la réaction fait partie même de celle qu'on ajoutera pour faire l'analyse.

On ajoute en même temps à la liqueur filtrée de la teinture de tournesol, afin de reconnaître facilement le point de saturation par l'acide chlorhydrique. Elle sert en même temps à saisir plus tard le moment où il y a sursaturation par le carbonate de soude ou d'ammoniaque, lorsque l'excès de baryte sera précipité.

Un cristal de sulfate de cuivre pesait 2,082 gr.

Dissolution normale de chlorure de barium, 20 CC.

Acide azotique normal pour le carbonate de baryte, 3,350 CC.

Donc 20 — 3,350 = 16,65 CC d'acide azotique normal mesurent le sulfate de cuivre, dont le poids atomique est 125 : ainsi 16,65 fois 0,125 = 2,08125 gr. au lieu de 2,082 gr. de sulfate de cuivre cristallisé.

CHAPITRE XX.

Acide acétique.

SUBSTANCES.	FORMULES.	ÉQUIVALENT.	POIDS À PESER pour que 1 CC de soude normale =1 p. cent de la substance.	1 CC DE SOUDE normale correspond à
40. Acide acétique anhydre.	$C^4H^3O^3$	51	5,1 gram.	0,051 gr.
41. Acide acétique cristallisable. . . .	$C^4H^3O^3 + HO$	60	6	0,060

Pour les divers acides acétiques, la méthode volumétrique est plus utile encore que pour les autres acides, parce qu'ici le poids spécifique donne des indications de peu de valeur et tout à fait incertaines. Aussi quand les liquides renferment d'autres substances qui les rendent plus ou moins denses que l'eau, comme des matières extractives, de l'alcool, de l'esprit de bois, de l'acétone, l'analyse par les liqueurs titrées est la seule certaine et en même temps la seule prompte. Je m'occuperai d'abord du vinaigre incolore.

Acetum concentratum officinal.

5 CC pesaient 5,204 gr., donc le poids spécifique est 1,0408. Avec la balance aréométrique on trouva 1,042.

5 CC du même acide exigèrent :

     1° 27   CC de soude normale.

     2° 27,05   —

     3° 27,   —

Prenons le nombre 27 CC, l'équivalent de l'acide acétique anhydre $C^4H^3O^3$ étant 51, 27 fois 0,051 = 1,377 gr. d'acide acétique anhydre = 26,46 pour cent.

Le poids spécifique de l'*acetum concentratum* étant presque toujours voisin de 1,04, on peut, pour les recherches pharmaco-chimiques, le mesurer avec la pipette au lieu de le peser. Comme d'après notre système 51 gr. d'acide acétique anhydre doivent saturer juste un litre de soude normale, et par conséquent 5,1 gr. juste 100 CC de soude, il nous faudra mesurer le volume exact correspondant au poids 5,1 gr. Ce volume est $\frac{5,1}{1,04} = 4{,}904$ CC. On peut donc sans grande erreur prendre avec la pipette 4,9 CC d'*acetum concentratum* et les titrer avec la soude normale.

On prit donc 4,9 CC de l'acide précédent et on employa juste 26,4 CC de soude normale. La proportion pour cent est donc encore 26,4, comme on l'avait trouvée plus haut.

La pharmacopée prussienne exige 25 pour cent d'acide acétique anhydre dans l'*acetum concentratum*.

J'ai fait, sur l'*acetum glaciale*, une série d'expériences qui sont rapportées dans mon *Commentaire sur la pharmacopée prussienne* (2e éd. 1er vol. p. 29) et auxquelles je renvoie ici. Elles montrent l'emploi facile de la méthode appliquée à cet acide volatil.

Je ferai encore remarquer que le changement de couleur n'est ni aussi prompt, ni aussi facile à saisir avec les acides faibles qu'avec les acides forts, parce qu'avec ceux-ci la plus légère trace d'acide encore libre colore fortement en rouge la teinture de tournesol.

Pour l'acide acétique je vais jusqu'au bleu parfait, c'est-à-dire, jusqu'à ce qu'une goutte de la liqueur de soude dans le liquide déjà coloré ne forme plus une tache bleue.

Le vinaigre d'alcool incolore ou faiblement coloré peut aussi être dosé directement avec la soude normale. Le bon vinaigre ordinaire a un poids spécifique qui varie de 1,01 à 1,011. Si l'on en veut prendre avec la pipette 5,1 gr., il faudra en mesurer $\frac{5,1}{1,011} = 5{,}04$ CC. En négligeant les $\frac{4}{100}$ CC, on peut poser la règle pratique simple qu'en opérant sur 5 CC de vinaigre, le nombre de CC de soude normale employés donne la richesse pour cent en acide acétique anhydre. Si l'on prend 10 CC de vinaigre, il faudra naturellement prendre la moitié de la quantité de soude neutralisée.

Un vinaigre bien clair, préparé par la méthode allemande, fut essayé par ce procédé :

       1° 10 CC $=$ 11,8 de soude normale $=$ 5,9 pour cent.

       2° 5 — $=$ 5,9   — $=$ 5,9   —

       3° 5 — $=$ 5,9   — $=$ 5,9   —

Pour les vinaigres fortement colorés, comme les vinaigres de fruits, de Bourgogne, de bois, la méthode fait défaut. Le vinaigre de bois a une couleur brune noirâtre qui ne permet plus de rien reconnaître. Dans ce cas, on fait usage ordinairement du papier de tournesol.

Après avoir mesuré le liquide avec la pipette, on fait un trait sur du papier bleu de tournesol pour avoir une idée de l'effet complet de l'acide naturel. Ensuite on fait couler la soude normale en ayant soin d'agiter. Pour remuer le liquide, je me sers d'une barbe de plume qui, après avoir été passée en frottant sur le bord du verre, est encore assez humide pour marquer un trait sur le papier de tournesol. On fait des traits aussi souvent que les phénomènes l'exigent, c'est-à-dire, plus fréquemment vers la fin de l'opération, presque après chaque goutte. On regarde l'essai comme terminé, quand la couleur bleue du papier n'est plus rougie, et que la couleur rouge n'est pas encore ramenée au bleu. Mais pour des vinaigres de bois très-empyreumatiques, ces phénomènes sont encore très-difficiles à saisir et on est très-embarrassé de décider la question. Dans ce cas, je recommande comme très-convenable la méthode trouvée par mon fils Charles, pour déterminer la richesse en acide d'un vinaigre de bois.

Il fait bouillir le vinaigre de bois pesé ou mesuré en volume avec un poids connu et en excès de carbonate de baryte, jusqu'à ce que tout l'acide carbonique soit expulsé; ensuite, il sépare par filtration le carbonate de baryte non décomposé. Le liquide qui coule, contenant l'acétate de baryte, est fortement coloré en brun, et il reste sur le filtre du carbonate de baryte faiblement coloré. Il n'y a plus qu'à doser la quantité de ce dernier. On y arrive en le traitant par un excès d'acide azotique normal, puis par la soude normale.

A cet effet, on met le filtre avec le carbonate de baryte dans un verre à fond arrondi, on ajoute la teinture de tournesol, puis on laisse couler l'acide azotique normal, qui sature la soude volume à volume, jusqu'à ce que le liquide reste bien franchement rouge quand il n'y a plus d'effervescence après avoir chauffé. On ajoute alors la soude normale pour ramener à la neutralité et on connaît ainsi l'acide azotique ajouté en excès. Un exemple suffira pour faire bien comprendre la méthode.

On commença par essayer la force de l'acide azotique normal par rapport au carbonate de baryte.

1 gr. de carbonate de baryte pur, bien sec, fut dissous dans un excès d'acide azotique et l'excès fut dosé par la soude normale équivalente. 10,2 CC d'acide azotique furent saturés par le gramme de carbonate de baryte. Comme 1 éq. = 98,6 gr. de carbonate de baryte sature 1 litre d'acide normal, 0,986 gr. de carbonate satureront 10 CC, donc 1 gr. de carbonate de baryte = 10,14 CC de soude normale. Mais l'expérience a donné 10,20 CC. Ainsi l'acide

azotique, préparé d'après la soude, qui fut elle-même titrée d'après l'acide oxalique, donne un résultat aussi satisfaisant qu'on peut l'exiger et tel qu'on n'aurait osé l'espérer après cette triple dérivation.

Pour contrôler la méthode, on l'appliqua d'abord à un vinaigre de la méthode allemande, que nous avons déjà analysé plus haut, son manque total de couleur permettant de reconnaître directement la saturation.

On fit bouillir 10 CC de ce vinaigre avec 3 gr. de carbonate de baryte. Le carbonate de baryte non dissous fut traité par 21 CC d'acide azotique normal, puis par 2,2 CC de soude normale, donc 18,8 CC d'acide azotique furent saturés. Mais les 3 gr. de carbonate de baryte auraient exigé 30,6 CC d'acide, par conséquent 30,6 — 18,8 = 11,8 CC d'acide azotique normal mesurent l'acide acétique anhydre, et comme nous avons employé 10 CC de vinaigre, la moitié de 11,8 sera la proportion pour cent. D'après cette méthode, nous trouvons donc 5,9 pour cent, comme plus haut.

L'accord étant parfait, le procédé put être appliqué à un vinaigre dont la couleur était tellement foncée, qu'il n'y avait pas possibilité de mettre en usage le dosage direct.

10 CC de vinaigre de bois rectifié furent traités 3 fois par 3 gr. de carbonate de baryte. Le carbonate non dissous neutralisa :

1° 15,7   CC d'acide azotique normal.

2° 15,15   —   —

3° 15,2   —   —

En les retranchant de 30,6, on a la mesure de l'acide contenu dans le vinaigre.

1° 14,9   CC = 7,450 pour cent d'acide acétique anhydre.

2° 15,45 CC = 7,725   —   —   —   —

3° 15,4 CC = 7,700   —   —   —   —

10 CC d'acide pyroligneux brut, très-foncé, furent traités dans trois expériences par 3 gr. de carbonate de baryte.

Le carbonate non dissous exigea :

1° 13,7 CC d'acide azotique normal.

2° 13,7   —   —

3° 16,6   —   —

Retranchant de 30,6, on aura pour mesure de l'acide anhydre contenu :

1° 16,9 CC = 8,45 pour cent.

2° 16,9   = 8,45   —

3° 17,0   = 8,50.   —

L'accord de ces expériences est tellement satisfaisant, que l'on peut regarder cette méthode comme très-bonne pour les liquides aussi colorés qu'on voudra. Son avantage repose sur l'emploi d'un corps basique insoluble dans l'eau, ce qui permet, après la saturation obtenue, d'écarter complétement le corps coloré et d'achever le dosage comme à l'ordinaire.

CHAPITRE XXI.

Acide tartrique.

SUBSTANCES.	FORMULES.	ÉQUIVALENT.	POIDS A PESER pour que 1 CC de soude normale = 1 p. cent de la substance.	1 CC DE SOUDE normale correspond à
42. Acide tartrique anhydre.......	$C^4H^2O^5$	66	6,6 gram.	0,066 gram.
43. Acide tartrique cristallisé.....	$C^4H^2O^5 + HO$	75	7,5	0,075

L'acide tartrique cristallisé ayant pour formule $C^4H^2O^5 + HO = 75$, il faudra multiplier par 0,075 les CC de soude normale employés.

1° 2 gr. d'acide tartrique cristallisé = 26,9 CC de soude normale = 2,0175 gr. d'acide tartrique.

2° 2 gr. — — = 26,9 CC de soude normale = 2,0175 gr. d'acide tartrique.

3° 3 gr. — — = 40,3 CC de soude normale = 3,0225 gr. d'acide tartrique.

On voit qu'il y a toujours un petit excès dont on n'a pas bien pu trouver la cause. Mais comme la différence n'est que d'environ $\frac{1}{2}$ pour cent, elle ne dépasse pas celles qu'on trouve dans une bonne analyse en poids.

CHAPITRE XXII.

SUBSTANCES.	FORMULES.	ÉQUIVALENT.	POIDS A PESER pour que 1 CC de soude normale = 1 p. cent de la substance.	1 CC DE SOUDE normale correspond à
44. Tartre.	$KO + 2C^4H^2O^5 + HO$	188,11	18,811 gram.	0,18811 gr.

On pèse le tartre en poudre, on le met dans un large vase avec de l'eau distillée, on ajoute la teinture de tournesol, et on y verse la soude normale jusqu'à ce que la couleur bleue reparaisse.

Tartre pur, exempt de chaux, etc., et desséché dans une étuve à air chaud.

     1° 1 gr. = 5,3 CC de soude normale.
     2° 1 gr. = 5,3   —
     3° 2 gr. = 10,6   —
     4° 2 gr. = 10,6   —

L'équivalent du tartre cristallisé étant 188,11, il faut multiplier les CC de soude normale par 0,18811.

On aura dès lors les résultats suivants :

     1° 0,997 gr. au lieu de 1 gr.
     2° 0,997   —   1
     3° 1,994   —   2
     4° 1,994   —   2

Le tartre peut donc se doser très-exactement par les procédés alcalimétriques.

2 gr. de tartre ordinaire de Venise :

     1° 9,7 CC de soude normale = 1,82466 gr. = 91,23 pour cent.
     2° 9,7   —   = 1,82466 gr. = 91,23   —

Tartre blanc brut en croûtes.

1° 2 gr. $=$ 9,2 CC $=$ 1,7306 gr. $=$ 86,53 pour cent.
2° 2 gr. $=$ 9,2 $\quad=$ 1,7306 gr. $=$ 86,53 —

Le tartre brut acquiert, après la saturation, une couleur verte qui est très-caractéristique, et indique avec beaucoup de netteté la fin de l'opération. Comme ce sel est peu soluble, il faut chaque fois après l'apparition de la couleur verte, chauffer quelque temps afin de s'assurer si la couleur ne repasserait pas au rouge par l'action du sel qui pourrait n'être pas encore dissous.

Pour obtenir directement la proportion pour cent de tartre pur, il faudrait peser 18,811 gr. de tartre. Comme cette quantité est trop considérable, on pourrait en prendre la moitié, 9,4 gr. ou même seulement $\frac{1}{4} =$ 4,7 gr. et on multiplierait par 2 ou par 4 les CC employés.

Du dernier sel brut, on pesa 4,7 gr. et il fallut pour la saturation 21,7 CC. Multipliant par 4, on a 86,8 pour cent, ce qui s'accorde parfaitement avec le nombre trouvé plus haut.

C'est ici le lieu de dire que l'on peut mesurer de la même manière l'acide libre des sucs acides, tels que le jus de raisin, de groseilles, de groseilles à maquereau, de citron, de vin. Ce dosage donne la quantité d'acide, mais non pas sa nature, qui s'établit d'une autre manière. Si l'on connaît déjà la nature de l'acide, rien n'empêche de faire le calcul pour cet acide. Dans beaucoup de cas, la nature de l'acide importe peu, et il est nécessaire seulement d'en connaître la quantité, comme, par exemple, pour enlever l'acidité des vins de mauvaise année. On sait qu'on y parvient en ajoutant du carbonate de potasse ou du tartrate neutre, et il est bon d'avoir dans ce cas une mesure, parce qu'il ne faut pas détruire toute l'acidité. Il est convenable aussi d'employer une mesure de convention, c'est-à-dire, de déterminer combien il faut de CC de soude normale pour saturer 100 CC du liquide acide ou de la substance qu'il contient. Supposons, par exemple, qu'il s'agisse d'essayer du vin ou du moût, on en mesurerait 100 CC et ajoutant la teinture de tournesol, on titrerait au bleu. D'ordinaire les jus acides naturels contiennent déjà une matière colorante qui change de couleur par l'action des alcalis.

Dans ce cas, on obtient le plus souvent une teinte verte au lieu de la couleur bleue, mais elle est encore très-facilement saisissable.

On peut essayer aussi de la même manière les raisins frais ou le jus qu'on en extraira préalablement, ce qui, dans ce dernier cas, a une autre importance. On fait bouillir les grains écrasés avec de l'eau distillée, et après avoir ajouté le tournesol, on fait tomber la soude goutte à goutte. Ainsi 40 gr. de graines de raisin de cette année (1854) exigèrent 7,6 CC de soude normale, donc pour 100 gr. il en faudrait 19 CC. Veut-on diminuer l'acidité de ce raisin de façon qu'il ne sature plus après que 10 CC de soude normale, il faudra sur 100 gr. ajouter 9 fois 0,06911 $=$ 0,622 gr. de carbonate de potasse, et par conséquent 622 gr. pour 100 kil.

Pour avoir une mesure de la quantité d'acide à laisser, on essaie celle que contient un vin généreux et de bon goût. Si l'on avait dosé l'acide d'un vin déjà fait, on aurait immédiatement la quantité de carbonate de potasse à ajouter par hectolitre.

CHAPITRE XXIII.

Acide citrique.

SUBSTANCES.	FORMULES.	ÉQUIVALENT.	POIDS A PESER pour que 1 CC de soude normale $=$1 p. cent de la substance.	1 CC DE SOUDE normale correspond à
45. Acide citrique anhydre.......	$C^4H^4O^4$	60	6 gram.	0,060 gram.
46. Acide citrique cristallisé......	$C^4H^4O^4 + HO$	69	6,9	0,069

L'acide citrique cristallisé du commerce a pour formule $C^4H^4O^4 + HO$ et pour équivalent 69.

2 gr. de cet acide saturèrent 28,8 CC de soude, ce qui donne 28,8 fois 0,069 $=$ 1,9872 gr. au lieu des 2 gr. qu'on avait pris.

2 gr. du même acide, colorés par la teinture du bois de campêche, exigèrent 29 CC $=$ 2,001 gr. au lieu de 2 gr.

CHAPITRE XXIV.

Acide oxalique et sel d'oseille.

SUBSTANCES.	FORMULES.	ÉQUIVALENT.	POIDS A PESER pour que 1 CC de soude normale = 1 p. cent de la substance.	1 CC DE SOUDE normale correspond à
47. Acide oxalique anhydre......	C^2O^3	36	3,6 gram.	0,036 gram.
48. Acide oxalique cristallisé.....	$C^2O^3 + 3HO$	63	6,3	0,063
49. Sel d'oseille...	$KO + 2C^2O^3 + 3HO$	146,11	14,611	0,14611
50. Quadroxalate de potasse.......	$KO + 4C^2O^3 + 3aq.$	218,11	21,811	0,21811

Il est inutile de montrer que l'acide oxalique libre peut se doser par la soude normale, puisque celle-ci est titrée au moyen de celui-là. Nous passerons donc aux oxalates acides.

On essaya d'abord un échantillon de sel d'oseille tiré du commerce.

2 gr. de ce sel exigèrent 23,7 CC de soude normale dans deux expériences tout à fait d'accord. En admettant que le sel d'oseille ait la composition ordinaire $KO + 2.C^2O^3 + 3aq = 146,11$, on multiplie ces 23,7 CC par 0,14611 et on obtient 3,4628 gr. au lieu de 2, ainsi beaucoup plus qu'on n'avait employé. Il est évident, d'après cela, que le sel d'oseille employé n'a pas la composition ordinaire, mais contient bien plus d'acide libre. Pour résoudre la question, 2 gr. du même sel furent chauffés au rouge dans un creuset de platine et dosés alcalimétriquement. Ils saturèrent 7,7 CC d'acide oxalique normal.

Les 23,7 CC de soude normale trouvés plus haut, indiquent l'acide oxalique libre, et comme l'équivalent de l'acide oxalique anhydre pèse 36, ces 23,7 CC de soude normale représentent 23,7 fois 0,036 = 0,8532 gr. d'acide oxalique.

Les 7,7 CC d'acide oxalique normal qui saturèrent la potasse représentent d'abord $7,7 \times 0,04711 = 0,36274$ gr. de potasse anhydre, et secondement $7,7 \times 0,036 = 0,2772$ gr. d'acide oxalique combiné.

Ainsi nous trouvons donc directement dans 2 gr. de sel :

Acide oxalique libre......... 0,8532 gr.

Acide oxalique combiné....... 0,2772

Potasse anhydre............ 0,3627

Un coup d'œil jeté sur ces nombres montre déjà que l'acide oxalique libre est en quantité trois fois plus grande que l'acide combiné, que par conséquent le sel est le quadroxalate de potasse que Vollaston découvrit en 1808 (*Transactions philosoph.* 1808, p. 99).

Ajoutons en effet les deux quantités d'acide, nous trouvons 1,1304 gr. d'acide oxalique pour 0,3627 de potasse : divisons ces deux nombres par les équivalents correspondants, on a $\dfrac{1,1304}{36} = 0,0314$ et $\dfrac{0,3627}{47,11} = 0,0077$ et ce second quotient est contenu 4 fois dans le premier, puisque $4 \times 0,0077 = 0,0308$. Donc il y a dans le sel 4 équivalents d'acide pour 1 équivalent de potasse. Ajoutant l'acide à la potasse, on obtient 1,4931 gr. qui, retranchés des 2 gr. employés, donnent $0,5069 = 25,3$ pour cent d'eau.

Le sel de Vollaston avec 7 équivalents d'eau (Gmélin, IV, p. 831) contient 24,78 pour cent d'eau. Il y a donc ici encore une concordance satisfaisante et il en résulte que le sel qu'on trouve dans le commerce sous le nom de sel d'oseille a la composition du sel de Vollaston qui, jusqu'à présent, n'est connu que dans les traités de chimie. Cela doit d'autant plus surprendre, que ce dernier sel contient 56,65 pour cent d'acide oxalique, tandis que le sel d'oseille proprement dit n'en renferme que 49,38 pour cent. D'un autre côté, au contraire, le quadroxalate contient 18,57 pour cent de potasse et le sel d'oseille 32,23 pour cent.

M. Berard avait déjà fait la remarque que ce sel se rencontre dans le commerce, et elle est citée dans Gmélin, IV, p. 831.

CHAPITRE XXV.

Acide carbonique.

SUBSTANCES.	FORMULES.	ÉQUIVALENT.	POIDS A PESER pour que 1 CC d'acide normal = 1 p. cent de la substance.	1 CC d'acide normal correspond à
51. Carbone.	C	6	0,6 gram.	0,006 gram.
52. Acide carbonique.	CO^2	22	2,2	0,022

a. *Acide carbonique en combinaison.*

L'acide carbonique sera dosé à l'état de carbonate de baryte ou de chaux
au moyen de l'acide azotique normal et de la soude caustique. L'acide azotique est titré d'après le carbonate de baryte, et la soude caustique exempte
d'acide carbonique le sature volume à volume. Il s'agit donc de transformer
l'acide carbonique à mesurer en carbonate de baryte. Cela se fait différemment
suivant les cas qui se présentent, mais toujours très-facilement et très-exactement. L'acide carbonique forme-t-il une combinaison soluble avec les alcalis,
on décompose celle-ci avec une dissolution de chlorure de barium ou de chlorure de calcium, et si les alcalis sont bicarbonatés ou seulement carbonatés en
partie, on ajoute dans les deux cas de l'ammoniaque. Comme l'ammoniaque lui-
même peut facilement contenir un peu d'acide carbonique, on fait chauffer le
mélange de chlorure de calcium ou de barium et d'ammoniaque, on le laisse
déposer ou on le filtre dans un flacon fermé à l'aide d'un tube ouvert contenant de la chaux (voir fig. 56, p. 44).

Si les alcalis sont exactement monocarbonatés, le dosage alcalimétrique fait
connaître directement la quantité d'acide carbonique précisément comme dans
la méthode de Frésénius et Will, la détermination de l'acide carbonique sert
de dosage à l'alcali qui y est combiné. Je montrerai plus loin que dans ma
méthode aussi le dosage de l'alcali et celui de l'acide carbonique conduisent à
un résultat tout à fait identique.

9

Maintenant, pour essayer la méthode elle-même et la confirmer, on fit les essais suivants :

1 gr. de carbonate de soude chimiquement pur, fortement chauffé, fut additionné de teinture de tournesol, et on y versa 24 CC d'acide azotique normal, puis 5,1 CC de soude. Donc il n'y eut que 18,9 CC d'acide azotique normal employés. Trois répétitions donnèrent 18,89 CC.

Calculant ce dernier nombre en carbonate de soude, on obtient 1,001 gr. au lieu de 1 gr., et si nous le calculons en acide carbonique en le multipliant par 0,022, on a 0,41558 gr. = 41,558 pour cent d'acide carbonique. D'après les équivalents, on trouve 41,51 pour cent d'acide carbonique. Du reste, cette détermination de l'acide carbonique se fonde sur la neutralité admise du sel employé. On fit donc l'expérience suivante :

1 gr. du même carbonate de soude sec fut dissous dans l'eau, précipité par un excès de chlorure de barium ; le précipité lavé fut placé avec le filtre dans le vase où on avait opéré la décomposition. Après addition de teinture de tournesol, on versa 24,5 CC d'acide azotique normal. La dissolution fut complète et le filtre en morceaux flottait au milieu de la solution rouge et limpide. On titra avec la soude et on en employa 5,7 CC. 18,8 CC d'acide azotique normal furent donc saturés. En les multipliant par 0,022, on a 0,4136 gr. d'acide carbonique = 41,36 pour cent. Le calcul donne 41,51 pour cent.

2 gr. du même carbonate de soude furent traités par 50 CC d'acide azotique normal, puis 12,4 CC de soude ; donc on employa pour la saturation 37,6 CC d'acide = 1,9928 gr. de carbonate de soude au lieu de 2 gr.

2 gr. de même sel furent précipités par le chlorure de barium, le précipité fut lavé jusqu'à ce que l'eau de lavage ne ramenât plus au bleu le papier de tournesol rougi, puis il fut traité comme plus haut avec le filtre. On employa 50 CC d'acide azotique normal et au contraire 12,4 CC de soude ; de même une seconde fois 50,5 CC d'acide et 12,9 CC de soude. Dans les deux cas il y eut donc encore, comme dans l'essai précédent, 37,6 CC d'acide employés. Multipliant ce nombre par 0,022, on obtient pour l'acide carbonique 0,8272 gr. = 41,36 pour cent. Le calcul donne 41,51 pour cent.

On ne saurait méconnaître l'importance de ces essais. En précipitant le carbonate alcalin par le chlorure de barium ou de calcium, toute l'alcalinité est passée sur la baryte ou la chaux. Le liquide filtré qui contient du chlorure de sodium et du chlorure de barium est tout à fait neutre, comme l'expérience le prouve. Le papier de tournesol y reste bleu et une seule goutte d'acide d'épreuve fait tout virer au rouge vif. Le précipité, comme composé insoluble, ne peut contenir aucune combinaison alcaline de baryte ou de

chaux que du carbonate de baryte ou de chaux, puisque la baryte et la chaux
caustique sont solubles, et qu'on a soin de laver sur le filtre jusqu'à ce qu'il
n'y ait plus aucune réaction alcaline et que tous les autres composés insolubles de baryte et de chaux sont absolument neutres. D'après cela, la quantité
de carbonate de baryte ou de chaux mesure donc exactement l'acide carbonique. On emploie bien, il est vrai, déjà ce carbonate pour cet usage dans
les analyses ordinaires, mais ici nous n'avons pas à le dessécher, nous n'avons
pas à brûler le filtre et à peser après avoir porté au rouge, mais nous pesons
avec la burette. La rigueur de ce procédé ne le cède en rien aux plus délicates
pesées, abstraction faite même des erreurs qui peuvent provenir des cendres
du filtre, de l'hygrométricité du creuset de platine, de la décomposition possible du précipité pendant la calcination, de l'excès de poids qui résulterait
d'un lavage imparfait.

Il est essentiel, après avoir décomposé le carbonate de baryte ou de chaux
par l'excès d'acide azotique normal, de faire disparaître tout l'acide carbonique en chauffant et en aspirant l'air du vase, car dans un vase contenant
une atmosphère chargée d'acide carbonique, le liquide, déjà bleu, passe au
violet quand on agite. On serait donc conduit à employer quelques gouttes
de soude de trop.

Comme la rigueur d'une méthode s'établit toujours en opérant sur des
quantités connues de substances pures, je l'ai encore appliquée au carbonate
de potasse pur.

1 gr. de carbonate de potasse bien desséché fut traité par 18 CC d'acide
azotique normal et 3,5 CC de soude. Il y eut donc 14,5 CC d'acide normal
saturés. En multipliant par 0,06911, on obtient 1,002095 gr. au lieu de 1 gr.

1 gr. du même carbonate de potasse fut précipité par le chlorure de barium
et le précipité traité comme on l'a dit. Il fallut 18 CC d'acide azotique normal,
puis 3,5 CC de soude. On employa donc 14,45 CC d'acide. Multipliant par
0,022, on obtient 0,3179 gr. = 31,79 pour cent d'acide carbonique. Le
calcul conduit à 31,83.

On ne pouvait attendre un accord plus parfait.

Au lieu de chlorure de barium, je versai sur 1 gr. de carbonate de potasse
sec une solution de chlorure de calcium cristallisé. Le précipité lavé fut traité
par 18 CC d'acide azotique normal et 3,5 CC de soude = 14,5 CC d'acide
normal, précisément le même résultat que dans l'avant-dernier essai et presque autant que dans le dernier.

Il est donc tout aussi bon de précipiter le carbonate par le sel de baryte ou
par celui de chaux. Si l'on a un bicarbonate alcalin, on y ajoute un excès de

solution ammoniacale de chlorure de barium. Il faut essayer le liquide qui s'écoule avec la solution précipitante, afin de s'assurer qu'il ne se forme plus de précipité. On chauffe légèrement et rapidement en empêchant autant que possible l'accès de l'air au moyen d'un obturateur en verre, et l'on titre le précipité avec le filtre à la manière ordinaire.

Comme exemple, je donnerai l'analyse complète du bicarbonate de soude.

2 gr. de beau bicarbonate de soude cristallisé, additionnés de teinture de tournesol, furent décomposés par 26 CC d'acide azotique normal, on chauffa et on chassa l'acide carbonique par insufflation. Il fallut 2,3 CC de soude normale pour amener la couleur violette = 23,7 CC d'acide normal. Une répétition donna 26,5 CC d'acide et 2,8 CC de soude, donc encore 23,7 CC. En les multipliant par le millième de l'équivalent de la soude = 0,031, cela donne 0,7347 gr. = 36,73 pour cent de soude.

2 gr. du même sel dissous avec de l'ammoniaque, furent décomposés par le chlorure de calcium au lieu du chlorure de barium. On chauffa, on filtra chaud, le précipité avec le filtre fut titré par l'acide azotique normal ; on en employa 50 CC, et après avoir chauffé et chassé l'acide carbonique, il fallut 3,2 CC de soude d'épreuve. Il y eut donc 46,8 CC d'acide azotique normal saturés. En multipliant par 0,022 (millième de l'équivalent de l'acide carbonique), cela donne 1,0296 gr. d'acide carbonique dans les 2 gr. de sel = 51,48 pour cent.

Le dosage de la soude exigea 23,7 CC de liquide d'épreuve, celui du carbonate de chaux provenant de l'acide carbonique de sel en employa 46,8 CC. Ces nombres montrent de suite qu'il y a deux équivalents d'acide pour un de soude, puisque tous les liquides d'épreuve sont d'égale force et contiennent un équivalent par litre. Le bicarbonate de soude ne sature qu'un équivalent d'acide azotique ou oxalique, tandis que le carbonate de chaux qui provient du sel de soude sature autant de fois son équivalent des mêmes acides qu'il y a d'équivalents d'acide carbonique employés pour le précipiter. L'analyse nous a donc donné :

	trouvé.	calculé.
Soude	36,73	36,90
Acide carbonique	51,48	52,38
Eau	11,79	10,72

Comme contrôle, on chauffa au rouge dans un creuset de platine 2 gr. du même sel et on mesura la perte de poids : elle fut de 0,745 gr. La moitié de l'acide carbonique serait 26,19 pour cent, et ajoutons-y 10,72 d'eau, nous aurons pour la perte présumable par calcination 36,91 pour cent. L'expérience donna 37,25 pour cent.

La question de savoir si dans ces recherches il faut choisir plutôt le chlorure de calcium ou le chlorure de barium demande quelques développements. Si nous considérons la solubilité des deux carbonates, d'après Frésénius (*Introd. à l'analyse qualitative*, 4e éd., vol. II, p. 460), le carbonate de baryte est soluble dans 14137 parties d'eau pure froide, et celui de chaux dans 10601 p. Si l'on emploie l'eau ammoniacale, il en faudra 141000 p. pour le carbonate de baryte, et 65246 pour celui de chaux. Il paraît, d'après cela, que le carbonate de baryte est le moins soluble. D'un autre côté, le carbonate de baryte occupe un volume plus de six fois plus grand que celui de chaux, il engorge fortement le filtre et rend la filtration très-lente. De plus, il faut employer beaucoup plus d'eau pour le lavage, ce qui enlève l'avantage qu'on pourrait retirer de sa moindre solubilité. La longueur de l'opération du filtrage peut encore, avec le sel de baryte, être cause de la précipitation d'un peu de carbonate de baryte par l'acide carbonique de l'air. Au contraire, le carbonate de chaux précipité à chaud prend aussitôt l'aspect de cristaux d'arragonite (G. Rose) ; il se dépose très-facilement, se filtre sans dépôts avec de bon papier et peut se laver promptement et complétement. Il faut nécessairement enlever par le lavage tout l'ammoniaque libre, parce qu'il possède des propriétés alcalines, mais il importe peu s'il reste dans le précipité humide quelques traces de sel neutre. L'adhérence si fâcheuse du carbonate de chaux après les parois du vase ne doit pas préoccuper ici, parce que la dissolution du précipité se fait dans le vase même où il s'est formé, et qu'alors toutes les parcelles restées adhérentes se redissolvent.

On reconnaîtra que tout l'ammoniaque a été enlevé au moyen des réactifs végétaux colorés, et on peut cesser de laver sitôt que la réaction alcaline des eaux de lavage a disparu. La réaction du chlore dans les eaux de lavage qui servent à enlever le chlorure de sodium persiste bien plus longtemps, aussi dans les analyses ordinaires par les pesées le lavage des précipités a une bien plus grande importance.

Quand il s'agit de peser, le carbonate de baryte semble préférable, parce que son équivalent est très-élevé, mais cela n'est pas un avantage sur le carbonate de chaux quand on fait usage de liqueurs titrées. L'effet des équivalents, fussent-ils de poids aussi différents qu'on voudra, est absolument le même, et le plus petit volume est pour nous aussi avantageux que le poids atomique élevé peut l'être pour les chimistes qui se servent de la balance. C'est pour ce motif que j'emploie volontiers le carbonate de baryte pour établir l'acide azotique normal, car en mesurant de plus grands poids on obtient plus d'exactitude.

Voici encore l'analyse du bicarbonate de potasse qui, à cause de la forme lamelleuse de ses cristaux, conserve facilement de l'eau-mère et pour cela donne des résultats trop faibles.

2 gr. de bicarbonate de potasse cristallisé = 19,8 CC d'acide azotique normal. Ceux-ci multipliés par 0,04711, donnent 0,9327 gr. de potasse anhydre = 46,63 pour cent.

2 gr. du même sel furent précipités par le chlorure de calcium et l'ammoniaque ; le précipité séparé du filtre, titré par l'acide azotique normal, exigea 38,9 CC. En multipliant par 0,022, on a 0,8559 gr. d'acide carbonique = 42,79 pour cent. Les nombres 19,8 et 38,9 montrent bien qu'il y a deux équivalents d'acide carbonique. Nous avons donc :

	trouvé.	calculé.
Potasse...............	46,63	47,058
Acide carbonique.....	42,79	43,951
Eau	10,58	8,991

Tout dosage de l'acide carbonique, sans qu'on ait besoin de le faire dégager, doit être préféré aux opérations dans lesquelles on le met d'abord en liberté, pour ensuite le faire entrer dans une nouvelle combinaison dans un autre vase. Il y a là, en effet, des pertes faciles dont on ne peut jamais tenir compte et qui entachent le résultat d'erreurs. Toutefois, il y a des cas où l'on ne peut pas faire autrement, ainsi, par exemple, quand de petites quantités de composés carbonatés sont mélangés avec de grandes proportions de corps étrangers ou quand on suppose que vraisemblablement des substances alcalines ne sont que partiellement carbonatées.

Cela peut se présenter dans des analyses de mortiers, où l'on doit déterminer quelle est la proportion de chaux qui, au bout d'un temps donné, est passée à l'état de carbonate et quelle est celle qui est encore à l'état d'hydrate, ou bien encore quand on veut analyser une combinaison carbonatée insoluble dans laquelle la proportion d'acide carbonique n'est pas bien définie, tels que l'analyse de l'oxyde de zinc, du protoxyde de fer, de l'oxyde de cuivre carbonaté, de la magnésie, de la céruse, en un mot de toutes les combinaisons qui renferment des quantités variables de cet acide.

Dans ce cas, le point essentiel, c'est que tout l'appareil ferme hermétiquement, afin qu'aucune trace d'acide carbonique ne puisse se perdre, autrement le résultat serait trop faible, tandis que dans le dosage par la perte de poids les erreurs proviennent de la vapeur d'eau entraînée. Il faut donc, pour remplir ce but, que l'appareil soit le plus simple possible, qu'il soit formé par l'assemblage de fort peu de pièces pour diminuer les chances de fuites accidentelles, et que le gaz qui se dégage soit absorbé sous une pression aussi peu supérieure à la pression extérieure qu'on pourra, et même sous cette dernière, afin que l'absorption se fasse naturellement. C'est dans ce but que j'ai construit deux appareils différents qui remplissent tous deux ces conditions et donnent des résultats parfaitement exacts et tout à fait concordants. Dans le premier le gaz est soumis à un faible excès de pression, dans le second il n'y en a aucun.

Le premier appareil est représenté dans la fig. 64. Un tube en verre assez

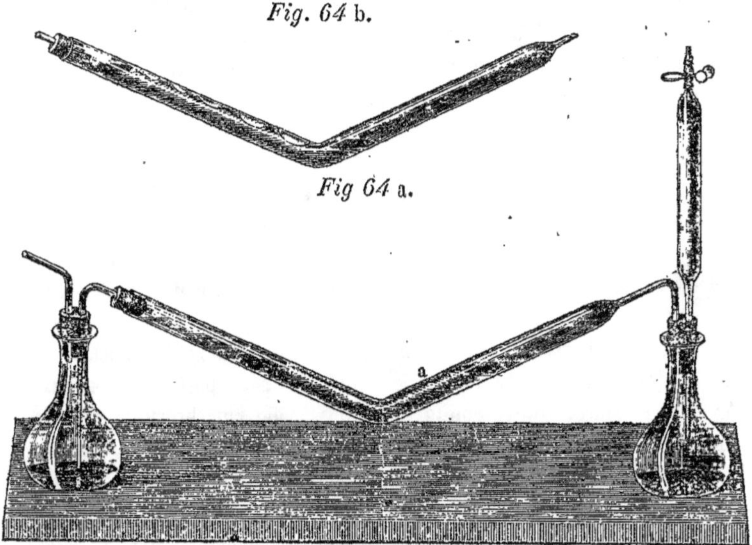

large a, recourbé à angle obtus, est étiré à une de ses extrémités en un tube étroit, afin de diminuer les pièces de raccordement. Cette partie effilée, recourbée de haut en bas, s'engage dans le bouchon du flacon à dégagement b. Celui-ci contient la substance à analyser en quantité pesée et suffisante. A travers le même bouchon, passe l'extrémité effilée et ouverte du tube contenant l'acide qui doit expulser l'acide carbonique, et la partie supérieure de ce tube également étirée est ajustée à un tube en caoutchouc fermé avec la pince. On plonge la partie inférieure de ce tube dans un vase contenant un mélange de volume égal d'eau et d'acide chlorhydrique ordinaire, on presse la pince et on remplit le tube en aspirant, puis on abandonne la pince dont la pression détermine une fermeture hermétique qui empêche l'acide de couler. Après avoir enlevé avec un peu de papier la goutte d'acide qui peut rester au bec du tube, on place solidement le bouchon mouillé sur le flacon b.

Le tube a est rempli à moitié d'une dissolution d'ammoniaque exempte d'acide carbonique. On essaye cette solution en y jetant un peu d'eau de chaux ou de chlorure de calcium et en la portant à l'ébullition ; elle doit rester parfaitement limpide. Si elle se trouble, on mélange une grande quantité d'ammoniaque avec un peu de chlorure de calcium, on chauffe, après avoir fermé légèrement le vase jusqu'à ce que le trouble se manifeste, puis on laisse reposer. Le chlorure de calcium ne doit pas contenir de chlorure de magnésium, ce dont on s'assurera au moyen de l'eau de chaux.

Il est préférable d'avoir de l'ammoniaque ne contenant pas de sel de chaux, parce qu'alors le tube a se lave parfaitement bien avec de l'eau pure, ce qui n'arrive pas quand il s'y forme du carbonate de chaux qui adhère fortement aux parois.

Le flacon c placé à l'autre extrémité contient encore un peu d'ammoniaque pour arrêter l'acide carbonique qui pourrait échapper à l'absorption dans le tube a. En effet, même avec un dégagement très-prudemment conduit, le liquide de ce flacon se trouble par le chlorure de calcium, mais toutefois très-faiblement.

Quand l'appareil est monté et qu'on a encore bien enfoncé le bouchon du flacon b, après l'avoir arrosé à l'extérieur avec de l'eau, on fait, en pressant légèrement la pince, couler goutte à goutte l'acide chlorhydrique dans la combinaison carbonatée. Celle-ci est additionnée d'avance d'un peu de teinture de tournesol, afin de pouvoir saisir le moment de la sursaturation. L'acide carbonique se dégage en abondance, le liquide descend dans la branche du tube d'absorption voisine du flacon à dégagement et monte dans l'autre (fig. 64 b), et quand il a atteint le coude, les bulles de gaz montent lentement le long de la paroi inclinée du tube. Dans ce trajet, on les voit devenir de plus en plus petites, mais elles ne disparaissent jamais complétement. Chaque branche de tube recourbé peut contenir tout le liquide ammoniacal, en sorte que celui-ci ne peut pas, par absorption, pénétrer dans le flacon à dégagement. Encore cela arriverait-il, il suffirait de faire couler en b une plus grande quantité d'acide et tout l'acide carbonique serait de nouveau expulsé. Si un peu du liquide de c pénétrait en a, cela n'aurait non plus aucun inconvénient, puisque plus tard il faudra mélanger le contenu de ces deux vases.

C'est à dessein que le flacon b n'est pas muni d'un tube de sûreté. Un troisième trou détériorerait trop le bouchon et il ne fermerait plus aussi bien. Nous avons vu qu'à cause de la forme du tube *a*, le liquide ne peut passer dans *b*, et que s'il monte par absorption de *c* dans *a*, cela n'a aucun inconvénient, puisque c'est de l'ammoniaque. Il reste encore à faire passer dans le tube large l'acide carbonique contenu en dissolution et à l'état gazeux dans le flacon *b*. Pour cela, on fixe le tube *a* au moyen d'un support de cornue, de manière que les deux flacons *b* et *c* soient librement suspendus dans l'air. On chauffe *b* jusqu'à l'ébullition avec une lampe à alcool, et on maintient cette température quelque temps. On éloigne ensuite la flamme un instant, la vapeur d'eau se condense, et l'air extérieur pénètre dans l'appareil. On porte encore à l'ébullition une fois ou deux, et de cette manière, sans qu'il ait été nécessaire d'aspirer, tout l'acide carbonique a passé dans le tube *a*.

Le liquide de ce tube renferme maintenant à l'état de combinaison tout l'acide carbonique que contenait la substance à analyser. On lave le tube à absorption dans toutes ses parties, on fait couler le liquide par la partie effilée dans un ballon, et par l'extrémité ouverte on fait passer un filet d'eau distillée bouillie ; on verse dans le même ballon le contenu de la fiole *c*, et on ajoute ensuite à l'ammoniaque une dissolution de chlorure de calcium.

Le précipité ne se forme pas toujours, et cela surtout quand le liquide absorbant est froid. Il arrive même que le faible trouble qui apparaît quelquefois quand on commence à verser le chlorure de calcium disparaît complétement. Mais si l'on porte le ballon incomplétement fermé sur la flamme de la lampe à alcool, on voit apparaître au fond un trouble floconneux qui augmente avec la température, et quand le liquide est en ébullition, le dépôt se fait très-nettement. Si le liquide n'est pas suffisamment chauffé, il laisse, après la filtration et un nouvel échauffement, se déposer un nouveau précipité, et cela après avoir été filtré deux ou trois fois. Il est donc plus sûr de porter le liquide à l'ébullition. Celle-ci a lieu ordinairement à 77° R. à cause de l'ammoniaque. En prenant cette précaution, la dissolution ne s'est plus jamais troublée par la suite.

Si l'on fait arriver un courant d'acide carbonique dans une dissolution de chlorure de calcium ammoniacale, celle-ci ne se trouble pas de suite et reste même souvent limpide pendant longtemps : mais si l'on chauffe, le précipité se forme immédiatement. Si le courant de gaz arrive dans une dissolution chaude de chlorure de calcium et d'ammoniaque, le carbonate de chaux se dépose aussitôt. Au point de vue ordinaire de la chimie, on ne saurait comprendre à quel état l'acide carbonique, la chaux et l'ammoniaque sont là en dissolution, si l'on admet que l'acide carbonique en présence de l'ammoniaque liquide forme aussitôt du carbonate d'ammoniaque. Car ce sel, dans tous les cas, doit former avec le chlorure de calcium un précipité de carbonate de chaux, et c'est ce qui arrive en effet quand on verse dans le chlorure de calcium une dissolution de carbonate d'ammoniaque.

On peut expliquer ce phénomène de différentes manières ; ou bien on admet que, même au sein de l'eau, il se forme du carbonate d'ammoniaque anhydre qui, se combinant ensuite à l'eau sous l'action de la chaleur, se transforme en carbonate ordinaire d'oxyde d'ammonium : ou bien on considère la combinaison comme un carbamate d'ammonium, $2\,(AzH^3 + CO^2) = AzH^4O + \dfrac{CO}{AzH^2} + CO^2$. Ici un équivalent d'oxygène serait remplacé par un équivalent d'amide dans un équivalent d'acide carbonique (voyez *Dict. de Chimie*, 1er suppl., p. 157 : Otto-Graham, 2e éd., p. 350). Cette dernière manière de voir n'explique pas du reste le fait, car la formule renferme du carbonate d'oxyde d'ammonium ordinaire qui devrait, au moins partiellement, précipiter le chlorure de calcium, ce qui n'a pas lieu ; et en outre l'acide carbonique devrait

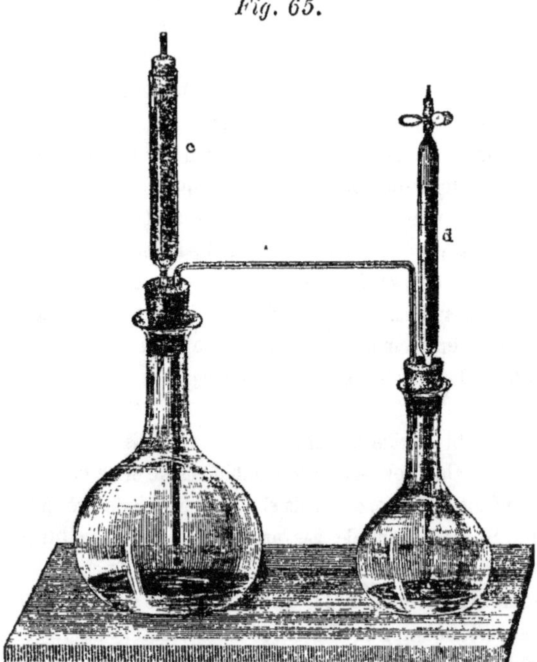

Fig. 65.

être décomposé par un corps qui n'a aucune affinité pour l'oxygène, ce qui n'est pas vraisemblable. Je regarde le composé comme l'analogue d'un composé organique, sans chercher à dédoubler la combinaison CH^3AzO^2, laquelle, en prenant de l'eau, se transforme en sel ammoniacal ordinaire.

Revenons à la partie pratique de notre travail.

La fig. 65 représente le second appareil dont je me suis servi avec avantage et au moyen duquel l'absorption de l'acide carbonique est complète sans aucune augmentation de pression. Comme dans la fig. 64 le gaz se dégage du flacon *b* de droite, dans lequel on verse goutte à goutte de l'acide chlorhydrique : l'acide carbonique passe au moyen d'un tube de verre dans le plus grand flacon représenté à gauche. Celui-ci contient une dissolution d'ammoniaque que l'on y verse par le tube *c*, rempli de fragments de verre pilé. Ces morceaux de verre restent humectés d'ammoniaque destiné à absorber le gaz qui n'aurait pas été retenu dans le flacon *a*.

Voici maintenant comment on dirige l'opération. On dispose le flacon *a* avec le tube *c*, on remplit le tube *d* d'acide chlorhydrique et on le fixe dans le bouchon. Ensuite on place la substance pesée en *b* avec un peu d'eau et de teinture de tournesol et on adapte fortement le bouchon, préalablement humecté. On fait couler l'acide sur la substance et enfin, en faisant bouillir plusieurs fois, comme nous l'avons indiqué plus haut, on chasse de *b* en *a* tout l'acide carbonique qui resterait à l'état gazeux dans l'appareil. Le tube en *a* ne plonge pas jusque dans l'ammoniaque, mais très-près de sa surface. Il est bon de chauffer un peu la fiole *a* afin de la remplir de vapeurs ammoniacales. Quand le dégagement d'acide carbonique est abondant, on voit dans le flacon *a* le carbonate d'ammoniaque sous forme de légers nuages qui ne peuvent pas se perdre, puisqu'ils devraient traverser les fragments de verre imbibés d'eau ammoniacale. Par l'ébullition, on chasserait tout l'ammoniaque.

Quand tout est refroidi, on détache le flacon *b*, on enlève le bouchon percé qui ferme le tube *c*, et avec de l'eau distillée bouillie on fait passer dans la fiole tout ce qui adhère aux fragments de verre. On enlève alors tous les tubes de *a*, on lave l'extrémité du tube à dégagement avec de l'eau distillée et on le met de côté. On verse dans la fiole *a* une dissolution de chlorure de calcium, on fait bouillir, on filtre et on replace le filtre bien lavé dans la fiole *a* propre où l'on titre le carbonate de chaux avec l'acide azotique normal et la soude.

Il me reste encore, pour faire voir toute l'exactitude de cette méthode, à rapporter quelques analyses de corps d'une composition connue. La preuve la plus rigoureuse que je puisse employer, c'est de titrer un poids connu de carbonate de chaux par l'acide azotique normal, puis de décomposer dans l'appareil un poids égal de carbonate de chaux et de ramener l'acide carbonique à l'état de carbonate de chaux, ce qui se fait naturellement dans le cours de l'opération. Si le carbonate de chaux formé par l'acide carbonique sature juste autant d'acide que celui traité directement par l'acide normal, la méthode est exacte.

1 gr. de carbonate de chaux pur exigea 20 CC d'acide azotique normal.

1 gr. de carbonate de chaux pur, décomposé dans l'appareil, fig. 64, et reformé de nouveau, exigea 23,5 CC d'acide azotique, puis 3,4 CC de soude ; il y eut donc 20,1 CC d'acide azotique employés. Deux répétitions donnèrent les nombres 23,8 CC d'acide et 3,8 CC de soude, et 24,05 CC d'acide avec 4,05 CC de soude. Ainsi, dans les deux cas, 20 CC d'acide.

La même expérience, répétée avec l'appareil, fig. 65, donna 21 CC d'acide contre 1 CC de soude = 20 CC d'acide employés. Pour comparer aux résultats que donne l'analyse en poids, on n'aurait qu'à chercher à reproduire juste 1 gr. de carbonate de chaux, en en décomposant 1 gr.

L'absorption est tellement complète, que dans beaucoup de cas on a une légère erreur, plutôt en plus qu'en moins. Cela provient évidemment de l'acide carbonique contenu dans l'air qui pénètre dans l'appareil.

Ainsi, en conduisant lentement le même essai et en ne préservant pas avec soin le filtre de tout accès de l'air, j'obtins les nombres 20,35 et 20,5 au lieu de 20. Le dernier résultat, en particulier, fut obtenu dans un cas où le liquide filtré se troubla encore par l'ébullition et où l'on fut par conséquent obligé de le rejeter sur le filtre. Dans cet essai, le précipité était contenu dans quatre verres différents ; cependant je menai l'expérience jusqu'à sa fin, pour me rendre compte de l'effet produit par une filtration première faite trop rapidement, et je vis que cela ne donnait qu'un excès insignifiant d'acide carbonique.

L'exactitude de la méthode étant suffisamment démontrée par les exemples précédents, on l'appliqua aux recherches suivantes :

1 gr. de magnésie carbonatée de la nouvelle saline fut décomposé dans l'appareil de la fig. 65. Le carbonate de chaux résultant fut traité par 20 CC d'acide azotique normal, puis il fallut en outre y ajouter 4,7 CC de soude. Donc 15,3 CC d'acide furent saturés. Cela correspond à 0,3366 gr. = 33,66 pour cent d'acide carbonique. C'est à peu près la moyenne des nombres que l'on connaît pour la magnésie carbonatée.

1 gr. de carbonate de magnésie, préparé par précipitation à chaud, après avoir été transformé en carbonate de chaux, satura 16,3 CC d'acide azotique = 0,3586 gr. = 35,86 pour cent d'acide carbonique. Berzelius trouva, dans une magnésie carbonatée préparée à chaud, 36,47 pour cent CO^2.

2 gr. du sel nommé *ferrum carbonicum*, de ma pharmacie, préparé par moi et conservé à la cave, donnèrent une quantité de carbonate de chaux qui, après avoir été traitée par 24 CC d'acide azotique, exigea 2,9 CC de soude, soit 21,1 CC d'acide saturé. Cela donne 0,4612 gr. d'acide carbonique = 23,21 pour cent.

1 gr. du même *ferrum carbonicum*, mais d'un autre échantillon, exigea pour le carbonate de chaux qu'il produisit, 14 CC d'acide et 3,6 CC de soude = 10,4 CC d'acide = 0,2888 gr. d'acide carbonique = 22,88 pour cent.

1 gr. du même échantillon que le dernier satura 14 CC d'acide, moins 3,7 CC de soude = 10,3 CC d'acide = 0,2266 gr. = 22,66 pour cent CO^2.

1 gr. de fer spathique. Pour le décomposer, on employa de l'acide sulfurique étendu de son volume d'eau. Le carbonate de chaux fut traité par 20,5 CC d'acide azotique et 2,7 CC de soude. Acide saturé 17,8 CC = 0,3916 gr. CO^2 = 39,16 pour cent. Le calcul donne 38 pour cent. Le fer spathique contenait du carbonate de magnésie.

1 gr. de carbonate de zinc précipité à chaud. Le carbonate de chaux fut décomposé par 8,2 CC d'acide, puis on ajouta 1,5 CC de soude. Acide employé 6,7 CC = 0,1474 gr. d'acide carbonique = 14,74 pour cent. Bonsdorf avait trouvé 14,19, Schindler 15,3 et Rose 14,34.

b. *Acide carbonique libre.*

DOSAGE DE L'ACIDE CARBONIQUE DANS LES EAUX MINÉRALES.

Ce dosage se fait très-facilement et très-rigoureusement en précipitant à l'ébullition par le chlorure de calcium ammoniacal, et en titrant le carbonate de chaux précipité par l'acide azotique normal et la soude d'épreuve. L'eau minérale peut être directement puisée à la source ou se trouver en cruchons. Dans le dernier cas, on obtient la quantité d'acide carbonique qu'elle renferme au moment de l'employer, et c'est ce qui suffit pour ces eaux qu'on expédie et qu'on ne boit pas à la source même, telles que les eaux de Seltz, de Geilnau, de Fachingen. Mais les eaux minérales qui ne sont réellement salutaires qu'à la source, doivent y être puisées directement pour en faire l'essai.

Pour cette opération, je me sers de l'appareil suivant (fig. 66). C'est une pipette à réservoir sphérique qui jauge de 300 à 500 CC, jusqu'à un trait marqué sur la tige. On la ferme avec le pouce et on la plonge au-dessous de la surface de l'eau minérale. En ôtant le pouce, l'eau monte par la partie inférieure, tandis que l'air s'échappe en bulles par le haut. On laisse la pipette se remplir complétement, on la retire et on laisse couler l'eau jusqu'au point d'affleurement. On plonge ensuite la pointe de la pipette un peu au-dessous de la surface d'une dissolution d'ammoniaque contenue dans un ballon, et en débouchant la partie supérieure, on laisse couler l'eau dans l'ammoniaque. On remplit de cette manière trois ou quatre fioles. Après les

avoir fermées avec un bon bouchon assujetti à l'aide d'un nœud de ficelle, _
comme on les fait aux bouteilles de Champagne, on peut les transporter au

Fig. 66.

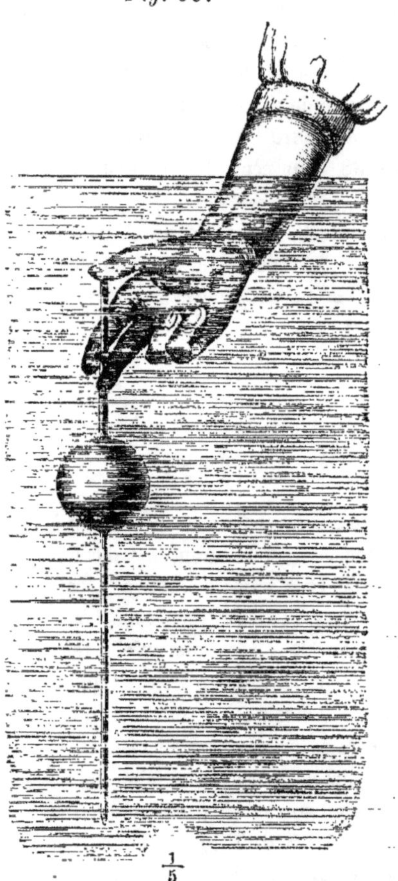

Fig. 67.

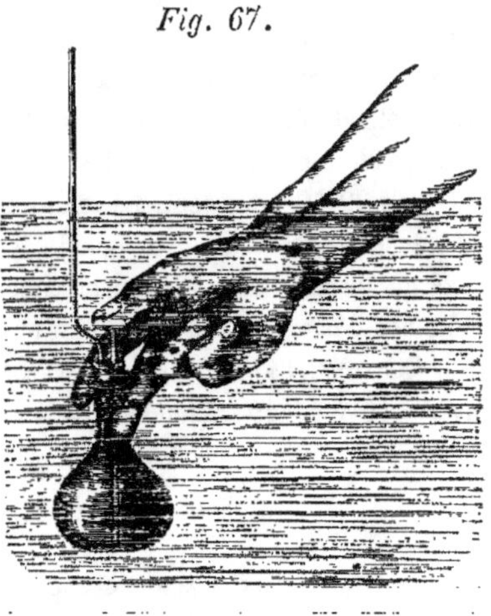

$\frac{1}{5}$

laboratoire sans qu'il y ait de pertes à craindre, l'acide carbonique étant retenu par l'ammoniaque.

Dans le cas où l'on n'aurait pas de pipette convenable, on peut se servir d'un flacon quelconque non jaugé, en employant la disposition suivante que j'ai indiquée en 1834 (1) (fig. 67). On ferme un ballon au moyen d'un bon bouchon à travers lequel passent deux tubes, l'un un peu large, servant à laisser entrer l'eau, plonge presque jusqu'au fond du vase et se termine en dehors à une petite distance du bouchon ; l'autre, plus étroit, devant permettre à l'air de s'échapper, doit être assez long pour sortir hors de l'eau. Maintenant on ferme avec le pouce de la main droite le tube d'admission, on plonge dans l'eau et on peut, en soulevant le pouce, laisser entrer

(1) *Ann. de Pharm.*, vol. II, p. 251.

dans la fiole autant d'eau qu'on voudra. On peut très-facilement juger de la

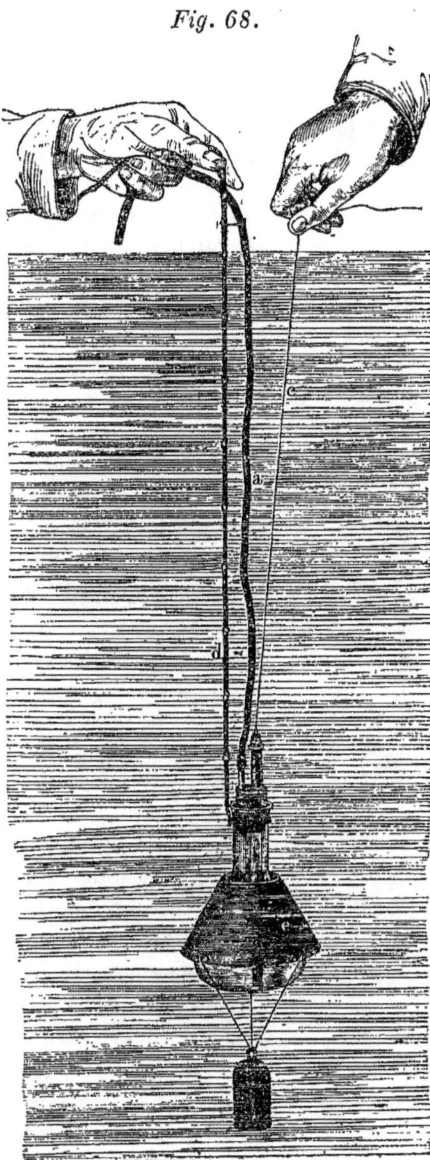

Fig. 68.

quantité introduite, puisque l'air s'échappe sans produire de bulles qui agiteraient le liquide. Quand le ballon est rempli jusqu'à la naissance du col, on referme le tube et on retire l'appareil. Nous dirons plus bas comment on ajoute l'ammoniaque et comment on mesure le volume.

Lorsque le niveau de la source est trop bas ou lorsqu'il faut puiser l'eau à une trop grande profondeur pour que la longueur du bras permette d'y arriver, je me sers de la disposition représentée fig. 68.

On se procure plusieurs ballons de 400 à 500 CC, dont le goulot ait le même diamètre, afin que le même bouchon puisse s'adapter sur tous. Ce bouchon est percé de deux trous de diamètres inégaux : par le plus étroit passe un petit tube de verre court, qui fait saillie au dehors et auquel on fixe solidement un tube en caoutchouc vulcanisé. Celui-ci doit avoir des parois assez épaisses pour ne pas se fermer par l'effet de la pression de l'eau. Il est destiné

fig. 69.

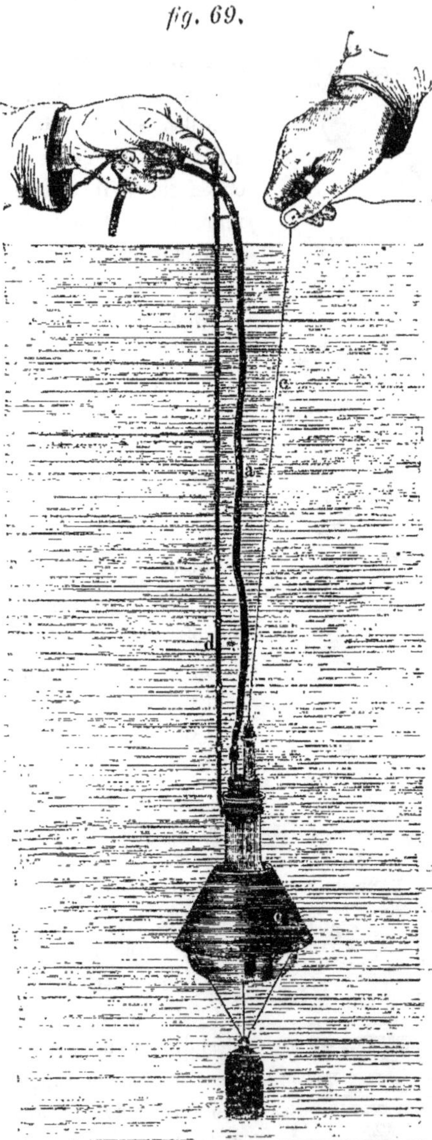

à laisser sortir l'air du ballon lorsque l'eau y pénètrera. Un second tube b aussi large que possible descend presque jusqu'au fond du ballon. Ses bords sont arrondis à la partie supérieure et un peu évasés, afin qu'on puisse le fermer avec un bouchon conique et peu épais, auquel est attaché une ficelle mince c. Le ballon attaché à la corde d est plongé dans l'eau. Mais afin qu'il puisse descendre et se tenir vertical, on le couvre d'un tronc de cône en ferblanc e, auquel on suspend en dessous, au moyen de trois cordes, une pierre pesante. La corde d est nouée autour du col du ballon, et en y faisant, à partir de ce col, des nœuds à $\frac{1}{2}$ pied de distance, on peut connaître la profondeur à laquelle l'eau a été puisée.

Voici maintenant comment on remplit le ballon : on dispose le cône de ferblanc avec son poids sur la fiole, on noue le cordon d autour du col, et on fixe solidement le bouchon avec ses accessoires. On laisse ensuite glisser dans la main gauche la corde *d* et le tube en caoutchouc, en soutenant seulement de la main droite la ficelle attachée au bouchon du tube *b*. Lorsque le poids repose sur le fond de la source, ou en général lorsque l'appareil est descendu à la profondeur voulue, on détache, au moyen d'une légère secousse, le bouchon du tube *b*. L'eau pénètre alors dans la fiole et la remplit complétement.

On remonte tout l'appareil, on le débouche, on verse quelque peu de l'eau et au moyen d'une pipette on ajoute juste 10 ou 20 CC d'ammoniaque, on referme le ballon, et enfin, en plaçant la fiole sur un plan horizontal, on marque avec un trait de crayon, sur une bande de papier, la position du mé‑ nisque liquide.

Ce remplissage est très-simple, et tout l'appareil facile à monter et à trans‑ porter.

On procèderait de la même manière avec tous les flacons qu'on pourrait avoir à sa disposition.

Comme cet appareil ne sert guère qu'en voyage, il est bon d'en réunir

Fig. 70.

toutes les pièces dans une boîte. Voici donc en résumé ce qui est nécessaire :

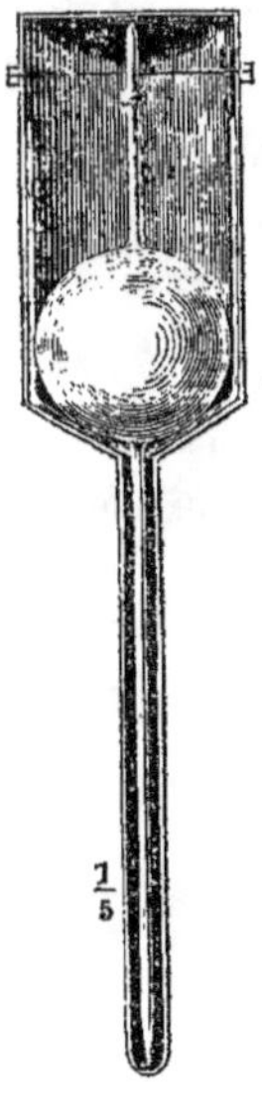

1° Quatre ou cinq ballons de 400 à 500 CC, dont le col aura de 20 à 22^{mm} de diamètre.

2° Une pipette de 300 à 400 CC, renfermée dans un étui de ferblanc (fig. 70). Sans ce dernier, on s'expose à manquer le but d'un voyage, à être dans l'impossibilité d'o‑ pérer quand on arrive sur les lieux. Les parois verticales intérieures et le fond de l'étui sont garnis de papier, afin que la pipette y pose mollement. Sur le fond du couvercle, on colle une feuille de caoutchouc qui presse légèrement la pipette et l'empêche de ballotter.

3° Un flacon d'ammoniaque bien exempt d'acide carboni‑ que, dont le goulot soit assez large pour qu'on y puisse in‑ troduire la pipette n° 4.

$\frac{1}{5}$

4° Une pipette de 10 CC partagés en dixièmes.

5° L'appareil plongeur (fig. 69), dont on peut toutefois se dispenser quand la source n'est pas profonde. Celui‑ci, outre le ballon n° 1, est composé :

a. Du cône en ferblanc avec le poids.

b. De la corde à nœuds qu'on fixe au col.

c. Du bouchon et de ses accessoires, savoir : les deux tubes qui le tra‑

10

versent, le tube en caoutchouc et la ficelle avec le petit bouchon fermant le tube large.

Quand l'appareil doit servir pour plusieurs sources, il faut faire sur place la précipitation et la filtration du carbonate de baryte. Dans ce cas, il est préférable d'employer le chlorure de barium, parce que le carbonate de baryte adhère moins aux parois des vases, et les flacons peuvent se nettoyer plus facilement. On emporte alors le ballon à son domicile, on ajoute le chlorure de barium et on porte à l'ébullition. On filtre, on lave à l'eau distillée jusqu'à ce que les eaux de lavage ne ramènent plus au bleu le papier de tournesol rougi. Le ballon où s'est fait le précipité doit être bien nettoyé avec une brosse courbe. On place le filtre sur du papier buvard, on le dessèche légèrement et on le conserve dans une enveloppe portant le nom de la source et le volume de l'eau puisée, ou bien simplement un numéro qui correspond à un cahier de notes sur lequel on consigne les observations. Quand on opère avec une fiole non jaugée d'avance, il faut mesurer le volume en centimètres cubes jusqu'à la marque faite sur le goulot et en retrancher les 10 CC d'ammoniaque ajoutés. Cette mesure se fait à l'aide de la pipette de 300 CC et de celle de 10 ou 20 CC subdivisés.

Ainsi, lorsqu'on veut, en voyageant, analyser différentes sources, il faut encore se munir des ustensiles suivants :

6° Un entonnoir de 80 à 90^{mm} de large et une baguette en verre.

7° Des filtres de très-bon papier de 150^{mm} de diamètre environ.

8° Un peu de papier de tournesol.

9° Une dissolution pure de chlorure de barium.

10° Une lampe à alcool.

11° De l'eau distillée. Mais on peut facilement se procurer ces deux derniers dans une pharmacie.

12° Une petite brosse douce terminée en houppe.

Enfin, si l'on voulait achever complétement l'analyse sur place, il faudrait avoir :

13° De l'acide azotique au titre normal.

14° Une dissolution de soude au titre normal.

15° De la teinture de tournesol.

16° Une pipette jaugeant environ 30 CC pour l'acide.

17° Une pipette de 10 CC donnant le dixième pour la soude.

Revenons au premier cas, celui où l'on emporte chez soi, pour les analyser, les flacons remplis avec la pipette et hermétiquement fermés : l'opération est la même que celles déjà décrites. On ajoute une dissolution de chlorure de calcium, le précipité qui se forme tout d'abord se redissout la plupart du temps, on fait bouillir, on filtre et on titre le carbonate de chaux à la manière connue. On obtient ainsi en grammes toute la quantité d'acide carbonique contenue dans l'eau minérale et cela avec toute la rigueur que nous avons reconnue dans le dosage du carbonate de chaux.

Mais comme l'eau minérale peut contenir de l'acide carbonique en combinaison, il faut en déterminer la proportion par un second essai sur de l'eau nouvelle. On remplit à cet effet un grand flacon à la source et on l'apporte chez soi. On en verse dans une capsule en porcelaine à manche une, deux ou trois pipettes, et ici on n'a pas à se préoccuper de l'acide carbonique libre ; on vaporise l'eau jusqu'à la réduire à un volume commode pour l'analyse.

On ajoute dans la capsule même quelques gouttes de teinture de tournesol et l'acide azotique normal, à cause de la chaux contenue, jusqu'à ce que le liquide fortement chauffé reste rouge. On titre ensuite très-exactement avec la soude jusqu'à l'apparition de la teinte violette. On retranche les CC de soude de ceux d'acide azotique et l'on obtient la valeur alcalimétrique des combinaisons alcalines de l'eau qui, dans le premier essai, ont donné aussi un précipité de carbonate de chaux.

Ces CC (rapportés au même volume primitif d'eau) sont retranchés de ceux employés pour la saturation du carbonate de chaux ou de baryte, et le reste donne les CC qui, multipliés par 0,022 (millième de l'équivalent de CO^2), font connaître en grammes l'acide carbonique libre ou à demi combiné. L'acide carbonique à demi combiné, qui forme des bicarbonates, est en quantité juste égale à celle qui se trouve neutralisée. Si donc on retranche du premier essai le double des CC employés pour saturer le résidu de l'eau évaporée, il reste le poids de l'acide carbonique tout à fait libre et en dissolution.

Ce dernier doit être rapporté au volume de l'eau naturelle, afin que l'on puisse juger du degré de saturation de l'eau par l'acide carbonique. On sait que l'eau distillée pure dissout un peu plus que son volume d'acide carbonique à la même température et à la pression normale. Henry donne 1,08 et Saussure 1,06 de son volume. Suivant Bunsen (1), on aurait :

à	8° C.	1,2809	à 12° C.	1,1018
	9° C.	1,2311	13° C.	1,0653
	10° C.	1,1847	14° C.	1,0321
	11° C.	1,1416		

(1) *Ann. de Chimie et de Pharm.*, vol. XCIII, p. 20.

Jusqu'à présent, j'ai trouvé saturées toutes les eaux minérales qui laissent dégager des bulles de gaz à leur surface, et elles contenaient même pour la plupart un peu plus de gaz que ne l'indiquent les nombres précédents. Cela ne doit pas étonner toutefois, attendu que les expériences d'absorption des gaz par l'eau pure sont très-difficiles à faire, et par conséquent ne doivent pas être d'une rigueur parfaite. On est plus certain de déterminer exactement la quantité d'acide carbonique existant dans une eau donnée, que d'établir si un volume d'eau donné est, dans certaines circonstances, saturé complétement d'acide carbonique. Le dégagement du gaz à froid dans une source jaillissante est déjà, dans tous les cas, une preuve assez caractéristique de la saturation.

Pour réduire en volume le poids en grammes de l'acide carbonique, on n'aura qu'à faire un calcul inverse de celui indiqué dans les tables de Rose pour déduire le poids du volume. Il résulte d'expériences très-exactes que 1000 CC d'acide carbonique à 0° et à la pression de 760^{mm}, pèsent 1,96663 gr., dès lors, dans les mêmes circonstances normales, on aura :

$$
\begin{array}{rcr}
1 \text{ gramme } CO^2 & = & 508,48 \text{ CC.} \\
2 \quad\text{—} & = & 1016,96 \;\text{—} \\
3 \quad\text{—} & = & 1525,44 \;\text{—} \\
4 \quad\text{—} & = & 2033,92 \;\text{—} \\
5 \quad\text{—} & = & 2542,40 \;\text{—} \\
6 \quad\text{—} & = & 3050,88 \;\text{—} \\
7 \quad\text{—} & = & 3559,36 \;\text{—} \\
8 \quad\text{—} & = & 4067,84 \;\text{—} \\
9 \quad\text{—} & = & 4576,32 \;\text{—}
\end{array}
$$

A l'aide de cette table, on pourra, par une simple addition, convertir en centimètres cubes les grammes d'acide carbonique trouvés.

Supposons qu'on ait à transformer en volume 21,76 gr. d'acide carbonique; on aura :

$$
\begin{array}{rcr}
20 \text{ grammes} & = & 10169,6 \quad\text{CC.} \\
1 \quad\text{—} & = & 508,48 \;\text{—} \\
0,7 \quad\text{—} & = & 355,936 \;\text{—} \\
0,06 \quad\text{—} & = & 30,5088 \;\text{—} \\
\hline
\text{donne } 21,76 \quad\text{—} & = & 11064,5248 \;\text{—}
\end{array}
$$

En divisant maintenant ces CC par le volume de l'eau évalué en CC ou en grammes, on saura combien un volume d'eau contient de volume d'acide carbonique à 0° et à la pression 760^{mm}.

Exemples.

1° De l'eau minérale de Sinzig, conservée depuis six mois dans des cruchons
bien bouchés et couchés, fut puisée dans un cruchon avec une pipette. On en
mit immédiatement 150 CC dans de l'eau ammoniacale, on ajouta le chlorure
de calcium, on fit bouillir et on titra à la manière ordinaire le carbonate de
chaux. Celui-ci satura en trois essais :

1° 15,7 CC.

2° 16,0 —

3° 15,6 —

Ainsi, en moyenne, 15,77 CC.

Comme cela représente la totalité de l'acide carbonique, on mesura 300 CC
de l'eau minérale qu'on évapora à siccité et qu'on titra ensuite par l'acide
azotique normal et la soude caustique. Il fallut employer 2,1 CC d'acide azotique pour saturer les éléments basiques de l'eau minérale.

L'acide carbonique de 300 CC serait représenté par le double de 15,77 =
31,54 CC. Retranchons-en 2,1 CC, il reste 29,44 CC d'acide azotique normal pour l'acide carbonique libre et à demi-combiné, et en diminuant encore
de 2,1 CC pour l'acide à demi-combiné, il reste en définitive 27,34 CC d'acide
normal représentant l'acide carbonique dissous. Multipliant par 0,022, cela
donne 0,60448 gr. d'acide carbonique.

Ce poids occupe, d'après la table précédente, à 0° et à la pression 760^{mm}
un volume de 305,839 CC, contenu dans 300 CC d'eau minérale. Donc
celle-ci renferme en un volume $\frac{305,859}{300} = 1,017$, volume d'acide carbonique.

2° Eau gazeuse artificielle (Soda-Wasser) de la fabrique de M. Struve, à
Cologne. Cette eau est renfermée dans des flacons pyriformes. Le niveau du
liquide fut marqué exactement avec une bande de papier : puis on coupa la
ficelle, et le bouchon fut enlevé lentement à l'aide d'un tire-bouchon, ce qui
ne fit entendre qu'une légère explosion. La bouteille fut immédiatement
plongée le goulot en bas dans un ballon à long col, contenant d'avance une
certaine quantité d'ammoniaque, et on y laissa couler tout le liquide. Dans la
bouteille, on versa promptement un peu d'ammoniaque, on ferma pour attendre que l'absorption du gaz fût complète ; on versa le contenu dans le ballon,
on précipita par le chlorure de calcium, on fit bouillir et on acheva comme
plus haut.

Le carbonate de chaux bien lavé fut traité par 100 CC d'acide azotique

normal, puis 7,5 CC de soude d'épreuve : donc 92,5 CC d'acide furent
saturés. Ils représentent 92,5 fois 0,022 = 2,035 d'acide carbonique et
ceux-ci d'après la table font 1034,75 CC d'acide carbonique gazeux à 0° et à
la pression normale.

Le flacon jaugé au moyen d'une pipette et jusqu'à la marque contenait
juste 302 CC.

L'eau gazeuse renfermait donc $\frac{1034,75}{302} = 3,426$ vol. de gaz acide carbonique, c'est-à-dire, trois fois plus qu'une bonne eau minérale naturelle.

3° 1 litre d'eau de fontaine, fraîche, bouillie avec de l'ammoniaque et du
chlorure de calcium = 14,25 CC d'acide azotique normal.

1 litre de la même eau, précipitée par l'eau de chaux = 15,2 CC d'acide
azotique normal. Moyenne des deux, 14,725 CC. Le résidu de l'évaporation
d'un litre sature 4,8 CC. L'acide carbonique libre correspond donc à 9,925
CC. Ceux-ci représentent 0,21835 gr. d'acide carbonique ou 111,020 CC
de gaz.

1 litre d'eau de fontaine contient donc 111,026 CC = 11,1026 pour cent
de son volume d'acide carbonique gazeux.

SUPPLÉMENT AU DOSAGE DE L'ACIDE CARBONIQUE.

En songeant au grand nombre d'appareils imaginés et employés pour doser
l'acide carbonique, on pourrait se demander, à propos du procédé volumétrique précédent, s'il était nécessaire de rechercher une nouvelle méthode
reposant sur un principe tout différent. Je vais répondre à cette question.

On emploie, dans le laboratoire, pour le dosage de l'acide carbonique, deux
procédés qui diffèrent dans leur principe : ou bien on chasse l'acide carbonique
au moyen d'un acide plus énergique et on détermine la perte de poids en re-
tenant convenablement la vapeur d'eau qui pourrait être entraînée ; ou bien
on dégage l'acide carbonique et on l'absorbe après sa dessiccation dans un tube
ou un appareil à boules, et l'on trouve ainsi directement le poids d'acide carbonique. La première méthode est la plus fréquemment employée, et on a
imaginé plus de trente appareils pour l'appliquer. Cette multitude d'appareils
prouve précisément que chaque inventeur a reconnu qu'il y avait quelque
défaut à tous ceux qu'on avait faits avant lui.

Si nous examinons les appareils décrits dans le *Traité d'analyse chimique*
de Rose (nouvelle édition, 1851, IIe vol., p. 801), nous verrons que celui

de la page 801, fig. 22 (fig. 71), manque d'un appareil aspirateur, et que l'échange de l'acide carbonique avec l'air se fait avec la vapeur d'eau que celui-ci contient.

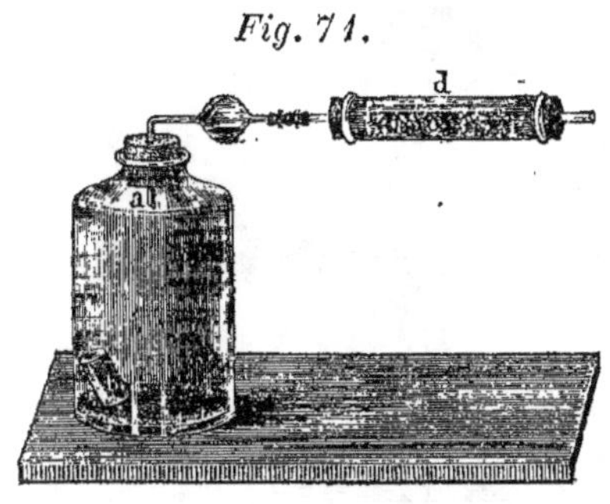

Fig. 71.

L'appareil bien connu de Frésénius et Will est par trop lourd et exige une balance assez grande et en même temps sensible. Il n'est propre qu'aux analyses des carbonates alcalins, car on ne peut pas décomposer par l'acide sulfurique tous les carbonates terreux et métalliques. En outre, le mélange de l'acide sulfurique concentré avec les dissolutions alcalines, occasionne fréquemment une effervescence si tumultueuse que beaucoup de travaux commencés sont interrompus par des accidents imprévus.

L'appareil de Geisler (fig. 72), fait d'une seule pièce, a aussi le désavantage de ne faire la décomposition que par l'acide sulfurique, tandis que fréquemment il faut se servir d'acide azotique. Après chaque analyse, il faut vider l'acide sulfurique en même temps que le liquide, puisque les deux tubulures sont du même côté : c'est fort ennuyeux quand on veut répéter la même analyse ou faire d'autres essais.

Dans ces deux derniers appareils, il faut du reste se servir de tampons de cire, ce qui est incommode.

L'appareil de Frésénius et Will, modifié (fig. 73), est un des mieux disposés maintenant. Il permet d'employer un acide quelconque pour la décomposition et a un appareil aspirateur convenable. Sans le bouchon de cire, il serait parfait. Au lieu du flacon à acide sulfurique b, on pourrait prendre un tube à chlorure de calcium plus léger, mais il faudrait chaque fois le préparer de nouveau, ce qui n'est guère à souhaiter quand il s'agit d'une substance desséchée.

Dans l'appareil de Roger (fig. 74), on remplace le tampon de cire par un petit sac en caoutchouc et la fiole à acide sulfurique par un tube à chlorure de calcium ; mais il y manque l'aspirateur.

Un autre appareil de Roger (fig. 75) est trop coûteux, à cause de son petit godet en platine soutenu par un gros fil du même métal ; de plus, il y a cinq bouchons, ce qui doit le faire rejeter si l'on veut compter sur quelque exactitude dans les résultats. Enfin il est nécessairement trop pesant.

L'appareil de Fritsch est trop exposé à se briser pendant le cours d'une opération, il est difficile à remplir et encore plus à vider, puisque chaque fois

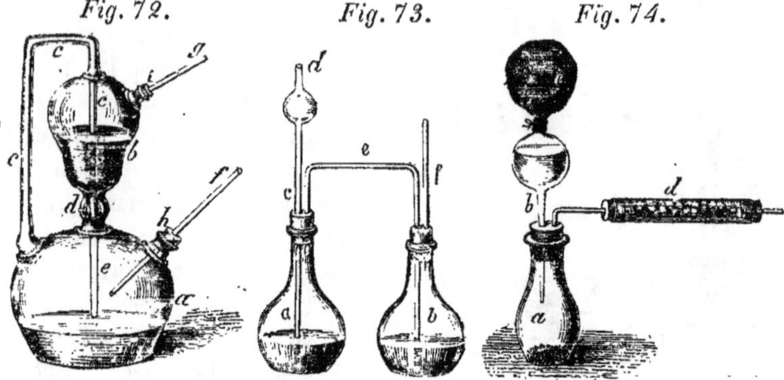

Fig. 72.   *Fig. 73.*   *Fig. 74.*

il faut enlever des tubes le chlorure de calcium : celui-ci absorbe de l'humidité et doit être de nouveau desséché.

L'appareil fig. **77** est très-commode et offre toutes les garanties ; on peut l'employer en toute sécurité.

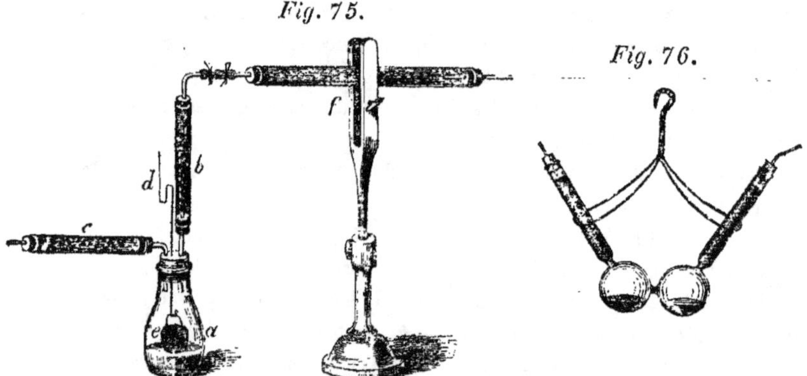

Fig. 75.   *Fig. 76.*

Mais tous ces appareils ont un inconvénient qui leur est commun et qu'on ne doit pas négliger, c'est qu'ils sont tous formés d'un assez gros flacon en verre dont l'état hygrométrique produit un effet dont on ne peut tenir aucun compte exact.

J'ai cherché, par quelques expériences directes, à voir quelle était l'influence de cette hygrométricité.

L'appareil de Geisler (fig. **72**) fut monté avec de l'eau distillée et de l'acide sulfurique et taré sur une bonne balance. Je fis ensuite couler l'acide sulfurique dans l'eau, ce qui produisit une élévation de température, mais aucun

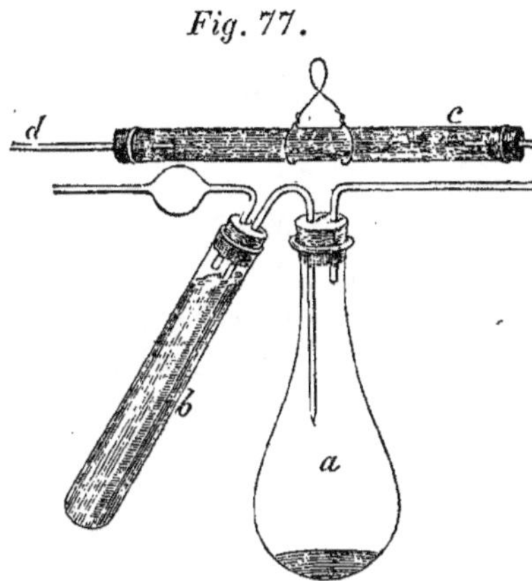

Fig. 77.

dégagement de gaz. L'appareil encore chaud fut replacé sur la balance, il avait perdu 32 milligr. de son poids. Il condensa de nouveau de la vapeur d'eau à sa surface, mais au bout d'une demi-heure, il n'avait pas encore repris son poids primitif. Le lendemain, il pesait 5 milligr. de plus. Un autre jour il perdit 19 milligr. en le traitant de même.

L'appareil fig. 73, monté avec de l'eau et taré, puis exposé une demi-heure au soleil, avait perdu 25^{mm}, chauffé plus fort il en perdit 30 ; il absorba peu à peu de la vapeur d'eau, mais ne reprit son poids primitif qu'au bout d'un temps fort long. Tout changement de température, quelque petit qu'il soit, le frottement avec un linge, le contact de la main, tout cela suffit pour changer le poids de 5 jusqu'à 10 milligr. A quoi sert-il donc alors d'employer une balance sensible au $\frac{1}{2}$ milligramme, si les vases dont on fait usage produisent une aussi grande incertitude.

Fig. 78.

Pour comparer les résultats de l'analyse en poids à ceux de l'analyse en volume, je construisis, d'après le modèle de la fig. 74, l'appareil représenté fig. 78. Un petit ballon est fermé par un bouchon percé de deux trous. Dans l'un passe un tube à boule rempli d'acide azotique non fumant et terminé à la partie supérieure par un petit tube en caoutchouc vulcanisé que ferme l'appareil à pince. Par le second trou passe un petit tube à chlorure de calcium. La substance à essayer est pesée et placée dans le ballon avec un peu d'eau. On aspire dans le tube à boule de l'acide azotique en pressant la pince ; quand l'acide est monté assez haut, on abandonne la pince, et il ne coule pas une goutte d'acide, surtout quand la boule est presque pleine. On adapte le bouchon et on tare. Puis, par une légère pression sur la pince, on fait couler lentement l'acide jusqu'à ce que la boule soit vide. Le vase fut légèrement chauffé et on aspira par le tube à chlorure en ouvrant en même temps la pince. Pour plus de sûreté, on avait adapté, pendant l'aspiration, un autre tube à chlorure de calcium sur le tube à boule.

On prit 1 gr. de carbonate de soude desséché : il renferme 0,4156 gr. d'acide carbonique, poids que l'on peut comparer aux nombres suivants :

Perte de poids avant l'aspiration............. 0,360 gr.

—   après l'aspiration. .... 0,402 —

—   après avoir chauffé et aspiré..... 0,427 —

—   après une demi-heure........ 0,4145 —

On voit, d'après cela que, aspirer sans chauffer ne suffit pas ; que peser immédiatement après avoir chauffé, donne un résultat trop fort ; et que ce n'est qu'après quelque temps qu'on obtient le poids exact.

Mais ce temps comment le connaître ? C'est par hasard qu'on y est parvenu dans l'essai précédent, car le nombre 0,4145 peut être regardé comme très-sensiblement exact.

Le même essai, répété avec le même appareil, donna les résultats suivants :

Sans aspirer............... 0,365

En aspirant. 0,407

Après avoir chauffé et aspiré. 0,436

Après une heure.......... 0,409

Le troisième nombre donne sur le vrai poids un excès de 2 ¼ pour cent, ce qui est trop : après une heure on arrive au nombre le plus exact, mais on a déjà ¼ pour cent en moins. Quand faut-il donc peser ? Cette difficulté condamne la méthode par les pesées, et c'est un avantage essentiel de la méthode par les liqueurs titrées de ne pas dépendre de l'état hygrométrique des vases. En outre, avec tous ces appareils, on ne peut pas doser de petites quantités de carbonates, car alors l'erreur provenant du vase qui reste toujours la même ne peut plus être négligée. En général, avec les appareils précédents, le résultat est d'autant plus certain que l'on emploie un poids plus considérable de substances.

L'erreur provenant de l'hygrométricité des vases étant d'autant plus grande qu'ils ont plus de surface, je cherchai, par la méthode de Brunner, à doser l'acide carbonique par absorption, attendu que dans ce cas on ne porte sur la balance que la partie de l'appareil où se fait l'absorption et non plus le vase à dégagement qui a été chauffé. Dans tous les essais que je fis, les résultats furent toujours trop faibles. L'appareil est représenté fig. 79, et il est à peine nécessaire de l'expliquer. Le tube du milieu est un tube à chlorure de calcium pour dessécher l'acide carbonique, le tube en U contient de la soude

caustique en fragments ou un mélange desséché d'équivalents égaux de sulfate
de soude et de chaux. Le sulfate de soude est décomposé par la chaux pen-

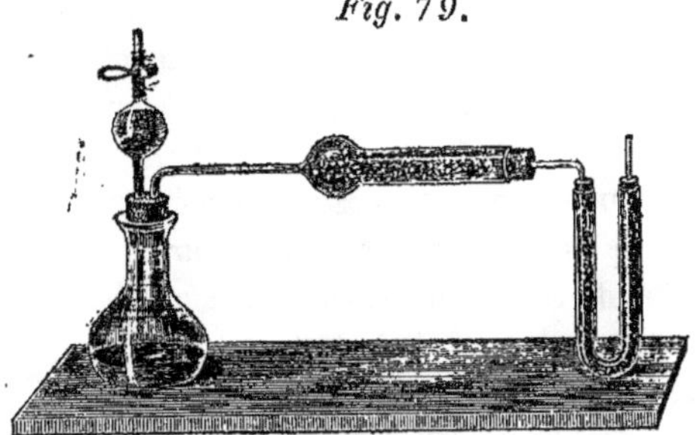

Fig. 79.

dant l'ébullition, en sorte
que la masse en bouillie a
une saveur très-caustique
et une odeur de soude, ce
que ne présente pas la chaux
seule. Ce mélange absorbe
rapidement l'acide carbonique en s'échauffant fortement.

L'acide carbonique chassé
par l'acide azotique doit,
quand l'appareil est bien fermé, passer à travers le tube à soude et y être
complétement absorbé. Puis, ouvrant la pince, on aspire pendant quelque
temps l'air extérieur dans l'appareil chauffé, afin d'amener tout le gaz carbonique dans le tube d'absorption. L'augmentation de poids de celui-ci doit
donner la quantité d'acide carbonique.

1 gr. de carbonate de soude donna 0,350 d'acide carbonique.

Une heure après le poids était de 0,360 gr.

Il manque ici de 5 à 6 pour cent d'acide carbonique.

Le même essai, répété et perfectionné autant que possible, en joignant à la
suite du tube en U un tube à chlorure de calcium qui fut mis avec lui sur la
balance, donna 0,356 gr. au lieu de 0,4136.

Au lieu du tube en U, on employa, dans deux expériences *a* et *b*, l'appareil à potasse de Liebig rempli d'une solution de potasse caustique. On opéra
sur 1 gr. de carbonate de soude. Les expériences marchèrent très-régulie-
rement.

	a	*b*
Augmentation de poids prise immédiatement...	0,360 gr.	0,366 gr.
Après avoir fait une nouvelle aspiration......	0,371 —	0,365 —
Après une troisième aspiration.............	0,378 —	0,368 —

Les appareils fermaient parfaitement, ce dont chaque fois on s'était assuré.
Je ne sais à quoi attribuer cette perte continuelle de 5 à 6 pour cent d'acide
carbonique ; toutefois, on ne saurait recommander une méthode qui donne
des résultats si divers, suivant qu'on aspire l'air plus ou moins longtemps. De
plus, toute perte occasionnée par la fermeture incomplète de l'appareil, produit des erreurs graves, tandis que dans la première méthode l'erreur qui

résulterait de cette même cause ne porterait que sur la vapeur d'eau qui aurait échappée à l'absorption. En somme, on voit, d'après tout cela, que le dosage de l'acide carbonique en poids au moyen des procédés connus jusqu'à présent ne conduit qu'à des résultats inexacts, peu concordants, dans lesquels on ne saurait avoir confiance, et l'on est en droit, dès lors, de chercher une méthode basée sur un principe différent.

Kersting (1) a fait connaître, il y a peu de temps, un dosage volumétrique de l'acide carbonique qui se fonde sur le simple changement de couleur de la teinture de tournesol. Mais comme l'acide carbonique ne colore le tournesol qu'en violet, la fin de l'opération est toujours difficile à observer, et on ne peut la saisir qu'à l'aide de liqueurs comparatives. Je n'ai pas encore eu jusqu'à présent le temps d'essayer cette méthode assez rigoureusement pour décider si elle doit être préférée à celle donnée plus haut. Ce qu'il y a de particulier, c'est qu'on ne peut juger du changement de couleur qu'une ou deux minutes après qu'il s'est opéré, afin d'être certain qu'il restera tel quel. Kersting se sert d'acide sulfurique titré et de soude caustique équivalente et bien exempte d'acide carbonique.

Pour les eaux fortement chargées d'acide carbonique, on y verse promptement un volume connu de soude caustique et en excès, de manière à absorber tout l'acide carbonique. Puis on neutralise l'excès de soude au moyen de l'acide sulfurique titré, qu'on pourrait remplacer par l'acide oxalique : on verse l'acide jusqu'à ce que la couleur violette apparaisse ; or, c'est cette nuance difficile à saisir qu'on a toujours regardée comme la cause de toutes les incertitudes dans le dosage volumétrique des alcalis carbonatés.

CHAPITRE XXVI.

Acidité de l'urine.

La mesure alcalimétrique de la réaction acide naturelle de l'urine offre des difficultés particulières. Bien que l'acide urique ait par lui-même une réaction à peine acide, nous savons, d'après les recherches de Liebig, qu'il met en

(1) *Annales de Chimie et de Pharmacie*, vol. XCIV, p. 112.

liberté une partie de l'acide phosphorique, qui donne lieu alors à une réaction nettement acide.

L'urine d'un homme en bonne santé rougit très-distinctement le papier de tournesol et aussi la teinture de tournesol. Toutefois, en ajoutant à l'urine de la teinture de tournesol et y faisant couler goutte à goutte de la soude normale, on ne peut pas reconnaître avec exactitude le changement de teinte, ce qui tient surtout à la couleur naturelle de l'urine. Il s'y développe une nuance sombre au milieu de laquelle les nouvelles gouttes d'alcalis qu'on laisse tomber forment comme des taches plus fortement colorées, et si on continue à verser la soude jusqu'à ce que toute la masse ait pris cette teinte plus foncée, la neutralité est de beaucoup dépassée et le papier de tournesol rougi imprégné de ce liquide est fortement coloré en bleu. La même chose a lieu avec la teinture de bois de Fernambouc et de Campêche. Ainsi, dans le liquide même, on ne peut reconnaître assez rigoureusement quand a lieu la neutralité, de sorte qu'à la fin de l'opération on a déjà un liquide alcalin. Toutes les fois que les liquides à essayer sont colorés, il faut se servir de papier de tournesol. On le prépare avec du papier blanc à écrire, dont la pâte n'a pas été blanchie au chlore et dont on recouvre une face au pinceau avec un extrait aqueux de tournesol (1 pour 6 d'eau). Le liquide le pénètre facilement et on voit l'effet produit seulement sur la face supérieure colorée. Le papier non collé est bien moins bon ; quand on l'humecte simplement avec de l'eau, il prend déjà une autre nuance.

Quand le papier a été blanchi au chlore, il devient rougeâtre à l'humidité.

Le papier rouge se prépare en étendant au pinceau un acide très-faible sur le papier bleu. Il est très-commode de ne passer le pinceau trempé dans l'acide, que sur des bandes parallèles de la feuille bleue, de manière à réserver autant de raies bleues un peu larges qu'on en fait de rouges avec le pinceau. Puis, avec des ciseaux, on coupe des rubans qui, sur toute la longueur, sont moitié rouge et moitié bleu. De cette manière, on voit de suite quelle est la réaction d'un liquide quelconque.

C'est avec une pareille bande de papier de tournesol que je fais l'essai de l'acide libre que renferme l'urine. On mesure 50 ou 100 CC d'urine, que l'on verse dans un large verre à boire, et l'on y plonge une petite plume de perdrix ou de tout autre oiseau, aussi bien pour agiter le liquide que pour faire des traits sur le papier. On commence par faire, avec la plume frottée contre le bord du verre, un trait sur le double papier, afin de voir la réaction naturelle de l'urine. La partie bleue devient aussitôt rouge et la partie rouge ne change pas. On fait tomber 4 ou 5 gouttes de soude caustique, on remue

et avec la plume on fait un nouveau trait sur le papier. En continuant ainsi
par 4 ou 5 gouttes, on remarque que la coloration rouge devient de plus en
plus faible et finit enfin par disparaître complétement. Il faut examiner la couleur immédiatement après avoir fait le trait, parce que ceux qui déjà restent
bleus redeviennent rouges quand ils sont secs, ce qui tient aux sels ammoniacaux contenus dans l'urine. Sitôt donc que le trait fait par la plume est bleu
et conserve cette teinte quelques secondes, on cesse de verser la soude et on
lit le volume employé. On connaît alors en équivalents de soude la quantité
d'acide, mais non pas sa nature. Mais cela est suffisant pour les recherches
pathologiques, dans lesquelles la réaction acide de l'urine est un symptôme
important. On peut suivre ainsi l'augmentation ou la diminution de l'acidité
des urines par suite du traitement médical ordonné au malade.

Quand la bande de papier est sèche, tous les traits sur la partie bleue sont
nettement rouges, et les derniers sur le papier rouge sont bleus, de sorte que
le liquide analysé semble donner à la fois les deux réactions.

CHAPITRE XXVII.

Éther acétique.

SUBSTANCES.	FORMULES.	ÉQUIVALENT.	POIDS A PESER pour que 1 CC de soude normale = 1 p. cent de la substance.	1 CC DE SOUDE normale correspond à
Éther acétique. . . .	$C^8H^8O^4$	88	8,8 gram.	0,088 gr.

L'éther acétique est facilement décomposé par une dissolution étendue et
chaude des alcalis caustiques, et il se transforme en acétate alcalin et en alcool.
Comme une partie seulement de l'alcali sera saturée par l'acide acétique
formé, on peut, en dosant ce qui n'a pas été neutralisé, trouver la quantité
d'éther acétique employé. Il faut nécessairement que dans cette analyse l'éther

ne soit pas acide, sans quoi dans le calcul l'acide acétique libre serait calculé comme provenant de l'éther. Cette dernière substance étant très-volatile, il faut opérer de façon à diminuer autant que possible les pertes pendant les pesées et les transvasements. On s'y prend de la manière suivante :

On met en équilibre, sur une balance très-sensible, un petit vase en verre léger avec son bouchon, puis avec une pipette on y verse de 3 à 5 CC de l'éther à essayer, on ferme aussitôt avec le bouchon et on détermine le poids. Si la pipette est bien graduée, on sait que le poids en grammes divisé par le nombre de CC donne le poids spécifique. Cette épreuve ne sera pas employée pour faire l'analyse, mais quand l'éther est acide, on s'en servira pour enlever l'acide ou pour le doser. A cet effet, on y ajoute quelques gouttes de teinture de tournesol qui rougissent, puis on y laisse tomber goutte à goutte de la soude caustique jusqu'à ce que la dernière goutte ramène la teinte bleue. En comptant le nombre de gouttes que contient 1 CC, les gouttes employées, moins une, donnent la mesure de l'acide libre. On connaît maintenant le poids d'un certain nombre de CC de l'éther acétique en question. Si cet éther était parfaitement pur, 8,8 gr. satureraient exactement 100 CC de soude normale, on peut donc, d'après cela, trouver facilement combien il faut prendre de soude normale pour avoir un excès d'alcali même dans le cas d'une pureté parfaite. On peut, pour chaque gramme d'éther, prendre dans chaque cas 12 CC de soude. On verse celle-ci à l'aide de la burette dans un flacon fermé à l'émeri, en ayant soin de ne pas en laisser couler le long du goulot. On puise de nouveau l'éther avec la pipette et on en fait tomber dans la soude autant de CC qu'on en avait pesés auparavant, en prenant la précaution de plonger dans le liquide du flacon la pointe de la pipette. On retire celle-ci, on ferme le flacon avec soin et on l'agite bien quelque temps. Au commencement, l'éther nage à la surface de la solution de soude, mais bientôt les gouttelettes d'éther qui troublaient le mélange disparaissent et tout devient parfaitement limpide. On lie le bouchon avec une ficelle, on place le flacon dans un lieu chaud ou on le plonge dans l'eau chaude. Le temps et la chaleur peuvent produire le même effet, en sorte qu'il n'y a pas de température bien déterminée à laquelle il faille porter le liquide. Au bout d'une heure ou une heure et demie, on peut ouvrir le flacon, toute odeur d'éther acétique a disparu, mais fréquemment on sent celle de l'essence de poire quand l'éther a été préparé avec de l'alcool mal rectifié.

J'ai employé dans ces recherches un éther acétique que je dois à l'obligeance de M. Wilms, médecin à Munster, et qu'il avait préparé lui-même. Cet éther était étiqueté : *Æther aceticus absolutus, p. spec.* 0,904 à 14° R.

solubilité dans un volume d'eau égal, 5 pour cent. Il était dans un flacon parfaitement fermé, conservé dans un lieu frais, et en ouvrant le flacon il paraissait tout à fait neutre : une goutte desséchée sur du papier bleu de tournesol, y produisit une tache rouge. Agité dans un petit flacon avec un volume égal d'eau, celle-ci en prit 8 pour cent. Ce petit flacon contenait 10 CC d'éther et était divisé en centièmes de CC, en sorte qu'on pouvait facilement évaluer les deux centièmes.

Un flacon à l'émeri, qui jaugeait à 14° R. 11,773 gr. d'eau distillée, contenait à la même température 10,622 gr. d'éther acétique. Cela donne 0,9022 pour poids spécifique.

4,4 gr. de cet éther furent versés dans un flacon renfermant 54 CC de soude normale, et en même temps on y ajouta un peu de teinture de tournesol. Après avoir pendant une heure conservé au chaud le flacon bien fermé, on l'ouvrit : l'odeur de l'acide acétique avait disparu, mais était remplacée par une forte odeur d'essence de poire, comme on s'en assura par comparaison avec ce dernier liquide pur. La liqueur provenant de l'éther acétique fut chauffée dans une capsule, ses vapeurs excitèrent fortement la toux, comme le font les combinaisons amyliques. Le liquide bleu fut ramené au violet par l'acide oxalique normal et il fallut en employer pour cela 6,8 CC. Il y eut donc 54 — 6,8 = 47,2 CC de soude normale saturés. Ce qui fournit par le calcul 4,1536 gr. d'éther acétique = 94,4 pour cent.

Le liquide fut de nouveau rougi par l'acide oxalique et ramené au bleu par la soude. Dans ce cas, 47 CC furent saturés, ce qui correspond à 94 pour cent d'éther acétique.

Comme l'éther, après sa saturation par les alcalis, donnait par une évaporation à l'air libre des vapeurs occasionnant la toux, analogues à celles des combinaisons amyliques, je le soumis à une distillation fractionnée.

On prit 2,697 gr. du premier produit de la distillation, on les traita par 30 CC de soude normale, puis 1 CC d'acide oxalique. Donc 29 CC de soude furent saturés. Ils représentent 29 × 0,088 = 2,552 = 94,62 pour cent.

La même quantité d'éther satura une autre fois 28,8 CC de soude normale = 94 pour cent d'éther.

Le dosage de l'éther acétique n'est pas une des plus rigoureuses des opérations alcalimétriques à cause de la présence de l'acétate alcalin. En effet, quand on verse l'acide oxalique dans la dissolution, l'acétate est décomposé après la saturation de l'alcali libre, et l'acide acétique mis en liberté réagit à son tour. Comme sa proportion est en général très-faible et qu'il n'agit pas fortement sur le tournesol, le changement de couleur n'est pas très-net.

Aussitôt que le liquide bleu est devenu violet, il reste tel, même après l'addition de plusieurs gouttes nouvelles et il faut le ramener de nouveau au bleu avec la soude. Je ne pus pas vérifier complétement si, dans les essais précédents, un éther acétique regardé comme absolu, n'en contient réellement que 94,62 pour cent, parce qu'il n'y a pas d'autres moyens d'analyse qui puissent servir de contrôle. Il est cependant très-probable que cet éther acétique, bien que préparé avec tous les soins possibles, n'était pas encore tout à fait pur.

L'éther primitif perdait dans un volume d'eau égal au sien, 8 pour cent. Le premier produit de la rectification perdait 9 p. c.; le second (poids spécif. 0,899) 7 p. c.; le troisième (poids spécif. 0,901) 5 p. c.; le quatrième (poids spécif. 0,903) 7 p. c., et le phlegme seulement 4 p. c. Il s'était amassé dans le phlegme un corps huileux d'une solubilité et d'une fluidité moindres, et que l'on pouvait reconnaître pour de l'essence de poire (acétate d'oxyde d'amyle) à l'odeur qui se développait en mêlant le phlegme à de l'eau. Versé sur la main, il exhalait d'abord une odeur d'éther acétique, mais après évaporation, il sentait nettement l'essence de poire et il provoquait une forte toux, ce que ne fait pas l'éther acétique pur. Voilà donc un corps qui explique cette faible solubilité de l'éther dans l'eau, que plusieurs chimistes ont déjà observée. Mais on ne peut admettre que ce soit lui qui occasionne cette perte de 5 ½ pour cent dans l'analyse.

CONSIDÉRATIONS SUR LES DIVERSES MÉTHODES.

On a pu remarquer dans toutes les questions d'alcalimétrie qu'on vient de traiter, que les analyses ne sont pas toutes conduites en partant du même principe. Il est bon de faire ressortir d'une manière générale les différents points de vue sous lesquels on peut envisager les méthodes.

Nous avons, dans les analyses volumétriques, deux procédés essentiellement différents : le *dosage direct* et la *méthode par reste*. Dans le dosage direct, on obtient la quantité du corps cherché en agissant directement sur lui. Un phénomène visible, facile à saisir, apparaît quand l'effet est produit.

Ainsi, par exemple, la couleur rouge du caméléon apparaît quand le protoxyde de fer est changé en peroxyde ; la couleur bleue du tournesol reparaît quand l'alcali a saturé l'acide libre. Cette méthode est théoriquement la plus certaine, mais elle n'est applicable que dans très-peu de cas. Quand la substance à essayer ne peut produire par elle-même aucun phénomène facilement appréciable, on détermine sur elle une certaine réaction avec une quantité connue et en excès d'un autre corps qui, lui, peut donner naissance à un phénomène assez frappant, et on mesure l'excès ou le reste de ce corps. Cette méthode est d'une application très-étendue. Il faut seulement prendre soin que l'excès ne soit pas trop considérable par rapport à la petite quantité du corps à trouver. Un exemple le fera clairement comprendre. Si l'on réduit du bioxyde de manganèse par de l'acide oxalique ou du fer, on ne peut reconnaître la fin de l'opération, parce que le bioxyde de manganèse apparaît en poudre noire au milieu d'une poudre rouge ou jaune. Moins il reste de manganèse à décomposer, plus il est difficile de reconnaître au fond du vase ce corps noir au milieu de la masse rouge. On ne peut donc pas terminer l'opération de manière à lire immédiatement la quantité exacte d'acide oxalique qui a été décomposée par la réduction du bioxyde de manganèse. Mais on emploie un excès d'acide oxalique que l'on mesure en totalité, chaque fois alors la réduction de l'oxyde de manganèse est complète, et après la filtration du liquide on peut déterminer avec le permanganate de potasse la quantité d'acide oxalique qui n'a pas servi à la réduction du bioxyde de manganèse. En la retranchant de la quantité totale, on obtient ce qui a été réellement décomposé et qui donne le titre du bioxyde de manganèse. On a donc ainsi mesuré directement le reste de l'acide oxalique et calculé la proportion employée pour la réaction.

La méthode par reste a un avantage important sur la méthode directe, c'est qu'elle permet de faire un grand nombre d'analyses en s'appuyant sur le même phénomène. Si l'on traite par le protochlorure d'étain des substances qui cèdent de l'oxygène, comme les peroxydes, ou qui absorbent de l'hydrogène, comme le chlore, le brome, le chlorure d'étain sera oxydé. On en dose la partie non oxydée au moyen du bichromate de potasse par la réaction de l'iodure d'amidon. Peu importe le corps qui a oxydé une partie du chlorure d'étain, celui que l'on aura à doser par le chromate est toujours le même, c'est en effet le reste du chlorure. Nous traiterons ces questions plus à fond dans les chapitres qui les concernent.

J'ai rendu l'alcalimétrie plus rigoureuse en y appliquant la méthode par reste. Si l'on veut déterminer la quantité d'acide qui sature exactement un carbonate alcalin, on est trompé au dernier moment par l'acide carbonique mis en liberté qui agit sur le tournesol, parce que l'effet de cet acide, que l'on ne doit pas doser, s'ajoute à l'effet de l'acide normal qu'il faut mesurer. Mais en versant l'acide d'épreuve en excès, on peut chasser tout l'acide carbonique et mesurer ensuite le reste de l'acide normal avec un alcali titré.

Il est tout à fait impossible de dissoudre un carbonate terreux ou métallique dans la quantité d'acide juste suffisante pour que la liqueur soit neutre. Il arrive toujours ou qu'une partie de sel reste sans se dissoudre ou que le liquide est notablement acide. Mais en ajoutant un excès d'acide et en mesurant ce qu'il en reste de libre après la complète décomposition des carbonates insolubles, on fait rentrer leur dosage dans l'alcalimétrie.

Les travaux d'analyses volumétriques les plus beaux sont ceux qui se terminent par la production d'un phénomène au milieu même du liquide; il suffit, dans ce cas, d'observer la liqueur d'épreuve sans avoir à faire aucune autre opération particulière. Parmi ces réactions, nous devons citer en première ligne celle de l'iodure bleu d'amidon. La couleur est très-intense, presque opaque, et il suffit pour la développer d'une seule goutte d'un liquide d'épreuve même très-étendu. On fera bien de chercher autant que possible tous les procédés d'analyses dans lesquels on pourra s'appuyer sur cette réaction. Vient ensuite l'emploi du caméléon : un liquide presque incolore prend instantanément une teinte rose-rouge. Cette nuance est si caractéristique, qu'elle se saisit encore même quand elle se développe au milieu d'un liquide légèrement verdâtre ou trouble.

Puis vient la formation d'un précipité à la fin de l'opération, comme dans le dosage de l'acide prussique indiqué par Liebig. Le liquide, clair et limpide, devient tout à coup laiteux quand l'opération est terminée.

La formation continuelle d'un précipité pendant toute l'opération, a une valeur bien moindre que les phénomènes précédents. Cette méthode ne peut s'appliquer qu'à très-peu de corps et seulement quand le précipité se dépose ou s'agglomère facilement, en sorte que le liquide qui le recouvre reste clair et limpide. On l'emploie en particulier au dosage de l'argent par son chlorure et réciproquement à celui du chlore.

Fort peu de précipités ont la propriété de se déposer promptement, de sorte que les opérations les plus précises de l'analyse en poids, telles que la précipitation de l'acide sulfurique par la baryte, de la chaux par l'acide oxalique, de la magnésie par le phosphate d'ammoniaque, ne peuvent s'appliquer à l'analyse volumétrique.

Les caractères les plus mauvais pour indiquer la fin d'une opération, sont ceux qui ne se manifestent pas dans le liquide lui-même, mais qui sont dus à une réaction opérée soit sur du papier trempé dans la liqueur, soit sur une soucoupe en porcelaine. On pourrait appeler méthodes d'analyses *à la touche* celles où on les emploie. Quelques chimistes ont une prédilection toute particulière pour ce genre de travail et s'en préoccupent uniquement. Le défaut de cette manière d'opérer tient à ce que, entre chaque addition de liqueur

d'épreuve, il faut faire une opération nouvelle, il faut mettre le liquide
modifié en contact avec un autre corps. Très-fréquemment, à son insu, on
dépasse les limites de l'opération, la première analyse est tout à fait perdue et
ne sert qu'à indiquer une limite déterminée qu'il faudra avoir soin de ne pas
dépasser en recommençant le travail. En voici un exemple qui expliquera
clairement ce que nous avançons. Si l'on décompose par le bichromate de potasse un sel de protoxyde de fer incolore, le liquide prend une teinte vert-
jaunâtre, provenant de la couleur verte du sel de protoxyde de chrome formé
et de la couleur jaune du sel de peroxyde de fer. Moins il reste de protoxyde
de fer à traiter, plus est faible le changement de couleur ultérieur par une
nouvelle addition de sel de chrome. On peut donc très-facilement dépasser le
point où la transformation serait complète. Il faut alors, entre chaque addition
de la liqueur d'épreuve, essayer sur une soucoupe, avec le sel rouge de
Gmélin, si la liqueur analysée présente encore la réaction du protoxyde de
fer. Sans parler de la petite quantité de substance qu'à chaque essai on enlève
à la masse totale à analyser, ces essais répétés sont ennuyeux et demandent
beaucoup de patience. Si l'on se sert d'une burette de Gay-Lussac, il faut
avec la main gauche agiter le liquide et l'essayer, tandis qu'on tient la burette
de la main droite : en employant une burette à pied, cela est déjà plus commode. Toutefois, quand on aura à choisir entre plusieurs méthodes, comme
dans les analyses de fer, il faudra regarder le procédé à la touche comme le
moins bon. Bien entendu que s'il n'y en a pas d'autres il faudra s'en servir,
et c'est pour cela qu'il convient de chercher à en acquérir la pratique.

C'est ainsi qu'on fera quelques analyses très-importantes, comme le dosage
de l'acide phosphorique par l'acétate de peroxyde de fer, de l'urée par l'azotate
d'argent. Dans la détermination de l'acide phosphorique par précipitation avec
le sel de peroxyde de fer, on cherche, en essayant avec une solution de cyanoferrure de potassium, le moment où il se trouve déjà dans la dissolution du
peroxyde de fer. C'est encore plus pénible que dans le dosage du fer cité plus
haut au moyen du bichromate de potasse, où l'on était au moins guidé par
un phénomène visible. Il est important, dans les analyses à la touche, de
diviser le liquide à essayer en trois parties au moyen du flacon de 300 CC,
afin de n'avoir pas tout à recommencer quand le premier essai est manqué;
ou bien on met de côté un peu de liquide que l'on ajoute quand on a dépassé
les limites de la réaction, de sorte qu'on peut encore sauver son analyse.

TROISIÈME PARTIE.

CHAPITRE PREMIER.

GÉNÉRALITÉS.

Les analyses par oxydation ou par réduction forment une partie très-importante de la méthode volumétrique, attendu qu'elles permettent de doser quantitativement des substances avec une rigueur et une facilité dont les analyses par les pesées n'offrent pas d'exemples. Les caractères auxquels on reconnaît que l'oxydation est achevée sont généralement si nets, que dans la plupart des cas on n'est jamais incertain même d'une goutte du liquide à ajouter. Les substances qui absorbent l'oxygène sont titrées directement jusqu'à leur complète oxydation au moyen d'un agent oxydant d'une composition connue : les corps qui cèdent au contraire de l'oxygène sont d'abord réduits au moyen d'une quantité connue, mais en excès d'un agent réducteur, puis on mesure l'excès de ce dernier en employant l'agent d'oxydation titré.

Les nombreuses recherches des savants dirigées dans ce but ont considérablement accru nos moyens, et comme plusieurs des procédés employés peuvent s'appliquer de la même manière à beaucoup de substances, on peut, en les combinant convenablement, en déduire un si grand nombre de méthodes, qu'on est presque embarrassé d'une pareille richesse. Mais toutes les méthodes ne sont ni également bonnes, ni même bonnes. Aussi nous nous garderons de les exposer toutes et d'énumérer même historiquement tous les procédés mis en usage ; nous n'indiquerons que ceux reconnus comme les meilleurs, après de nombreux essais ; quant aux moins bons, applicables cependant toujours dans quelques cas particuliers, nous les mentionnerons à l'occasion. Nous commencerons par passer en revue les agents d'oxydation et ceux de réduction ; nous les comparerons entre eux, afin d'arriver ainsi à en faire un choix convenable.

Comme moyens d'oxydation, on a employé : 1° le permanganate de potasse (caméléon minéral), que dans cet ouvrage on désignera simplement du nom de caméléon pour abréger ; 2° le chlore ; 3° la dissolution d'iode ; 4° le bichromate de potasse ; et comme corps réducteurs : 1° l'acide sulfureux ; 2° le protochlorure d'étain ; 3° les sels de fer au minimum ; 4° l'acide oxalique ; 5° l'acide arsénieux ; 6° l'arsénite de soude ; 7° le prussiate jaune de potasse ; 8° le zinc métallique.

Toutes ces substances n'ont pas la même valeur au point de vue de l'analyse, et nous devons d'abord chercher quelles sont les conditions qu'elles doivent remplir. Or, il faut : 1° qu'on puisse se les procurer facilement très-pures ; 2° qu'elles se conservent en dissolutions étendues, et surtout que les substances réductrices ne soient pas altérées par l'oxygène de l'air atmosphérique ; 3° qu'elles indiquent la fin de l'opération par un phénomène très-net ; 4° qu'elles soient solides, non volatiles, non hygroscopiques.

Si nous considérons les substances énumérées plus haut au point de vue de ces propriétés, nous voyons que parmi les corps oxydants, le bichromate de potasse remplit toutes les conditions voulues. Il est facile de le préparer chimiquement pur, sa dissolution est inaltérable, il réagit facilement à la température ordinaire sur l'iodure bleu d'amidon, c'est un corps solide, non hygroscopique et qu'on peut dès lors peser très-exactement. Cependant il présente quelques anomalies encore inexpliquées.

Viendrait ensuite la solution d'iode dans l'iodure de potassium. L'iode peut se purifier facilement, il se conserve bien en dissolution et donne la réaction de l'iode que tout le monde connaît : seulement l'iode est incommode à peser, parce qu'il est volatil et que sa vapeur attaque les pièces en acier de la balance. On peut toutefois se prémunir contre ce dernier inconvénient en opérant convenablement.

En troisième ligne, se placerait le permanganate de potasse : il est difficile à préparer pur et ne se conserve pas en dissolution sans s'altérer. Excepté l'iode, c'est une des substances qui donne les indices les plus certains de la fin de la réaction par sa couleur propre très-intense. Toutefois, malgré ces défauts, le caméléon est un corps précieux, parce qu'il possède la propriété oxydante à un haut degré et que dès lors on peut le faire agir sur l'acide oxalique, un des agents réducteurs si peu nombreux qui ne sont pas altérés par l'air atmosphérique. Aucun des autres corps oxydants ne peut agir promptement sur l'acide oxalique à la température ordinaire, tandis que le caméléon l'oxyde facilement, et la fin de l'opération est indiquée par l'apparition de sa belle couleur rouge facile à reconnaître.

La dissolution aqueuse de chlore remplit le moins les conditions voulues. L'eau de chlore n'a jamais une composition déterminée : le chlore étant gazeux est par cela même volatil et, sous l'action de la lumière, il se transforme en acide chlorhydrique en décomposant l'eau. A cause de son action sur l'amidon, il ne peut servir directement à ramener la réaction de l'iodure d'amidon; aussi n'en fait-on plus du tout usage. Ainsi, parmi les moyens d'oxydation, le premier est le bichromate de potasse, après lui la dissolution d'iode, et dans quelques cas particuliers le caméléon.

Parmi les substances réductrices qui peuvent facilement s'obtenir pures, se peser et se conserver en dissolution, nous citerons l'acide oxalique, l'acide arsénieux, l'arsénite de soude et le prussiate jaune. Le zinc métallique ne sera jamais employé sous un poids ou un volume déterminé, mais toujours en excès, et ce n'est pas le lieu de nous en occuper. Comme dans les analyses par oxydation, le phénomène le plus beau et le plus facile à saisir est l'apparition de la couleur bleue de l'iodure d'amidon, nous devons considérer aussi les agents de réduction au point de vue de ce réactif. Or, pour que cette réaction puisse avoir lieu, il est nécessaire que la substance réductrice soit en état de détruire l'iodure bleu d'amidon, afin que l'effet se produise aussitôt que l'agent réducteur est complétement oxydé. De toutes les substances que nous avons déjà indiquées comme pouvant se conserver, l'arsénite de soude jouit seul de cette propriété, et encore faut-il qu'il soit dans une solution fortement alcaline. Mais comme la plupart des corps pour lesquels on pourrait l'employer, tels que les oxydes métalliques, ne peuvent se trouver que dans des solutions acides, nous ne pourrons, dans le cas dont il s'agit, faire aucun usage de cette substance. D'un autre côté, l'acide arsénieux, l'acide oxalique et le prussiate jaune ne décolorent pas l'iodure d'amidon. Il nous faut donc passer aux autres corps qui nous restent comme pouvant se préparer purs et se conserver facilement, savoir : l'acide sulfureux, le chlorure d'étain et les sels de fer au minimum. Ces derniers ne décomposent pas l'iodure d'amidon, il faut les rejeter; restent l'acide sulfureux et le protochlorure d'étain qui décolorent également bien l'iodure d'amidon. L'acide sulfureux est volatil, bien moins oxydable que le chlorure d'étain, et ne peut être employé avec sécurité que dans un état de dilution très-grand. Il faut donc, parmi tous les agents réducteurs, donner le premier rang au protochlorure d'étain.

L'emploi combiné du bichromate de potasse et du protochlorure d'étain, qui est le plus fréquent, est dû au docteur Aug. Streng, de Clausthal.

M. Bunzen a indiqué l'usage simultané de l'acide sulfureux et de la dissolution d'iode : c'est à lui que revient l'honneur d'avoir montré le premier la possibilité d'atteindre par là un très-grand degré d'exactitude et d'avoir conduit le docteur Streng au perfectionnement de sa méthode.

Enfin c'est moi qui ai introduit l'emploi combiné de l'arsénite de soude et de la dissolution d'iode pour les liquides alcalins, le chlorure de chaux, le chlorure de soude, le chlore pur, l'iode.

On verra dans la suite laquelle de ces méthodes il faut préférer dans chaque cas particulier.

I

MARGUERITE.

CAMÉLÉON MINÉRAL.

ACTION DU PERMANGANATE DE POTASSE SUR LE PROTOXYDE DE FER OU L'ACIDE OXALIQUE.

CHAPITRE II.

Propriétés générales du caméléon.

Le permanganate de potasse a été employé pour la première fois par Marguerite (1) dans les analyses volumétriques. Quand il est pur, il se présente sous forme d'aiguilles noires, brillantes, qui se dissolvent dans l'eau en lui communiquant une magnifique couleur rouge-violet. Il possède la propriété colorante à un haut degré, de sorte que dans un liquide incolore, transparent, placé sur un fond blanc, on peut en reconnaître les moindres traces. Son emploi repose sur cette propriété et sur ce qu'il cède aux corps oxydables les 5/7 de son oxygène pour se transformer en sel de protoxyde de manganèse incolore.

Le permanganate de potasse cristallise sans eau et a pour formule KO,

____

(1) *Ann. de Chimie et de Physique*, T. XVIII, p. 244.

Mn^2O^7, son équivalent est 158,25. Comme nous aurons souvent à nous occuper de ce corps, il sera bon de rappeler la manière dont il se comporte avec la plupart des substances au contact desquelles on le mettra, soit à dessein, soit accidentellement.

Le permanganate de potasse est décomposé par une forte élévation de température ; il perd 10,8 pour cent d'oxygène, se transforme en une poudre noire, de laquelle l'eau extrait du manganate vert de potasse et laisse pour résidu 54 pour cent de sesquioxyde de manganèse noir. Les cristaux détonent par le frottement avec le phosphore et plus fortement lorsqu'on chauffe : la détonation est plus faible avec le soufre ; avec le charbon le frottement seul ne détermine pas de réaction, mais il y a explosion par l'action de la chaleur et le charbon brûle comme de l'amadou.

Les acides forts décomposent le permanganate de potasse : l'acide mis en liberté a la même couleur que le sel en dissolution, seulement il ne tarde pas à se décomposer spontanément. La solution aqueuse du sel portée à l'ébullition avec de l'acide sulfurique ou de l'acide azotique dégage abondamment de l'oxygène, tandis qu'il se fait un précipité de sesquioxyde de manganèse.

Mais ce qui nous intéresse le plus, c'est la manière dont se comporte ce sel en présence des autres corps à la température ordinaire et quand il est en dissolution étendue, puisque c'est ainsi seulement que nous l'emploierons. Les cristaux se dissolvent dans 16 p. d'eau à 15° C. en donnant une couleur rouge-pourpre intense. L'addition d'une solution concentrée de potasse change la couleur en vert, et un peu d'acide ramène la teinte rouge.

L'acide sulfurique étendu ne décompose pas le sel. L'acide sulfurique anglais brut ne contenant rien qui le détruise, on pourra dès lors ajouter de cet acide aux liqueurs à essayer. Comme le sel ordinaire renferme un excès d'alcali libre et que le protoxyde de manganèse formé par la décomposition ne peut exister qu'en solution acide, il faut que le corps à analyser possède un excès notable d'acide libre. Sans cette précaution, il se précipite du sesquioxyde de manganèse brun qui détruit la transparence du liquide et trouble le phénomène de telle façon, qu'il est impossible de reconnaître la fin de l'opération. C'est, dans tous les cas, l'acide permanganique libre qui détermine la décomposition. Lorsqu'une fois, par suite d'une trop grande concentration ou d'une trop faible quantité d'acide, le liquide s'est troublé, il n'est plus guère possible de lui rendre sa limpidité en ajoutant des acides, surtout si, comme cela arrive pour l'analyse du bioxyde de manganèse, la liqueur contient déjà un sel de protoxyde de manganèse. Toutefois, si le trouble était produit par le sesquioxyde de fer, on pourrait le faire disparaître avec un acide,

L'acide chlorhydrique est décomposé à la température ordinaire quand il est fortement concentré, et à une température plus élevée quand il est étendu ; il se dégage alors du chlore. L'acide chlorhydrique froid étendu ne décompose pas le sel instantanément, ni surtout pendant le temps très-court nécessaire pour achever complétement une analyse. Lorsque le liquide à traiter contient de l'acide chlorhydrique, comme les dissolutions de fer, ou de l'acide sulfurique qui met en liberté l'acide chlorhydrique du chlorure de sodium contenu dans le caméléon ordinaire (préparé par le chlorate de potasse), il faut toujours étendre beaucoup les liqueurs et les refroidir au moins jusqu'à la température d'environ 30° centigr. Comme pour la plupart des corps, à l'exception de l'acide oxalique, la coloration du sel se manifeste instantanément et à toute température, il sera bon de refroidir les liquides à la température ordinaire. Dans tous les cas, il faudra s'assurer si l'on ne sent pas l'odeur du chlore. Alors l'analyse devrait être regardée comme inexacte, parce qu'une partie du sel aurait été décomposée par l'acide chlorhydrique et ne devrait pas être mesurée. Lors donc qu'on sera forcé d'ajouter de l'acide chlorhydrique pour acidifier le liquide, il ne faudra pas négliger de l'étendre beaucoup.

L'acide azotique pur et très-étendu ne décompose pas le caméléon, non plus que les azotates, en présence de l'acide sulfurique. Mais aussitôt qu'il y a des traces de composés nitreux à un degré inférieur d'oxydation, la décoloration a lieu. En étendant d'eau l'acide azotique fumant jaune, jusqu'à ce qu'il soit incolore, il détruit encore la couleur du caméléon. Seulement, par une ébullition prolongée, on peut débarrasser l'acide azotique des oxydes d'azote et de l'acide nitreux, de façon qu'il ne décompose plus le caméléon. Dans tous les cas, il faudra éviter d'ajouter de l'acide azotique aux corps à analyser, car cet acide, agissant lui-même comme oxydant, pourrait changer l'état des corps avant leur analyse. C'est pour cette raison que, pour enlever au caméléon nouvellement préparé sa trop grande alcalinité, je n'emploie pas l'acide azotique, comme beaucoup le conseillent, mais bien l'acide sulfurique étendu.

L'ammoniaque caustique ajouté au caméléon étendu ne le décolore pas, non plus que les sels ammoniacaux, dont la présence est du reste seule admissible, puisque les liquides à essayer doivent être fortement acides. La présence des sels ammoniacaux ne sera donc pas un obstacle à l'emploi du caméléon.

Les substances que nous venons d'examiner ne sont qu'incidemment, et toujours une seule d'entre elles, employées comme dissolvant. Les corps à analyser sont pour la plupart des métaux en dissolution, ayant deux degrés d'oxydation, et qui au minimum décomposent le caméléon, tandis qu'au maximum ils n'agissent pas sur lui, comme, par exemple, le fer, l'étain, le cuivre. Le caméléon mesure donc la quantité d'oxygène nécessaire pour faire passer le métal du degré inférieur au degré supérieur d'oxydation, et quand on connaît d'avance la nature du métal et de son oxyde, de même que la force du caméléon, on peut trouver la nature du composé ou sa richesse en métal.

1° *Fer*. Les sels acides de protoxyde de fer et les chlorures correspondants décolorent subitement le caméléon. Le filet liquide rouge qu'on verse dans la solution de fer disparaît pour ainsi dire comme un bâton que l'on briserait à la surface même du liquide à essayer. En continuant à verser le caméléon, la portion qui pénètre dans le liquide est rouge et reste de plus en plus étendue avant de disparaître, jusqu'à ce que tout d'un coup la masse entière prenne une teinte rouge-clair. Les dissolutions de peroxyde de fer et de perchlorure sont sans effet.

2° *Étain*. Le protochlorure d'étain décolore le caméléon aussi promptement que les sels de protoxyde de fer et avec les mêmes phénomènes. Les sels d'étain au maximum sont sans effet. Mais comme nous avons dans le bichromate de potasse un meilleur moyen de dosage de l'étain, parce que le protochlorure d'étain décolore l'iodure d'amidon, ce que ne font pas les sels de fer au minimum, on n'emploiera pas le caméléon pour doser l'étain.

3° *Cuivre*. Les sels acides de protoxyde de cuivre décolorent le caméléon aussi bien que les deux métaux précédents. Le sel de protoxyde donne naissance à un sel de bioxyde bleu qui, par sa couleur, trouble un peu les apparences.

4° Le *zinc* n'a qu'un seul degré d'oxydation, il n'agira donc pas sur le caméléon. Cela est important, car dans la réduction des sels de peroxyde de fer par le zinc, il se forme toujours un sel de zinc.

5° *Manganèse*. Les dissolutions très-étendues et bien acides des sels de protoxyde de manganèse sont sans action sur le caméléon, bien que le manganèse ait d'autres degrés d'oxydation plus élevés. La première goutte colore la solution en rouge-rose et la couleur persiste longtemps.

Les dissolutions neutres de sels de protoxyde de manganèse donnent avec le caméléon, outre la décoloration, un précipité floconneux brun, qui ne se dissout pas facilement dans un excès d'acide, excepté en chauffant avec l'acide chlorhydrique, et, dans ce cas, il se dégage du chlore.

Les dissolutions acides des sels de protoxyde de manganèse, qui ne sont pas très-étendues, sont au commencement colorées par le caméléon ; au bout de peu de temps, la décoloration a lieu sans trouble ; par une nouvelle addition de caméléon, le liquide prend une couleur brune qui fait qu'on n'y peut plus reconnaître un excès de caméléon, et en l'abandonnant à lui-même, il se trouble. Ce phénomène est trop obscur pour qu'on puisse l'appliquer au dosage du protoxyde de manganèse. Il ne faut donc pas oublier qu'en présence des sels de protoxyde de manganèse, comme dans l'analyse du peroxyde, l'effet du protoxyde doit être empêché en étendant beaucoup les solutions et en les acidifiant fortement.

6° L'acide sulfureux, l'acide subfhydrique décolorent instantanément. On ne fait cependant pas usage de cette propriété, parce que l'on a dans la solution d'iode un moyen bien plus précis pour doser ces substances.

7° Les sels de protoxyde de mercure, étendus et acidulés avec l'acide azotique, décolorent instantanément; le sublimé corrosif et les sels de peroxyde sont sans action.

8° Les sels de plomb rendus acides par l'acide azotique ne décolorent pas.

9° Beaucoup de matières organiques en solution étendue et acidulée par l'acide sulfurique, comme l'alcool, l'acide tartrique, l'acide acétique, ne décolorent pas de suite. On aura soin, toutefois, d'éliminer tout d'abord les substances organiques, ce qui n'offre pas de difficulté.

10° Des sels neutres particuliers, le salpêtre, les sulfates de potasse, de soude, de magnésie, de zinc, de bioxyde de cuivre, les chlorures de potassium, de sodium, de barium, de calcium, le bichlorure de mercure, le phosphate de soude sont sans action sur le caméléon : les corps insolubles ou non dissous ne seront jamais mis en rapport avec lui.

11° L'acide oxalique décompose à froid la dissolution de caméléon. Nous parlerons de cette action dans le second des chapitres suivants.

CHAPITRE III.

Préparation du caméléon.

D'après la méthode donnée par Wöhler, ce sel se prépare au moyen du peroxyde de manganèse, de l'hydrate de potasse et du chlorate de potasse. On doit d'abord choisir un bel échantillon de peroxyde de manganèse ou pyro-

lusite en belle masse cristalline radiée. En mêlant les substances, il est important que le peroxyde de manganèse et le chlorate de potasse ne soient pas en contact avant que la potasse caustique ne soit intimement mélangée au peroxyde de manganèse, parce que celui-ci chasse déjà l'oxygène du chlorate de potasse à une température très-peu élevée. Il faut donc unir d'abord la potasse caustique au chlorate, et cela peut se faire par dissolution. Mais comme il est déjà assez difficile d'évaporer une première fois la dissolution de potasse, il sera plus convenable de peser une petite quantité d'une dissolution de potasse fraîchement préparée, de l'évaporer à siccité pour connaître sa richesse en hydrate de potasse, puis ensuite d'ajouter au tout le chlorate de potasse et le manganèse finement pulvérisé, d'évaporer à siccité et de porter au rouge dans un creuset de Hesse le mélange desséché.

Quant aux proportions à prendre, M. Pelouze indique 2 p. de peroxyde de manganèse, 2 p. d'hydrate de potasse et 1 p. de chlorate de potasse. M. Grégory emploie 8 p. de bioxyde de manganèse, 10 p. d'hydrate de potasse, 7 p. de chlorate, ce qui représente le rapport des 3 équivalents de peroxyde de manganèse, 3 d'hydrate de potasse et 1 de chlorate. Ces proportions donnent un produit très-beau et très-abondant.

Si l'on a la potasse à l'état solide, on la dissout avec le chlorate, puis on y ajoute le manganèse en poudre. Par la formation du manganate de potasse, l'eau d'hydratation de l'alcali devient libre et il se fait une vive ébullition. On remue avec une spatule en fer. A mesure que les parties fusibles, le chlorate de potasse et l'hydrate, sont décomposées, la masse devient plus consistante, le bruit que produit l'eau en se dégageant cesse peu à peu. On donne alors un plus fort coup de feu, de manière à porter les parois du creuset au rouge-sombre, et on remue toujours afin de ne pas laisser surchauffer les portions qui seraient au fond du creuset. Comme le manganate serait décomposé par une trop forte chaleur, il faut avoir soin de ne pas laisser la température s'élever à ce point. Quand tout est faiblement rouge et forme une masse friable, on retire le creuset du feu et on en jette le contenu chaud et peu adhérent dans un bassin en cuivre. Après le refroidissement, la substance est dure, et il faut la détacher avec un marteau et un ciseau. On peut, dans le même creuset, traiter de suite un second mélange. On pulvérise grossièrement la matière saline et on la projette dans une grande quantité d'eau bouillante. Elle se dissout d'abord avec la couleur verte propre au manganate de potasse, et par l'ébullition celui-ci se transforme en permanganate de potasse et en peroxyde de manganèse hydraté : $3MnO^3 = Mn^2O^7 + MnO^2$. Mais maintenant comme l'acide permanganique contient 2 équivalents de manganèse, tandis que l'acide manganique n'en contient qu'un, et qu'il se dépose en outre du bioxyde de manganèse, une grande partie de la potasse doit être mise en liberté. Ainsi s'explique ce fait, que des dissolutions concentrées du mélange brut sont seulement grises ou bleues quand on les chauffe, et passent au rouge lorsqu'on les étend ou qu'on neutralise en partie la potasse.

On laisse refroidir et déposer le liquide rouge, puis on le décante dans des flacons. Une filtration sur du papier serait impossible, à cause de la nature même de la substance, et est du reste inutile. L'emploi de l'amianthe ne remplirait pas le but et le liquide serait bien loin d'être aussi clair qu'en le laissant reposer pendant un temps suffisant.

Comme la dissolution doit être nécessairement très-étendue, on peut mettre cela à profit pour bien laver le dépôt. Après avoir décanté le premier liquide concentré, on verse le précipité pulvérulent dans une longue éprouvette avec de l'eau, et on laisse déposer ; on décante de nouveau, on ajoute encore de l'eau et on emploie les derniers liquides faiblement colorés en rouge pour étendre la première solution au degré voulu. Comme le caméléon ne peut se conserver longtemps, je préfère ne pas lui donner de force déterminée et en prendre plus souvent le titre.

CHAPITRE IV.

Détermination du titre du caméléon.

La solution de caméléon ne peut pas se conserver sans s'altérer, cependant elle reste encore assez longtemps sans éprouver de changements notables. Elle laisse toujours déposer à la longue du sesquioxyde de manganèse brun, ce qui lui fait perdre de sa force. C'est pour cela qu'on ne lui donne pas de titre normal, mais on la prend telle qu'elle est et on détermine sa valeur par une opération préalable. On a employé jusqu'à présent, pour y arriver, deux substances différentes : le fer métallique dissous à l'état de protoxyde et l'acide oxalique, indiqué pour la première fois par le docteur Hempel, à Winterthur, mais dont on ne fait pas encore généralement usage. J'ai, de mon côté, trouvé un procédé nouveau dans l'emploi du sulfate double de protoxyde de

fer et d'ammoniaque, et comme il me paraît de beaucoup préférable aux deux
autres et devoir être employé à cause de sa rigueur et surtout de la promptitude avec laquelle il permet de titrer le caméléon, je vais l'indiquer le
premier.

1° Sulfate double de fer et d'ammoniaque. — On sait que le sulfate de
protoxyde de fer ne peut pas se conserver sans altération, que, de plus, on
ne peut pas de suite l'avoir pur et contenant une quantité d'eau bien déterminée d'avance, car même en prenant toutes les précautions, on ne peut pas
bien le dessécher. Cependant, je suis parvenu à trouver un sel de protoxyde
de fer sec, tout à fait inaltérable à l'air, donnant par une simple dissolution
un liquide. qui, par la proportion invariable et parfaitement déterminée de
protoxyde de fer qu'il renferme, est très-convenable comme moyen de dosage.
Ce sel, c'est le sulfate double de protoxyde de fer et d'ammoniaque.

Si l'on dissout dans l'eau et à l'aide de la chaleur 1 équivalent (139 parties)
de sulfate de fer cristallisé et 1 équivalent (66 parties) de sulfate d'ammoniaque, en filtrant et laissant cristalliser, on obtient des cristaux durs, vert-
clair, transparents, parfaitement nets, ayant la forme du sulfate double
d'ammoniaque et de magnésie et pour composition $AzH^4,SO^3 + FeO,SO^3 +$
$6.HO$. Ce sel se conserve à l'air sans altération, peut être desséché à l'aide de
la chaleur, et se réduire en poudre. Il n'est pas efflorescent et n'attire pas
l'humidité. Il doit très-probablement ces propriétés précieuses à sa grande
cohésion. Les cristaux sont si durs que ce n'est pas toujours sans danger pour
la capsule en porcelaine qu'on parvient à les en détacher. Quand la cristallisation a été confuse ou que le sel s'est déposé sans cristalliser, sa couleur est
plus claire, mais alors il retient toujours un peu d'eau-mère.

L'équivalent de ce sel est fort élevé, il est égal à 196, et il faut encore en
prendre le double, puisque l'équivalent de protoxyde de fer qu'il renferme
ne peut prendre que $\frac{1}{2}$ équivalent d'oxygène, de chlore, etc. Par conséquent,
le nombre équivalent servant de mesure volumétrique serait 392; une solution normale de ce sel devrait en contenir 392 gr. par litre. Comme 196 parties n'en contiennent que 28 de fer (1 éq.), la quantité de fer est donc 14,286
pour cent $= \frac{1}{7}$ de la quantité totale du sel. Pour établir cette composition
d'une manière tout à fait précise, on fit dissoudre dans de l'eau quelques
cristaux pesant 0,344 gr.; on ajouta un peu d'acide sulfurique et on titra au
rose-clair avec du caméléon, dont le titre avait été exactement établi par le fer
métallique et par l'acide oxalique. Jusqu'à la fin de l'opération, le liquide
resta clair et limpide comme de l'eau pure.

. On employa 7,7 CC de caméléon; or 1 gr. de fer correspondait à 39 CC de caméléon, donc les 7,7 CC. donnent 0,04936 gr. de fer = 14,35 pour cent.

Une seconde fois on opéra sur 1,054 gr. du sel avec le même caméléon, dont on employa 23,6 CC. Ceux-ci donnent 0,15128 gr. = 14,35 pour cent de fer.

Ces deux essais, parfaitement d'accord, nous prouvent que le sel a bien la composition adoptée et doit être regardé comme contenant théoriquement 14,286 pour cent de fer. On pourra donc l'employer dans toutes les analyses pour lesquelles on s'était servi jusqu'à présent de fer métallique récemment dissous ou du sulfate de protoxyde de fer. Il a sur ceux-ci l'avantage incontestable et précieux de pouvoir se conserver sans altération et de posséder un équivalent élevé. Si nous le comparons à l'acide oxalique, il a sur lui un désavantage en ce qu'on ne peut pas le conserver en dissolution; que par conséquent pour établir un titre ou pour faire une analyse il faut faire des pesées, tandis qu'avec l'acide oxalique on n'a qu'à mesurer des volumes. Mais avec l'acide oxalique, il faut faire bouillir dans des vases ouverts, ce qui n'est pas nécessaire avec le sel double, attendu qu'une fois celui-ci dissous, il se comporte comme tous les autres sels de protoxyde de fer. Enfin, avec le sel de fer, la réaction s'opère instantanément; avec l'acide oxalique et en particulier pour établir le titre du caméléon, il faut toujours attendre quelques instants.

Le sulfate de fer forme avec le sulfate de potasse un sel double, tout à fait semblable à celui qu'il donne avec le sulfate d'ammoniaque. Il n'est même pas possible à la simple vue de les reconnaître l'un de l'autre; on pourra employer celui des deux qu'on voudra. Celui de potasse a pour composition $KO,SO^3 + FeO,SO^3 + 6HO$, par conséquent son équivalent est 217,44; il renferme 12,896 pour cent de fer; plusieurs analyses ont donné 12,117 : c'est un peu moins que dans le premier sel. J'ai donné la préférence au sulfate ammoniacal, parce qu'il cristallise plus facilement, il est un peu plus dur, son équivalent est un nombre entier sans décimales et la proportion de fer qu'il contient est en rapport simple avec le poids total, savoir $\frac{1}{7}$, tandis que dans le sel de potasse ce rapport est $\frac{1}{7,7}$. Comme l'effet des deux sels est tout à fait le même, on ne doit pas négliger les faibles avantages d'un calcul plus facile. De plus, le sulfate double de potasse s'effleurit un peu à l'air.

Pour établir le titre du caméléon, on pèse un certain poids, soit 1 gr. de sulfate double, on le dissout dans de l'eau à la température ordinaire dans une fiole de capacité convenable, et on ajoute de l'acide sulfurique. On fait alors couler le caméléon en jet continu dans la solution, au moyen de la

burette (fig. 80) en soufflant par le long tube ; pendant ce temps-là, on tient
la fiole de la main gauche et on l'agite. Tant que la couleur rouge disparaît

Fig. 80.

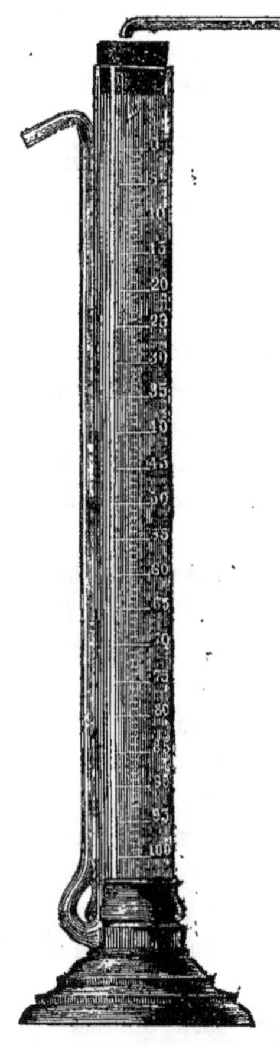

instantanément, on peut faire arriver le caméléon en filet continu ; mais aussitôt que les parties du liquide qui se colorent deviennent plus étendues, on fait couler goutte à goutte avec précaution et on agite après chaque nouvelle addition jusqu'à la disparition complète de la couleur. Une goutte de caméléon en excès donne à tout le contenu de la fiole une couleur rose. On redresse alors la burette et on fait la lecture des CC employés. On les note, ainsi que la date du jour, sur un morceau de papier collé sur le flacon. Quand la couleur rouge persiste après un mélange parfait, l'essai est terminé, peu importe qu'elle disparaisse quelque temps après. Le titre s'établit alors par une opération très-simple : si pour 1 gr. de sel double il a fallu 23,7 CC de caméléon, ceux-ci correspondent à $\frac{1}{7}$ gr. $= 0$ gr. 1428 de fer, donc chaque CC représentera 0 gr. 006 de fer. En prenant 0 gr. 7 ou 1 gr. 4 de sel, les CC de caméléon employés représenteront 0 gr. 1 ou 0 gr. 2 de fer.

J'ajouterai encore quelques mots sur la manière de lire le nombre de CC de caméléon employés. La couleur du liquide est tellement intense que l'on ne peut apercevoir la concavité du ménisque jusqu'au centre de la burette. On lit alors la division qui correspond au bord même de la surface : on l'aperçoit comme une ligne droite et très-nettement, en tournant le dos à la fenêtre, tenant la burette un peu de côté en pleine lumière et mettant un papier blanc derrière elle. On peut alors, même avec une division en CC, évaluer facilement les dixièmes, si l'on a l'habitude de faire des observations barométriques en faisant usage du vernier.

2° *Avec l'acide oxalique.* — Nous devons l'emploi de l'acide oxalique, comme agent de réduction opposé au caméléon, à M. le docteur Hempel, autrefois préparateur de Liebig. Il eut l'idée de ce procédé chez moi, en m'entendant faire grand cas des propriétés de cet acide. L'acide oxalique a sur le fer métallique beaucoup d'avantages précieux. Pour chaque épreuve, il faut peser un morceau de fil de fer, puis le faire dissoudre, ce qui exige au moins de 5 à 10 minutes. Le fer métallique n'est jamais pur, ce que l'on reconnaît à la teinte grise de la dissolution et à la forte odeur de l'hydrogène qui se dégage : il en résulte que le poids que l'on prend comme représentant l'équivalent est moins rigoureusement établi que pour l'acide oxalique. Enfin, les sels de protoxyde de fer, à cause de leur affinité pour l'oxygène atmosphérique, ne peuvent être conservés en provision.

L'acide oxalique est tout à fait inaltérable en dissolution, et lorsqu'on a préparé quelques litres de solution normale, il suffit d'en prendre une certaine quantité avec la burette à pince ou avec une pipette, pour établir le titre du caméléon de suite et sans chauffer. Je me sers, dans ce but, de la dissolution normale d'acide oxalique sur laquelle on s'appuie dans le chapitre de l'alcalimétrie, intitulé : *Gay-Lussac.* La seule condition à remplir, c'est d'avoir préparé de l'acide oxalique bien pur.

On remplit donc la burette jusqu'au zéro en versant d'abord un excès qu'on laisse ensuite couler, puis, en tenant derrière le tube le papier qui facilite la lecture, on fait couler 5 ou 10 CC dans un grand flacon, en ayant soin de ne mouiller ni le col ni les parois. On étend avec de l'eau distillée, de manière à faire 200 ou 300 CC et on ajoute 6 à 8 CC d'acide sulfurique concentré. Celui-ci, outre qu'il donne au liquide l'acidité nécessaire, développe en même temps la légère élévation de température qui favorise la réaction. Si maintenant on ajoute de la dissolution de caméléon, dans les premiers moments on ne remarque pas de changement de couleur, mais bientôt la réaction s'opère peu à peu et la couleur rouge disparaît. Une fois que l'action a commencé, elle marche de plus en plus promptement : la couleur rouge, produite par l'addition du caméléon, passe au rouge-brun, puis au brun-clair, ensuite au jaune et enfin tout devient incolore. Vers la fin de l'opération, ces changements sont toujours plus rapides, et si la liqueur est fortement étendue et suffisamment acide, elle est parfaitement incolore après chaque nouvelle addition de caméléon, jusqu'à ce qu'enfin la teinte rouge-rosée soit persistante. L'essai est alors terminé, quand bien même la couleur disparaîtrait au bout de quelque temps. On acquiert facilement, vers la fin du phénomène, une idée du temps qu'il faudrait attendre, et rien n'est incertain sur le terme de l'opération. Quand on abandonne le liquide à lui-même, il ne tarde pas d'ordinaire à se troubler. L'action de l'acide oxalique est notablement favorisée par une légère élévation de température. Si le caméléon ne contient pas de chlorure de calcium, on pourra chauffer sans crainte, et dans ce cas la réaction sera aussi prompte que celle produite à froid par les sels de fer au minimum. On n'aura qu'à faire bien attention s'il ne se dégage aucune odeur de chlore.

La décomposition des sels de protoxyde de fer par le caméléon repose sur ce que 2 équivalents de protoxyde de fer (Fe^2O^2) en prenant 1 éq. d'oxygène se transforment en 1 éq. de sesquioxyde (Fe^2O^3) : l'acide oxalique, de son côté, prend pour 1 éq. d'acide (C^2O^3), 1 éq. d'oxygène pour faire 2 éq. d'acide carbonique (C^2O^4).

Il en résulte que pour un même nombre d'équivalents, le fer prendra moitié moins d'oxygène que l'acide oxalique, c'est-à-dire, décomposera moitié moins de caméléon. L'expérience le confirme pleinement. Pour 0,28 gr. $= \frac{1}{100}$ équivalent de fer, il a fallu employer 26,9 CC d'une solution de caméléon ; 5 CC d'acide oxalique normal $= \frac{1}{200}$ d'équivalent, en exigèrent 27 CC. Ce dernier résultat confirme la composition de la solution d'acide oxalique, puisqu'il coïncide atomiquement avec celui que donne le fer choisi aussi pur qu'il est possible. Le résultat fourni par le fer est un peu plus faible que celui donné par une quantité équivalente d'acide oxalique, et cela est encore en faveur de l'exactitude de l'analyse, attendu que le fil de fer pris sous un poids égal à l'équivalent du fer, n'est pas dans un état de pureté parfaite.

Pour être bien certain de cette fixation du titre sur laquelle tout repose, on fit encore dissoudre 0,56 gr. $= \frac{1}{50}$ d'équivalent de fer dans de l'acide sulfurique, on étendit d'eau de manière à faire 300 CC et on en prit chaque fois 100.

On obtint les résultats suivants :

    100 CC employèrent 17,95 CC de caméléon.
    100 CC   —   17,95 CC   —
    100 CC   —   18,00 CC   —

donc 300 CC employèrent 53,90 CC de caméléon.

Pour 10 CC d'acide oxalique normal représentant $\frac{1}{100}$ d'équivalent d'acide, il fallut 54 CC du même caméléon ; il y a donc un accord qu'on peut regarder comme parfait : la différence est insignifiante, elle peut cependant servir à calculer la pureté absolue du fer.

Une fois le titre du caméléon fixé par des expériences précises, il reste à l'approprier le plus commodément possible aux différents buts qu'on se propose. Il est préférable de ne pas calculer directement la substance d'après le caméléon, mais mieux d'après les CC d'acide oxalique normal correspondants, parce que ces derniers ont un rapport bien déterminé avec les équivalents de tous les corps. Toute substance qui prend au caméléon 1 équivalent d'oxygène sera représentée par $\frac{1}{1000}$ de son équivalent pour 1 CC d'acide oxalique. La même chose a lieu si un corps abandonne un équivalent d'oxygène à l'acide oxalique, comme cela arrive pour l'acide permanganique, le chlorure d'or. Si au contraire un corps ne prend que $\frac{1}{2}$ équivalent d'oxygène, comme le protoxyde de fer, pour chaque CC d'acide oxalique normal, il faudra prendre $\frac{2}{1000}$ d'équivalent de cette substance.

On calculera donc d'abord combien de CC d'acide oxalique normal représente 1 CC du caméléon du titre trouvé. Supposons que 5 CC d'acide oxalique normal = 27 CC de caméléon, alors 1 CC du dernier correspond à $\frac{5}{27}$ = 0,1852 CC d'acide oxalique normal. On multipliera donc après chaque expérience les CC de caméléon par ce nombre. Ou mieux, on calculera pour les neuf premiers nombres une petite table dans le genre de celle-ci :

1 CC de caméléon = 0,1852 CC d'acide oxalique normal.
2 — = 0,3704 — —
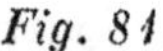
9 CC de caméléon = 1,6668 CC — — —

Fig. 84.

Au moyen de cette table, que l'on collera sur le flacon contenant le caméléon, on transformera les CC de celui-ci en CC d'acide oxalique normal et de ceux-ci on déduira la quantité du corps cherché à l'aide du tableau placé en tête du chapitre qui le concerne.

Une dissolution de caméléon bien préparée peut se conserver encore plus longtemps qu'on ne le croit généralement, j'en ai dont le titre n'était pas encore altéré le moins du monde au bout de trois mois. Ce liquide, comme tous les liquides alcalins, entraîne avec lui, quand on le verse, des bulles d'air, et forme beaucoup d'écume. Celle-ci persiste longtemps et empêche de faire la lecture sur la burette. Il est donc important, quand on remplira la burette, de la tenir inclinée, afin que le liquide y coule lentement le long des parois. Pour y arriver plus sûrement, je conserve la dissolution de caméléon dans un flacon à jet, analogue à celui représenté fig. 81. A travers le bouchon qui ferme bien exactement, passent le tube à déversement plongeant presque jusqu'au fond et le tube par lequel on souffle qui se termine dans la partie vide de la fiole. Ce dernier tube a une longueur égale à celle de la vision distincte, environ 30 centim. Pour remplir la burette, on la tient de la main gauche, on met le tube à air du flacon dans la bouche et la pointe de l'autre tube dans la burette, et l'on souffle fortement. Le jet de liquide sortant obliquement forme d'ordinaire sur les parois un peu inclinées de la burette un filet hélicoïdal ; on redresse, bien entendu, la burette, afin de voir quand on a atteint le zéro. Cette manière de conserver le caméléon et de le verser est la plus convenable. Le flacon n'est jamais ouvert que lorsqu'il est vide, et par conséquent la poussière n'y peut pas tomber. Celle qui s'y pourrait introduire quand on ouvre le vase ne doit non plus nous inquiéter, puisqu'elle ne sortira pas, comme cela arriverait en versant le liquide à la manière ordinaire. La petite quantité de sesquioxyde de manganèse qui pourrait se déposer n'est pas non

Fig. 82.

plus agitée. Le bouchon n'est jamais en contact avec le liquide. En inclinant légèrement et doucement le flacon en partie vidé, on peut s'assurer s'il y a un dépôt. Tant qu'il ne s'en est pas formé, il n'est jamais nécessaire de prendre de nouveau le titre.

Quant à l'acide sulfurique, qu'il faut employer si fréquemment, je le prends au moyen d'une pipette terminée par une boule creuse en caoutchouc (fig. 82). On presse la boule, on laisse ensuite monter l'acide dans le tube, puis on le porte en un instant au-dessus du vase dans lequel on doit le faire couler. Pour empêcher les projections quand les liquides sont chauds, il est bon d'employer de l'acide un peu dilué ; or, l'acide s'étend bientôt de lui-même quand il est renfermé dans un flacon à demi-bouché.

3° Avec le fer. — Je ne rappelle ce troisième procédé de dosage qu'au point de vue purement historique : j'en ai fait connaître plus haut les inconvénients, en même temps que j'ai fait voir les avantages du sulfate double, ainsi que ceux moins grands, il est vrai, de l'acide oxalique. Si l'on voulait cependant se servir de fer, il en faudrait prendre un poids bien déterminé, mais tout à fait arbitraire, puisqu'on ne veut pas donner au caméléon une force normale : ainsi on prendra 0,25 gr. de fil de fer mince, aussi souple que possible, bien décapé, tel qu'on en emploie, par exemple, pour fermer les bouteilles et qui, à cause de sa flexibilité, porte dans le commerce le nom de fil de plomb. Plus le fer est mou et flexible, moins il renferme de carbone. Il ne faut donc pas prendre de cordes de clavecin, toujours dures et aciérées. On dissout le morceau de fil de fer en le faisant bouillir dans de l'acide sulfurique étendu, et l'on chauffe pour que la dissolution soit plus rapide. Pour empêcher la suroxydation du fer qui serait facile, j'opère dans une fiole fermée au moyen d'une soupape en caoutchouc (fig. 83). Un tube de verre,

Fig. 83.

ouvert aux deux bouts, traverse le bouchon qui ferme la fiole ; le bord supérieur du tube, bien dressé, s'élève un peu au-dessus de la surface d'un second bouchon. Celui-ci ne sert qu'à retenir une mince bandelette en caoutchouc qu'on fixe avec deux épingles. Cette soupape bien simple forme une fermeture hermétique de l'extérieur à l'intérieur, tout en permettant aux gaz et aux vapeurs de se dégager. En retirant la fiole du feu quand la dissolution est complète, la bande de caoutchouc s'applique fortement contre le bord du tube et empêche tout accès de l'air à l'intérieur, tellement qu'en soufflant sur le ballon, le refroidissement produit condensant la vapeur, le liquide recommence à bouillir. Une fois le fer dissous, on verse le tout dans une grande fiole contenant de l'eau froide et on ajoute le caméléon.

Lorsque l'emploi du sulfate double me vint à l'idée, le chapitre relatif au caméléon était complétement rédigé et il ne me fut pas possible de recommencer avec ce sel toutes les analyses qui sont rapportées dans les chapitres suivants : cela n'aurait servi, du reste, qu'à fournir des résultats plus exacts ; aussi je me suis borné à ne donner, quant à son usage, que quelques exemples qui seront disséminés dans le corps de l'ouvrage.

CHAPITRE V.

Fer.

1° Dosage par l'acide oxalique.

SUBSTANCES.	FORMULES.	ÉQUIVALENT.	POIDS À PESER pour que 1 CC d'acide normal $=$ 1 p. cent de la substance.	1 CC D'ACIDE oxalique normal représente
54. 2 équiv. de fer..	2Fe	56	5,6 gram.	0,056 gr.
55. 2 équiv. protoxyde de fer.....	2FeO	72	7,2	0,072
56. 1 équiv. sesquioxyde de fer....	Fe^2O^3	80	8,0	0,080
57. 2 équiv. carbonate de protoxyde de fer.	$2(FeO + CO^2)$	116	11,6	0,116
58. 2 équiv. sulfate de protoxyde de fer cristallisé......	$2(FeO + SO^3 + 7HO)$	278	27,8	0,278

2° Dosage par le fer.

Si m gr. de fer correspondent à k CC de caméléon, 1 CC de caméléon $= \frac{m}{k}$ gr. de fer métallique.

Logarithme.

Fer métallique $\times$ 1,2857 $=$ protoxyde de fer......... 0,1091059

— $\times$ 1,4286 $=$ sesquioxyde de fer........ 0,1546065

— $\times$ 2,0714 $=$ carbonate de prot. de fer.. 0,3162640

— $\times$ 4,9643 $=$ sulfate de fer cristallisé... 0,6958588

Fer métallique $\times \dfrac{\text{équivalent}}{28} =$ toute combinaison de fer renfermant 1 équivalent de fer.

Fer métallique $\times \dfrac{\text{équivalent}}{56} =$ toute combinaison de fer renfermant 2 équivalents de fer.

$$\frac{\text{Fer métallique} \times 9}{7} = \text{protoxyde de fer.}$$

$$\frac{\text{Fer métallique} \times 10}{7} = \text{sesquioxyde de fer.}$$

$$\frac{\text{Sulfate de protoxyde de fer et d'ammoniaque}}{7} = \text{fer métallique.}$$

Les composés de fer que l'on a à essayer doivent être tout d'abord mis en dissolution, et le fer qu'ils renferment doit être transformé en protoxyde si déjà il ne s'y trouve pas à cet état. De plus, il ne faut pas qu'il y ait dans la dissolution des composés oxigénés d'un métal à un degré inférieur, quand ceux-ci pourraient passer à un degré supérieur d'oxidation, excepté toutefois le manganèse. Dans les minerais de fer naturels cela n'arrive jamais; dans les autres cas, il faudrait éloigner ces composés par une opération analytique préliminaire.

Tous les composés de fer oxygénés ou halogénés, sont, à l'état pulvérulent, solubles dans l'acide chlorhydrique pur et fumant. C'est un dissolvant précieux, d'autant plus qu'il n'a aucune action oxydante ou réductrice sur les oxydes de fer. On obtient ainsi le fer en solution complète à l'état de protochlorure ou de sesquichlorure suivant qu'il se trouvait à l'état de protoxyde ou de sesquioxyde. Les composés les plus importants sont les minerais naturels, le fer oxydé rouge, le fer oxydé jaune, le fer spathique, dans lesquels on ne recherche en général que la proportion de fer métallique, sans se préoccuper du degré d'oxydation. L'opération sera conduite différemment quand on voudra déterminer les quantités de protoxyde et de peroxyde.

Nous allons donner la marche à suivre. Il ne suffit pas que le propriétaire d'une mine envoye à un chimiste un échantillon quelconque de minerai, et que ce dernier en soumette à l'analyse une partie qu'il prend à volonté. Pour que l'analyse donne réellement la richesse moyenne, l'épreuve doit se faire d'après des règles que nous exposerons dans le chapitre suivant, en parlant du peroxyde de manganèse. Nous dirons seulement ici, que le petit échantillon doit d'abord être réduit en poudre fine, dans un mortier d'agathe ou d'acier, et qu'avant la pesée il faut en éliminer toute l'eau hygroscopique. Pour y parvenir, on place l'échantillon dans une petite capsule en cuivre ou en fer, on chauffe avec une lampe à alcool, en remuant avec la boule d'un thermomètre. Quand on a atteint le point d'ébullition de l'eau, on retire la flamme; la température monte encore quelque temps, jusqu'à environ 110° C. Cet excès au-dessus de l'ébullition de l'eau est nécessaire pour vaincre l'effet de l'attraction du corps en poudre. On place alors la capsule sous une cloche en verre, contenant du chlorure de calcium ou de l'acide sulfurique, et on laisse refroidir. Alors seulement on pèse la quantité à essayer. Pour un bon essai par le caméléon il suffit de 0,3 à 0,5 gr. On pèse cette quantité immédiatement, si l'on a à sa disposition une bonne balance et une burette divisée en $\frac{1}{10}$ de CC. Puis on dose le tout par le caméléon.

Si l'on possède des instruments moins précis, on pèse de 1 à 2 gr., on étend la dissolution de manière à faire de 300 à 500 CC, et on en prend deux fois 100 CC. Ces deux procédés conduisent exactement aux mêmes résultats. Il est évident qu'il importe peu qu'on prenne juste 1 gr. entier, bien que les calculs à faire seraient par là rendus plus faciles. Une balance munie de bons arrêts permet de prendre un poids déterminé, en si peu de temps, qu'il n'est pas possible que pendant la pesée il y ait une quantité appréciable d'humidité absorbée. Si la pesée une fois faite, on laisse la balance osciller librement pendant autant de temps qu'on en a mis à faire la pesée, et si le plateau sur lequel est la poudre ne l'emporte pas, on peut être sans inquiétude, c'est que la pesée est bonne. On introduit alors la poudre dans un petit ballon muni d'une soupape de caoutchouc, et on chauffe jusqu'à l'ébullition complète.

Fig. 84.

(Fig. 84.) Le sesquioxyde de fer hydraté et le fer spathique se dissolvent facilement, l'oxyde anhydre demande à être chauffé plus longtemps. Quand la gangue que le minerai renferme est devenue blanche, et on la voit au fond du ballon, la dissolution peut être regardée comme complète.

S'il s'agit de reconnaître simplement la richesse en fer, sans s'occuper du degré d'oxydation, il faut maintenant réduire le sesquioxyde en protoxyde. Le moyen le plus simple c'est d'employer du zinc métallique ne contenant pas de fer. Il n'est pas toujours facile de s'en procurer. Primitivement tout le zinc est exempt de fer, parce que le fer métallique ne peut se trouver dans le zinc distillé, et le fer oxydé ne peut être fondu ; mais le zinc contient toujours du fer quand il provient de la fusion de différents vases de ce métal, opérée dans une bassine en fer. On peut avoir du zinc convenable en le prenant tel qu'il sort des usines, sans avoir encore été fondu : on le fond dans un creuset de Hesse et on le fait couler en filet mince dans de l'eau ; de cette manière, il est tellement divisé qu'on peut facilement le couper avec des cisailles

13

Quand la solution de l'échantillon est encore chaude, on y projette quelques fragments de zinc, qui se dissolvent avec un dégagement abondant d'hydrogène. La couleur jaune du liquide s'éclaircit, elle devient verte, puis enfin tout paraît incolore. La chaleur a l'avantage, non-seulement de hâter l'effet, mais encore de rendre visible les dernières traces de sel au maximum en augmentant l'intensité de la coloration (Schœnbein).

On essaye alors à l'aide du sulfocyanure de potassium s'il ne reste pas de peroxyde de fer. On trempe une bandelette de papier dans une dissolution de ce sel, et on fait sécher. On trempe l'extrémité d'une baguette de verre dans la dissolution de fer, et on en touche promptement le papier de sulfocyanure. Si tout d'abord, on ne voit pas apparaître de tache rouge, c'est que la réduction est complète. Plus tard, les taches deviennent de plus en plus rouges par suite de l'oxydation, et c'est pourquoi il faut opérer rapidement. On étend alors le liquide de beaucoup d'eau distillée froide, et on mesure la proportion de fer au moyen de la burette contenant la solution de caméléon. Il n'est pas nécessaire qu'au commencement de chaque expérience le niveau du liquide soit au zéro dans la burette ; il faut seulement avoir soin de noter l'état du liquide au commencement de chaque essai, ainsi, par exemple, on écrira : le caméléon marque 10, 5 CC. Puis on laisse couler et on note de nouveau ; en retranchant le premier nombre du second on a les CC de caméléon employés.

Lorsqu'on se propose de déterminer dans un minerai ou un composé ferrugineux quelconque la proportion de peroxyde et de protoxyde, il faut procéder autrement. Dans un premier essai, en détermine directement la quantité de protoxyde sans réduire par le zinc ; puis un second essai après la réduction par le zinc donne la quantité totale de fer. Dans le dernier cas, on emploie naturellement plus de caméléon. On retranche les CC employés seulement pour le protoxyde, et le reste donne les CC d'après lesquels il faut calculer le peroxyde.

Pour dissoudre la substance dans le cas dont il s'agit, il faut prendre des précautions pour que le protoxyde dissous ne s'oxyde pas aux dépens de l'oxygène de l'air contenu dans le vase. Ce qu'il y a de plus simple à faire, c'est d'introduire dans le ballon contenant déjà l'acide chlorhydrique et le minerai en poudre, un peu de bicarbonate de soude, qui dégage de l'acide carbonique et expulse l'air. Puis on adapte la soupape en caoutchouc, et on chauffe jusqu'à solution complète.

On peut encore faire passer dans le vase un courant d'acide carbonique. L'appareil représenté fig. 85 est pour cet usage de la plus grande utilité dans

les laboratoires, c'est pourquoi nous allons en donner la description. A gauche
est un flacon d'où se dégage de l'acide carbonique, et qui est construit en

Fig. 85.

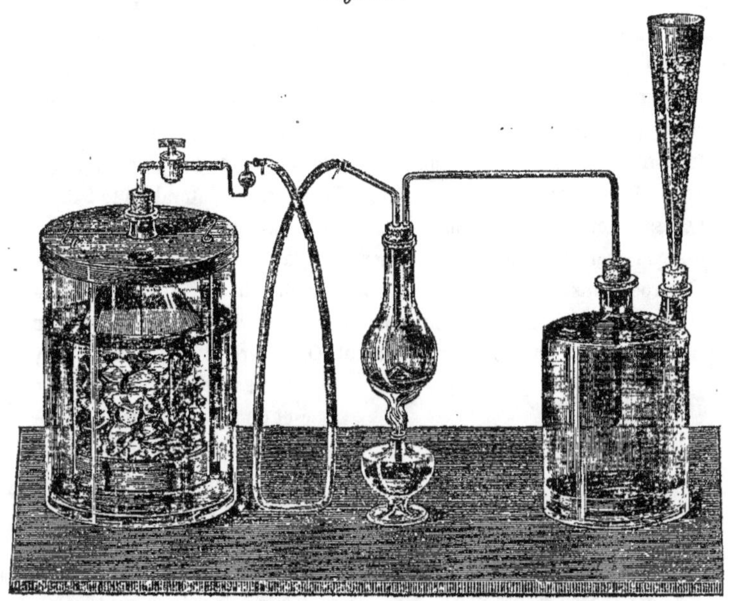

grand d'après le principe de la lampe à gaz hydrogène. Dans le vase intérieur
dont on a enlevé le fond et qui forme le gazomètre, on place de la strontianite en morceaux, et pour acide on emploie l'acide chlorhydrique étendu. Le
carbonate de strontiane est à bas prix, et facile à se procurer ; il a sur la
craie l'avantage de ne pas se délayer et de donner un sel utile, en sorte que
l'acide n'est pas tout à fait perdu. On voit facilement à l'inspection seule de
la figure comment l'appareil à dégagement est relié au flacon dans lequel se
fait la dissolution. La petite boule placée entre les deux, sert à voir la force
du courant gazeux que l'on règle à l'aide du robinet.

Enfin le flacon de Wolff placé à droite, et qui ne contient que de l'eau, sert
à condenser l'acide qui se dégage, afin de ne pas vicier l'air de l'appartement.
On a l'avantage avec cet appareil, de travailler tout à son aise, sans être in-
commodé par les vapeurs. L'allonge placée sur la seconde tubulure est remplie de morceaux de pierre ponce ou d'éponge humectée. De cette manière
l'emploi de l'acide azotique ou de l'acide chlorhydrique le plus concentré

comme dissolvant, n'a pas le moindre désagrément. Cet appareil est un des plus élégants de la chimie. A-t-on à essayer un minéral ou un sel renfermant du protoxyde de fer, on en met un certain poids dans le petit ballon ou dans un tube d'essai, on y verse l'acide, on fixe le bouchon au vase que l'on peut soutenir en dessous selon qu'il en est besoin. Mais le plus souvent il se tient de lui-même à l'aide du bouchon et du tube doublement recourbé qui est solidement entré dans le bouchon du flacon de Wolff. Ce tube a une longue branche, ce qui permet de donner au ballon la hauteur qu'on voudra. On commence, d'abord en ouvrant complétement le robinet de l'appareil à dégagement, par faire passer un courant rapide d'acide carbonique dans le ballon, afin de chasser tout l'air, puis ensuite on règle le passage du gaz, de manière à ne laisser arriver les bulles que lentement dans la boule. On place ensuite la lampe à alcool sous le ballon, et on opère la dissolution. Quand elle est achevée, on enlève la lampe, et on rend le courant d'acide carbonique un peu plus fort jusqu'à complet refroidissement. On ouvre alors le ballon, on y

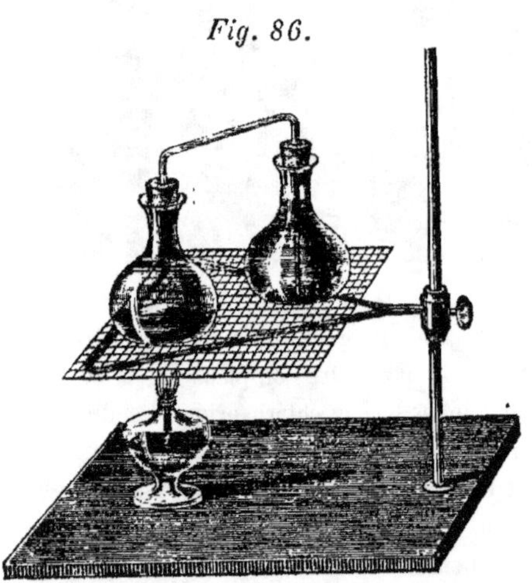

Fig. 86.

verse de l'eau distillée froide et on dose aussitôt le protoxyde de fer avec le caméléon. On prend un second essai, on en opère la réduction comme nous l'avons dit, à l'aide du zinc, et on détermine ainsi la quantité totale de fer.

L'appareil de la fig. 86 est bien moins commode. Deux petits ballons sont réunis par un tube à deux branches. Celui-ci passe à travers le bouchon du ballon de gauche, de manière qu'il n'y ait pas de fuite. Dans ce ballon on place le minerai en poudre, de l'acide chlorhydrique fumant, et quelques morceaux de bicarbonate de soude, qui aussitôt qu'ils sont introduits développent de l'acide carbonique, et c'est alors qu'on assujettit le bouchon. Le flacon de droite imparfaitement bouché, contient de l'eau distillée. On opère la dissolution en chauffant lentement jusqu'au point d'ébullition, puis on fait bouillir. Quand on retire la lampe, l'eau passe du petit ballon ouvert dans l'autre, le remplit complétement, et le refroidit assez pour qu'on puisse, sans attendre, verser la dissolution dans un autre vase pour opérer la réduction ou mesurer directement, si l'on veut seulement connaître la proportion de protoxyde.

En opérant la réduction avec des morceaux de zinc, il faut suivre l'expérience jusqu'à ce qu'elle soit complétement achevée. Sitôt que les premiers morceaux sont dissous, il faut en ajouter de nouveaux, sans quoi il y aurait une nouvelle oxydation. Cette méthode est sans doute la plus prompte, mais elle exige une grande attention. C'est pourquoi j'ai fait usage d'un autre procédé de réduction qui permet d'abandonner la réaction à elle-même, jusqu'à ce qu'elle soit terminée, et même encore plus longtemps.

La dissolution faite, je l'étends d'eau, de manière à ce qu'elle remplisse presque entièrement une petite éprouvette à pied, d'environ 40^{mm} de large et 150^{mm} de hauteur. Au fond, je place quelques morceaux massifs de zinc amalgamé à l'aide de l'acide sulfurique, et par-dessus, je mets de manière à les toucher, une lame de platine ou tout autre morceau de platine (Fig. 87). Le

Fig. 87.

dégagement de gaz se fait maintenant à la surface du platine, et là aussi s'opère la réduction du peroxyde de fer. Les bulles de gaz en s'élevant, déterminent dans le liquide des courants qui renouvellent les parties en contact avec le platine. Le mouvement du liquide est indispensable dans cette opération; qu'il soit produit par l'agitation ou par l'ascension des bulles de gaz, peu importe. Le bord rodé de l'éprouvette est bien fermé au moyen d'une lame de verre dépoli, qui se lève de temps en temps pour laisser échapper l'excès de gaz. A la fin il reste toujours une atmosphère d'hydrogène, qui empêche toute nouvelle oxydation; j'ai reconnu que le liquide, même au bout de quelques jours ne contenait pas trace de peroxyde de fer. On conserve sous l'eau le zinc qui n'a pas été dissous.

Une autre méthode de réduction consiste à décomposer la solution de peroxyde de fer par le sulfite de soude, et à chasser par l'ébullition l'excès d'acide sulfureux. Mais ce mode d'opérer peut conduire à des erreurs graves. L'acide sulfureux colore le perchlorure de fer en brun-rouge (Schœnbein), et il en résulte un liquide qui détruit même la couleur de l'indigo dissous, et ne réduit pas. Ce n'est qu'en faisant bouillir avec un acide libre qu'on peut le rendre clair. De plus l'acide sulfureux libre ne doit pas seulement être expulsé du liquide, mais encore du vase parce qu'il réduit le caméléon. La réduction par l'acide sulfureux est en outre bien plus désagréable que celle opérée par le zinc, à cause de l'odeur du gaz qui se dégage, et enfin on n'y doit pas avoir confiance parce qu'on a deux chances d'erreur, l'une par l'acide non expulsé, l'autre par le peroxyde non décomposé. Avec le zinc on n'a pas la dernière à craindre.

Exemples.

1° Fixation du titre.

On employa un nouveau flacon de dissolution de caméléon, dont il fallut déterminer le titre.

On fit dissoudre dans de l'eau 0,5 gr. d'acide oxalique, on ajouta de l'acide sulfurique, puis du caméléon : il en fallut 34,2 CC.

0,28 gr. de fil de fer furent dissous dans l'acide chlorhydrique, et immédiatement après on versa le caméléon. On en employa 21,5 CC.

Comme 1 CC d'acide oxalique normal renferme 0,063 gr. d'acide oxalique, 5 CC d'acide oxalique qui correspondent à 0,$\overline{28}$ gr. de fer, contiennent 0,315 gr. d'acide oxalique. Si maintenant 0,5 gr. d'acide oxalique décomposent 34,2 CC de caméléon, 0, 315 gr. en décomposeront 21,546 CC. La quantité correspondante de fer a donné 21,5. Les titres sont donc bien d'accord, et si encore ici nous trouvons comme plus haut le titre par le fer un peu plus faible, cela tient aux impuretés qui se trouvent même dans les meilleurs fers.

Si 5 CC d'acide oxalique normal = 21,546 de caméléon, alors 1 CC de caméléon $= \dfrac{5}{21,546} = 0,23206$ CC d'acide oxalique normal.

2° 0,5 gr. de sulfate de protoxyde de fer récemment cristallisé, pressé entre des feuilles de papier à filtre, décomposèrent 7,7 CC de caméléon.

0,5 gr. du même exigèrent encore 7,7 CC de caméléon. Ceux-ci réduits en acide oxalique normal donnent 7,7 × 0,23206 = 1,787 CC d'acide oxalique normal, qui multipliés par 0,278 (millième de 2 Equiv.) donnent 0,496786 gr. au lieu de 0,5 de vitriol vert cristallisé. Il contient toujours un peu d'eau-mère interposée entre les lamelles cristallines. Le nombre précédent correspond à 99,35 pour cent de sulfate de fer pur.

3° 8,5 gr. de fer spathique dissous dans l'acide chlorhydrique au milieu d'un courant d'acide carbonique, exigèrent 13,9 CC de caméléon ; 0,5 gr.

du même dissous de la même manière et traités par des morceaux de zinc, employèrent 13,7 CC de caméléon. Il n'y avait donc pas de sesquioxyde de fer, autrement le second nombre eût été plus grand que le premier. En moyenne on a 13,8 CC de caméléon = 3,2024 CC d'acide oxalique normal. Ceux-ci multipliés par 0,116 donnent 0,371 gr. Ce minerai contient donc 74,2 pour cent de carbonate de protoxyde de fer. Si l'on voulait la quantité de fer métallique, on multiplierait par 0,056 et on aurait 0,1793 gr. = 35,86 pour cent, et si l'on voulait comparer le minerai au peroxyde pur, on n'aurait qu'à multiplier par 0,080 ce qui donnerait 0,25619 gr. = 51,24 pour cent de $Fe^2 O^3$.

Un autre fer spathique exigea également pour 0,5 gr., 13,8 CC de caméléon : les deux échantillons avait donc la même richesse. Tous deux contenaient beaucoup de carbonate de magnésie, mais pas de chaux.

4° Du peroxyde de fer précipité par l'ammoniaque fut calciné, puis dissous dans l'acide chlorhydrique. Le liquide contenait encore du protoxyde, aussi la poudre humectée d'acide azotique fut de nouveau calcinée. On en pesa exactement 1 gr. qu'on fit dissoudre dans de l'acide azotique, et on opéra la réduction par le zinc amalgamé et le platine. Le liquide fut étendu d'eau, de manière à en faire 500 CC, dont on essaya chaque fois 100 CC. Ils exigèrent :

> 1° 10,7.
> 2° 10,8 CC de caméléon.
> En moyenne 10,75 CC.

Pour la totalité il aurait donc fallu 5 × 10,75 = 53,75 CC de caméléon : ils représentent 12,4732 CC d'acide oxalique normal, qui multipliés par 0,080 donnent 0,99785 gr. de peroxyde au lieu de 1 gr.

5° 0,5 gr. de sesquioxyde de fer cristallin, préparé d'après les indications de Faraday, en calcinant du sulfate de protoxyde de fer avec du sel marin, furent dissous, réduits par le zinc amalgamé et le platine, étendus à 500 CC, et on en titra chaque fois 100. Il fallut 5,4 CC de caméléon, en tout donc 27 CC = 6,2656 CC d'acide oxalique normal, qui multipliés par 0,080 donnent 0,501 gr. au lieu de 0,500.

6° De beau perchlorure de fer cristallisé ($Fe^2 Ce^3 + 12HO$) fut pesé dans un creuset de platine fermé; il y en avait 4,337 gr. On fit dissoudre, on ajouta de l'acide chlorhydrique et on réduisit par le zinc amalgamé et le platine, jusqu'à ce que le sulfocyanure de potassium ne donna plus aucune coloration. Le liquide étendu à 500 CC, on en prit 100 CC avec la pipette. Il fallut :

1° 13,9 CC de caméléon.

2° 14,0 »   »

En moyenne, 13,95. En tout, 5 fois autant = 69,75 CC. Ceux-ci transformés en acide oxalique équivalent à 16,18618 CC d'acide oxalique.

L'équivalent du perchlorure de fer étant 270,38, il faut multiplier les 16,18618 CC par 0,27038. Cela donne 4,37642 gr. de perchlorure, au lieu de 4,337 qu'on avait pris. Cette analyse confirme la formule que j'ai démontrée autrefois (1), seulement à cette époque il me fallut pour faire l'analyse autant de jours que j'employai d'heures cette fois ci.

7° 0,5 gr. de battitures finement pulvérisées, furent dissous dans un courant d'acide carbonique, à l'aide de l'acide chlorhydrique; la dissolution ne fut pas complète, il restait un peu de silice provenant à la fois du fer et du charbon. On traita par le caméléon, et il en fallut 14,6 CC.

La même quantité de battitures fut de nouveau dissoute, et ensuite réduite par le zinc. On employa alors 24,4 CC de caméléon. Comme le protoxyde en décomposait 14,6 CC, il en reste donc 9,8 CC pour le peroxyde.

Les 14,6 CC équivalent à 3,388 CC d'acide oxalique, qui multipliés par 0,072 donnent 0,244 gr. = 48,8 pour cent de protoxyde. Les 9,8 CC de caméléon correspondent à 0,82 gr. = 36,4 pour cent de peroxyde.

8° Analyse de scories de forges. La détermination prompte de la quantité de fer contenue dans les scories est d'une importance toute particulière pour les propriétaires de forges, car on peut nommer les scories l'urine du haut fourneau. De même que dans la pathologie animale, on peut ici, par la nature des scories juger en quelque sorte de l'état sanitaire du haut fourneau. Une scorie fortement colorée en vert, contenant beaucoup de protoxyde de fer, dénote un état du haut fourneau, qu'on pourrait appeler hémorrhoïdal, de même que l'urine quand elle est très-colorée et fortement acide est le caractère d'une affection pareille chez l'homme.

Les scories sont des silicates fondus, de chaux, de manganèse, de protoxyde de fer et d'oxyde de manganèse. En les chauffant avec un acide puissant, la silice se sépare ordinairement en gelée. On pulvérise finement les scories, on les pèse, et on les fait dissoudre, en chauffant, dans l'acide chlorhydrique. Le fer n'est pas dissous avant la séparation de la silice; quand celle-ci est déplacée, toute la masse se prend en une gelée compacte. Lorsqu'on ne veut déterminer que la proportion de protoxyde de fer, on réunit au moyen d'un long tube en caoutchouc, l'appareil à acide carbonique au petit ballon

______

(1) *Ann. de Pharm.*, vol. XXXIX, p. 177.

que l'on agite sans cesse en même temps qu'on le chauffe avec une lampe à
alcool, jusqu'à ce que tout soit en ébullition. On agite la masse gélatini-
forme avec de l'eau, et on la dose avec le caméléon. Le fer contenu y est
le plus souvent à l'état de protoxyde. Dans cette hypothèse on peut aussi
déterminer et calculer toute la quantité de fer en même temps que de
protoxyde. On dissout les scories dans une capsule en porcelaine, on évapore
à siccité afin de rendre la silice insoluble, on redissout le chlorure et on le
réduit par le zinc.

1 gr. de scories vertes de Sayn employa :

Avant la réduction... 9   CC de caméléon.

Après la réduction... 9,4 CC   —

Il y avait donc 0,4 CC de caméléon pour le peroxyde.

9 CC de caméléon = 2,09 CC d'acide oxalique normal, qui multipliés par
0,072 donnent 0,15037 gr. = 15 pour cent de protoxyde de fer.

0,4 CC de caméléon = 0,0928 CC d'acide oxalique normal, qui multipliés
par 0,080 = 0,00742 gr. = 0,742 pour cent de peroxyde de fer.

1 gr. de scories de cuivre de Sayn, de couleur bleu clair, finement
pulvérisées, traité par l'acide chlorhydrique et par le zinc, exigea 0,5 CC
de caméléon = 0,116 CC d'acide azotique normal = 0,00835 gr. = 0,835
pour cent de protoxyde de fer.

Cela indique un état normal dans la marche du haut fourneau.

Le dosage du fer peut se faire fort commodément, par le sulfate double
de fer et d'ammoniaque.

392 parties de ce sel contiennent 56 p. cent de fer, ou exactement le
$\frac{1}{7}$ du tout.

On pèse le minerai de fer, on le dissout, on le réduit par le zinc et on
détermine les A CC de caméléon nécessaire. On prend le titre avec 1 gr. de
sel ; supposons qu'il en faut M CC. Autant de fois M est contenu dans A,
autant de grammes du sel de fer seront indiqués par les A CC employés. En
en prenant le septième on aura la quantité de fer.

Le fer multiplié par $\frac{10}{7}$ donne le peroxyde.

Si l'on a pesé 1 gr. de minerai, $\frac{A}{7M}$ donne le fer en grammes, et $\frac{100A}{7M}$ en
donne la proportion pour cent.

———

CHAPITRE VI.

Analyse du peroxyde de manganèse.

1° Dosage par l'acide oxalique.

SUBSTANCES.	FORMULES.	ÉQUIVALENT.	POIDS A PESER pour que 1 CC d'acide normal = 1 p. cent de la substance.	1 CC D'ACIDE oxalique normal correspond à
59. Peroxyde de manganèse........	MnO^2	43,57	4,557 gram.	0,04557 gr.
60. Oxygène libre. .	O	8	0,8	0,008

2° Dosage par le fer

2 équivalents de protoxyde de fer décomposent 1 équivalent de MnO^2, par conséquent 56 de fer = 43,57 de peroxyde de manganèse.

Fer métallique $\times$ 0,778 = peroxyde de manganèse.

$$\frac{\text{Sulfate double de fer et d'ammoniaque}}{9} = \text{peroxyde de manganèse.}$$

L'analyse du peroxyde de manganèse est devenue très-importante dans ces derniers temps. On retire chaque année de notre contrée et en particulier des bords de la Lahn deux cent mille quintaux de manganèse, dont une partie est exportée en Angleterre et l'autre livrée aux fabriques de produits chimiques du Zollverein. Coblentz étant l'entrepôt naturel des mines de Nassau, et tous les manganèses n'étant livrés qu'après analyse, on en envoye ici chaque année des centaines d'échantillons pour en faire l'essai quantitatif. Cette opération ayant un intérêt purement technique on me permettra d'en décrire bien exactement toutes les particularités. La première chose importante c'est de faire un choix convenable de l'échantillon. Il ne suffit pas de prendre par-ci par-là quelques morceaux dans un tas de minerai, de les placer dans un sac et de les envoyer au chimiste. Si celui-ci prend un de ces échantillons, tout ce qu'il saura c'est la richesse de cet échantillon, mais non pas du tout la valeur moyenne de la masse totale. Pour y arriver, le tas sera coupé à la bêche suivant deux directions se croisant à angle droit, et tous les cinq ou dix coups de bêche on jettera de côté sur un terrain ferme une pellée de minerai. Cette quantité ainsi séparée, qui fera elle-même un tas, sera cassée au marteau en morceaux égaux de la grosseur d'une noix, et ceux-ci seront réunis avec la pelle. On en prendra ensuite quelques pellées que l'on concassera dans un mortier en fer à la grosseur d'un pois; puis pour en faire un mélange plus intime, on en mettra environ une poignée dans un mortier plus petit, et on les pilera de manière à les réduire comme la poudre de chasse. On aura soin de ne jamais tamiser, pour ne pas séparer la poussière. C'est alors de cette dernière poudre grossière, que le chimiste prend 1 ou 2 onces : il en met la quantité plus que suffisante pour faire au moins deux analyses dans un mortier d'agathe ou de porcelaine, et il la pulvérise finement. De cette manière, toute l'opération marche bien, mais un échantillon qui contient des morceaux un peu gros ne se laisse jamais complétement désagréger. Il se dépose toujours au fond du vase de petits fragments noirs, et le dégagement de gaz avec l'acide oxalique ne s'arrête pas, même après un temps assez long, ou bien on peut en chauffant le faire recommencer. C'est pour n'avoir pas parfaitement réduit le minerai en poudre, que l'on remarque souvent de grandes différences en répétant les analyses.

Maintenant il faut dessécher le manganèse, parce qu'on le conserve le plus ordinairement en plein air. Cette opération donne souvent lieu à des contestations entre le propriétaire de mines et le chimiste. Le premier ayant tout intérêt à ce que la proportion pour cent soit la plus grande possible, il demande une dessiccation complète à feu nu, et souvent on pousse la température jusqu'à faire presque rougir le manganèse. Mais, comme en général les manganèses contiennent du sesquioxyde hydraté ou manganite, dont la formule est Mn^2O^5,HO et qui renferme 10,11 pour cent d'eau, cet oxyde perd également son eau, et le bioxyde paraît plus riche qu'il ne l'est réellement. Si le peroxyde perd 10 pour cent d'eau par la dessiccation, alors l'acheteur ne reçoit que 90 kilogrammes au lieu de 100, sur la contenance que lui a donnée l'analyse. Les manganèses de nos pays, quand on les a débarrassés déjà de l'eau hygroscopique, perdent encore jusqu'à 7 et 8 pour cent de leur poids quand on les chauffe à feu nu dans une capsule en porcelaine. Il en résulte un véritable bouillonnement dans la poudre, comme lorsque l'on calcine le carbonate de magnésie. C'est donc contre toute convenance et toute justice de retrancher des manganèses, avant leur analyse, une quantité d'eau qui leur est naturelle, et qui ne provient pas de causes accidentelles comme la pluie, des lavages, d'autant plus que l'acheteur sait fort bien que chaque fois cette eau entre dans la pesée. Cette dessiccation poussée si loin, a de plus un autre inconvénient, c'est que les manganèses ainsi chauffés, et dont tous les pores sont alors ouverts par la perte totale de l'eau, sont hygroscopiques à un haut degré, tellement qu'il n'est plus possible de faire de pesées exactes. Un pareil manganèse placé immédiatement sur la balance absorbe en quelques minutes une telle quantité de vapeur d'eau, que le plateau sur lequel il est l'emporte bientôt et vient frapper contre la table ; et on ne peut pas savoir combien il avait attiré d'humidité avant d'être mis sur la balance. Il importe donc de soumettre l'épreuve à une dessiccation convenable et uniforme.

Frésénius a fait sur ce sujet des recherches spéciales, dont il a fait connaître les résultats dans une circulaire datée du 18 novembre 1854, adressée aux marchands et aux acheteurs de manganèse.

100 parties de manganèse desséché à l'air, et qui dans cet état contenait d'après une analyse faite suivant la méthode de l'auteur 65,536 pour cent de MnO^2, donnèrent les résultats consignés dans le tableau suivant.

TEMPÉRATURE à laquelle on chauffa.	TEMPS pendant lequel on abandonna à l'air.	EAU absorbée.	QUANTITÉ de MnO^2 qui en résulte sur 100.
100° C.	3 heures.	3,20	67,01
110	1 1/4	3,56	67,81
140	1 1/2	4,24	68,44
180	1 1/2	5,22	69,15
200	1	5,77	69,54
220	1 1/2	6,16	69,85
240 — 250	Le poids ne change pas.		

En chauffant au rouge il se dégage encore 1,08 pour cent d'eau, abstraction faite de l'oxygène mis en liberté. On peut de ces faits tirer les conséquences suivantes :

1° La température à laquelle on dessèche le manganèse et la durée de la dessiccation influent sur la proportion d'eau que l'on y trouve contenue, et chaque dessiccation ne conduit à un résultat déterminé que si on la pousse à une certaine température, et si on l'y maintient jusqu'à ce qu'à cette température-là il n'y ait plus de perte de poids.

2° La différence dans la proportion du bioxyde de manganèse que l'on trouve suivant que l'on opère la dessiccation à 100° ou à 220° ou 250°, peut aller jusqu'à environ 3 pour cent. Cela demande une explication. Si les manganèses ne contiennent que du bioxyde pur et de l'eau, par la perte de 6 pour cent d'eau, la richesse doit augmenter aussi dans la même proportion, par conséquent de 6 pour cent. Mais la plupart des manganèses du Rhin et bien d'autres aussi, renferment outre le bioxyde des oxydes inférieurs, comme par exemple, la manganite dont la formule est Mn^2O^3,HO, et l'équivalent 79,14. Cette manganite peut aussi, en passant à l'état de protoxyde, céder 1 équivalent d'oxygène, par conséquent 79,14 de manganite $= 43,57$ parties de peroxyde, ou bien 100 de manganite $= 55$ de pyrolusite. Maintenant la manganite contient 10 pour cent d'eau ; si on la chasse en desséchant, il reste 90 de Mn^2O^3 anhydre $= 55$ de pyrolusite, par conséquent 100 de Mn^2O^3 anhydre $= 60,1$ de pyrolusite. On voit d'après cela, que si la manganite perd 10 pour cent d'eau, la proportion apparente de pyrolusite qu'elle renferme augmente de 5 pour cent.

Les résultats de Frésénius s'accordent parfaitement avec ce que nous venons de dire, puisque quand la perte d'eau était de 6,16 pour cent, l'accroissement de peroxyde n'était que de 2,82.

Ainsi donc dans chaque cas, pour chasser l'eau hygroscopique il faudra chauffer les manganèses au-dessus du point d'ébullition de l'eau, et je crois que la température de 120° centigrade est la plus convenable pour chasser l'eau hygroscopique, sans cependant encore décomposer les hydrates. L'emploi des bains liquides n'est pas commode, et l'on n'est pas toujours certain que la substance est bien à la température désirée. Je préfère chauffer le manganèse dans une capsule métallique un peu épaisse sur une petite flamme d'alcool, et remuer avec la boule d'un thermomètre. Lorsque l'instrument indique 110° C. j'éloigne le feu en continuant à remuer, le thermomètre monte encore vers 120°. Alors je place la capsule métallique sous une cloche en verre avec du chlorure de calcium et je laisse refroidir avant de faire la pesée.

Ces considérations ont été émises par Frésénius d'après des recherches publiées dans une seconde circulaire du 27 janvier 1855. Il est parti de cette idée : que le manganèse devait reprendre à l'air l'eau hygroscopique qu'il contenait et que la chaleur avait éliminée, tandis qu'il ne pouvait pas reprendre l'eau chimiquement combinée : c'est un raisonnement auquel on ne peut rien opposer. Dès lors, il trouva qu'un manganèse desséché vers 120° C. reprend tout le poids qu'il avait perdu, en l'abandonnant à l'air, tandis que chauffé au-delà de 150° C., son poids ne redevient jamais ce qu'il était d'abord, preuve qu'il y a déjà eu de l'eau chimique expulsée. De 120 à 150° C. on ne remarque aucune nouvelle perte de poids. On pouvait donc, d'après cela, regarder comme normale la dessiccation faite entre 120° et 150° C. Frésénius a indiqué un appareil commode pour cette opération. C'est un plateau en fonte de 210^{mm} de diamètre et de 37^{mm} d'épaisseur, pesant 16 livres, on peut le chauffer avec l'alcool, le gaz de l'éclairage ou le charbon. Mais toutefois, pour un seul essai, la dessiccation faite ainsi demanderait plus de temps et de peine que l'analyse elle-même; c'est pourquoi, au lieu de chauffer pendant des heures le manganèse en couches épaisses, j'ai mieux aimé chauffer en remuant avec la boule d'un thermomètre, ce qui amène l'effet voulu beaucoup plus promptement.

On fait ensuite la pesée rapidement sur la balance chargée d'avance et comme il convient. Pour diminuer l'accroissement de poids pendant la pesée, on a proposé d'équilibrer sur la balance le manganèse renfermé dans un flacon en verre, d'en faire ensuite tomber une quantité quelconque dans le vase préparé pour l'analyse, puis de mesurer la perte de poids du flacon. Cette méthode est certainement très-exacte ; mais elle a l'inconvénient, que pour chaque analyse on employe des quantités différentes de substances, et que par conséquent à la fin de chaque analyse il faut faire des calculs ennuyeux. L'opération cesse alors d'être technique, car il faut qu'il y ait toujours le plus de simplicité et d'uniformité dans les essais.

Je préfère peser promptement le manganèse sur une bonne balance, en le plaçant dans une petite nacelle (fig. 88). Celle-ci a la forme d'un cône tron-

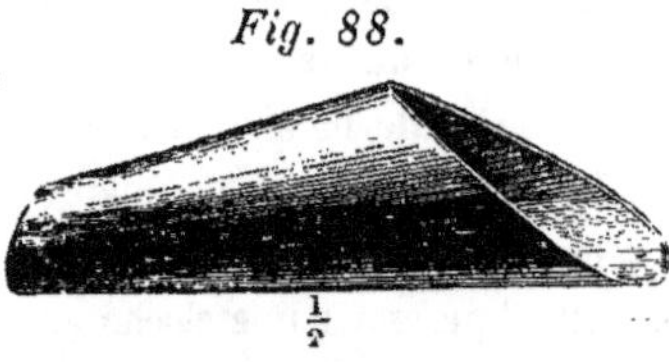

Fig. 88.

qué obliquement, et est faite avec une feuille mince de laiton poli ; une de celles que j'employais pesait 6 $\frac{1}{2}$ gr. Sa forme permet d'introduire facilement la poudre dans le vase à décomposition sans qu'elle adhère aux parois.

L'ouverture la plus étroite par laquelle on verse la matière a environ 10^{mm} de diamètre : elle est assez étroite pour être introduite dans tous les vases. La forme conique permet à l'ouverture de descendre toujours jusqu'au milieu du col du flacon. Pendant la pesée faite avec une balance munie de bons arrêts, l'augmentation de poids n'est pas appréciable, car une fois l'aiguille immobile, la balance reste encore assez longtemps sans trébucher. Ce n'est qu'après quelques minutes, que le fléau penche du côté de la poudre. Pour mettre la quantité de poudre suffisante pour le poids voulu, on se sert d'une petite cuiller en laiton ou en argentan munie d'un long manche. Il faut commencer chaque essai par cette pesée, et maintenant nous arrivons à l'analyse proprement dite.

Il y a tant de méthodes pour doser les manganèses, soit par les pesées, soit par les mesures volumétriques, qu'il est réellement difficile de faire un choix. Dans cette opération purement technique, on doit tenir compte à la fois des exigences de la science et des nécessités pratiques. Les premières ont rapport à la rigueur de la méthode, les secondes, à son application facile. Quelque nombreux que soient les procédés volumétriques déjà proposés, et quelque grande que soit ma prédilection pour ce genre de travaux, je dois avouer que depuis des années, je n'emploie que la méthode d'analyse par les poids, de Frésénius et Will, et que je la regarde encore maintenant comme la plus commode pour les praticiens. Je vais donc par exception la décrire ici, avec les modifications que plus de mille analyses m'ont conduit à y apporter.

On sait que le peroxyde de manganèse (MnO^2) est décomposé par l'acide oxalique, de telle sorte qu'un équivalent d'acide oxalique $C^2O^3,3HO$ prend au manganèse un équivalent d'oxygène et se transforme en 2 équivalents d'acide carbonique, tandis que le peroxyde se change en protoxyde MnO. Une addition d'acide sulfurique empêche la formation de l'oxalate de manganèse, sans quoi il faudrait une grande quantité d'acide oxalique, et de plus la réaction est plus vive et s'achève plus promptement. L'équivalent du manganèse étant 27,57, celui du peroxyde de manganèse est 27,57 $+$ 16 $=$ 43,57, et il produit 2 équivalents d'acide carbonique pesant 44. Ainsi, le poids de l'acide carbonique qui se dégage est presque égal au poids du peroxyde décomposé, et peut servir de mesure exacte. En prenant 28 pour équivalent du manganèse, l'équilibre serait parfait, attendu que MnO^2 et $2CO^2$ pèseraient autant, savoir 44. Il en résulte que dans l'analyse par pesée, il n'y aura qu'à déterminer exactement le poids de l'acide carbonique dégagé.

Pour cela, il faudra que l'acide carbonique soit parfaitement desséché. On y arrive, dans l'appareil de Frésénius et Will, au moyen de l'acide sulfurique renfermé dans un des deux ballons. J'ai toutefois remarqué, que lorsque le dégagement gazeux est abondant, et lorsqu'on chauffe un peu fort le liquide, il sort de l'appareil des vapeurs visibles, qui n'ont pu être arrêtées en ne passant qu'une fois à travers une couche peu épaisse d'acide. Pendant longtemps j'ajoutais au vase à acide sulfurique un petit tube à chlorure de calcium, mais alors l'appareil était plus lourd. Comme ce tube était gênant, et que l'appareil occupait trop de place, j'ai alors introduit la modification que je vais décrire ici, et qui m'a bien réussi.

On pèse 2,97 gr. de peroxyde de manganèse : si celui-ci était pur, ce poids devrait produire 3,00 gr. d'acide carbonique. 300 centigrammes représenteraient dès lors 100 pour cent, donc le nombre de centigrammes d'acide carbonique divisé par 3 donnera la quantité pour cent de peroxyde de manganèse pur.

Aussitôt qu'avec la petite nacelle (Fig. 88) on a fait une première pesée de manganèse de 2,97 gr., on jette cette quantité dans le flacon de l'appareil (Fig. 89), et de suite on pèse un nouveau poids égal, que l'on conserve pour

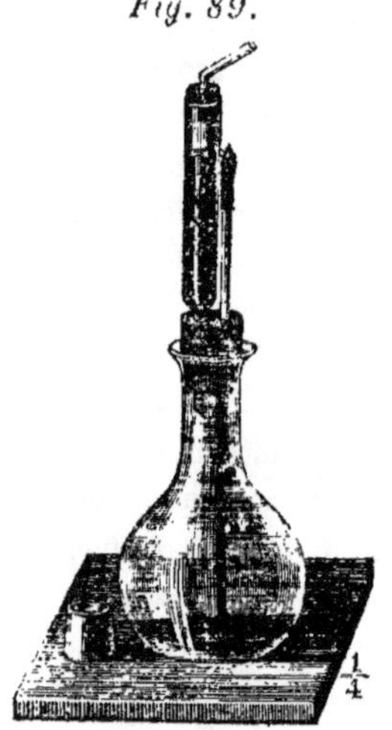

Fig. 89.

une seconde analyse, soit dans la nacelle elle-même, soit sur une feuille de papier glacé. On verse dans le flacon 30 à 40 CC d'eau, et l'on y ajoute 4 à 5 CC d'acide sulfurique concentré, que l'on introduit par le tube rempli de pierre ponce préalablement imbibée d'acide sulfurique. L'acide coule donc dans le flacon, et la pierre ponce est toujours à chaque opération humectée par de l'acide sulfurique non étendu. Si le manganèse contenait des carbonates, ils seraient décomposés par l'acide sulfurique aidé de la chaleur qui se développe, et l'acide carbonique serait expulsé. Un avantage essentiel de ma méthode, c'est d'écarter l'erreur provenant des carbonates terreux, sans qu'il soit nécessaire de faire un essai particulier dans ce cas, tandis que dans la méthode ordinaire de Frésénius

et Will, on ne met en contact avec le manganèse que l'oxalate neutre de potasse ou de soude, on ne fait pas attention aux carbonates terreux, et si on ne les a pas éliminés d'avance, ils entrent comme peroxyde de manganèse dans le résultat. Après avoir ajouté l'acide sulfurique, on aspire l'air contenu dans le ballon, au cas où il se serait dégagé de l'acide carbonique des sels terreux. Pour cela, le bouchon est traversé par un tube en verre, terminé à la partie supérieure par un bout de tube en caoutchouc vulcanisé que l'on pourra fermer avec une petite cheville de bois. Cette fermeture est hermétique, et bien préférable au tampon de cire. Le tube de verre descend presque jusqu'à la surface du liquide ou même y plonge un peu si l'on veut. On enlève la cheville de bois, on aspire par le petit tube recourbé qui ferme le tube à dessécher. On replace la cheville et on porte l'appareil sur la balance. A côté de lui on met un petit vase en laiton rétréci à la partie supérieure, ou un morceau de tube en verre auquel on a fait un fond plat, en appliquant sur une brique vernissée l'extrémité fermée encore ramollie par la chaleur de la lampe à émailleur. Dans ce petit vase on met la quantité nécessaire d'acide oxalique cristallisé. Comme un équivalent de peroxyde de manganèse (= 43,57) décompose juste 1 équivalent d'acide oxalique cristallisé (= 63) et qu'on a pris presque 3 gr. de peroxyde, il faudrait si le manganèse était pur 4,3 d'acide oxalique. Mais le plus généralement, les manganèses ne contiennent guère plus de 60 pour cent de bioxyde ; on pesera donc une fois pour toutes 4 gr. d'acide oxalique, on les place dans ce petit vase en secouant un peu pour tasser, et l'on fait une marque jusqu'à l'endroit où s'élève la surface des 4 gr. d'acide oxalique, ou on coupe les bords jusque-là ; si le vase est en laiton, on a de cette manière une petite mesure commode, de la quantité plus que suffisante d'acide oxalique à employer dans chaque cas. Cette petite mesure pleine d'acide oxalique est placée à côté de l'appareil sur le plateau de la balance, et on fait la tare exacte. On retire l'appareil, on l'ouvre, on jette le contenu du petit vase dans le flacon, on le ferme aussitôt avec le bouchon, et on replace la mesure sur la balance, en ayant soin de ne pas jeter les quelques cristaux d'acide oxalique qui pourraient y rester.

Aussitôt il se fait un abondant dégagement de gaz, et le mélange qui était noir devient brunâtre, puis enfin brun pur. On regarde s'il reste au fond du flacon des fragments de manganèse non décomposés. On chauffe lorsque le dégagement de gaz a cessé, sur une petite flamme d'alcool, et par là le dégagement recommence. Il ne faudrait pas oublier cette partie de l'opération, car sans cela il reste souvent 4 ou 5 pour cent de manganèse non décomposé. On continue de chauffer jusqu'à ce que le gaz ne se dégage plus, ce qu'on peut facilement distinguer d'un commencement d'ébullition. Quand la décomposition est complète, ce qu'on reconnaît au calme de la surface du liquide et à l'aspect rougeâtre du fond du ballon, on aspire l'air après avoir enlevé la petite cheville de bois. On remplace ainsi l'acide carbonique qui remplit l'appareil par de l'air atmosphérique, comme cela était avant la réaction. Sans cette précaution, on peut commettre une erreur au moins de $\frac{1}{2}$ à $\frac{3}{4}$ pour cent, suivant les dimensions de l'appareil. On laisse refroidir, on mesure exactement la perte de poids. Le nombre ainsi obtenu étant divisé par 3, et la virgule avancée de deux rangs vers la droite, on a la proportion pour cent de bioxyde de manganèse pur.

C'est là, d'après mes expériences, le moyen le plus aisé et le plus sûr de faire en poids l'analyse du manganèse. L'appareil est facile à construire, l'absorption de l'eau est complète par la pierre ponce imbibée d'acide sulfurique, lequel avant chaque expérience sera amené au même état de concentration. Les tubes à chlorure de calcium ne suffisent pas, parce qu'à cause de l'humidité du gaz chaud ils se saturent facilement et ne peuvent être ramenés au même état qu'auparavant qu'avec beaucoup de peine. Les appareils en verre, très-légers et soufflés avec art d'une seule pièce, n'ont aucune valeur pratique, parce qu'entre deux essais il faut vider l'acide sulfurique concentré, pour pouvoir enlever dans le vase inférieur le résidu de l'opération précédente. Il est si ennuyeux de verser cet acide et de nettoyer chaque fois les tubulures, que l'on ne tarde pas à mettre bientôt l'appareil de côté. Pour qu'un appareil puisse être réellement commode dans la pratique, il faut qu'il puisse servir à 8 ou 10 analyses successives, sans avoir autre chose à y faire que de le nettoyer, et pour cela, il faut toujours que le flacon à dégagement soit indépendant des autres pièces.

Parmi les autres méthodes d'analyses en poids que l'on applique aux manganèses, celle de Fuchs avec le cuivre métallique, bien qu'exacte, est cependant trop lente. Le procédé fondé sur la perte de poids par la calcination, est tout à fait inapplicable, parce que, outre qu'elle exige la détermination nécessaire de la quantité d'eau contenue et beaucoup de pesées, elle conclut encore d'un très-petit nombre un nombre beaucoup plus grand, en sorte que chaque erreur se trouve considérablement multipliée.

Le dosage des manganèses en poids, tel que nous venons de le décrire, n'est pas une des opérations analytiques les plus exactes. Cela tient à plusieurs causes ; le manganèse étant un corps pulvérulent, sa décomposition complète dépend essentiellement de son état de division ; outre l'eau hygroscopique, il contient de l'eau chimiquement combinée, qui peut facilement par une trop grande élévation de température se dégager avec la première ; enfin pour des variétés compactes, la réaction n'a lieu complétement qu'après un échauffement prolongé, d'où il résulte que l'appareil peut facilement éprouver des changements dans son poids. En outre, la nécessité où l'on est d'employer d'assez grands ballons de verre, rend les pesées incommodes, comme nous l'avons déjà montré à propos du dosage de l'acide carbonique. C'est précisément un avantage précieux des méthodes volumétriques, de faire disparaître la plus grande partie de ces inconvénients. C'est pourquoi, depuis longtemps je me suis efforcé à trouver un procédé convenable par les liqueurs titrées, mais l'essai des différentes méthodes qui se sont présentées, m'a toujours laissé quelque chose à désirer. Je m'étais arrêté à l'emploi de l'acide oxalique et du caméléon, parce que j'ai obtenu ainsi des résultats concordants. On opère la désoxydation du manganèse à l'aide d'une quantité déterminée d'acide oxalique, et d'après Hempel, on évalue la quantité de ce dernier non décomposée au moyen du caméléon.

Analyse.

On se sert de la même solution d'acide oxalique que celle qu'on emploie pour l'alcalimétrie, savoir 1 équivalent = 63 gr. d'acide cristallisé dissous dans un litre. Comme l'acide oxalique et le peroxyde de manganèse se décomposent juste équivalent à équivalent, 1 CC d'acide employé représente exactement $\frac{1}{1000}$ d'équivalent de peroxyde de manganèse en gr. Pour 100 CC d'acide oxalique contenant 6,3 gr., il y aura juste $\frac{1}{10}$ d'équivalent de bioxyde de manganèse = 4,357 gr., et ces deux quantités se décomposent complétement. Si donc on veut que les CC d'acide oxalique employés indiquent directement la proportion pour cent de MnO^2, il faut peser 4,357 gr. de manganèse. Mais pour une bonne analyse, la moitié de ce poids suffit ou 2,178 gr. ; seulement il faudra doubler les CC d'acide oxalique pour avoir la proportion sur cent. L'opération se conduit de la manière suivante :

On pèse 2,178 gr. de manganèse desséché et finement pulvérisé, on les met dans un ballon d'une capacité suffisante, on y fait couler au moyen de la burette à pince environ 30 CC d'acide oxalique normal, et on y ajoute avec une

Fig. 90.

pipette 4 ou 5 CC d'acide sulfurique concentré. On couvre le vase avec un verre de montre ou un petit entonnoir, et on laisse se dégager l'acide carbonique avec son humidité. Quand après avoir souvent agité, le dégagement libre a cessé, on le fait recommencer en chauffant, et l'on regarde s'il ne reste pas au fond un peu de manganèse non décomposé. Dans ce cas on ajouterait encore de la même burette 5 ou 10 CC d'acide oxalique normal. Si on prenait du premier coup 50 CC d'acide oxalique, cela serait plus que suffisant, puisque cette quantité correspond à 100 pour cent de bioxyde. Mais pour les manganèses pauvres, il est inutile d'avoir à mesurer avec le caméléon une aussi grande quantité d'acide oxalique. Quand malgré la chaleur, le gaz ne se dégage plus, on graisse les bords du ballon, et on verse le liquide trouble dans un verre d'une capacité de 300 CC; on ajoute au dépôt, encore 2 ou 3 CC d'acide oxalique, un peu d'acide sulfurique et l'on chauffe de nouveau, ce qui détermine dans le nouveau liquide, contenant une plus grande quantité d'acide sulfurique, un nouveau dégagement de gaz qui ne pouvait plus avoir lieu dans la masse totale primitive. De cette manière, tout le manganèse sera complétement attaqué. L'acide oxalique a sur les autres agents desoxidants, sulfate de fer, protochlorure d'étain, l'avantage de donner un produit gazeux, de sorte que par le dégagement des bulles de gaz, on peut reconnaître si la décomposition est achevée. Mais il a surtout la propriété précieuse de ne pas être attaqué par l'oxigène de l'air, comme cela arrive pour les sels de fer ou d'étain, et de plus on peut le chauffer, le mélanger et l'abandonner longtemps à l'air sans rien changer aux résultats, ce qui n'arrive pas avec les autres corps. On peut abandonner aussi longtemps qu'on voudra une analyse commencée et la reprendre plus tard, on arrivera toujours au même but.

Quand le manganèse est entièrement réduit, on le verse avec de l'eau dans un flacon de 300 CC qu'on remplit jusqu'au trait, et on agite fortement. Maintenant il faut voir si le liquide trouble est brun-rougeâtre ou seulement blanc, si l'on peut titrer immédiatement l'acide oxalique non décomposé, ou bien s'il faudra filtrer. Les mauvais manganèses renferment une grande quantité d'ocre ferrugineux qui se dépose difficilement. Dans ce cas il faut filtrer. Comme on n'emploiera que 100 ou 200 CC de liquide, il n'est pas nécessaire de tout filtrer, ni même de laver le dépôt, on jette tout simplement le liquide trouble sur un bon filtre étoilé de bon papier. A l'aide d'une pipette, on prend 100 CC du liquide filtré, ou bien on mesure cette quantité dans une éprouvette graduée, et sans filtration préalable quand le liquide provenant de bons manganèses est seulement trouble et blanchâtre, on verse les 100 CC dans un large flacon, et sans mesurer on ajoute environ deux fois son volume d'eau froide, un peu d'acide chlorhydrique ou d'acide sulfurique, et on y verse le caméléon contenu dans une burette de Gay Lussac, remplie d'avance jusqu'au zéro. Pour bien observer, il faut prendre ici quelques précautions qu'il est important de ne pas négliger.

Quand un liquide contenant du protoxyde de manganèse, comme celui en question, est mêlé à du caméléon toujours alcalin, il se forme bientôt un précipité brun ou un trouble, qui empêche de bien apprécier la coloration. On ne peut obvier à cet inconvénient qu'en étendant fortement la liqueur, et en ajoutant une grande quantité d'acide (sulfurique ou chlorhydrique). Le liquide sera assez étendu et assez acide quand les premières gouttes de caméléon coloreront le liquide en rose rouge. Il faut faire attention qu'une trop grande quantité d'acide chlorhydrique peut donner, quand on chauffe suffisamment le liquide, un dégagement de chlore, ce qu'on doit nécessairement

éviter. Comme le caméléon d'après sa préparation contient du chlorure de
potassium, l'emploi d'acide sulfurique pur ne garantit pas de l'effet que produirait l'acide chlorhydrique. Il faudra toujours se guider par l'odorat, et ne
regarder une opération comme bonne, que lorsqu'on n'aura pas senti la
moindre odeur de chlore, ce qui du reste est facile à obtenir. Les premières
gouttes de caméléon colorent le liquide en rouge vif, et cette couleur persiste quelque temps. Aussitôt qu'elle a disparu on ajoute de nouveau du caméléon, et la couleur s'efface de plus en plus vite, si bien qu'on finit par
pouvoir verser goutte à goutte d'une manière continue, en ayant soin d'agiter
en même temps. La coloration, qui est au commencement rose rouge pur,
passe d'abord dans les liquides concentrés du brun rouge au brun, puis au
brun jaunâtre, au jaune et enfin la couleur s'efface complétement. Vers la
fin, quand la couleur rose rouge disparaît immédiatement, on n'ajoute plus le
caméléon que par gouttes, et cela quand la couleur précédente a disparu.
Mais tout d'un coup la couleur persiste et le liquide reste avec une légère
nuance rose rouge. Si dans cette période de l'opération la teinte se conserve
seulement une demi-minute, la réaction peut être regardée comme terminée,
quand bien même la teinte disparaîtrait plus tard. On note le nombre de CC
de caméléon employés, et on peut avec 100 nouveaux CC de liquides recommencer l'essai. La quantité totale (300 CC) aurait exigé 3 fois plus de caméléon que les 100 CC sur lesquels on a opéré. Le caméléon lui-même a été
d'avance titré sur l'acide oxalique normal.

Si l'on veut se donner la peine de préparer le caméléon, de manière qu'il
soit juste un multiple de l'acide oxalique, comme par exemple 5 fois ou 10
fois en volume, on n'aura qu'à diviser par 5 ou par 10 les CC de caméléon
employés.

On réduit les CC de caméléon employés en acide oxalique normal, on les
retranche de la quantité primitivement ajoutée, et on multiplie le reste par 2,
ce qui donne la quantité pour cent de bioxyde pur contenu dans le manganèse.

Ce procédé donne des résultats très-concordants. Lorsqu'on a des burettes
et des vases parfaitement divisés, la seule cause d'erreur tient à l'impureté de
l'acide oxalique. Si en traitant le même manganèse, on compare cette méthode à celle de Frésénius et Will, on trouve souvent des différences de 1 à
$1 \frac{1}{2}$ pour cent en plus ou en moins. Cela tient à ce que dans l'analyse par
la pesée, la décomposition doit avoir lieu dans une seule opération, parce
qu'on ne peut pas ajouter de nouvel acide oxalique; dans l'analyse volumétrique on est certain d'opérer la décomposition complète. Dans ce cas cette
dernière donne un résultat plus fort.

Si dans les méthodes par les pesées, il a fallu pour que la réaction soit complète, chauffer pendant longtemps, peut-être de l'eau a pu se dégager, ou le bouchon se dessécher, ou bien on a pesé trop chaud, alors on a un petit excès. Ce qui parle en faveur de l'analyse volumétrique, c'est que quand la décomposition est achevée, même en plusieurs opérations, les résultats sont toujours d'accord entre eux, et qu'elle est tout à fait indépendante de la perte d'eau ou d'une pesée faite avant le refroidissement complet.

Exemples.

Titre : 1 CC caméléon = 0,1846 CC d'acide oxalique normal.

1° On pesa successivement et de suite deux poids égaux de 2,178 gr. d'un très-bel échantillon de pyrolusite radiée.

La première portion fut additionnée de 50 CC d'acide oxalique normal et d'une quantité suffisante d'acide sulfurique. Après la réaction, le liquide était trouble et blanchâtre. Il ne fut pas nécessaire de filtrer, on l'étendit d'eau pour en faire 300 CC, et on opéra sur $\frac{1}{3}$, soit 100 CC. Il fallut 5,8 CC de caméléon ; le second tiers en exigea 5,7 CC, la moyenne est de 5,75 CC. En tout il aurait fallu 17,25 CC de caméléon. D'après le titre donné plus haut, cela représente 3,184 CC d'acide oxalique normal. En les retranchant de 50, il reste 46,816 CC ; ceux-ci multipliés par 2, donnent 93,6 pour cent de MnO^2.

La seconde portion fut décomposée dans l'appareil de la fig. 87, en suivant la méthode décrite précédemment, la perte de poids fut de 2,046 gr.

Comme 44 gr. d'acide carbonique = 43,57 de bioxyde de manganèse, les 2,046 gr. de CO^2 représentent 2,026 gr. de MnO^2, et comme on avait opéré sur 2,178 gr., cela fait $\dfrac{2,026 \times 100}{2,178}$ = 93 pour cent. Différence avec la méthode volumétrique = 0,6 pour cent.

2° Manganèse ordinaire du commerce.

a. 2,178 gr. de manganèse en poudre, furent mêlés à 39 CC d'acide oxalique normal, $\frac{1}{3}$ du liquide nécessita 3,6 CC de caméléon : donc pour la masse totale 10,8 CC. Ceux-ci représentent 1,9937 CC d'acide oxalique normal. En les retranchant de 39 il reste 37,0063, qui multipliés par 2 donnent 74,0126 pour cent.

b. 2,178 du même, plus 38,8 CC d'acide oxalique normal. Pour $\frac{1}{3}$ du liquide on employa 3,7 CC de caméléon. Les mêmes données que dans l'exemple précédent fournirent 73,502 pour cent.

c. 2,178 du même, plus 38 CC d'acide oxalique normal. On ajouta de l'acide chlorhydrique pur, tandis que pour *a* et *b* on avait pris de l'acide sulfurique.

En tout, il fallut 6,9 CC de caméléon = 1,2737 CC d'acide oxalique. En les retranchant de 38, il reste 36,7263 dont le double donne 73,4526 pour cent.

d. 1 gr. de ce même manganèse. On ajouta 20 CC d'acide oxalique normal. Caméléon, en tout, 16 CC = 2,953 CC d'acide oxalique normal, qui retranchés de 20, laissent 17,047 CC d'acide oxalique normal. En calculant d'après le tableau, cela représente 0,74273 gr. = 74,273 pour cent de MnO^2.

.e. 1 gr. du même fut mêlé à 20 CC d'acide oxalique normal, il fallut 16,2 CC de caméléon = 74,11 pour cent.

f. $\frac{1}{2}$ gr. plus 10 CC d'acide oxalique normal et 8 CC de caméléon = 74,271 pour cent.

g. $\frac{1}{2}$ gr. plus 10 CC d'acide oxalique normal et 8 CC de caméléon = 74,271 pour cent.

Moyenne des sept analyses : 73,98 pour cent.

J'ai fait à dessein ces sept analyses avec le même manganèse en prenant trois quantités différentes de la poudre, afin de faire voir jusqu'à quel point les résultats étaient d'accord. La plus grande différence est de 0,82 pour cent.

L'identité des résultats est très-remarquable pour des quantités qui varient du simple au quadruple. Dans l'analyse par la perte d'acide carbonique, les effets de l'hygrométricité des vases et de la perte possible de vapeurs d'eau, sont beaucoup plus sensibles quand on emploie de faibles quantités de substances, que pour des poids un peu considérables, ce qui est un défaut capital de la méthode.

3° Au fond d'un vase contenant du caméléon s'était déposé avec le temps un précipité brun cristallin. Il fut d'abord lavé par décantation, puis ensuite plus complétement sur un filtre et desséché. Avant de le peser, il resta une nuit sous une cloche avec du chlorure de calcium.

1 gr. de cette poudre fut chauffé avec 15,5 CC d'acide oxalique normal et un peu d'acide sulfurique ; la dissolution fut complète. On détermina par le caméléon l'excès d'acide oxalique, et il en fallut 4,8 CC. Ceux-ci correspondent à 0,886 CC d'acide oxalique normal. En les retranchant de 15,5 il reste 14,614 CC d'acide oxalique normal décomposés.

1 gr. de la même poudre fut chauffé à 180° C. et perdit 0,115 gr. de son poids. Le reste fut traité par 15 CC d'acide oxalique normal, puis 2,9 CC de caméléon. Il y eut donc après la réduction 14,454 CC d'acide oxalique normal décomposés. Comme la portion chauffée décomposa autant d'acide oxa-

lique que celle qui ne l'avait pas été, il en résulte qu'à 180° C. il ne s'était pas dégagé d'oxygène, et que la perte de 0,115 gr. doit être regardée comme due à l'eau évaporée.

1 gr. de la même poudre fut chauffé longtemps dans un creuset de platine, de sorte qu'elle devait se transformer en oxyde rouge (Mn^3O^4). La perte de poids fut de 0,183 gr. Le résidu pesait donc 0,817 gr.

Pour savoir complétement la composition d'un composé oxygéné du manganèse, il faut connaître la quantité de métal qui s'y trouve, et l'oxygène disponible, c'est-à-dire qu'il contient de plus que le protoxyde. Pour y arriver, voici les données nécessaires.

L'oxygène libre est connu d'après l'acide oxalique décomposé, et le métal se calcule d'après le résidu de la calcination.

Tout oxyde de manganèse fortement calciné se transforme en oxyde rouge Mn^3O^4 qui reste.

Cette combinaison dont l'équivalent est 114,71 renferme 3 équivalents = 82,71 de manganèse métallique ou 72,103 pour cent.

Si nous calculons donc d'après le résidu précédent de 0,817 gr., nous trouvons dans celui-ci 0,589 gr. de manganèse métallique.

Cette quantité pour se transformer en protoxyde se combine à 0,171 gr. d'oxygène, dans le rapport de 27,57 : 8.

Chaque CC d'acide oxalique décomposé représente $\frac{1}{1000}$ d'équivalent = 0,008 gr. d'oxigène disponible. Les 14,54 CC d'acide oxalique normal employés plus haut, correspondent donc à 0,11632 gr. d'oxygène disponible, qui se trouve en excès sur la composition du protoxyde. Ainsi nous avons trouvé 0,589 gr. de manganèse métallique, 0,28732 gr. d'oxygène, et 0,115 gr. d'eau.

Divisons ces nombres par leurs équivalents respectifs, 27,57, 8 et 9, nous aurons les quotients

Mn = 0,021 équivalent, O = 0,0359 éq., HO = 0,0138 éq.

Cela correspond évidemment à la formule $Mn^3O^3 + HO$ qui est celle de la manganite ou du sesquioxyde de manganèse hydraté. En ajoutant les éléments obtenus nous trouverons 0,99132 au lieu de 1 gr. employé.

Quand une combinaison oxygénée de manganèse ne contient pas d'autres substances fixes, une forte calcination est le moyen le plus simple de trouver la quantité de métal. Dans le cas contraire, il faut mettre l'oxyde de manganèse sous une autre forme quelconque, et déterminer le poids du résidu de la calcination, ou bien précipiter le manganèse à l'état de peroxyde, par la solution de chlorure de chaux, puis titrer par l'acide oxalique comme dans les essais de manganèse.

Nous ajouterons encore ici que l'oxygène disponible d'un manganèse exempt de fer, peut se mesurer, d'après Streng, par le chlorure d'étain et le chromate acide de potasse ; ou suivant Bunsen, en distillant avec de l'acide chlorhydrique, absorbant le chlore dans l'iodure de potassium et titrant avec l'acide sulfureux et la solution d'iode ; ou bien enfin, comme je l'ai proposé, en distillant avec l'acide chlorhydrique absorbant le chlore dans l'arsenite de soude, et titrant avec la dissolution d'iode. Toutes ces méthodes ne sont ni plus expéditives, ni plus certaines que l'emploi de l'acide oxalique. Pour les manganèses difficilement attaquables, la nécessité de chauffer longtemps avec des corps oxydables, entraîne une cause d'erreur, parce que l'oxygène de l'air intervient, ce qui n'a pas lieu avec l'acide oxalique.

4° Psilomélan d'Ilmenau. Il était très-difficile à réduire en poudre et encore plus à attaquer. Comme il fallait le faire bouillir plus d'une heure avec l'acide oxalique, la méthode de Frésénius et Will n'était pas applicable.

A 1 gr. de ce manganèse on ajouta 30 CC d'acide oxalique, puis 64 CC de caméléon, dont le titre était : 1 CC = 0,227 CC d'acide oxalique normal. Le caméléon employé représente 14,545 CC d'acide oxalique normal. Retranchons-les de 30, il reste 15,455 CC d'acide oxalique normal décomposé. Ceux-ci correspondent à 0,67414 de MnO^2. Résultat : 67,414 pour cent de peroxyde de manganèse pur.

$\frac{1}{20}$ d'équivalent de la même variété de manganèse = 2,178 gr. fut traité par 35 CC d'acide oxalique normal et 6,6 CC de caméléon. Ceux-ci équivalent à 1,496 CC d'acide normal, qui, retranché de 35, laissent 33,504 CC. Le double, puisque nous avons pris $\frac{1}{20}$ d'équivalent, donne 0,67008 gr. = 67,008 pour cent de bioxyde de manganèse. Je devais me contenter d'une pareille concordance pour un corps si difficile à dissoudre.

5° Le seul oxyde de manganèse indécomposable par la chaleur est l'oxyde rouge Mn^3O^4.

Par la calcination, 3 équivalents de carbonate de protoxyde de manganèse fournissent 1 équivalent d'oxyde rouge, ou bien 172,71 de carbonate donnent 114,71 d'oxyde rouge, ce qui fait 66,4 pour cent du carbonate.

2 gr. de carbonate de manganèse bien desséché furent calcinés au rouge dans un creuset de platine ouvert, ce qui produisit comme une véritable combustion, parce que les parcelles rougies étaient amenées, en remuant, du fond à la surface. La masse, refroidie sur le chlorure de calcium, pesait 1,333 gr. = 66,67 pour cent, presque autant que l'indique le calcul précédent.

Cet oxyde (Mn^3O^4) contient 1 équivalent d'oxygène, qu'il pourrait abandonner pour se transformer en protoxyde, ou 6,974 pour cent. 0,5 gr. de cet oxyde furent broyés dans un creuset avec 2 gr. de sulfate de fer ammoniacal et de l'acide sulfurique, jusqu'à ce que la dissolution fut complète, puis on étendit d'eau et on titra avec le caméléon (1 gr. du sel double de fer $= 21$ CC de caméléon). On employa 1,45 CC de celui-ci. 2 gr. du sel double en auraient pris 42 CC ; donc en en retranchant 1,45 CC il reste 40,55 CC $=$ 1,931 gr. du sel double.

Comme maintenant 2 équivalents du sel de fer et d'ammoniaque peuvent prendre 1 équivalent d'oxygène, 392 gr. de ce sel $= 8$ gr. d'oxygène, donc 1,931 gr. $= 0,039408$ gr. d'oxygène $= 7,8816$ pour cent.

Le même essai répété avec 0,5 gr. de Mn^-O^4, donna en oxygène disponible 0,003875 gr. $= 7,750$ pour cent.

Ces deux analyses fournissent un peu plus d'oxygène que ne l'indique le calcul, ce qui paraît provenir de ce que l'oxyde rouge contenait de petites quantités d'oxyde à un degré supérieur.

Il était intéressant d'appliquer à ce composé la méthode par l'acide oxalique. 0,5 gr. de Mn^3O^4 furent chauffés avec de l'acide sulfurique et 0,3 gr. d'acide oxalique cristallisé, jusqu'à ce que le liquide fut limpide comme de l'eau, et qu'on ne vit plus aucun fragment d'oxyde. On employa ensuite 2,7 CC de caméléon.

0,3 gr. d'acide oxalique cristallisé, essayés directement, étaient équivalents à 42,07 CC de caméléon ; il faut en retrancher 2,7, il reste 39,37 CC de caméléon, qui d'après le titre donné plus haut équivalent à 0,2807 gr. d'acide oxalique.

Comme 1 équivalent d'acide oxalique absorbe 1 équivalent d'oxygène, 63 d'acide oxalique $= 8$ d'oxygène, donc 0,2807 gr. d'acide oxalique $=$ 0,0356 gr. $= 7,12$ pour cent d'oxygène.

L'analyse par le fer donna ici une proportion d'oxygène plus grande, c'est-à-dire qu'elle fut bien plus au-delà de la vérité. Cela tient à ce que tout l'oxygène pris à l'air pendant l'opération, fut nécessairement compté comme provenant de l'oxyde de manganèse. Il faut donc, dans le dosage de l'oxygène des oxydes de manganèse, préférer l'acide oxalique. On est rarement assuré que l'oxygène de l'air n'aura pas quelque fâcheuse influence sur un travail qui dure longtemps, et surtout quand il faut assez fortement chauffer. S'il reste au fond du vase des petits fragments qui ne se dissolvent que lentement, ou ne se décomposent même pas, l'analyse par le fer est perdue, tandis qu'avec l'acide oxalique on peut attendre tranquillement que la réaction soit complète.

Je donne à la méthode d'analyse volumétrique du manganèse décrite plus haut, la préférence sur toutes les autres, et je ne fais d'exception qu'en faveur de l'analyse par le fer, au moyen du sulfate double de fer et d'ammoniaque dont j'ai introduit l'usage. On a employé encore beaucoup d'autres procédés, qui peuvent être regardés comme bons, lorsqu'on les applique avec soin. L'acide oxalique a l'avantage si précieux de donner toujours les mêmes résultats, que l'opération soit conduite lentement ou rapidement, parce que cet acide n'est pas oxydé par l'oxygène libre. Dans les autres méthodes par les liqueurs titrées, le manganèse est bien aussi décomposé par un corps réducteur, dont l'excès est déterminé par un agent d'oxydation d'un titre connu ; mais comme le peroxyde de manganèse est un corps solide, plus ou moins facilement soluble suivant son état de cohésion, la réaction se fait dans des temps très-inégaux. Le chimiste de profession peut bien préserver son analyse des effets de l'oxydation en opérant dans une atmosphère d'acide carbonique, mais c'est ce que ne peuvent faire ni l'industriel ni le directeur de mines.

Analyse par le fer.

Le fer à l'état de protoxyde est un agent de réduction très-commode, lorsque le peroxyde de manganèse est dans une solution acide. Comme le manganèse dégage du chlore quand on y ajoute de l'acide chlorhydrique, le protoxyde de fer sera changé par ce chlore en peroxyde, ou ce qui revient au même en perchlorure. L'excès de protoxyde de fer sera dosé par le caméléon. Tant qu'il y aura du protoxyde, il n'y aura pas la moindre trace de chlore mis en liberté. L'opération se fait la plupart du temps dans des vases qui contiennent de l'air, et celui-ci oxyde une partie du fer. Bien que le fer dans une dissolution fortement acide, n'absorbe pas si rapidemment l'oxigène à la température ordinaire, cela a lieu cependant avec rapidité lorsque l'on chauffe. J'ai souvent remarqué que des dissolutions de fer chaudes, préparées sur le moment et complétement incolores, offraient une couleur jaunâtre peu de secondes après qu'on avait enlevé la petite soupape en caoutchouc.

On peut employer le fer sous quatre formes différentes pour en avoir un poids connu de protoxyde : 1° on prend avant l'analyse un poids connu de fil de fer ; 2° on pèse une quantité déterminée de sulfate de protoxyde de fer pur ; 3° on mesure un volume déterminé d'une dissolution de sulfate de protoxyde de fer, titrée à l'avance ; 4° on pèse un poids connu d'un sel double de fer.

La première méthode a été employée par M. Levol. La dissolution d'une assez grande quantité de fil de fer comme 1 ou 2 gr. est une opération fasti-

dieuse qui dure souvent un quart d'heure, et comme il faut recommencer
à chaque analyse, c'est chaque fois une nouvelle perte de temps, qui ne
manque pas d'être sensible quand on fait beaucoup d'essais. Il n'en est pas
de même avec l'acide oxalique. Tandis que pour chaque analyse en particulier il faut peser et dissoudre le fil de fer, une seule pesée et une seule dissolution d'acide oxalique suffisent pour 100 analyses.

La pesée du sulfate de fer est bien plus facile ; dans beaucoup d'analyses
de ce sel j'ai toujours trouvé un peu moins que l'indique sa composition, ce
que j'attribue à de l'eau-mère interposée entre les cristaux. Quant au sulfate
exempt d'acide et tout à fait sec, il se suroxyde malheureusement trop vite ;
il devient jaune dans le flacon, parfois assez promptement mais toujours au
bout d'un temps plus ou moins long. Il est impossible d'employer du sulfate
de fer acide, par conséquent humide, parce qu'alors il y a du protoxyde en
moins. Comme c'est une analyse par excès, tout ce qui manque au sulfate de
fer est compté comme oxyde de manganèse ; moins il reste de fer à l'état de
protoxyde, plus le manganèse doit paraître riche.

Enfin si l'on fait provision d'une solution de sulfate de fer, il faut, chaque
fois qu'on a été longtemps sans en faire usage, la titrer par le caméléon,
comme il faut le faire aussi pour le caméléon, avec le fer métallique ou le sel
double de fer.

L'analyse des manganèses est la plus simple possible au moyen du sulfate
double de fer et d'ammoniaque, que nous appellerons le sel double de fer.

2 équivalents de ce sel ou 392 parties seront complétement oxydés par
1 équivalent de peroxyde de manganèse ou 43,57 parties : par conséquent,

399,2 p. du sel double corresp. à 4,357 p. de peroxyde de manganèse.

19,6   —   —   2,178   —   —

Ainsi 1 gr. de MnO^2 décompose presque 9 gr. de sel double de fer, ou
1,111 gr. de MnO^2 oxydent 10 gr. de ce sel double.

On pèsera donc 1,111 gr. de manganèse, et on y ajoutera 7 gr. du sel
double, si on estime qu'il est au-dessous de 70 pour cent ; s'il est plus riche
on en mettra 8 à 9 gr. Dans tous les cas 10 gr. seront plus que suffisants :
mais comme il est inutile d'en prendre beaucoup plus qu'il n'en faut, parce
qu'on employerait trop de caméléon pour en mesurer l'excès, on se guide
dans la pratique par l'expérience acquise. Le manganèse, mêlé au sel double
de fer, est décomposé ensuite par l'acide chlorhydrique concentré, et on détermine par le caméléon la quantité de protoxyde de fer qui reste.

L'analyse se conduit de la manière suivante :

On pèse exactement le sel double de fer par quantité de 7 à 8 gr., que l'on conserve dans des tubes de verre de l'épaisseur des tubes à essai ordinaires. La petite nacelle en laiton (Fig. 91) étant une fois tarée, il est bon de remplir

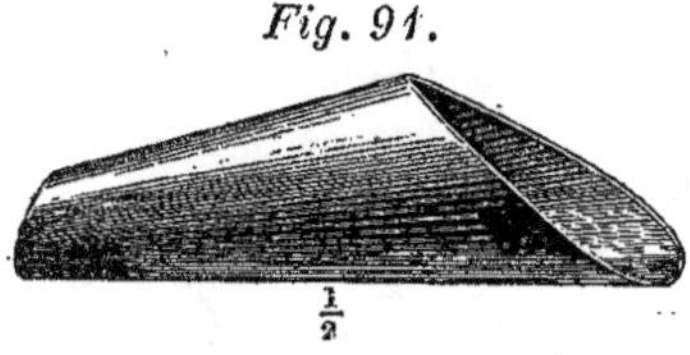

Fig. 91.

de suite un assez grand nombre de ces tubes. Le sel ne doit pas être en poudre, mais il faut qu'il soit en morceaux à peu près égaux, de la grosseur d'un grain de poivre, afin qu'il n'en adhère pas aux parois des tubes de verre. Ceux-ci portent une étiquette indiquant le poids qu'ils contiennent, et sont bien fermés avec des bouchons en liége.

La décomposition du manganèse se fait dans l'appareil dessiné ci-contre (Fig. 92). Deux petits ballons à col assez large sont réunis par un tube en

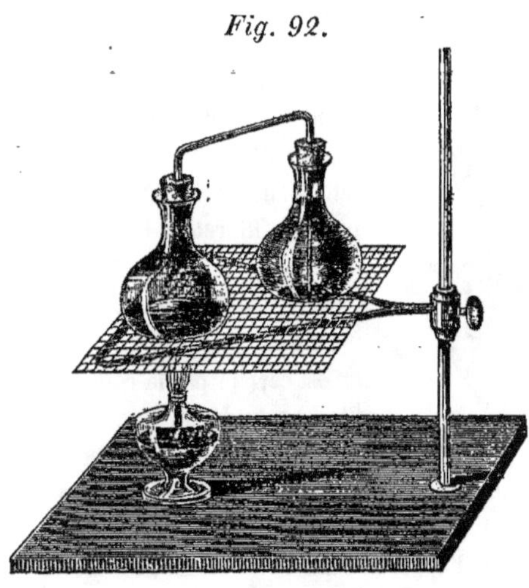

Fig. 92.

verre deux fois recourbé. La plus petite branche traverse à frottement le bouchon qui doit fermer hermétiquement le ballon à décomposition (à gauche), tandis que la grande branche, un peu effilée à la partie inférieure, plonge jusqu'au fond du ballon de droite, rempli d'eau. Celui-ci peut n'avoir pas de bouchon, ou si l'on en met un, le tube le traverse librement. L'eau a pour but, en pénétrant par absorption dans le premier ballon, d'étendre le liquide chaud qui s'y trouve, de le refroidir et d'empêcher l'accès de l'air.

On met dans le ballon à décomposition 1,111 gr. de manganèse à essayer, on y vide un des tubes rempli du sel double de fer, et on y verse aussitôt un excès notable d'acide chlorhydrique fumant brut. Pour chasser l'air contenu dans le ballon, on y jette quelques morceaux de bicarbonate de soude, gros comme des pois, et on ferme solidement l'appareil. Il se fait aussitôt une vive effervescence, mais de peu de durée, due au dégagement d'acide carbonique qui chasse tout l'oxygène du flacon. L'acide chlorhydrique que l'on emploie doit avoir été essayé d'avance, pour s'assurer qu'il ne renferme aucun agent oxydant ou désoxydant, c'est-à-dire qu'il ne contient ni chlore ni acide sulfureux. Dans le premier cas, en ajoutant à l'acide étendu une solution d'amidon et d'iodure de potassium, il ne doit pas y avoir de coloration bleue : l'action réductrice se reconnaît à ce que l'acide étendu décolorerait une dissolution de caméléon. Cette dernière réaction ne doit pas avoir lieu avec l'acide qu'on emploierait, quelle que soit la cause qui la produirait, acide sulfureux, protoxyde de fer ou tout autre. Lorsque le dégagement d'acide carbonique a cessé, on place l'appareil comme cela est indiqué dans la fig. 93, sur un petit

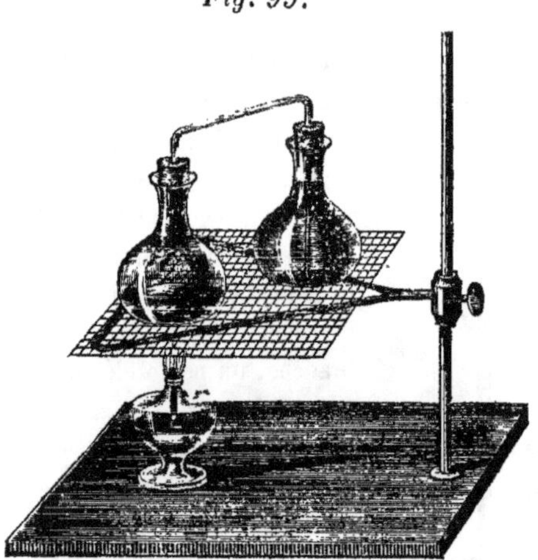

Fig. 93.

crible en toile métallique, et on chauffe la fiole à décomposition avec une lampe à alcool, jusqu'à l'ébullition complète que l'on maintient pendant quelques instants. On reconnaît l'ébullition à la crépitation que produit la vapeur d'eau en se condensant dans l'eau du second ballon. On retire la lampe quand on a reconnu que tout le manganèse est complétement dissous, ce dont on est certain par la couleur blanche du dépôt. Par l'effet de la pression atmosphérique l'eau monte dans le premier ballon, et on peut le laisser refroidir tranquillement sans craindre l'oxydation. Quand la température est assez basse, ce qu'on peut du reste hâter, en plongeant l'appareil dans l'eau froide, on verse le contenu des deux ballons dans un grand flacon à mélange contenant déjà de l'eau, et on dose le reste de protoxyde de fer par le caméléon. On prend le titre de ce dernier avec 1 gr. de sel double de fer, quantité que l'on peut peser d'avance et conserver dans de petits tubes de verre ou des enveloppes de papier.

Supposons que 1 gr. de sel double exige M CC de caméléon, et qu'ayant évalué à peu près la richesse du manganèse à 70 pour cent, on ait pris 7 gr. de sel double, puis employé en tout p. CC de caméléon, on aura la proportion :

10 M : 100 :: 7 M — p : x pour cent de bioxyde de manganèse pur.

$$x = \frac{10\,(7M-p)}{M}$$

Dans tout autre analyse on remplacerait naturellement le nombre 7 par les grammes de sel double employés.

Exemple : 1,111 gr. de manganèse furent mêlés à 7 gr. de sel double, et il fallut 18 CC de caméléon.

Titre : 1 gr. de sel double = 21,4 CC de caméléon.

18 CC de caméléon sont, d'après le titre, égaux à 0,841 gr. du sel double de fer : ceux-ci retranchés des 7 gr. primitifs donnent 6,159 g. = 61,59 pour cent, ou d'après la formule :

$$x = \frac{10\,(7.21,4 - 18)}{21,4} = \frac{10.151,8}{21,4} = \frac{1518}{21,4} = 61,59 \text{ pour cent.}$$

Cette méthode a un avantage sur la méthode par l'acide oxalique, c'est qu'on peut se servir d'acide chlorhydrique concentré, qui dissout complétement le manganèse, tandis qu'avec l'acide oxalique il reste une argile ferrugineuse non dissoute, qui nécessite ordinairement une filtration. Quand le manganèse est décomposé par l'acide chlorhydrique concentré, on peut sans filtrer, en étendant convenablement la liqueur, doser par le caméléon l'excès de protoxyde de fer. Le dosage du protoxyde de fer est plus prompt que celui de l'acide oxalique, car la fixation du titre du caméléon par le double sel de fer est une opération de quelques minutes, tandis que pour l'acide oxalique cela exige plus de temps. Les inconvénients que présente l'action de l'acide oxalique sur les sels de protoxyde de fer, à cause de la composition incertaine de ces derniers et de leur facile oxydation, sont tout à fait écartés par l'introduction de l'emploi du sulfate double de fer et d'ammoniaque et le petit appareil très-simple que nous avons décrit.

Au point de vue de l'intérêt historique, nous mentionnerons encore ici quelques méthodes.

Un procédé indiqué par Penny et Schabus, consiste à réduire le manganèse par un sel de protoxyde de fer, et à doser le reste du protoxyde par une solution de bichromate de potasse. La fin de l'opération se reconnaît à ce qu'un morceau de papier imprégné de prussiate rouge de potasse, ou une soucoupe de porcelaine humectée de la dissolution de ce sel, ne donnent plus de coloration bleue avec la solution primitive, ce qui prouve naturellement qu'il n'y a plus de protoxyde de fer. Mais ici nous avons l'inconvénient d'une analyse à la touche. Ordinairement il faut la faire deux fois, parce que la première fois on dépasse presque toujours le terme de la réaction ; et même sans une burette à pied à écoulement convenable, on est souvent obligé, pour être bien certain des résultats, de recommencer une troisième fois. Dans tous les cas, les analyses à la touche doivent être placées après celles dans lesquelles le phénomène se passe au sein même du liquide.

Le seul avantage de la méthode de Schabus, c'est que le titre de la solution de bichromate ne s'altère pas. Voici du reste comme on procède.

On titre d'abord la solution de sulfate de fer à employer avec le chromate de potasse, pour cela on prend 10 CC de solution de sulfate de fer à l'aide de la burette, et on y fait couler avec une autre burette, donnant le 10e de CC, la dissolution de bichromate de potasse; jusqu'à ce qu'on ait obtenu la réaction indiquée avec le prussiate rouge. La solution de bichromate de potasse doit contenir d'après notre système $\frac{1}{30}$ d'équivalent $= 4,955$ gr. par litre, puisque l'acide chromique cède 3 équivalents d'oxygène.

Chaque CC de la dissolution correspond à $\frac{1}{10000}$ d'équivalent $= 0,004357$ gr. de peroxyde de manganèse.

On pèse ensuite le manganèse, on y ajoute la dissolution de sulfate de fer, que l'on verse à l'aide d'une burette qui peut être divisée en CC entiers, on chauffe légèrement, après la décomposition on étend d'eau froide et on achève l'opération en dosant le protoxyde de fer qui reste. On sait, d'après le titre, le nombre de CC de la solution de chromate de potasse qu'aurait employés la quantité totale de sulfate de fer ajouté ; on en retranche la quantité employée pour le reste du sulfate de protoxyde de fer non attaqué, et on obtient le nombre de CC de la dissolution de chromate correspondant au peroxyde de manganèse. Si l'on a pesé 0,4357 gr. de manganèse, les CC donnent immédiatement la quantité pour cent de bioxyde pur. Si l'on en a pris un autre poids, on multiplie les CC par 0,004357 pour avoir MnO^2, et on en déduit la proportion en centièmes.

Enfin il faut encore rappeler ici quelques méthodes qui reposent sur une distillation. Le peroxyde de manganèse chauffé avec de l'acide chlorhydrique dégage une quantité de chlore qui correspond à l'oxygène qu'il peut céder. Si l'on fait agir ce chlore sur un corps avide d'oxigène, celui-ci s'oxyde par suite de la décomposition de l'eau, ou bien il passe de l'état de protochlorure à celui de perchlorure, ce qui revient au même. Du reste du corps oxydable on conclut la quantité qui a été oxydée, et celle-ci donne la mesure du bioxyde de manganèse. Toutes ces méthodes se rapportent à la chlorométrie. Nous ne doutons pas que plusieurs d'entre elles ne puissent conduire à des résultats certains et exacts ; mais une distillation est toujours une opération qui occasionne facilement des pertes que l'on peut ne pas remarquer. Tant qu'on le pourra on fera bien d'éviter tout dégagement de gaz. C'est une méthode tout à fait impraticable pour des industriels, et qui est même incertaine entre les mains des chimistes. Ajoutons encore que dans le cas actuel, le corps que l'on dégage est du chlore, et que l'on ne peut réunir hermétiquement les ballons avec les tubes qu'au moyen de bouchons ou de caoutchouc, substances qui sont toutes deux attaquées par le chlore. L'emploi d'appareils tout en verre, avec des tubes rodés à l'émeri ne saurait être recommandé, car d'abord on ne peut se les procurer, et de plus les fermetures sont moins bonnes qu'avec les bouchons ; en outre, dans tous les cas, ces appareils sont bien plus chers que les appareils ordinaires. L'absorption du chlore peut se faire par différentes substances :

1° Par les sels de protoxyde de fer ;
2° Par la dissolution de protochlorure d'étain ;
3° Par la dissolution d'iodure de potassium, comme l'a proposé M. Bunsen;
4° Par l'arsénite de soude, ainsi que je l'ai indiqué.

L'absorption du chlore gazeux par les sels de protoxyde de fer n'est pas logique ; il vaut bien mieux faire dégager le gaz au sein même de la solution de fer. Du reste le chlore n'est absorbé que très-lentement par les dissolutions acides, et dès lors les pertes sont très-faciles.

Si l'on voulait déterminer en outre la proportion de fer contenu dans le minéral, il vaudrait mieux en prendre un nouvel essai, duquel on laisserait dégager le chlore.

Le protochlorure d'étain absorbe aussi le chlore très-lentement. Ici la distillation est nécessaire quand le minéral contient des sels de peroxyde de fer, parce que ceux-ci sont en même temps décomposés par le protochlorure d'étain. On ne peut donc pas, dans ce cas, faire dégager le chlore au milieu même de la dissolution de protochlorure d'étain. C'est là ce qui empêche d'appliquer la méthode de Streng aux manganèses qui renferment du fer. L'absorption du chlore par l'arsénite de soude est bien préférable ; cette substance conserve parfaitement son titre, le chlore est arrêté avec une facilité extrême, et peut être ensuite dosé par la réaction de l'iodure d'amidon. Ce procédé sera exposé en détail dans la chlorométrie.

Enfin il existe encore une méthode due à L. Muller (1), qui repose également ment sur la distillation du manganèse. Elle est fondée sur ce fait que le perchlorure de fer est réduit par le protochlorure d'étain, d'où il résulte du protochlorure de fer et du perchlorure d'étain. On ajoute au perchlorure de fer un peu de sulfocyanure de potassium, et la disparition de la couleur rouge indique la décomposition complète du perchlorure de fer. L'auteur opère de

____

(1) *Annales de Chimie et de Pharmacie*, vol. LXXX, p. 98.

la manière suivante. Il distille le manganèse pesé avec de l'acide chlorhydrique, et fait absorber le gaz qui se dégage par une dissolution de protochlorure d'étain, dont la moitié du volume décomposerait complétement une
dissolution titrée de perchlorure de fer. Quand le chlore est absorbé, la
dissolution de protochlorure d'étain est étendue de manière à en faire 100 CC,
et à l'aide d'une burette on la verse goutte à goutte dans une quantité déterminée de perchlorure de fer, jusqu'à ce que disparaisse la couleur rouge
produite par l'addition du sulfocyanure de potassium. Il est évident que plus
il se sera dégagé de chlore, plus il y aura de protochlorure d'étain transformé
en perchlorure, et par conséquent plus il faudra pour décolorer le perchlorure
de fer, employer du liquide plus pauvre en protochlorure. Cette méthode a
plusieurs défauts. Les plus grands sont la nécessité d'une distillation et le
faible pouvoir absorbant du protochlorure d'étain pour le chlore. Dès lors que
les protochlorures de fer et d'étain ne se combinent que très-lentement au
chlore, l'opération ne peut marcher sans qu'il n'y ait des pertes à craindre. Si
l'auteur avait, avec les mêmes échantillons de manganèse, comparé sa méthode
aux autres, il aurait certainement trouvé de grandes différences dans les résultats, mais il ne nous donne pas de contrôles analytiques. La décomposition
complète du perchlorure de fer par le protochlorure d'étain n'est pas un phénomène qu'on puisse saisir bien nettement. La couleur rouge disparaît graduellement, et passe par toutes les teintes successives jusqu'au jaune clair, si
bien qu'en opérant sur des masses un peu considérables on est incertain vers
la fin, d'avoir atteint le terme rigoureux de l'opération. Enfin il y a aussi une
action ultérieure qui enlève toute certitude. Le liquide encore d'une couleur
jaune très-marquée, se décolore de lui-même au bout de quelque temps, ce
qui prouve que le protochlorure d'étain ne décompose pas instantanément le
perchlorure de fer. Cela est en outre démontré plus clairement par ce fait, que
si au liquide encore fortement jaune, on ajoute de l'iodure d'amidon bleu
fraîchement préparé, celui-ci disparaît instantanément au milieu de la couleur
rouge ; or, l'iodure d'amidon n'est décoloré que par le protochlorure d'étain,
mais non pas par le protochlorure de fer. Cela prouve donc suffisamment que
le protochorure d'étain et le perchlorure de fer peuvent exister assez longtemps en présence l'un de l'autre, et la conséquence de tout cela, c'est que
la méthode de Muller doit donner des résultats tout à fait erronés.

CHAPITRE VII.

Acide oxalique.

SUBSTANCES.	FORMULES.	ÉQUIVALENT.	QUANTITÉ à peser pour que 1 CC d'acide normal = 1 p. cent de la substance.	1 CC d'acide oxalique normal correspond à
47. Acide oxalique anhydre.......	C^2O^3	56	5,6 gram.	0,056 gram.
48. Acide oxalique hydraté.......	$C^2O^3 + 5HO$	63	6,3	0,063

Il est inutile de démontrer que l'on peut doser l'acide oxalique au moyen du caméléon, puisque celui-ci est titré à l'aide du premier; c'est en quelque sorte le dosage d'un corps par lui-même.

Les oxalates seront pesés, dissous dans une grande quantité d'eau (1 p. dans 100 d'eau), fortement acidulés par l'acide sulfurique, et titrés par le caméléon jusqu'à la disparition de la couleur rouge. Les CC de caméléon employés seront transformés en CC d'acide oxalique normal, et ceux-ci rapportés ensuite au corps analysé. Les résultats sont exacts quand le titre du caméléon a été établi rigoureusement.

Je ne donnerai qu'un exemple : 1 gr. d'oxalate neutre de soude sec, fut dissous dans de l'eau distillée et étendu de manière à faire 500 CC. On en prit chaque fois 100 CC avec la pipette, et on décomposa par le caméléon jusqu'à ce que la couleur rose fut permanente.

On employa :

1° 16,2

2° 16,2

3° 16,2 CC de caméléon.

Par conséquent, pour la quantité totale il en faudrait 81 CC.

Ceux-ci réduits en acide oxalique normal d'après le titre du jour, correspondent à 14,945 CC d'acide normal, qui multipliés par 0,067 (NaO $+$ $C^2O^3 = 67$) donnent 1,00136 gr. au lieu de 1 gr. d'oxalate de soude.

Comme on retrouve ici le poids total du sel, il en résulte que celui-ci est anhydre. Les oxalates insolubles dans l'eau peuvent se dissoudre dans l'acide chlorhydrique, et on peut ensuite les doser par le caméléon.

3 gr. de rhubarbe furent mis dans l'acide chlorhydrique, puis chauffés; ensuite on filtra et on lava le dépôt. Le liquide fut additionné d'ammoniaque jusqu'à ce qu'il prit une couleur brune. Au bout de 24 heures il s'était déposé une poudre blanche, et le liquide coloré fut décanté parfaitement clair. Après avoir de nouveau lavé la poudre et l'avoir laissé déposer, elle fut dissoute dans l'acide chlorhydrique, puis traitée par le caméléon. On en employa 7,2 CC. Ceux-ci sont équivalents à 1,6214 CC d'acide oxalique normal, qui, multipliés par 0,064 (1 équivalent d'oxalate de chaux = 64) donnent 0,10377 gr. d'oxalate de chaux = 3,44 pour cent.

CHAPITRE VIII.

Chaux.

SUBSTANCES.	FORMULES.	ÉQUIVALENT.	QUANTITÉ à peser pour que 1 CC d'acide normal = 1 p. cent de la substance.	1 CC D'ACIDE oxalique normal correspond à
27. Chaux.	CaO	28	2,8 gram.	0,028 gr.
28. Carbonate de chaux.	$CaO + CO^2$	50	5	0,050

Nous avons déjà indiqué les procédés alcalimétriques, appliqués à la chaux libre ou à l'état de carbonate. Les terres incolores n'ont pas encore été soumises à d'autres procédés de dosages que par les moyens alcalimétriques. L'acide oxalique formant avec la chaux un sel très-difficilement soluble, cela nous permet d'éliminer cette base de toutes ses combinaisons à l'état d'oxalate, et nous fournit un moyen de la mesurer avec une grande exactitude. Il suffit de précipiter la chaux à l'état d'oxalate par les moyens connus, et de déterminer dans l'oxalate de chaux bien lavé, la quantité d'acide oxalique. C'est ce

que l'on fera avec la solution de caméléon, titrée en CC d'acide oxalique normal. Comme l'oxalate de chaux contient autant d'équivalents d'acide que de
base, chaque CC d'acide oxalique normal, correspondant au caméléon employé, est équivalent à $\frac{1}{1000}$ d'équivalent de chaux, ou de tout autre sel calcaire neutre.

Si l'on a précipité le sel de chaux par un volume connu d'acide oxalique
normal, on peut aussi dans le liquide clair, doser la quantité d'acide oxalique
non employé, et par soustraction connaître celle qui se trouve dans le précipité. Pour essayer cette méthode, on pesa bien exactement 0,5 gr. de carbonate de chaux chimiquement pur et parfaitement sec, on fit dissoudre dans le
moins d'acide chlorhydrique possible, on y ajouta 20 CC d'acide oxalique
normal, on sursatura d'ammoniaque et on abandonna le tout pendant 24 heures.

Le précipité fut reçu sur un filtre, et le liquide dans un flacon de 500 CC.
Le lavage était terminé avant que le flacon fût rempli jusqu'au trait de jauge ;
on ajouta donc de l'eau distillée pour compléter les 500 CC, on agita et on
prit 100 CC qu'on étendit d'eau, qu'on acidula et qu'on dosa par le caméléon. (Titre : 5 CC d'acide oxalique normal $=$ 27 de caméléon.) Dans trois
essais on employa chaque fois 11 CC, ce qui pour les 500 CC donnerait
55 CC de caméléon $=$ 10,852 CC d'acide oxalique normal.

Comme on avait employé en tout 20 CC, il y en eut donc 20 — 10,852 $=$
9,8148 CC précipités. Ceux-ci multipliés par 0,050 (voyez le tableau en tête
du chapitre, n° 28) donnent :

0,49074 gr. de carbonate de chaux, au lieu de 0,500 gr.

Reste encore à faire le contrôle au moyen du dosage direct de l'oxalate de
chaux. Celui-ci fut introduit encore humide dans un flacon de 500 CC au
moyen de la fiole à jet ; le filtre fut humecté avec de l'acide chlorhydrique,
et lavé ensuite avec de l'eau distillée chaude. La quantité d'acide chlorhydrique nécessaire pour dissoudre tout l'oxalate de chaux fut versée sur le
filtre, et celui-ci fut parfaitement lavé. On ajouta de l'eau pour compléter les
500 CC, on agita, et on prit chaque fois 100 CC de liquide. Après avoir fortement étendu d'eau et additionné d'acide sulfurique, il fallut employer :

1° 10,8

2° 10,75

3° 10,8 CC de caméléon.

Par conséquent pour les 500 CC il eût fallu en tout 54 CC de caméléon.
(Titre : 5 CC d'acide oxalique normal $=$ 27 CC de caméléon). Les 54 CC de
caméléon équivalent donc à 10 CC d'acide, qui multipliés par 0,050 donnent
0,500 gr. de carbonate de chaux.

Comme il y a quelqu'intérêt à avoir une méthode analytique simple pour doser la proportion de chaux contenue dans les eaux naturelles, je vais y consacrer quelques lignes.

On peut employer deux procédés :

1° Ou précipiter par l'acide oxalique, et titrer le précipité bien lavé.

2° Ou précipiter avec une quantité connue d'acide oxalique pesée ou mesurée en volume, et doser la quantité d'acide oxalique en excès non précipité.

Des exemples éclairciront ce que nous avançons.

1 litre d'eau de fontaine fut précipité avec un excès d'acide oxalique ; le précipité fut lavé, enlevé du filtre, et celui-ci fut lavé avec l'acide chlorhydrique. Tout le liquide décomposa 21,5 CC de caméléon (titre : 0,3 gr. d'acide oxalique = 21,7 CC), donc les 21,5 CC de caméléon = 0,297 gr. d'acide oxalique et ceux-ci = $\dfrac{0,297 \times 50}{63}$ = 0,236 gr. de carbonate de chaux.

1 litre d'eau de fontaine fut exactement mesuré ; une petite quantité fut versée dans une capsule en porcelaine et réduite par évaporation, de manière qu'il y eut place dans le flacon d'un litre, pour l'acide oxalique et l'ammoniaque.

On ajouta dans le litre 1 gr. d'acide oxalique (= 72 CC de caméléon), un peu d'ammoniaque et l'eau évaporée, puis on acheva de remplir jusqu'au trait. Quand tout l'acide oxalique fut dissous, la chaux était complétement précipitée, le tout fut jeté sur un filtre, et en trois fois on titra au caméléon 300 CC du liquide filtré. On employa :

$$1° \ 15,1 \text{ CC de caméléon.}$$
$$2° \ 15,1 \ — \qquad —$$
$$3° \ 15,1 \ — \qquad —$$

Par conséquent 50,33 CC de caméléon pour 1000 CC.

Mais comme 1 gr. d'acide oxalique emploie seul 72 CC de caméléon, il restait donc 72 — 50,33 = 21,667 CC de caméléon = 0,3009 gr. d'acide oxalique contenus dans le précipité. Or $\dfrac{0,3009.50}{63}$ = 0,238 gr. de carbonate de chaux.

Comme contrôle le précipité lui-même et le filtre furent mis dans un verre avec de l'acide sulfurique et de l'eau, et on titra par le caméléon. Il en fallut 21,8 CC = 0,30277 gr. d'acide oxalique = 0,2403 gr. de carbonate de chaux.

On voit par là, que la méthode par reste peut très-bien être employée pour doser la chaux contenue dans les eaux. Une analyse peut être exécutée en une heure.

1 litre d'eau du Rhin fut précipité par l'acide oxalique, le précipité fut ras-

semblé sur un filtre et lavé, puis on perça le filtre, on l'humecta avec l'acide chlorhydrique et on le lava. Le liquide étendu fut titré par le caméléon. On employa 18,5 CC (titre : 0,4 gr. d'acide oxalique = 56,1 CC de caméléon). Ces 18,3 CC = 0,1319 gr. d'acide oxalique, et comme la quantité d'acide oxalique est au carbonate de chaux comme 63 : 50, les 0,1319 gr. d'acide oxalique représentent 0,1047 gr. de carbonate de chaux dissous dans 1 litre d'eau du Rhin.

0,5 gr. de cendres de cigarre furent dissous dans l'acide chlorhydrique, puis précipités par l'ammoniaque; on filtra et on précipita par l'acide oxalique; le précipité employa 22,8 CC de caméléon (titre : 0,3 gr. d'acide oxalique = 21,7 CC). Donc les 22,8 CC = 0,3152 gr. d'acide oxalique, et ceux-ci multipliés par $\frac{50}{63}$ donnent 0,2501 gr. = 50 pour cent de carbonate de chaux.

300 CC d'urine furent additionnés d'acide acétique et précipités par l'acide oxalique. Le précipité très-peu abondant fut recueilli sur un filtre, lavé, dissous dans l'acide chlorhydrique puis titré avec le caméléon. On en prit 4,9 CC du dernier titre. Ceux-ci représentait 0,0677 gr. d'acide oxalique, qui multipliés par $\frac{50}{63}$ = 0,03 gr. de chaux anhydre. Donc dans 1 litre d'urine il y avait 0,1 gr. de chaux.

CHAPITRE IX.

Indigo.

SUBSTANCES.	FORMULES.	ÉQUIVALENT.	QUANTITÉ à peser pour que 1 CC d'acide normal = 1 p. cent de la substance.	1 CC D'ACIDE oxalique normal correspond à
61. Indigo........	?	?	7,415 gr.	0,07415 gr.

1 gr. indigo = 0,742 gr. de fer.

1 gr. de fer = 1,348 — indigo.

La détermination de la valeur commerciale de l'indigo est une opération purement technique, sans aucune prétention scientifique. Mais elle remplit complétement son but en faisant connaître la quantité de la substance qui seule a de l'importance dans les arts, savoir la matière colorante bleue. Toutes les méthodes employées jusqu'à présent et celle que j'ai proposée (1), reposent sur la décoloration de l'indigo par sa décomposition. Ordinairement on décolore l'indigo par le chlore : au moyen du caméléon l'oxygène produit le même effet. L'agent décolorant importe peu, il n'y a qu'à reconnaître quelle est la méthode qui vaut le mieux et qui conduit aux résultats les plus concordants.

Si l'on verse goutte à goutte dans une dissolution sulfurique d'indigo, une dissolution de caméléon suffisamment étendue, dans les premiers instants on ne remarque aucun changement à cause de l'intensité de la couleur, mais peu à peu la couleur bleue devient verte, puis celle-ci devient plus claire en même temps qu'il s'y mêle un ton brunâtre ; si en agitant constamment on continue à ajouter le caméléon goutte à goutte, la coloration verte disparaît tout d'un coup et est remplacée par une teinte jaune sale, ou par une teinte brune faible quand la concentration est plus grande ; alors l'opération est terminée. Si l'on ajoute davantage de caméléon, la couleur devient claire pendant quelque temps, mais la couleur rouge du caméléon reste encore longtemps sans apparaître, parce que les matières organiques que renferme l'indigo peuvent décomposer beaucoup de caméléon, avant que celui-ci ne produise le phénomène de coloration ordinaire, si facile à reconnaître. Il faut donc dans cette opération s'en tenir à la disparition de la teinte bleue et verte, mais ne pas aller jusqu'à l'apparition de la couleur rouge du caméléon. Et c'est en cela que gît l'exactitude de la méthode, parce que la force colorante de l'indigo est proportionnelle à la quantité de caméléon nécessaire à sa décomposition, car jusqu'alors seulement il n'y a que la matière colorante attaquée. Pour avoir ensuite la mesure absolue, il faut encore avoir déterminé le titre de la dissolution de caméléon par le fer métallique ou l'acide oxalique.

Toutefois, dans toutes ces apparences qui indiquent la décomposition de la matière colorante, il y a une difficulté qui donne aux résultats une certaine incertitude et quelque chose d'arbitraire. La matière colorante est sans contredit la partie la moins stable du mélange, mais dans le contact incomplet des deux liquides, le chlore comme le caméléon agissent aussi sur les autres corps au contact desquels ils se trouvent. En agitant fortement pendant le mélange, on obtient un résultat plus faible que lorsqu'on néglige cette précaution,

(1) *Journal polytechnique* de Dingler, 132, 563.

parce que dans ce dernier cas, avant la décomposition complète de la matière colorante, d'autres substances sont aussi attaquées, et même la matière colorante décolorée, sera surchlorurée ou suroxydée.

50 CC d'une dissolution sulfurique d'indigo furent pris au moyen d'une pipette, et mélangés par une forte agitation avec de l'eau de chlore qu'on fit couler d'une burette. On employa 46,7 CC de la solution de chlore. 50 nouveaux CC de la même dissolution d'indigo furent mêlés à 46,7 CC de chlore dissous, le vase fut fermé et agité seulement après quelques minutes. Le liquide était encore tout bleu, et, pour le décolorer comme le premier essai, il fallut encore y ajouter 10,8 CC d'eau de chlore. Il est clair qu'en manipulant le mélange différemment, on aurait pu obtenir des résultats intermédiaires entre 46,7 et 57,5 CC. Il faut donc dans toutes les recherches de ce genre opérer de la même manière, et encore, parmi les nombres différents qu'on peut obtenir, le plus faible est le plus près de la vérité. Toutefois on voit par là que la méthode par décoloration est pour l'indigo la moins certaine des analyses volumétriques, et on ne peut guère s'attendre à la voir se perfectionner dans son principe, à moins qu'on ne découvre une substance qui n'agisse que sur la couleur bleue, ce que l'on ne peut guère espérer.

Quoi qu'il en soit, l'indigo à essayer doit être d'abord dissous dans l'acide sulfurique. Celui que l'on met en suspension dans l'eau donne des changements de couleur qui ne sont pas nettement saisissables, et exige une beaucoup plus grande quantité de l'agent décolorant que lorsqu'il y a dissolution réelle.

46,7 CC d'eau de chlore suffirent pour décolorer 50 CC d'une dissolution sulfurique d'indigo, qui contenait 1 gr. d'indigo par litre.

Ayant mis dans 1 litre d'eau 1 gr. d'indigo finement pulvérisé, et ayant ajouté 94 CC de chlore aqueux à 50 CC du liquide qu'on avait eu soin d'agiter, la couleur bleue apparaissait encore légèrement trouble. Elle sentait fortement le chlore bien que la couleur n'eût pas disparu. Le caméléon agit mieux ; il décolore aussi complétement l'indigo en suspension, mais il donne toujours un résultat trop fort.

La première condition indispensable est donc de dissoudre entièrement l'indigo dans l'acide sulfurique, et je ne trouve nulle part indiqué clairement que cette dissolution ait été obtenue parfaitement, même par ceux qui se sont occupés le plus récemment de ce genre d'essai. On sait que quand on traite par l'acide sulfurique l'indigo pulvérisé aussi finement que possible, quand on l'étend d'eau, il y a toujours un résidu insoluble qui se dépose au fond du vase ou reste sur le filtre. Quand la poudre n'est pas parfaitement fine, cela suffit pour rendre toute la méthode incertaine, parce que la partie non dissoute échappe à l'action du chlore. Pour obtenir la désagrégation complète de l'indigo, on l'a pulvérisé dans un mortier avec de l'acide sulfurique. Mais cela est encore insuffisant, car, outre que l'acide en absorbant la vapeur d'eau perd bientôt sa force dissolvante, l'indigo de son côté se trouvant comprimé fortement au fond du mortier par l'action du pilon, devient compact, et sa consistance onctueuse l'empêche de se diviser. Si alors on remplit le mortier d'eau, les portions fortement comprimées restent au fond, et en les détachant avec une barbe de plume on n'a jamais qu'une dissolution trouble.

Pour mettre l'indigo parfaitement en contact avec l'acide sulfurique et pouvoir l'y maintenir aussi longtemps qu'on voudra, en empêchant l'accès de l'air, je me suis servi avec avantage du moyen suivant.

Je pèse juste 1 gr. d'indigo sec finement pulvérisé; je le place dans un flacon d'environ 125 grammes, bien fermé au moyen d'un bouchon en verre, et contenant d'avance une centaine de grammes de grenats en grains. Ces petites pierres sont préparées en Bohême par la trituration de roches grenatiques et employées comme tares. On peut s'en procurer à la livre, chez Batka à Prague et à un prix très-modéré. On divise d'abord la poudre d'indigo sèche en agitant fortement, puis on y ajoute 12 à 15 gr. d'acide sulfurique concentré, ce qui fait environ 7 à 8 CC en volume. On ferme bien exactement avec le bouchon en verre, puis on secoue violemment. La division est alors complète, et si on place le flacon dans un lieu un peu chaud pendant 6 à 8 heures en agitant de temps en temps, la dissolution est parfaite. On ouvre alors le flacon, on le remplit à moitié d'eau, et après avoir agité on vide le tout dans une fiole d'un litre. Les grenats empêchent le mélange trop rapide de l'acide sulfurique et de l'eau, et par conséquent le trop grand échauffement du fond du vase. En opérant ainsi je n'ai jamais cassé de flacons. Un lavage répété des grenats les débarrasse de tout l'indigo. On remplit le litre jusqu'au trait de jauge et on mélange convenablement. On a donc ainsi 1 gr. d'indigo bien dissous dans un litre. On puise avec la pipette 50 ou 100 CC de ce liquide qu'on introduit dans un grand vase en verre, on ajoute 300 ou 400 CC d'eau, et on fait couler goutte à goutte le caméléon en ayant toujours soin d'agiter. La couleur du liquide passe bientôt au vert et au brun. Aussitôt que la dernière teinte verte a disparu, on lit les CC de caméléon employés. On a encore assez de substance pour répéter l'essai neuf fois, mais une seule suffira. Si les deux expériences donnent des résultats concordants on peut regarder l'opération comme finie, et conclure pour le tout. On n'obtient jamais des nombres constants en n'étendant pas suffisamment. Les dissolutions les plus étendues sont celles qui exigent le moins de caméléon, parce que dans celles qui sont concentrées, le caméléon se trouve trop directement et immédiatement en contact avec d'autres corps qui le décomposent avant qu'il ne rencontre la matière colorante.

Etendre beaucoup la liqueur produit donc le même effet que l'agiter fortement.

Pour essayer si la méthode était susceptible d'une application pratique, je me suis procuré dans une maison de commerce de notre ville cinq échantillons d'indigo désignés comme il suit :

$$N^o \ 1. \ \text{Java, très-fin,}$$
$$— \ 2. \ \text{Bengale, très-fin,}$$
$$— \ 3. \ \text{Caraque, qualité inférieure,}$$
$$— \ 4. \ \text{Madras, qualité moyenne,}$$
$$— \ 5. \ \text{Kurpah, qualité moyenne.}$$

J'y ajoutai :

$$N^o \ 6. \ \text{Un indigo volé, provenant d'une recherche judiciaire,}$$
$$— \ 7. \ \text{Indigo de même nature probablement que le } n^o \ 6, \text{ et}$$
$$\text{dont l'identité devait être constatée.}$$

Toutes ces variétés furent réduites en poudre fine, on mit $\frac{1}{2}$ gramme de chacune dans des flacons et l'on agita avec des grenats ; ensuite on y versa avec une pipette 5 CC d'acide sulfurique concentré et l'on secoua fortement. Les flacons furent placés dans un lieu chaud, après 5 heures on les reprit successivement, et ayant étendu chaque matière de façon à en faire 1 litre, on en prit 50 CC qu'on décolora par le caméléon.

N° 1. Java 50 CC exigèrent :

$$1^o \ 3,25 \ CC$$
$$2^o \ 3,15 \ —$$
$$100 \ CC : 3^o \ 6,4 \ —$$

par conséquent 1000 CC $=$ 64 CC de caméléon.

N° 2. Bengale,

$$50 \ CC \ \text{de la dissolution} = 1^o \ 3,2 \ CC \ \text{de caméléon}$$
$$2^o \ 3,2 \ — \qquad —$$
$$3^o \ 3,2 \ — \qquad —$$

1000 CC $=$ 64 CC de caméléon,

N° 3. Caraque.

$$50 \ CC = 1^o \ 1,8 \ \ CC \ \text{de caméléon}$$
$$2^o \ 1,75 \ — \ . \qquad —$$
$$3^o \ 1,7 \ — \qquad —$$

en moyenne 1,75 CC ; pour 1 litre $=$ 35 CC.

Nº 4. Madras.

$$50\ CC = 1^\circ\ 2,45\ CC\ de\ caméléon$$
$$2^\circ\ 2,5\ —\qquad —$$
$$3^\circ\ 2,5\ —\qquad —$$
$$4^\circ\ 2,5\ —\qquad —$$

résultat le plus fréquent, 2,5 CC ; pour 1 litre = 50 CC de caméléon.

Nº 5. Kurpah.

$$50\ CC = 1^\circ\ 2,6\ CC\ de\ caméléon$$
$$2^\circ\ 2,5\ —\qquad —$$
$$3^\circ\ 2,6\ —\qquad —$$
$$4^\circ\ 2,6\ —\qquad —$$

résultat le plus fréquent, 2,6 CC ; pour 1 litre = 52 CC de caméléon.

Nº 6. Indigo saisi.

$$50\ CC = 1^\circ\ 3\ CC\ de\ caméléon$$
$$2^\circ\ 3\ —\qquad —$$
$$3^\circ\ 3\ —\qquad —$$

pour 1 litre = 60 CC.

Nº 7. Indigo soupçonné identique au nº 6.

$$50\ CC = 1^\circ\ 3\qquad CC\ de\ caméléon$$
$$2^\circ\ 3\qquad —\qquad —$$
$$3^\circ\ 3,05\ —\qquad —$$

résultat le plus fréquent, 3 CC ; pour un litre = 60 CC.

Le titre du caméléon était : 24, 5 CC pour $\frac{1}{4}$ de gr. de fer = 98 CC pour 1 gr.

Si l'on calcule d'après cela les résultats obtenus plus haut, on trouve pour 1 gr. d'indigo :

$$le\ n^\circ\ 1 = 0,653\ gr.\ de\ fer\ métallique$$
$$—\ 2 = 0,653\ —\qquad —\qquad —$$
$$—\ 3 = 0,357\ —\qquad —\qquad —$$
$$—\ 4 = 0,510\ —\qquad —\qquad —$$
$$—\ 5 = 0,530\ —\qquad —\qquad —$$
$$—\ 6 = 0,612\ —\qquad —\qquad —$$
$$—\ 7 = 0,612\ —\qquad —\qquad —$$

Plus tard mon illustre maître Henri Rose me donna un échantillon d'indigo pur, qu'il avait préparé lui-même par réduction et oxydation. Il me fut donc possible d'opérer sur un indigo pur, autant toutefois qu'on peut le préparer dans un laboratoire, et d'arriver à un résultat positif au lieu des résultats comparatifs ci-dessus.

0,571 gr. de cet indigo desséché sur du chlorure de calcium furent dissous de la manière indiquée, étendus à 500 CC; on en prit chaque fois 100 CC qu'on décolora par le caméléon. Il en fallut :

$$1° 8,2 \text{ CC}$$
$$2° 8,2 —$$

Ainsi en tout 5 fois 8,2 = 41 CC de caméléon dont le titre était 27 CC = 5 CC d'acide oxalique normal. Ces 41 CC sont donc égaux à 7,5926 CC d'acide oxalique normal, qui eux à leur tour correspondent à la quantité 0,571 gr. d'indigo employés.

Donc 1 CC d'acide oxalique normal $= \dfrac{0,571}{7,5926} = 0,0752$ gr. d'indigo.

Mais d'un autre côté 1 CC d'acide oxalique normal = 0,056 gr. de fer métallique, par conséquent 0,056 gr. de fer métallique = 0,0752 gr. d'indigo et par conséquent 1 gr. d'indigo pur $= \dfrac{0,056}{0,0752} = 0,758$ gr. de fer pur.

On peut maintenant calculer les résultats des essais précédents en centièmes d'indigo pur. Le n° 1, par exemple, en renferme $\dfrac{0,655.100}{0,758} = 86,13$ pour cent.

D'après cela :

1° Java... renferme 86,13 pour cent d'indigo pur.			
2° Bengale	—	86,13	—	—
3° Caraque	—	46,07	—	—
4° Madras.	—	67,26	—	—
5° Kurpah.	—	69,91	—	—
6°	—	80,72	—	—
7°	—	80,72	—	—

Parmi les autres méthodes employées pour ramener l'estimation de l'indigo à une mesure déterminée et comparable, il faut citer celle de Bolley (*Journal polytechnique de Dingler*, vol. 119, p. 114). Il décompose l'indigo par une dissolution titrée de chlorate de potasse, qu'il ajoute à la dissolution chaude d'indigo additionnée d'acide chlorhydrique. Comme il doit se dégager du chlore qui décompose l'indigo, les apparences sont les mêmes que lorsqu'on fait usage de l'eau de chlore. Seulement le chlorate de potasse, à cause de sa composition déterminée et de ses propriétés physiques particulières, permet de connaître toujours la quantité de chlore. Un inconvénient, c'est que le chlorate de potasse étendu ne décompose l'indigo qu'à chaud ou à la température d'ébullition, ce que le chlore opère déjà à la température ordinaire.

Schlumberger (*Journal de Dingler*, vol. 84, page 369) titre sa dissolution de chlorure de chaux avec de l'indigo pur, qu'il obtient par l'oxydation à l'air d'une cuve d'indigo. En admettant ce dernier pur = 100 pour cent, et en mesurant la quantité de chlorure de chaux employée, il peut rapporter les résultats obtenus avec la solution de chlorure de chaux et les différentes sortes d'indigo, à la quantité d'indigo pur. Mais comme la dissolution ne peut pas se conserver, au bout d'un certain temps il faut en mesurer de nouveau le titre avec de l'indigo pur, corps difficile à préparer et d'un prix élevé.

Penny (*Journal de Dingler*, vol. 128, page 208) emploie le bichromate de potasse et l'acide chlorhydrique pour décolorer l'indigo. Comme le résultat de l'action de ces deux substances est encore un dégagement de chlore, cette méthode rentre dans celles où l'on emploie directement ce corps. Elle est bonne toutefois, en ce que le bichromate de potasse conserve son titre, que sa dissolution peut servir à des analyses volumétriques d'un autre genre, et qu'avec l'acide chlorhydrique il agit sur l'indigo à la température ordinaire, avantage qu'il a sur le chlorate de potasse. Mais la couleur verte du sel de chrome qui se forme, est un inconvénient qui rend difficile de saisir la fin de l'opération.

Toutes les fois qu'on emploie le chlore, la liqueur a la propriété de se décolorer à la longue. Les liquides verdâtres perdent au bout de peu de temps leur teinte verte, et paraissent alors tout à fait sans couleur; les liquides qui exhalent fortement l'odeur du chlore sont encore verts au commencement. Si au moment où l'épreuve vient de se décolorer on y ajoute une nouvelle solution d'indigo, la couleur bleue n'apparaît pas de suite, mais une quantité notable d'indigo est encore décolorée.

CHAPITRE X.

Acide permanganique.

1° Dosage par l'acide oxalique.

SUBSTANCES.	FORMULES.	ÉQUIVALENT.	POIDS A PESER pour que 1 CC d'acide normal = 1 p. cent de la substance.	1 CC D'ACIDE oxalique normal correspond à
62. $^1/_5$ équiv. d'acide permanganique...	$\dfrac{Mn^2O^7}{5}$	22,23	2,223 gram.	0,02223 gr.
63. $^3/_5$ équiv. de per-manganate de po-tasse.........	$\dfrac{Mn^2O^7 + KO}{5}$	31,65	3,165	0,03165

2° Dosage par le fer.

$$\text{Sulfate double de protoxyde de fer et d'ammoniaque} \times 0,05668 = Mn^2O^7$$
$$- \quad - \quad - \quad - \quad \times 0,0807 = Mn^2O_7 + KO.$$

La fixation du titre de la dissolution de caméléon est en même temps son analyse quant à la mesure de la quantité de permanganate de potasse qu'elle renferme. L'acide permanganique Mn^2O^7 est transformé en protoxyde de manganèse Mn^2O^2 en abandonnant 5 équivalents d'oxygène, qui oxydent 5 équivalents d'acide oxalique. Comme la dissolution normale d'acide oxalique ne contient qu'un équivalent d'acide, il en résulte que $\frac{1}{5}$ d'équivalent de per-manganate de potasse $= 31,65$ gr., sera décoloré par 1 litre d'acide oxalique normal. Donc 1 CC d'acide oxalique normal $= \frac{1}{5000}$ d'équivalent $= 0,03165$ gr. de permanganate de potasse.

Nous avons trouvé plus haut que 5 CC d'acide oxalique normal $= 27$ CC de caméléon. Ces 27 CC contiennent donc $5 \times 0,03165 = 0,15825$ gr. de permanganate de potasse qui sont contenus dans 27 CC, par conséquent dans 100 CC il y en a $\dfrac{0,15825 \times 100}{27} = 0,586$ gr.

Ainsi ce caméléon, qui dans la burette n'était pas du tout transparent, ne contient qu'un peu plus de $\frac{1}{2}$ pour cent de permanganate de potasse.

Plus tard j'ai employé dans le même but le dosage par le fer, et cela m'a donné de bons résultats. Comme l'acide permanganique abandonne 5 équivalents d'oxygène et que le protoxyde de fer n'en prend que $\frac{1}{2}$, 1 équivalent d'acide manganique équivaut à 10 équivalents de protoxyde de fer, ou bien 111,14 d'acide permanganique $=$ 1960 de sulfate double de fer et d'ammoniaque, par conséquent le sel double $\times \dfrac{111,14}{2960}$ ou par 0,5668 qui est le nombre indiqué en tête du chapitre, donne la quantité d'acide permanganique. De même, 158,25 de permanganate de potasse $=$ 1960 de sel double de fer, et celui-ci multiplié par $\dfrac{158,25}{1960}$ donne le permanganate de potasse.

Il fallut 12 CC d'une dissolution de caméléon pour oxyder 1 gr. de sel double de fer, quelle est sa force ?

1 gr. de sel double $=$ 0,0807 gr. de permanganate de potasse, qui sont dissous dans 12 CC; donc 100 CC de caméléon contiennent $\dfrac{100.0,0807}{12} =$ 0,6725 pour cent de permanganate de potasse.

Pour mesurer la pureté d'un permanganate de potasse qu'on venait de préparer, on en fit dissoudre dans de l'eau 2 fois 0,2 gr. ; d'un autre côté on fit également dissoudre 2,413 de sel double de fer qui lui sont équivalents, et on mêla les deux liquides. Le tout était parfaitement incolore. Pour faire apparaître la couleur rose, il fallut employer du caméléon précédent (1 gr. de sel de fer $=$ 11,7 CC).

$$1° \ 2,3 \ CC.$$
$$2° \ 2,3 \ CC.$$

Ces 2,3 CC de caméléon $=$ 0,196 gr. de sel double, si nous les retranchons des 2,413 gr. employés, il reste 2,217 gr. de sel double qui multipliés par 0,0807, donnent 0,1789 gr. $=$ 89,45 pour cent de permanganate de potasse. Le sel d'après cela était donc impur.

CHAPITRE XI.

Plomb.

SUBSTANCES.	FORMULES.	ÉQUIVALENT.	QUANTITÉ à peser pour que 1 CC d'acide normal $=$ 1 p. cent de la substance.	1 CC D'ACIDE oxalique normal correspond à
64. Plomb........	Pb	103,57	10,357 gr.	0,10357 gr.
65. Oxyde de plomb.	PbO	111,57	11,157	0,11157
66. Azotate de plomb.	PbO + AzO^5	165,57	16,557	0,16557

Le dosage du plomb par l'acide oxalique a été proposé par Hempel. Il est clair que la dissolution d'où le plomb doit être précipité par l'acide oxalique ne doit pas contenir d'autres oxydes métalliques ou terreux qui pourraient être précipités par cet acide. Dans l'analyse en poids, la précipitation du plomb par l'acide oxalique est aussi la méthode la plus exacte, et elle suppose aussi l'absence d'autres oxydes métalliques ou terreux. Mais ici au lieu de calciner l'oxalate de plomb, ce qu'on ne peut faire que dans un creuset en porcelaine, et de réduire le filtre en cendres, on emploie dans la méthode volumétrique le dosage par l'acide oxalique et le caméléon. On peut appliquer le procédé direct et celui par reste. Dans le premier cas, le plomb, qui se trouve dans la dissolution si le liquide est neutre, est précipité par une dissolution d'oxalate d'ammoniaque, puis on jette sur un filtre, on lave, et après avoir ajouté de l'acide sulfurique au précipité, on détermine la quantité d'acide oxalique qu'il contient ; celle-ci dans un sel neutre donne la mesure du plomb.

Dans la méthode par reste, on ajoute au sel de plomb un volume connu d'acide oxalique normal, puis on neutralise par l'ammoniaque, on filtre, et dans le liquide filtré on dose l'acide oxalique restant. Les CC de caméléon réduits en acide oxalique normal sont retranchés de la quantité de ce dernier primitivement employée, on a alors comme reste les CC d'acide oxalique qui mesurent la quantité de plomb. Il est bien évident que l'acide oxalique ajouté d'abord doit être plus que suffisant pour précipiter tout le plomb.

On fit dissoudre 0,5 gr. d'azotate de plomb en poudre fine et récemment desséché, on ajouta 10 CC d'acide oxalique normal, on sursatura légèrement avec de l'ammoniaque et on filtra. Le précipité bien lavé fut introduit au moyen de la fiole à jet dans un flacon à large col, ce qui peut se faire très-facilement sans qu'il en reste la moindre parcelle sur le filtre. Il est tout à fait superflu de laver le filtre avec de l'acide azotique. La dissolution du précipité dans l'acide azotique fut étendue d'eau, et on y ajouta du caméléon. Ici on remarqua que le caméléon est très-difficilement décomposé par l'acide oxalique dans cette combinaison avec l'acide azotique. On ajouta donc une quantité notable d'acide sulfurique, qui facilita beaucoup la décomposition. On employa 18,13 CC de caméléon. Ceux-ci réduits en acide oxalique, donnent d'après le titre du jour 2,9782 CC, et ceux-ci multipliés par 0,16557 fournissent 0,4931 gr. au lieu de 0,500 gr. d'azotate de plomb.

Le liquide filtré fut aussi titré par le caméléon, et il en décomposa 31 CC = 7,04537 CC d'acide oxalique normal qui retranchés de 10, laissent 2,955 CC. En les multipliant par 0,16557 on a 0,48925 gr. au lieu de 0,500.

La méthode directe conduit ici à un résultat plus voisin de la vérité, et il doit en être ainsi. Sans doute la méthode par reste aurait été plus exacte si l'on n'avait pas employé un si grand excès d'acide oxalique, parce que dans le titre du caméléon il y a toujours une source d'erreur que l'on ne peut pas complétement écarter.

Le même essai fut répété avec 0,5 gr. d'azotate de plomb, il fallut 13 CC de caméléon pour l'oxalate de plomb, et 30,9 CC pour le liquide filtré. Cela donne directement 2,9545 CC d'acide oxalique normal = 0,489 gr. au lieu de 0,500 gr. d'azotate de plomb, et d'après la méthode par reste les 30,9 CC de caméléon correspondent à 7,0226 CC d'acide oxalique normal, qui retranchés de 10, laissent 2,9774 CC d'acide oxalique normal, donnant 0,493 gr. au lieu de 0,500.

La manière la plus simple de conduire l'analyse par reste et sans filtration, est la suivante, que nous exposerons par un exemple.

1 gr. d'azotate de plomb fut mis avec de l'eau dans un vase en verre de 300 CC, on le fit dissoudre et on ajouta une goutte de teinture de tournesol. Au moyen de la burette on y fit couler l'acide oxalique normal tant qu'il se forma un précipité blanc sensible. Ensuite on versa goutte à goutte de l'ammoniaque jusqu'à ce que la couleur du mélange fut devenue bleu-clair, à cause du tournesol. Aussitôt qu'on eut la certitude qu'il ne se formait plus de précipité, on nota l'acide oxalique employé (9 CC); le vase de 300 CC fut rempli jusqu'au trait, et on laissa reposer une demi-heure. Le précipité

étant alors assez nettement déposé, on prit 100 CC du liquide clair avec une
pipette. Dans ceux-ci on dosa l'acide oxalique libre avec le caméléon; il en
fallut 4,3 CC. En triplant et en réduisant on trouve qu'ils sont équivalents
à 2,931 CC d'acide oxalique normal; si donc on les retranche des 9 CC employés au commencement, on trouve 6,069 CC d'acide oxalique pour la mesure de l'azotate de plomb. 6,069 fois 0,16557 donnent 1,00484 gr. au lieu
1 gr. d'azotate de plomb.

Une autre méthode analytique que l'on peut terminer avec le caméléon, a
été indiquée par Schwarz. Elle consiste à précipiter le sel de plomb dissous
par le bichromate de potasse, à traiter le précipité lavé, par une quantité de sel
de protoxyde de fer mesurée d'avance soit en volume soit autrement, mais
dans tous les cas prise en excès, puis à mesurer avec le caméléon la portion
de sel de fer non décomposé. Ce procédé repose sur ce fait, que le chromate de
plomb a la composition constante d'un sel neutre, et que dans une dissolution
acide, il donne par l'action d'un sel de protoxyde de fer de l'oxyde de chrome,
du sesquioxyde de fer et un sel neutre de plomb de l'acide employé. Une dissolution d'azotate de plomb, même assez fortement additionnée d'acide azotique
et d'acide chlorhydrique, est complétement précipitée par le bichromate de
potasse. Bien que le chromate de plomb soit en partie dissous et décomposé
par l'acide azotique fort et l'acide chlorhydrique, cela n'arrive cependant pas
avec un excès de bichromate, si l'excès d'acide peut se combiner avec la potasse du chromate de potasse. Dans la liqueur filtrée, et même après la réduction de tout l'acide chromique, on ne peut pas déterminer par l'hydrogène
sulfuré le moindre précipité de sulfure de plomb, et un poids connu d'azotate
de plomb donne après la précipitation le poids de chromate de plomb séché
à 100° C. qu'indique le calcul. De même le sulfate de plomb récemment précipité, est transformé presque aussi complétement en chromate de plomb par
le bichromate de potasse. Le précipité contient 1 équivalent d'acide chromique
pour 1 équivalent d'oxyde de plomb.

J'ai trouvé que la décomposition du chromate de plomb par une dissolution
étendue, mais très-acide de sulfate de protoxyde de fer, ne se faisait que lentement, et que pendant assez longtemps il se déposait du chromate jaune de
plomb, tandis que le liquide surnageant contenait beaucoup de protoxyde de
fer. Cette méthode n'a donc pas toute la rigueur de celle de Hempel. Dans
celle-ci la substance à oxyder est l'acide oxalique, tout à fait inattaquable par
l'oxygène libre, et de plus le titre du caméléon est pris d'après le même corps
qu'on aura à doser dans le précipité. Dans la méthode de Schwartz, on a deux
liquides d'un titre indéterminé, savoir la dissolution de sulfate de fer et le

caméléon, et il faut les titrer d'avance, le caméléon par le fer métallique et
le sulfate de fer pour savoir la quantité de protoxyde qu'il renferme. S'il faut
dissoudre d'avance un poids déterminé de fer métallique, l'opération est bien
plus longue que par le procédé de Hempel, et la dissolution de fer obtenue
ne doit jamais inspirer autant de confiance que celle d'acide oxalique, à cause
de l'impureté du fer. Enfin la facilité avec laquelle le protoxyde de fer s'oxyde
pendant le temps souvent assez long que dure la réaction et sous l'influence
de la chaleur, est encore un grand inconvénient que l'on ne rencontre pas
avec 'acide oxalique.

CHAPITRE XII.

Cuivre.

1° Dosage par l'acide oxalique.

SUBSTANCES.	FORMULES.	ÉQUIVALENT.	QUANTITÉ à peser pour que 1 CC d'acide normal $=$1 p. cent de la substance.	1 CC d'ACIDE oxalique normal correspond à
67. 2 éq. de cuivre.	$2\,Cu$	63,36	6,336 gr.	0,06336 gr.
68. 1 éq. de protoxyde de cuivre...	Cu^2O	71,36	7,136	0,07136
69. 2 éq. de bioxyde de cuivre......	$2.CuO$	79,36	7,936	0,07936
70. 2 éq. de sulfate de cuivre anhydre.	$2(CuO + SO^3)$	159,36	15,936	0,15936
71. 2 éq. de sulfate de cuivre hydraté.	$2(CuO + SO^3 + 5HO)$	249,36	24,936	0,24936

2° Dosage par le fer.

$a.$ Fer $\times$ 1,1314 $=$ cuivre.

— $\times$ 1,4171 $=$ bioxyde de cuivre.

— $\times$ 4,453 $=$ sulfate de cuivre cristallisé.

b. Sulfate double de fer et d'ammoniaque $\times$ 0,16163 = cuivre.

— — — — $\times$ 0,2024 = bioxyde de cuivre.

— — — — $\times$ 0,6361 = sulfate de cuivre cristallisé.

Schwarz a donné une méthode (1) fondée sur la réduction du bioxyde de cuivre par une dissolution alcaline de sucre de raisin, et la détermination du protoxyde de cuivre formé. C'est la réciproque du procédé de dosage de sucre, du moins elle repose sur la même réaction.

Schwarz décompose à l'aide de la chaleur la dissolution alcaline de cuivre par un excès de sucre de glucose, il sépare par filtration le protoxyde de cuivre précipité, le traite par le perchlorure de fer et d'acide chlorhydrique, d'où il résulte du protochlorure de fer et du perchlorure de cuivre, et dose le protochlorure de fer par le caméléon. La seule différence dans ma manière de procéder, c'est que je n'emploie pas de perchlorure de fer, puisque le protochlorure de cuivre dissous décompose le caméléon de la même manière, et beaucoup plus nettement, attendu que l'on n'a plus la couleur jaune du perchlorure de fer.

On sait que le procédé de Trommer, pour découvrir le sucre de raisin, repose sur l'emploi d'une dissolution alcaline de cuivre. Celle-ci n'est possible qu'autant qu'il y a en même temps dans la dissolution des acides organiques fixes, comme par exemple l'acide tartrique. On a alors un liquide bleu d'azur foncé semblable à la solution ammoniacale de bioxyde de cuivre. Si l'on chauffe cette dissolution alcaline de cuivre avec du glucose ou du sucre de lait, elle se trouble à une température un peu élevée et elle paraît vert clair, elle prend ensuite une teinte intermédiaire entre le vert bleu et le rouge, puis enfin la couleur rouge de l'oxydule de cuivre devient plus manifeste, et une poudre rouge vif paraît en suspension, dans le liquide. Cette poudre est le protoxyde de cuivre Cu^2O, insoluble dans les alcalis. Elle a une structure compacte, presque cristalline, et peut facilement, par la filtration, se séparer du liquide. Celui-ci a perdu toute trace de la couleur des sels de cuivre, il est ou incolore ou jaune clair, ou bien il est coloré en rouge brun quand on a employé trop de glucose et de potasse. Une teinte jaune est un signe certain que tout le cuivre a été précipité. Si l'on fait bouillir plus longtemps, ce qui est tout à fait superflu, la couleur du précipité devient d'un brun rouge sale, ce qui tient à un changement d'agrégation, et suivant Schwarz cela n'a aucune influence sur le résultat, ainsi que je l'ai aussi reconnu. Voici donc comment on dirige l'essai pratique pour doser le cuivre.

____

(1) *Ann. de Chimie et de Pharmacie*, vol. LXXXIV, p. 84.

On dissout la substance contenant le cuivre, et pesée, dans de l'eau ou un acide en la plaçant dans un ballon, on neutralise l'excès d'acide par le carbonate de soude, on ajoute une petite quantité de tartrate neutre de potasse, et on dissout. Avec les sels neutres il en résulte un précipité vert clair de tartrate de cuivre. On ajoute alors de la potasse ou de la soude caustique, jusqu'à ce que le tout forme un liquide bleu foncé. Si cela n'arrive pas de suite, mais s'il reste un précipité, on met encore un peu de tartrate de potasse. On chauffe le liquide au bain-marie ou sur une petite flamme à alcool jusqu'à 40 ou 50° R., et on introduit du sucre de fécule ou de miel, ou même du miel blanc pur. Alors on remarque successivement les changements de couleur que nous avons décrits plus haut. Il est bon d'agiter souvent, afin qu'aucune partie du liquide ne soit trop fortement chauffée. Quand le précipité a pris la couleur rouge de feu, on retire le ballon, on étend d'un peu d'eau et on verse le liquide sur un filtre humecté d'avance et fait de bon papier bien perméable.

On lave le précipité avec de l'eau chaude, jusqu'à ce qu'elle coule sans saveur et incolore. Si, au commencement, un peu de précipité passait avec, on rejetterait sur le filtre. Si on a trop peu chauffé, le précipité est jaune et le protoxyde de cuivre est hydraté. Il se dépose dans ce cas dans le liquide filtré, après un long repos encore un peu de protoxyde de cuivre qui échappe à l'analyse. Il s'attache si fortement au fond du vase, que le lendemain on peut décanter le liquide clair, laver le précipité et le dissoudre dans l'acide chlorhydrique pour le doser avec le caméléon. Si le liquide a bouilli avant la filtration, le protoxyde de cuivre passe moins facilement à travers le filtre. Si on a fait bouillir fortement et longtemps, le protoxyde de cuivre, comme nous l'avons déjà dit, est brun rouge sale. Dans cet état il nage longtemps dans l'acide chlorhydrique avant de se dissoudre, tellement que je croyais presque que c'était du cuivre métallique, dont il avait du reste la couleur. Cependant il finit par se dissoudre complétement, et donna les mêmes résultats que le précipité chauffé moins longtemps. Le filtre lavé ainsi que le précipité sont introduits dans une fiole à large col, on y met une bonne quantité de sel de cuisine, puis de l'acide chlorhydrique. Le protoxyde de cuivre se dissout en se transformant en protochlorure incolore. Comme ce dernier est difficilement soluble, il faut mettre du chlorure de sodium qui forme avec lui un sel double très-soluble. Le liquide parfaitement incolore est encore étendu d'eau d'une manière notable, et après avoir agité on y fait couler le caméléon. La présence des débris du filtre n'empêche pas l'emploi du caméléon, car même après la sursaturation la couleur rose persiste longtemps.

Le calcul de l'analyse s'appuie sur ces faits : 1 équivalent de protoxyde de cuivre qui renferme deux équivalents de cuivre, absorbe 1 équivalent d'oxygène ; 2 équivalents de protoxyde de fer renfermant 2 équivalents de fer, prennent également 1 équivalent d'oxygène ; donc 1 équivalent de fer ou de sel double de fer équivaut à 1 équivalent de cuivre ou d'une combinaison qui contient un équivalent de cuivre. Donc, d'après cela : 28 de fer = 31,68 de cuivre = 39,68 de bioxyde de cuivre = 124,68 de sulfate de cuivre cristallisé ; et 196 de sulfate double de protoxyde de fer et d'ammoniaque ont la même valeur. Si l'on a évalué le titre du caméléon en acide oxalique, alors 1 CC d'acide oxalique $= \frac{2}{1000}$ d'un équivalent de cuivre ou d'une combinaison de cuivre, puisqu'un équivalent d'acide oxalique absorbe autant d'oxygène que 2 équivalents de cuivre dans le protoxyde. On fit les analyses suivantes.

0,606 gr. de cuivre obtenu par la galvanoplastie furent dissous dans l'acide azotique dont l'excès fut neutralisé par le carbonate de soude, puis on ajouta du tartrate de potasse et de la potasse caustique jusqu'à ce que la dissolution fut complète. Au liquide chauffé on ajouta du sucre de miel, on chauffa jusqu'à ce que tout fut rouge, on filtra, lava à l'eau chaude, mit le précipité et le filtre dans un ballon à large col, avec du sel marin et de l'acide chlorhydrique et on titra avec le caméléon.

Le titre du caméléon fut trouvé par deux essais tout à fait d'accord : 1 gr, de sulfate double de fer et d'ammoniaque = 10,8 CC de caméléon.

Dans l'essai en question on employa 39,9 CC de caméléon. Ceux-ci rapportés au sel double ce fer, donnent 3,694 gr. de celui-ci, et ce nombre multiplié par 0,16163 donne 0,597 gr. de cuivre, au lieu de 0,606.

1,007 gr. de cuivre galvanique, traités de même, exigèrent 66,4 CC de caméléon = 6,148 gr. de sel double de fer. 6,1472 × 0,16163 = 0,9937 gr. de cuivre au lieu de 1,007.

Mon fils Charles a donné (1) une autre méthode pour doser le cuivre avec le caméléon.

L'opération est fondée sur la décomposition des sels de cuivre par le fer métallique qui se change en protoxyde. La quantité de sel de protoxyde de fer formé se détermine par le caméléon.

On met le sel de cuivre dissous avec quelques gouttes d'acide chlorhydrique et environ $\frac{1}{4}$ de sel marin pur, dans un flacon en verre fermant hermétiquement avec un bouchon à l'émeri, et on ajoute une quantité suffisante de fils de fer. La réduction a lieu aussitôt et est bien plus prompte à une température

____

(1) *Ann. de Chimie et de Pharmacie*, t. LXXXXII, p. 97.

de 25 à 30° R. Au bout d'une heure ou de deux, tout le cuivre métallique
est déplacé. L'acide sulfhydrique ne décèle pas la moindre trace de cuivre
dans le liquide clair. — Il faut faire bien attention à ce qui suit. La liqueur
ne doit pas être trop acide, car alors elle dissoudrait du fer outre celui employé
à opérer la réduction. Il est bon aussi de ne pas trop chauffer, car il se sépa-
rerait un sel basique de fer en précipité floconneux, qui est sans action sur le
caméléon. — Quand la réduction est achevée, ce que l'on reconnaît à la couleur claire du liquide, on a au lieu du sel de cuivre un sel de protoxyde de
fer, d'après la réaction : $SO^3CuO + Fe = SO^3FeO + Cu$. On procède alors
au dosage par le permanganate de potasse. On étend le liquide de manière à
en faire 300 ou 500 CC, en y laissant le cuivre pulvérulent, on en prend
50 ou 100 CC avec une pipette, et on verse le caméléon. De cette façon il est
possible de faire avec le même liquide plusieurs contre-analyses afin d'avoir
un résultat plus exact. Le cement de cuivre se dépose facilement, et la pipette
n'en enlève pas. La petite quantité de chlorure de sodium et d'acide libre est
nécessaire pour faciliter la décomposition.

Voici quelques analyses faites par cette méthode.

1,120 gr. de sulfate de cuivre cristallisé furent traités comme nous venons
de le dire. 50 CC du liquide étendu à 300 CC exigent 5 CC de caméléon, par
conséquent pour le tout 30 CC. La force du caméléon fut trouvée de 60 CC
pour $\frac{1}{2}$ gr. de fer.

On calcule d'abord le fer, qui sera évidemment ici de 0,25 gr., et on le
multiplie par le quotient placé en tête du chapitre de l'équivalent du composé,
divisé par celui du fer (28); 0,25 fois 4,453 donne 1,113 gr. de sulfate de
cuivre au lieu de 1,120 gr. qu'on avait pris.

Dans d'autres cas on trouve 1,004 gr. de vitriol bleu pour 1 gr. employé,
et 1,468 gr. pour 1,4627 gr.

On traita de la même manière du fil de cuivre rouge. Dans la dissolution
azotique, on décomposa l'acide azotique en faisant bouillir avec de l'acide
chlorhydrique et en poussant jusqu'à une évaporation notable. L'excès d'acide
fut neutralisé presque complétement par le carbonate de soude, en laissant
toutefois une légère réaction acide; en même temps, il se forma la quantité
de sel marin nécessaire pour faciliter la décomposition.

0,5 gr. de cuivre rouge donnèrent après le dosage 0,5001 gr. et dans
un autre essai, 0,501 gr.

L'analyse du laiton réussit aussi très-bien par ce procédé, attendu que le
zinc n'agit pas dans la réaction.

S'il y avait par hasard du fer, il serait compté comme cuivre. Mais on peut doser le fer à part, en précipitant complétement la dissolution par du zinc pur, le fer reste alors à l'état de protoxyde, dont on évalue la proportion avec le caméléon. Quant aux autres métaux qui seraient précipités de même par le fer, il faut les éliminer d'avance par les moyens analytiques ordinaires. Les métaux voisins du fer par leurs propriétés chimiques comme le zinc, le nickel, le manganèse, n'ont pas le moindre effet sur la réaction et peuvent se trouver à l'état d'oxyde à côté de l'oxyde de cuivre dans la dissolution.

Dans cette méthode de dosage, on eut occasion de remarquer que le cément de cuivre précipité se dissout peu à peu à l'état de sel de bioxyde de cuivre en présence de l'acide sulfurique étendu et de l'acide chlorhydrique, et cela aux dépens de l'oxygène de l'acide sulfurique. Ce cuivre pulvérulent bien lavé, fut mis dans beaucoup d'eau distillée avec un peu d'acide sulfurique concentré. Au bout de dix minutes, le liquide donnait déjà, avec l'acide sulfhydrique, des traces sensibles de cuivre; après une heure, le sulfure de cuivre formé par l'hydrogène sulfuré faisait perdre au liquide sa transparence. Il fallait maintenant s'assurer que pendant cette oxydation il s'était aussi formé de l'acide sulfureux et c'est ce qu'on trouva en effet à l'aide du réactif précieux de Loventhal (*Journal de Dingler* CXXX, 398), qui est une dissolution étendue de prussiate rouge de potasse avec quelques gouttes de perchlorure de fer bien exempt de protochlorure. Probablement cette action du cuivre tient à sa grande division et à la grande surface qu'il offre.

J'ai indiqué dans les *Annales de Chimie et de Pharmacie* (vol. XCVI, page 215), un procédé de dosage du cuivre en poids appliqué par Fleitmann à la méthode volumétrique (vol. XCVIII, page 141). L'analyse en poids consiste à précipiter le cuivre d'une dissolution chlorhydrique par le zinc métallique et à le peser après l'avoir desséché. Ce procédé est si simple et donne des résultats si certains, qu'on peut très-bien le substituer à beaucoup de méthodes volumétriques. Il faut seulement employer du zinc distillé qui se dissolve sans résidu dans l'acide chlorhydrique pur ou l'acide sulfurique. La solution de cuivre ne doit contenir ni acide azotique ni aucun autre métal précipitable par le zinc. Le fer qui se trouve le plus fréquemment mélangé au cuivre n'empêche pas d'employer ce procédé, mais on peut même très-facilement en déterminer la proportion concurremment avec le cuivre.

Les minerais renfermant de l'oxyde de cuivre et les produits de forges seront dissous dans l'acide chlorhydrique, puis traités par le zinc. Le cuivre métallique et ses sulfures ne se dissolvant pas dans l'acide chlorhydrique, afin d'avoir le moins possible d'acide azotique en excès, on opèrera la dissolution de l'essai en le chauffant dans l'acide chlorhydrique, puis en y versant l'acide azotique goutte à goutte jusqu'à ce que la dissolution soit opérée. Pour ajouter de nouvel acide nitrique, on attendra chaque fois que le dégagement de gaz (AzO) ait cessé. Cela fait, on chauffera fortement jusqu'à l'ébullition, afin de détruire et chasser tout l'acide azotique qui resterait. On pourrait aussi, dans le cas où l'on ne tiendrait pas à doser le fer, ou s'il n'y en avait pas, décomposer l'acide azotique par l'ébullition en présence du sulfate de protoxyde de fer. Le zinc détruit les sels de cuivre en décolorant totalement le liquide, qui passe progressivement par des nuances différentes. Pour s'assurer que tout le cuivre est précipité, on peut essayer sur une petite quantité avec l'acide sulfhydrique. L'ammoniaque est moins sensible. Quand tout le cuivre est précipité et qu'il n'y a plus de zinc, ce dont on s'assure facilement en tâtant avec une baguette en verre, ou bien parce qu'un acide libre ne produit plus de dégagement de gaz, on décante le liquide, on verse un peu d'acide chlorhydrique sur le cuivre qui n'est nullement attaqué par cet acide et on lave plusieurs fois par décantation avec de l'eau chaude. Enfin on décante le plus complétement possible, on enlève les dernières traces d'eau avec du papier buvard et on dessèche. On opère le mieux dans un creuset de porcelaine un peu étroit vers la base, parce que cette forme est très-commode pour le lavage du précipité et parce que les creusets de porcelaine en forme de coquille d'œuf sont très-légers. La substance reste du commencement jusqu'à la fin dans le même vase. On reconnaît le cuivre à sa couleur propre et on obtient directement son poids.

Fleitmann, sans dessécher le précipité de cuivre, le dissout dans le perchlorure de fer et dose par le caméléon le protochlorure de fer formé. Le cuivre en prenant 1 équivalent de chlore, donne naissance à 2 équivalents de protochlorure de fer :

$$Cu + Fe^2Cl = CuCl + 2 FeCl$$

On prend le titre avec 1 gr. de sulfate double de fer et d'ammoniaque ; on divise les CC du caméléon employés pour l'analyse par le nombre de CC nécessaires pour 1 gr. de sel double, et on multiplie le quotient par 0,08081. En effet, 2 équivalents de sel de fer (392) correspondent à 1 équivalent de cuivre (31,68), et il faut multiplier 392 par $\frac{31,68}{392}$ ou 0,08081 pour obtenir 392.

Le cément de cuivre métallique se dissout avec une rapidité étonnante dans la dissolution de perchlorure de fer additionnée d'acide chlorhydrique. Si l'on veut procéder avec toute la rigueur désirable, on opère la dissolution dans un flacon fermé et rempli préalablement d'acide carbonique gazeux, ou bien on jette dans la fiole un peu de bicarbonate de soude. Mais cette précaution est superflue pour un simple dosage industriel.

1 gr. de sulfate double de cuivre et de potasse qui, d'après sa composition, contient 14,353 pour cent de cuivre métallique, fut précipité par le zinc ; le cuivre fut dissous dans la dissolution acide de perchlorure de fer, et, après avoir fortement étendu, on dosa par le caméléon (titre : 1 gr. de sel double de fer = 20,6 CC). On employa 38 CC. Ceux-ci, d'après le titre correspondent à $\frac{38}{20,6}$ ou 1,844 gr. de sulfate double qui, multipliés par 0,08081, donnent 0,15 gr. ou 15 pour cent de cuivre.

Dans la dissolution où la présence de l'acide azotique empêcherait la précipitation, on ajoute un excès d'ammoniaque, on filtre pour séparer les précipités qui auraient pu se former (peroxyde de fer, oxyde de bismuth ou de plomb), et on précipite le cuivre dans la dissolution ammoniacale avec du zinc pur très-divisé. L'opération marche très-vite quand on chauffe, mais toutefois pas aussi promptement qu'avec une dissolution dans l'acide chlorhydrique. La disparition complète de la couleur est le signe de la décomposition totale. Quand cela a lieu, on décante le liquide, on verse de l'acide chlorhydrique qui dissout l'oxyde de zinc et le reste du zinc. Il ne doit pas, à la fin, se dégager de gaz. On achève ensuite comme plus haut. La dissolution dans le perchlorure de fer et le dosage par le caméléon prend à peine autant de temps que la dessiccation et le pesage du cément de cuivre. La méthode de Fleitmann est une modification heureuse de l'analyse du cuivre.

CHAPITRE XIII.

Sucre de raisins.

Sucre de miel. — Sucre non cristallisable. — Sucre de fruits. — Glucose. — Sucre de diabète.

1 gr. de sulfate double de fer et d'ammoniaque = 0,114 de sucre de raisins.

Le dosage du sucre de raisins s'appuie sur la décomposition qu'il produit dans une solution alcaline de cuivre. Le bioxyde de cuivre n'est toutefois soluble que dans les liquides alcalins contenant des acides organiques fixes tels que l'acide tartrique ou l'acide citrique. Si l'on chauffe une semblable

dissolution de cuivre avec du sucre de raisins , elle devient d'abord verdâtre
et trouble ; puis, en chauffant davantage, la couleur passe bientôt par différents
tons de brun et de vert jusqu'à ce qu'enfin elle devienne rouge feu. C'est
cette dernière qui est la couleur du protoxyde de cuivre. Depuis longtemps
cette action a été découverte par Trommer, et plus tard appliquée par M.
Barreswill. Cette méthode d'analyse a été employée par Fehling (1). Il détermina le rapport du sel de cuivre au sucre de raisins par un moyen empirique,
et donna une composition bien déterminée des liquides qui paraissent le plus
propres à faire ce genre de travail.

Fehling trouva, en ajoutant à un volume déterminé d'une dissolution de
cuivre une dissolution titrée de sucre , jusqu'à ce que le sel de cuivre fut
complétement décomposé, que 1 équivalent de sucre de raisins correspond à
10 équivalents de sulfate de cuivre. Ce fait fut confirmé par Neubauer.
Par conséquent, 180 p. de sucre de raisins décomposent 1246,8 p. de vitriol
bleu, ou à 5 gr. de sucre correspondent 34,64 de sulfate de cuivre. Si nous
dissolvons cette dernière quantité de sulfate dans 1 litre d'eau, 100 CC du
liquide correspondront à $\frac{1}{2}$ gr. de sucre de raisins.

Afin que la solution de cuivre puisse remplir le but qu'on se propose , il
faut qu'avec le temps , elle n'éprouve pas de décomposition par l'action de
la lumière et de la chaleur. Cela n'a lieu que dans certaines limites.

On prépare la dissolution de cuivre de la manière suivante : on pèse 34,64
gr. de sulfate de cuivre pur desséché à l'air et on les dissout dans 160 CC
d'eau distillée. D'un autre côté , on dissout dans le flacon d'un litre, 150
gr. de tartrate neutre de potasse dans 600 à 700 CC de lessive de soude
caustique , de densité 1,12, on y ajoute peu à peu la dissolution de vitriol
bleu et quand la liqueur est claire, on achève de remplir le litre jusqu'au trait.

Pour faire usage de ce liquide , on en verse une quantité déterminée dans
une capsule de porcelaine et on porte à l'ébullition, ce qui ne doit pas le troubler ; puis on y verse le liquide sucré jusqu'à ce que tout le sel de cuivre
soit décomposé. Cela a lieu rapidement à la température de l'ébullition ; il
faut laisser la capsule sur le feu, seulement on l'en retire de temps en temps
pour interrompre l'ébullition, afin de s'assurer, quand le précipité est déposé,
si la couleur bleue du liquide est encore sensible. Un liquide qui paraît tout
à fait rouge quand il est agité , offre souvent une teinte bleue quand on le
laisse déposer ou après qu'on l'a filtré. On reconnaît le mieux que la décomposition n'est pas complète , à ce qu'en ajoutant une nouvelle goutte de la

---

(1) *Annales de Chimie et de Pharmacie*, **T. LXXII**, page 106.

solution sucrée, il se fait à la surface du liquide un nuage jaune clair, produit par l'hydrate de protoxyde de cuivre et qui deviendra rouge par l'action de la chaleur. Tant que le nuage se produit, l'opération n'est pas terminée. Quand il est formé, on agite et on verse de nouveau quelques gouttes de la solution sucrée. En faisant l'essai dans un ballon, on voit très-nettement à travers le verre la nuance à la surface. Le changement de couleur est plus appréciable quand les liquides sont concentrés que quand ils sont étendus, il est plus rapide quand ils sont très-alcalins et très-chauds que quand ils sont peu alcalins et froids. Aussitôt que la dernière goutte de solution sucrée ne produit plus d'effet, on lit le volume qu'on en a employé. Il contient la quantité de sucre qui correspond au volume de la solution de cuivre décomposé et on calcule ensuite la proportion en centièmes.

Cette méthode diffère de toutes celles que nous avons exposées jusqu'ici, en ce que c'est la liqueur à essayer qui est dans la burette et non pas le liquide titré. C'est un inconvénient. Tous les corps solides sucrés doivent dès lors être d'abord dissous et il faut donner à la solution un volume déterminé avant de l'introduire dans la burette.

Il était donc à désirer qu'on donnât aux analyses de sucre une forme plus directe ; on pourrait regarder, par exemple, l'oxydule de cuivre comme la mesure du sucre et déterminer la quantité de celui-là en le dissolvant dans l'acide chlorhydrique et en le dosant avec le caméléon.

Cette méthode ne conduit malheureusement pas à des résultats toujours concordants, ce qu'avait déjà trouvé Schwarz qui l'a indiqué le premier. Une dissolution de cuivre donne aussi des résultats différents, suivant la manière dont elle est préparée, sans qu'on puisse savoir quelles sont les circonstances qui amènent ces changements. Ce qu'il y a de mieux à faire, c'est de titrer d'avance avec du sucre de raisins pur la solution de cuivre avec laquelle on se propose de faire l'analyse. Comme on ne connaît pas d'avance la quantité de sucre, on ne peut pas prendre la quantité de dissolution de cuivre qui serait dans un rapport précis avec la quantité de sucre. Je vais rapporter ici les expériences que j'ai faites pour éclaircir ce point.

Au milieu d'une masse de miel très-pur et superfin, se trouvaient d'épaisses masses de sucre de miel cristallisé qui me parurent très-propres pour ce genre de recherches. On les fit égoutter sur un entonnoir, puis les ayant dissous dans très-peu d'eau additionnée d'alcool, on filtra et on fit de nouveau cristalliser. Les cristaux furent lavés avec de l'alcool et parfaitement desséchés sur du chlorure de calcium. Ils étaient complétement incolores ; leur saveur était très-sucrée, ce qu'on rencontre rarement dans les sucres de fécule du commerce. On peut donc regarder celui que j'avais obtenu comme du sucre de miel ou de raisins naturel parfaitement pur.

0,5 gr. de sucre furent dissous dans de l'eau et on y ajouta un excès d'une dissolution alcalino-tartrique de cuivre ; le tout fut chauffé jusqu'à l'ébullition et jusqu'à la précipitation complète de l'oxydule de cuivre. En inclinant légèrement le vase on reconnaît nettement sur le bord si le liquide est encore bleu, ce qui est nécessaire. Si cela n'était pas, il faudrait ajouter une plus grande quantité de la solution de cuivre. Si l'oxydule de cuivre est rouge de feu, c'est qu'il y a trop peu de la solution ; quand celle-ci est en excès, le précipité est violet foncé. La couleur rouge du précipité est dans ce cas presque complétement masquée par la couleur bleue du liquide, de même que le cuivre précipité par la pile paraît presque noir au milieu d'une dissolution de sulfate de cuivre.

Quand le liquide a bouilli pendant quelque temps, et qu'il y reste encore un excès de solution de cuivre, ce qu'on reconnaît à la couleur bleue, on jette le tout sur un filtre et on lave avec de l'eau. On place l'entonnoir sur un vase à large col, on perce le filtre et on fait tomber la plus grande partie du précipité dans le flacon. On remet le filtre dans le vase où s'est fait le précipité, on y ajoute de l'acide chlorhydrique et un peu de sel de cuisine, le filtre se déchire par l'agitation, et on titre cette portion avec la burette de caméléon pleine jusqu'au 0 ; puis, de suite après, on opère sur le précipité qui est tombé dans le flacon et qu'on a traité aussi par l'acide chlorhydrique. S'il y avait encore un léger trouble produit par le protochlorure de cuivre, cela ne nuirait en rien, car il disparaît par l'addition du caméléon et le liquide, auparavant incolore, prend la couleur verte des sels de bioxyde de cuivre. La fin de l'opération est facile à saisir : la teinte vert pur de la solution passe au violet par l'effet de la couleur rouge du caméléon. A ce moment on fait la lecture. Il est préférable de prendre le titre du caméléon avec le sulfate double de fer et d'ammoniaque et de rapporter les CC de caméléon employés à ce sel, puis au sucre de raisins.

Pour 0,5 de sucre de raisins on employa dans six essais différents :

1° 47,3 CC de caméléon
2° 46,7 —   —
3° 47   —   —
4° 49   —   —
5° 45,3 —   —
6° 46,2 —   —

En moyenne 46,916 CC de caméléon.

1 gr. de sulfate double de fer et d'ammoniaque était équivalent à 10,7 CC de caméléon.

Donc les 46,916 CC précédents $=$ 4,384 gr. de sel double $=$ 0,5 gr. de sucre de raisins : par conséquent 1 gr. de sucre de raisins $=$ 8,768 gr. de sel double et 1 gr. de celui-ci $= \dfrac{1}{8,768} =$ 0,114 gr. de sucre de raisins.

Comme le sulfate double de fer et d'ammoniaque contient juste $\frac{1}{7}$ de fer métallique, on peut déduire aussi de là le rapport au fer métallique dans le cas où l'on aurait employé des fils de fer pour établir le titre.

L'accord des quantités de caméléon employées plus haut pour un même poids de sucre laisse, comme on le voit, beaucoup à désirer ; aussi Schwarz n'a-t-il pas cru pouvoir employer pour les analyses de sucre le dosage du cuivre précipité. Toutefois, dans ce dernier cas, l'accord est presque aussi grand que par le premier procédé.

Par cette méthode on peut évaluer la quantité de sucre de raisins qui se trouve dans les fruits et les sucs naturels.

2 gr. d'une figue furent coupés en petits morceaux, on fit bouillir et on filtra. La première décoction fut d'abord traitée seule par la solution alcaline de cuivre à la manière connue. L'oxydule de cuivre dissous dans l'acide chlorhydrique exigea 81,6 CC de caméléon (titre 1 gr. de sel double de fer $=$ 10,7 CC) ; pour la seconde décoction il fallut 25,6 CC de caméléon ; enfin les débris fibreux de la figue furent encore bouillis avec la solution de cuivre, les morceaux devenus rouges furent lavés sur un filtre, puis on ajouta de l'acide chlorhydrique et on filtra. Il y eut encore 1,8 CC de caméléon décomposés ; donc, en tout, en employa 109 CC de caméléon. Ceux-ci correspondent à 10,19 gr. de sulfate double de fer et d'ammoniaque, qui, multipliés par 0,114, donnent 1,16166 gr. de sucre de raisins dans 2 gr. de figue $=$ 58,083 pour cent.

Comme le tissu de la figue et en général de tous les fruits secs, se laisse difficilement déchirer, je cherchai à y parvenir en employant du sable quartzeux grossier. On opéra dans un grand mortier en laiton. En ajoutant le sable peu à peu, la masse d'abord visqueuse et grumeleuse, se changea en une poudre humide, homogène, que l'eau imprégnait avec la plus grande facilité. On la mit sur un filtre et on la lava avec de l'eau bouillante, jusqu'à ce que celle-ci en sortant du filtre restât parfaitement claire , après l'avoir fait bouillir avec la solution de cuivre. Le reste de l'opération fut conduit comme plus haut. La masse principale de l'oxydule de cuivre fut introduite dans un flacon de 500 CC et additionnée d'acide chlorhydrique. Il y eut beaucoup de protochlorure de cuivre qui resta sans se dissoudre tant qu'on n'eut pas ajouté une quantité notable de chlorure de potassium. Le flacon fut rempli jusqu'au trait, agité, et on y puisa 100 CC. Il fallut :

1°   20,4 CC

2°   20,4 CC

donc pour le tout   102 CC

Le filtre seul employa 2,2 CC de caméléon et le liquide de la première filtration qu'il avait fallu essayer pour voir si le lavage de la figue était complet, désoxyda encore 2,8 CC de caméléon. Donc en tout 107 CC de caméléon = 10 gr. de sel double de fer = 1,14 gr. de sucre de raisins = 57 pour cent.

L'accord de ce résultat avec le précédent est suffisant, d'autant plus qu'on ne peut pas admettre que toutes les parties d'une figue contiennent la même proportion de sucre.

10 CC de suc fraîchement exprimé d'une orange douce, exigèrent 38,5 CC de caméléon = 3,6 gr. de sel de fer et d'ammoniaque. Ceux-ci correspondent à 0,4104 gr. de sucre de raisins ou 4,104 pour cent, en ne tenant pas à une trop grande exactitude pour le poids spécifique du sucre.

Ces exemples suffisent pour montrer que ce procédé peut très-bien convenir au dosage du sucre dans les jus naturels et les fruits. On pourra de cette manière évaluer la quantité de sucre contenue dans le moût de raisins à différentes périodes de maturité, pour différentes variétés de vignes et différentes contrées, dans la bière, le vin fermenté, les baies sucrées, l'urine de diabète.

Suivant Fehling on pourra aussi l'appliquer au suc de fruits coloré en ayant soin de le décolorer d'abord avec un lait de chaux et du charbon animal.

Remarquons encore qu'une dissolution étendue de sucre de raisins ou de miel est instantanément colorée en rouge par le caméléon et que la couleur persiste pendant longtemps.

Un filtre déchiré, suspendu dans l'eau, ne décolore le caméléon que très-lentement, presque comme si la couleur pâle disparaissait d'elle-même, et par conséquent il ne peut influer en rien sur la destruction instantanée de la couleur par le protochlorure de cuivre.

Le sucre de cannes et les liquides qui en contiennent, comme le jus de la betterave, de la canne à sucre, de l'érable à sucre, doivent subir une opération préalable ayant pour but de transformer le sucre de cannes en sucre de raisins. C'est ce que l'on fait en chauffant quelque temps avec de l'acide sulfurique étendu. 15 à 20 CC de jus de betteraves, additionnés de 12 gouttes d'acide sulfurique étendu (1 p. d'acide anglais et 5 p. d'eau) furent chauffés pendant 2 heures dans un ballon et au bain de vapeur ; aussitôt après on y ajouta la solution de cuivre. L'oxydule se précipita. 100 p. de sucre de raisins ($C^{12}H^{12}O^{12}$) correspondent à 95 p. de sucre de cannes ($C^{12}H^{11}O^{11}$). 10 CC de la liqueur de cuivre de Fehling équivalent à 0,0475 gr. de sucre de cannes et le nombre placé en tête du chapitre, se rapportant au sucre de raisins, doit être multiplié par $\frac{95}{100}$ pour pouvoir s'appliquer au sucre de cannes.

La transformation de l'amidon en sucre de glucose peut se suivre de la même manière, mais toutefois avec moins de rigueur. 1 gr. de fécule fut délayé dans de l'eau froide, puis transformé en empois en chauffant et en remuant. On y ajouta 12 gouttes d'acide sulfurique étendu et l'on chauffa de 6 à 10 heures, ou de 24 à 36 heures dans un bain de vapeur, en ayant soin de remplacer l'eau évaporée. Pour savoir si tout l'amidon est changé en glucose, il n'y a pas d'autre moyen que de faire plusieurs véritables analyses à plusieurs heures d'intervalle pendant la réaction, afin de s'assurer si la quantité de sucre augmente toujours. On comprend que c'est fort long et fort ennuyeux.

Ajoutons encore que le sucre de lait décompose aussi la dissolution alcaline de cuivre, mais dans des rapports tout différents de ceux du sucre de raisins, car tandis que 1 gr. de ce dernier décompose 6,928 gr. de sulfate de cuivre, 1 gr. de sucre de lait réduit, suivant Neubauer, 4,331 gr., suivant Mathaï, 4,158 gr. de sulfate de cuivre, et 10 CC de la liqueur d'épreuve de Fehling correspondent à 0,08 gr. de sucre de lait.

En général toute la méthode de dosage du sucre laisse encore beaucoup à désirer et il faut espérer que l'on parviendra ou à trouver de nouvelles méthodes ou à perfectionner les anciennes.

CHAPITRE XIV.

Prussiate jaune de potasse (Cyanoferrure de potassium).

1° Dosage par l'acide oxalique.

SUBSTANCES.	FORMULES.	ÉQUIVALENT.	QUANTITÉ à peser pour que 1 CC d'acide normal $=$ 1 p. cent de la substance.	1 CC D'ACIDE oxalique normal correspond à
72. 2 éq. de prussiate jaune de potasse..	$2(FeCy + 2KCy + aq.)$	422,22	42,222 gr.	0,42222 gr.

2° Dosage par le fer.

$$\text{Fer} \times 7,54 = \text{ prussiate cristallisé. Log.} = 0,8773713$$
$$\text{Sel double de fer} \times 1,077 = \quad - \quad - \quad \text{Log.} = 0,0322157$$

De Haen (1), d'après les conseils de Frésénius, a donné la méthode de dosage du prussiate de potasse au moyen du caméléon. Ils déterminent le titre du caméléon d'après le prussiate chimiquement pur, et se servent ensuite du premier pour doser le sel inconnu. La substance est donc dosée par elle-même. Cette manière de titrer le caméléon a toutefois un rapport déterminé avec les autres titres. En effet, le prussiate jaune $(FeCy + 2KCy + 3Aq)$ se comporte comme un sel de protoxyde de fer, le protocyanure $FeCy$ se transforme en sesquicyanure Fe^2Cy^3, et pour cela, comme le montre la formule, il prend $\frac{1}{2}$ équivalent de cyanogène ou 2 équivalents de cyanure en prennent 1 de cyanogène. 2 équivalents de prussiate jaune donnent naissance à 1 équivalent de cyanoferride (prussiate rouge de Gmelin), absolument comme dans la préparation de ce dernier par l'action du chlore. 1 équivalent de cyanure de potassium est décomposé, le potassium s'unit au chlore qui, dans l'emploi du caméléon, est produit par la réaction de l'acide chlorhydrique et de l'acide permanganique, et l'équivalent de cyanogène libre se

(1) *Annales de Chimie et de Pharmacie*, vol. XC, page 180.

porte sur les 2 équivalents de protocyanure pour faire Fe^2Cy^3. Par conséquent des quantités équivalentes de prussiate jaune et de fer à l'état d'oxydule doivent employer la même quantité de caméléon. C'est ce que l'expérience démontra nettement.

Suivant de Haen, il faut avoir une dissolution de prussiate jaune de potasse pur, d'après lequel on établit le titre. Mais, comme jusqu'à présent, cette dissolution n'a pas encore eu d'autre usage dans les analyses volumétriques, il me paraît inutile d'augmenter encore le nombre éjà si grand des dissolutions à préparer, d'autant plus qu'on peut parfaitement atteindre le même but avec les autres titres du caméléon.

Voici maintenant comment on conduit l'opération : on pèse le sel dans lequel il faut doser le prussiate, on le dissout dans l'eau, et on l'étend assez pour que 100 CC ne contiennent environ que 0,1 gr. du sel. On acidifie fortement avec l'acide chlorhydrique. On ajoute alors le caméléon en agitant et remuant souvent. Je fais cette opération dans une capsule de porcelaine bien blanche afin d'apercevoir plus facilement le changement de couleur. L'addition de l'acide chlorhydrique produit dans le liquide un trouble laiteux avec une légère nuance bleuâtre. En versant le caméléon, dont la couleur disparaît instantanément, le prussiate rouge formé donne à la nuance une teinte vert-jaunâtre, très-agréable, qui en se mariant avec le trouble laiteux, donne à la masse une grande ressemblance avec le verre d'urane que l'on voit chez les marchands de cristaux. Plus tard la couleur devient un peu grise, mais malgré le trouble on reconnaît cependant la couleur propre du caméléon avec une grande netteté.

Le jour suivant tout le trouble a disparu et on aperçoit la couleur pure du cyanoferride de potassium dont la dissolution est jaune. Si ce trouble dont nous avons parlé n'existait pas, le prussiate jaune de potasse serait une très-bonne substance pour titrer le caméléon. Mais il y a toujours une légère incertitude dans l'observation exacte du phénomène, et les analyses rapportées par de Haen ne présentent pas l'accord que l'on est en droit d'exiger d'analyses faites avec des substances pures. Ses résultats varient en effet de 99,6 à 100,4 pour cent, il y a donc une différence de 0,8 pour cent. Comme les deux analyses étaient faites avec des sels chimiquement purs, ce sont de véritables déterminations de titres, et il est clair alors que le titre est en erreur de la quantité indiquée plus haut, c'est-à-dire, de 0,8 pour cent. Cela tient, comme nous l'avons dit, au trouble qui se produit.

0,5 gr. de prussiate de potasse pur furent dissous dans beaucoup d'eau, additionnés d'acide chlorhydrique et dosés par le caméléon. On employa :

$$1° \ 5,1 \ \text{CC de caméléon.}$$
$$2° \ 5,2 \ — \qquad —$$
$$3° \ 5,1 \ — \qquad —$$
$$4° \ 5,1 \ — \qquad —$$

Le plus souvent 5,1 CC.

$\frac{1}{4}$ gr. de fil de fer très-doux, récemment dissous, exigeait 19,6 CC du même caméléon. Donc 1 CC de caméléon $= \dfrac{0,25}{19,6} = 0,012755$ gr. de fer. En multipliant par 5,1, on aura 0,065055 gr. de fer, qui multipliés à leur tour par 7,54 donnent 0,49047 gr. au lieu de 0,5 gr. de prussiate jaune.

1 gr. de prussiate jaune pur employa 10,4 CC de caméléon. Multipliant ces derniers par 0,012755 on aura 0,13265 gr. de fer qui multipliés par 7,54 donnent 1,001 au lieu de 1 gr. de cyanoferrure.

On voit d'après cela qu'on arrive à des résultats très-satisfaisants sans avoir besoin de titrer le caméléon par le prussiate lui-même. Pour un fabricant de prussiate de potasse qui devrait faire un usage fréquent de cette méthode de dosage, il serait cependant plus commode d'avoir une provision d'une dissolution titrée de prussiate chimiquement pur. La pureté du sel se déduit alors facilement du nombre de CC de caméléon nécessaire pour faire apparaître la couleur rouge dans le sel pur, puis dans le sel essayé.

Supposons que pour une certaine quantité de prussiate pur, il ait fallu 80 CC et 70 seulement pour la même quantité de sel impur, la richesse de ce dernier est alors $\frac{70}{80}$.

Pour avoir la proportion en centièmes on pose :

$$\frac{70}{80} = \frac{x}{100} \quad \text{donc} \ x = \frac{70.100}{80} = 87,5 \ \text{pour cent.}$$

J'ajouterai encore qu'un essai tenté pour doser le prussiate de potasse par une dissolution de bichromate de potasse n'a donné aucun résultat satisfaisant. Il est bien vrai que ce sel additionné d'acide chlorhydrique libre abandonne de l'oxygène, et par là produit un dégagement de chlore qui transforme le cyanoferrure en cyanoferride ; et l'on pourrait, par des essais à la touche, avec du sesquichlorure de fer pur, reconnaître le moment où tout le cyanoferrure a été décomposé. Mais je me suis déjà expliqué sur ce genre d'opération à la touche, et la cessation complète de la formation du précipité bleu n'arrive que par degrés tellement insensibles, qu'il est très-difficile de saisir le terme véritable de l'expérience. Comme cette méthode est inférieure à celle de Haen, je n'ai pas cru devoir pousser plus loin mes investigations.

CHAPITRE XV.

Prussiate rouge de potasse. Cyanoferride de potassium (Sel de Gmélin).

1° Dosage par l'acide oxalique.

SUBSTANCES.	FORMULES.	ÉQUIVALENT.	QUANTITÉ à peser pour que 1 CC d'acide normal $=$ 1 p. cent de la substance.	1 CC d'acide oxalique normal correspond à
73. Cyanoferride de potassium......	$Fe^2Cy^5 + 5.KCy$	529,55	52,955 gr.	0,52955 gr.

2° Dosage par le fer.

$$\text{Fer} \times 11,76 = \text{cyanoferride. Log.} = 1,0704073.$$
$$\text{Sel double de fer} \times 1,68 = \quad — \quad \text{Log.} = 0,2253093.$$

En faisant bouillir le prussiate rouge dans une dissolution alcaline d'oxyde de plomb, il est réduit parce qu'il se forme du peroxyde de plomb et du prussiate jaune. Ce dernier sera séparé par filtration et dosé avec le caméléon comme on l'a dit au chapitre précédent.

Comme agent de réduction on employa d'abord l'oxyde de plomb. On le réduit en poudre fine en le broyant avec de l'eau, on l'ajoute à la dissolution suffisamment concentrée de ferrocyanure que l'on a additionné de potasse caustique et l'on fait bouillir jusqu'à ce que le liquide surnageant indique, par sa décoloration, la décomposition du prussiate rouge. On filtre ensuite et on traite par le caméléon.

Il serait beaucoup plus simple de mettre le liquide après la décomposition dans un flacon de 300 CC, de laisser déposer, ce qui a lieu promptement et de prendre deux fois une épreuve de 100 CC. Celle-ci fortement acidifiée avec l'acide chlorhydrique, serait titrée par le caméléon. Il se forme toujours dans ce cas, un précipité blanc de ferrocyanure de plomb, mais on ne doit pas s'en inquiéter.

La réduction se fait bien mieux par une dissolution de sulfate de protoxyde de fer. On ajoute au cyanoferride un grand excès de potasse caustique, on porte à l'ébullition et on y verse une dissolution concentrée de sulfate de fer. Au commencement il se forme un précipité de peroxyde de fer pur et jaune, une nouvelle addition de sulfate donne aussi un précipité de protoxyde, qui, avec le peroxyde, se change par l'ébullition en oxyde magnétique gris-noir. Comme ce précipité ne se dépose pas facilement, ou même ne se dépose qu'incomplétement, ce qu'il y a de plus simple, c'est d'étendre à 300 CC, de filtrer deux épreuves de 100 CC qu'on essaye après avoir acidifié. On reconnaît que la réduction du ferrocyanure est complète, d'un côté à ce que le liquide est incolore le long des parois, et de l'autre à la couleur noire du précipité, laquelle prouve qu'il ne reste plus de cyanoferride pour opérer l'oxydation complète. On titre le ferrocyanure qui est maintenant en dissolution après avoir fortement acidifié avec l'acide chlorhydrique et on fait de préférence l'opération dans une capsule de porcelaine à manche, afin de mieux reconnaître le changement de couleur.

On fit bouillir avec une dissolution de sulfate de protoxyde de fer 1 gr. de cyanoferride de potassium pur, sec et réduit en poudre, on étendit la liqueur à 300 CC et on filtra chaque fois 100 CC. Il fallut :

1° 4,5 CC de caméléon.

2° 4,4 —   —

En moyenne 4,45. En les prenant trois fois cela fait 13,35 CC de caméléon = 3,0067 CC d'acide oxalique normal. (Titre : 5 CC d'acide oxalique normal = 22,2 CC de caméléon.)

3,0067 × 0,32933 donne 0,9901 gr. au lieu de 1,000 gr.

1 gr. de même sel traité de même, exigea pour $\frac{1}{3}$ de liquide :

1° 4,5 CC de caméléon

2° 4,5 —   —

Ainsi en tout = 13,5 = 3,0405 CC d'acide oxalique normal. Ceux-ci multipliés par 0,32933 donnent 1,001 gr. au lieu de 1,000 gr. de prussiate rouge.

Ici donc aussi le titre établi à la manière ordinaire par l'acide oxalique conduit à des résultats exacts.

CHAPITRE XVI.

Acide azotique.

1° Dosage par l'acide oxalique.

SUBSTANCES.	FORMULES.	ÉQUIVALENT.	QUANTITÉ à peser pour que 1 CC d'acide normal $=$ 1 p. cent de la substance.	1 CC d'acide oxalique normal correspond à
74. 1/3 éq. d'acide azotique anhydre.	$\dfrac{AzO^5}{3}$	18	1,8 gr.	0,018 gr.
75. 1/3 éq. d'azotate de potasse.	$\dfrac{KO + AzO^5}{3}$	33,7	3,37	0,0337

2° Dosage par le fer.

Fer métallique $\times 0,3214 =$ acide azotique anhydre. Log. $= 0,5070459 - 1$

— — $\times 0,6018 =$ azotate de potasse. Log. $= 0,7794522 - 1$

Sel double de fer $\times 0,0459 =$ acide azotique anhydre.

— — — $\times 0,8598 =$ azotate de potasse.

$$\text{Fer métallique} \times \frac{1 \text{ équiv. d'un azotate}}{168} = \text{nombre de gr. de cet azotate.}$$

$$\text{Sel double de fer} \times \frac{1 \text{ équiv. d'un azotate}}{1176} = \text{— — — —}$$

Pour doser l'acide azotique en combinaison, nous ne possédons jusqu'à présent qu'une seule méthode tout à fait certaine, c'est celle de M. Pelouze (1), méthode par reste qui se fonde sur la propriété oxidante de l'acide azotique libre sur les sels de protoxyde de fer. On prend une quantité déterminée d'un sel de protoxyde de fer, et après l'action de l'acide azotique, on dose le reste du protoxyde de fer avec le caméléon. Pour avoir cette quantité

(1) Compte rendu 1847, n° 1. — *Annales de Chimie et de Pharmacie*, vol. LXIV, page 100.

déterminée de sel de protoxyde ou bien on dissout un certain poids connu de fil de fer doux, ou l'on prend un poids, dans tous les cas plus que suffisant, de sulfate de protoxyde de fer pur cristallisé ou mieux du sel double de fer.

Comme le protoxyde de fer, pour passer à l'état de peroxyde ne prend que $\frac{1}{2}$ équivalent d'oxygène, tandis que l'acide azotique en perd 3 pour se transformer en bioxyde d'azote, il est évident qu'un équivalent d'acide azotique ou d'un azotate pourra oxyder le protoxyde correspondant à 6 équivalents de fer métallique. $AzO^5 + 6\ FeO = AzO^2 + 3.Fe^2O^5$. Par conséquent pour avoir un excès de protoxyde il faut dissoudre un peu plus de 6 équivalents de fer. Ainsi, par exemple, pour 1 équivalent d'azotate de potasse, qui pèse 101,11, il suffirait de 6 fois 28 ou 168 gr. de fer; dans tous les cas, on en prendra donc environ 180 gr. pour être certain d'avoir un reste, c'est-à-dire que pour 1 gr. de nitre pur il faudra dissoudre 1,8 gr. de fer métallique. Pour toutes les autres combinaisons, on trouvera facilement ce rapport en divisant 6 équivalents de fer ou 168 par l'équivalent de l'azotate neutre.

On place le fer métallique pesé avec de l'acide chlorhydrique concentré dans un petit ballon fermé par un bouchon traversé par un tube effilé; et à l'aide de la chaleur on opère la dissolution complète. On introduit ensuite la combinaison azotique pesée et on porte rapidement à l'ébullition que l'on maintient sans interruption jusqu'à ce que la couleur verte provenant du bioxyde d'azote uni au protoxyde de fer libre ait complétement disparue. Le bioxyde d'azote est entraîné pendant l'ébullition par la vapeur d'eau et le liquide prend la couleur pure de la solution de perchlorure de fer. Le bioxyde d'azote est d'autant plus facilement chassé qu'il y a moins de protoxyde de fer en excès et que le liquide est plus concentré; c'est pour cela que plus haut on recommande l'acide chlorhydrique concentré. Quand les dissolutions sont étendues, on n'y arrive pas même après plusieurs heures d'ébullition et le travail ne peut se mener à bonne fin. C'est là le seul point faible de la méthode. Les dissolutions titrées de sulfate de protoxyde de fer sont trop étendues pour pouvoir être employées ici.

Le bioxyde d'azote a une action réductrice sur le caméléon, et si on ne se débarrasse pas complétement de ce gaz, le reste de protoxyde de fer paraît plus fort qu'il ne l'est réellement. Pour établir ce fait par l'expérience, on plaça dans trois flacons différents 2 CC d'une dissolution de sulfate de fer. Les premiers furent traités immédiatement par le caméléon, il en fallut 5 CC. Dans le deuxième flacon, on fit arriver un courant de bioxyde d'azote provenant de l'action de l'acide azotique sur le cuivre et le liquide de ce flacon décolora 11,2 CC de caméléon. Enfin, dans le troisième flacon, le courant de gaz fut prolongé tellement que le liquide paraissait vert foncé et avait perdu sa transparence : on employa encore 17 CC de caméléon. De même on fit arriver dans de l'eau pur le bioxyde d'azote qui se dégageait pendant une véritable analyse et cette eau, traitée par le caméléon, en décomposa de 5 à 10 CC dans différentes opérations. On voit donc, par là, la nécessité absolue de chasser complétement le bioxyde d'azote, et de ne pas laisser arriver dans le flacon l'eau dans laquelle ce gaz aurait passé. L'essai suivant fut fait en prenant toutes les précautions.

0,5 gr. de salpêtre pur furent mis dans un ballon contenant 1 gr. de fil de fer dissous dans l'acide chlorhydrique concentré. Un tube de verre deux fois recourbé, traversait le bouchon et l'extrémité libre plongeait dans un verre plein d'eau. Le bioxyde d'azote fut chassé par l'ébullition sur un feu vif, et quand le liquide eut pris une couleur jaune-pur, on substitua au verre un flacon plein d'eau pure. On enleva la lampe, et, par le refroidissement, l'eau froide pénétra dans le ballon par absorption. Le liquide ainsi refroidi sans qu'il ait pu pénétrer d'air dans l'appareil, fut étendu d'eau froide dans un grand flacon et traité par le caméléon. Dans quatre essais avec la même quantité il fallut employer :

1° 15   CC de caméléon.
2° 13,8 —   —
3° 14 —   —
4° 12 —   —

En moyenne 13,7

Le titre du caméléon était : 78,8 CC = 1 gr. de fer métallique. Si nous retranchons les 13,7 CC, le reste 65,1 CC de caméléon mesure la force oxydante de l'acide azotique. Ces 65,1 CC correspondent, d'après le titre, à 0,826 gr. de fer et en multipliant ceux-ci par 0,6018, on obtient 0,497 gr. au lieu de 0,5 gr. de salpêtre.

Il y a tant de circonstances fâcheuses qui peuvent induire en erreur dans ce procédé, que nous conseillons, avant de l'employer sur un corps inconnu, de l'appliquer à une substance parfaitement connue et bien pure pour avoir un terme de comparaison.

J'aurais bien désiré avoir pour l'acide azotique une meilleure méthode qui ne dépendît pas de tant de circonstances. Quant à ce qui regarde le procédé en lui-même, je cherchai d'abord à dissoudre en même temps le fer métallique et l'azotate dans l'acide chlorhydrique, mais le résultat fut tout autre. Pour la même quantité de sel que plus haut, il fallut 19 CC de caméléon, cela correspond seulement à 0,456 gr. au lieu de 0,500 gr. de salpêtre. Il

18

fallut donc me contenter de faire les dissolutions séparément comme dans les expériences antérieures.

Une autre modification consistait à jeter des cristaux de sulfate de protoxyde de fer dans l'azotate dissous dans de l'acide sulfurique suffisamment concentré, la couleur verte disparaissait instantanément puisqu'il n'y avait pas de protoxyde de fer en excès. Il y en eut vers la fin et alors on chassa le bioxyde d'azote par l'ébullition. Toutefois, les résultats ne furent ni plus exacts, ni plus concordants que plus haut. Le plus souvent on trouva trop d'azotate, parce que dans le vase ouvert l'acide azotique pouvait, en quelque sorte, agir deux fois à cause de l'absorption de l'oxygène par le bioxyde d'azote. Le reste de protoxyde de fer était donc trop faible. Je cherchai encore à utiliser quelques autres corps pour la décomposition de l'acide azotique. L'acide oxalique n'est pas oxydé dans les dissolutions par l'acide azotique mis en liberté. Après une longue ébullition de l'acide oxalique avec un azotate et de l'acide sulfurique, il faut tout autant de caméléon que pour l'acide oxalique primitif.

L'acide arsenieux, en présence de l'acide chlorhydrique, ne peut être chauffé sans qu'il y ait des pertes. Quand on n'ajoute pas celui-ci, la décomposition est incomplète. Une fois, j'obtins un résultat trop faible, parce qu'il y avait encore de l'acide azotique non décomposé; une autre fois, je trouvai de l'arsenic dans le produit de la distillation. Il fallut donc encore abandonner ce moyen.

Enfin, j'essayai aussi le protochlorure d'étain. Ici il ne se dégage pas de bioxyde, mais bien du protoxyde d'azote. On n'a plus de signe certain que la décomposition est complète, parce que le liquide est incolore. Les résultats calculés d'après le protoxyde d'azote ne furent pas satisfaisants; on devait, du reste, présumer la décomposition plus complète en azote.

CHAPITRE XVI.

Acide phosphorique.

SUBSTANCES.	FORMULES.	ÉQUIVALENT.	QUANTITÉ à peser pour que 1 CC d'acide normal = 1 p. cent de la substance.	1 CC D'ACIDE oxalique normal correspond à
76. Acide phosphorique.	PhO^5	71,36	7,136 gram.	0,07136 gr.

Fer métallique $\times$ 1,273 = acide phosphorique anhydre.

Sel double de fer $\times$ 0,182 = — . — —

$$\frac{Fer \times 9}{7} = \text{protoxyde de fer.}$$

$$\frac{Fer \times 10}{7} = \text{peroxyde de fer.}$$

Le dosage de l'acide phosphorique par les liqueurs titrées, aussi bien que par les pesées, présente des difficultés sérieuses. Celles-ci tiennent en grande partie à ce que les composés insolubles de cet acide sont très-variables dans leur composition, et que, surtout, les phosphates offrent une grande mobilité dans leurs éléments.

Nous possédons jusqu'à présent deux méthodes d'analyse volumétrique pour l'acide phosphorique et encore laissent-elles quelque chose à désirer. Toutes deux reposent sur la précipitation de l'acide phosphorique par le peroxyde de fer.

La première méthode est due à Raewsky (1). D'après lui, on dissout la combinaison soit dans l'eau, soit dans l'acide chlorhydrique ; on ajoute de l'acétate de soude et on précipite par un léger excès de perchlorure de fer pur. Le précipité est lavé, dissous dans l'acide chlorhydrique, le peroxyde de

(1) *Ann. de Chimie et de Pharmacie*, vol. LXXVIII, p. 150.

fer est réduit par le zinc, puis on dose à la manière connue le protoxyde de
fer avec le caméléon. Ce n'est pas là, comme on le voit, un dosage direct de
l'acide phosphorique ; on mesure l'oxyde de fer qui y est combiné, et ce
procédé, reposant sur la connaissance exacte et la constance de la composition
du phosphate de fer, tombe nécessairement quand celles-ci font défaut.

La seconde méthode a été indiquée par Liebig (1) et a été employée par
Breed pour déterminer l'acide phosphorique contenu dans l'urine. Elle repose
sur la même réaction que celle de Raewsky, seulement le fer est trouvé directement, en déterminant par le prussiate jaune de potasse le moment précis
où se trouve, dans le liquide, une trace de peroxyde de fer dissous. Elle est
donc plus prompte que celle de Raewsky, puisqu'aussitôt la précipitation
achevée, le résultat est obtenu ; tandis que dans le premier cas, il faut encore
laver, dissoudre, réduire et doser par le caméléon. Raewsky et Liebig admettent pour le phosphate de fer précipité la composition $Fe^2O^3PhO^5$. Nous
devons donc prendre pour point de départ de nos recherches, la composition
du phosphate formé par le sel de peroxyde de fer ; ce dernier sera toujours
le perchlorure que l'on peut facilement préparer pur. Il est superflu de
remarquer que l'on n'a en vue que le phosphate tribasique, attendu que,
par les méthodes connues, on peut y ramener tous les autres phosphates et
qu'on doit même le faire pour le dosage.

Comme phosphate tribasique pur, nous prenons le phosphate de soude
officinal dont la composition bien connue est : $2NaO, Ph\ OHO + 24HO =$
$358,36$ et comme perchlorure de fer celui qui cristallise avec 12 équivalents
d'eau $Fe^2Cl^3 + 12\ HO = 270,38$. On purifie ces deux sels par des cristallisations répétées et on a soin surtout que le phosphate de soude soit exempt
de sulfate et de chlorure, et le chlorure de fer exempt de protoxyde.

Il y a certaines conditions indispensables à remplir pour déterminer la combinaison de l'acide phosphorique avec le peroxyde de fer. Tout dosage de
l'acide phosphorique qui ne le sépare pas en même temps de l'acide sulfurique
et de l'acide chlorhydrique est sans valeur, parce que le premier, surtout dans
les liquides provenant des animaux, est toujours uni aux deux derniers. Il faut
donc bannir l'emploi de la baryte, de la chaux, de l'oxyde d'argent, bien que
ces bases forment des combinaisons constantes avec l'acide phosphorique, et alors
le phosphate de peroxyde de fer est le seul composé de l'acide phosphorique tout

____

(1) *Comptes rendus*, vol. **XXIV**, p. 681. *Institut*, 1848, p. 128. *Journal de Chimie pratique*, y. **XLI**, p. 368. *Journal central de Pharmacie*, 1847, p. 781. Liebig
et Kopp, *rapports annuels*, 1847 à 1848, p. 945.

à fait insoluble dans l'acide acétique. Maintenant comme beaucoup de phosphates sont insolubles dans l'eau, et doivent par conséquent être dissous à l'aide des acides, il faut de toute nécessité, pour avoir cependant un précipité phosphatique dans la dissolution acide, employer l'acétate de peroxyde de fer, ou, ce qui revient au même, le perchlorure de fer avec l'acétate de soude.

Passons maintenant à la précipitation des deux sels.

Si le phosphate de soude est mis en présence du perchlorure de fer, il y a, théoriquement parlant, deux réactions possibles. Ou bien 2 équivalents de perchlorure de fer sont décomposés par 3 équivalents de phosphate de soude, de sorte qu'il se précipite du sesquiphosphate de fer et il reste dans la liqueur du chlorure de sodium d'après la formule :

$$\text{I. } 2Fe^2Cl^5 + 3(2NaO.PhO^5) = (2Fe^2O^3.3PhO^5) + 6NaCl.$$

Ou bien les deux sels se décomposent équivalent à équivalent, de sorte qu'il se précipite du phosphate neutre de sesquioxyde de fer et qu'il reste dans le liquide du chlorure de sodium et de l'acide chlorhydrique libre (correspondant à l'acide acétique) d'après la formule :

$$\text{II. } Fe^2Cl^3 + 2NaO.PhO^5 + HO = Fe^2O^3PhO^5 + 2NaCl + HCl.$$

La première formule est celle que Gmélin regarde comme seule normale et exacte ; la seconde est celle adoptée par Liebig et Raewsky. C'est une simple question de fait facile à décider. D'après la première formule, le liquide doit rester neutre après la réaction, puisque le précipité n'agit pas et que le chlorure de sodium est neutre ; d'après la seconde, puisqu'il y a élimination d'acide chlorhydrique ou d'acide acétique, le liquide doit être fortement acide.

Or l'expérience répond : le liquide est fortement acide. Comme d'après ce fait, tout à fait en faveur de la seconde réaction, des équivalents égaux des sels se décomposent, on fit dissoudre séparément 3 gr. de perchlorure de fer et 4 gr. de phosphate de soude et on les mélangea. Il se forma un abondant précipité blanchâtre et le liquide rougissait fortement le papier de tournesol. On filtra, au liquide on ajouta de la teinture de tournesol et on y fit couler goutte à goutte de la soude normale. Il en résulta un nouveau précipité de phosphate de peroxyde de fer, ce qui prouve encore en faveur de l'acidité du liquide. Le précipité, masquant la couleur du tournesol, on filtra et on ajouta de la soude normale jusqu'à l'apparition de la couleur bleue. On employa 11 CC.

D'après la seconde formule par l'action d'équivalents égaux des deux sels, il doit y avoir 1 équivalent d'acide chlorhydrique en liberté. Mais d'après

notre système, 1 équivalent d'acide chlorhydrique doit saturer 1 litre =
1000 CC de soude normale. Si donc l'acide chlorhydrique provenant de
270,38 gr. de sesquichlorure de fer doit saturer 1000 CC de soude normale,
il faudra, pour les 3 gr. employés, 11,1 CC de soude normale. Et en effet,
nous en trouvons 11. Cette expérience est donc tout à fait d'accord avec la
ormule II adoptée par Raewsky et Liebig.

Comme une addition d'acétate neutre de soude, qui ne fait que déterminer
la précipitation complète du peroxyde de fer, ne peut rien changer, l'expérience fut répétée de la manière suivante :

12 gr. de phosphate de soude furent dissous avec 10 gr. d'acétate de
soude et ajoutés à une dissolution de 9 gr. de perchlorure de fer. On étendit
de manière à faire 500 CC et on jeta sur un filtre. Le liquide fortement
acide qui passait était incolore, et donna, avec le perchlorure de fer, un faible
précipité de phosphate de fer blanc, ce qui indique un petit excès de phosphate de soude. On prit deux fois 100 CC du liquide filtré et le colorant par
le tournesol on en fit le dosage acidimétrique par la soude normale, dont on
employa chaque fois 7,7 CC. Cela donne pour le tout 38,5 CC de soude
normale. D'après la formule il eut fallu en employer 33,3 CC. Remarquons
que le précipité de phosphate de fer était aussi dans le flacon de 500 CC et
que l'analyse a été calculée pour 500 CC de liquide d'après les 100 CC de
liquide clair qu'on a puisés, cela explique facilement l'erreur en plus que
nous trouvons ; et même si nous avions trouvé un résultat identique à celui
du calcul, c'eût été plutôt défavorable.

Ces expériences démontrent donc d'une manière positive que la réaction
normale entre le phosphate de soude et le perchlorure de fer se fait à équivalents égaux, que la composition du précipité doit être $Fe^2O^3PhO^5$ et qu'un
équivalent d'acide chlorhydrique est mis en liberté. La formule donnée par
Gmélin n'est pas fondée.

Déjà, dans le *Journal annuel de Liebig et Kopp* (1847-1848, p. 946) on
avait élevé des doutes sur la composition du phosphate de fer $Fe^2O^3PhO^5$ que
Raewsky regarde comme constante. Way et Ogston (même journal, année
1849, p. 571) crurent trouver que la composition du phosphate de fer, précipité
au milieu d'un liquide contenant un excès d'acétate de peroxyde de fer, variait
suivant la proportion relative des corps en présence, et ils en concluaient que
cette circonstance rendait inapplicable la méthode de Raewski. Frésénius et
Will (1) pensèrent que le précipité obtenu avec un grand excès d'acide phos-

____

(1) *Ann. de Chimie et de Pharmacie*, t. L, p. 379.

phorique, versé dans une petite quantité d'une dissolution de fer additionnée d'acétate alcalin, avait pour composition $2Fe^2O^3, 3PhO^5$, par conséquent était formulé d'après la réaction I. Wittstein obtenait le sel neutre $Fe^2O^3PhO^5$ en précipitant l'acide phosphorique par la quantité juste nécessaire d'acétate de sesquioxyde de fer, tandis qu'il se formait le sel $4Fe^2O^3, 3Pho^5$ quand l'acétate était en excès.

On verra, par les expériences que nous rapporterons, que plusieurs de ces opinions sont fondées. Pour pouvoir comparer aux formules le résultat des analyses, nous allons d'abord rappeler la composition des phosphates de fer en question.

I. Suivant Gmélin, Frésénius et Will :
$$2Fe^2O^3, 3PhO^5 = 374,08$$

Acide phosphorique. 57,22

Peroxyde de fer. 42,78

100,00

II. Suivant Raewsky, Liebig :
$$Fe^2O^3, PhO^5 = 151,36$$

Acide phosphorique. 47,16

Peroxyde de fer. 52,84

100,00

III. Suivant Wittstein :
$$4Fe^2O^3, 3PhO^5 = 534,08$$

Acide phosphorique. 40,00

Peroxyde de fer. 60,00

100,00

L'analyse du phosphate de fer fortement calciné est très-facile et très-exacte. Dans un petit tube à essai soutenu dans une position inclinée au moyen d'un support de cornues, on dissout à l'aide de l'acide chlorhydrique un poids connu de phosphate qui, une fois calciné, n'est pour ainsi dire pas hygroscopique. En quelques minutes on y parvient en portant à l'ébullition. La dissolution claire a l'apparence du perchlorure de fer. On opère la réduction avec de petits morceaux de zinc. A cause de l'obliquité du tube, le liquide tournoie fortement, parce que les bulles d'hydrogène montant vers la paroi supérieure, le liquide est refoulé vers le zinc le long de la paroi inférieure. La réduction et la décoloration sont complètes dans l'intervalle de 5 à

10 minutes, puis on étend d'eau et on dose par le caméléon. De cette manière, en fort peu de temps, on détermine la quantité de fer avec la plus grande rigueur.

Les analyses du phosphate de fer pourraient se faire de trois manières différentes :

Premièrement : en précipitant complétement une quantité connue de phosphate de soude avec le perchlorure de fer et l'acétate de soude, et en dosant le fer dans le précipité bien lavé, de nouveau dissous et réduit.

Deuxièmement : en dissolvant un poids connu de fil de fer à l'état de peroxyde, précipitant par le phosphate de soude et pesant le précipité calciné.

Troisièmement : en desséchant complétement une combinaison quelconque, la calcinant et y dosant le fer seul.

1 gr. de phosphate de soude sans addition d'acide acétique fut précipité à la manière ordinaire, de sorte qu'il restait un excès de fer dans la liqueur. On le reconnaît par la réaction du sulfocyanure de potassium ou du prussiate jaune de potasse et directement aussi à la simple vue, parce que le liquide a une teinte rouge provenant de l'acétate de peroxyde de fer et que le précipité paraît fortement coloré en jaune. Cet aspect du composé obtenu avec un excès de perchlorure de fer est tellement différent de celui obtenu avec un excès de phosphate de soude, que l'on peut déjà en conclure avec une grande certitude, que la composition ne doit pas être la même dans les deux cas. Le précipité obtenu plus haut fut lavé avec de l'eau distillée jusqu'à ce que celle-ci passât sans donner la moindre réaction avec le sulfocyanure ou le prussiate de potasse, puis on le fit dissoudre sur le filtre avec de l'acide chlorhydrique chaud, on lava, on réduisit par le zinc et on dosa. On employa 16,7 CC de caméléon (78 CC = 1 gr. de fer). Comme 1 équivalent de phosphate de soude (358,36) contient 1 équivalent d'acide phosphorique (71,36) 1 gr. de sel contient 0,1991 gr. d'acide.

Les 16,7 CC de caméléon correspondent, d'après le titre, à 0,2144 gr. de fer = 0,3058 gr. de peroxyde. Donc il y avait 0,1991 gr. d'acide phosphorique combiné à 0,3058 gr. de peroxyde de fer dans 0,5049 gr. de phosphate de fer. Donc le sel précipité avait pour composition :

$$39,44 \text{ acide phosphorique.}$$
$$60,56 \text{ peroxyde de fer.}$$
$$\overline{100,00}$$

Cette composition s'accorde assez avec la formule donnée par Wittstein (n° III) $4Fe^2O^3$, $3PhO^5$. Toutefois, la composition du précipité dépend, non-seulement de l'excès d'un des corps employés, mais aussi essentiellement de la quantité d'acide acétique en excès. Avant que je n'aie fait cette remarque, j'étais dans le doute sur la nature des précipités obtenus dans différentes circonstances, parce qu'ils offraient des compositions très-diverses qu'il était impossible de représenter par des formules.

Quand on fait réagir du phosphate et de l'acétate de soude avec du perchlorure de fer neutre, l'acide acétique mis en liberté n'est pas suffisant pour empêcher la précipitation du peroxyde de fer sur le précipité neutre déjà formé. En augmentant toujours la quantité de perchlorure de fer, on obtient à la fin un précipité rouge-brique et dans la liqueur filtrée on ne trouve pas de peroxyde de fer. Je ne trouve nulle part cette circonstance signalée avec l'importance qu'elle mérite, car c'est le seul caractère qui assure la constance de composition d'un précipité. Pour établir ce fait d'une manière encore plus certaine, 2 gr. de phosphate de soude sans addition d'acide acétique, furent précipités avec une plus grande quantité de perchlorure de fer. Le précipité lavé, préalablement réduit, décomposa 37 CC de caméléon (77,6 CC de caméléon = 1 gr. de fer). Les 37 CC correspondent à 0,476 gr. de fer = 0,68 gr. de peroxyde, combiné à 0,3982 gr. d'acide phosphorique dans 1,0782 gr. de phosphate de fer. Donc on a :

$$37 \text{ pour cent d'acide phosphorique.}$$
$$\underline{63 \quad - \quad - \quad \text{de peroxyde de fer.}}$$
$$100$$

Ici, la proportion d'oxyde de fer est encore plus grande. Un précipité nouveau préparé de la même manière, calciné, pesé, réduit, dosé par le caméléon donna 41,37 p. c. d'acide phosphorique et 58,63 p. c. d'oxyde de fer.

Ensuite on précipita par le chlorure de fer 30 CC d'une dissolution décime normale de phosphate de soude (35,836 gr. dans un litre) avec addition d'un grand excès d'acide acétique, d'acétate de soude, jusqu'à ce que le liquide qui surnageait, offrît nettement la réaction du perchlorure de fer. Le précipité lavé fut réduit et traité par le caméléon. On employa de celui-ci 29,4 CC (titre : 44,5 CC = ¼ gr. de fer). Donc on avait 0,16517 gr. de fer = 0,23595 gr. de peroxyde. La dissolution de phosphate de soude contient par CC $\frac{1}{10000}$ équivalent d'acide phosphorique, soit dans 30 CC, 0,21408 gr. d'acide qui étaient combinés au peroxyde de fer dans 0,45003 gr. de phosphate de peroxyde de fer. Cela donne la composition :

$$47,57 \text{ pour cent d'acide phosphorique.}$$
$$\underline{52,43 \quad - \quad - \quad \text{de peroxyde de fer.}}$$
$$100,00$$

Ce qui s'accorde très-bien avec la formule du n° II.

Un précipité préparé de même fut desséché et calciné ; on en fit dissoudre 0,5 gr. dans l'acide chlorhydrique et on dosa par le caméléon après avoir réduit par le zinc. On employa 32,4 CC (du même titre que plus haut). Ceux-ci correspondent à 0,182 de fer = 0,26 gr. de peroxyde. Calculant d'après 0,5 gr. on obtient la composition suivante :

48 pour cent d'acide phosphorique.

52 — — de peroxyde de fer.

———

100

Le sel calciné correspond donc aussi avec la composition de la formule II. D'après celle-ci, 2 équivalents de fer correspondent à 1 équivalent d'acide phosphorique et comme, à l'aide du caméléon, on trouve directement la quantité de fer, il suit que 56 de fer = 71,36 d'acide phosphorique. Il faut donc multiplier le fer métallique par $\frac{71,56}{26}$ ou 1,273 pour avoir la quantité d'acide phosphorique.

Il reste maintenant encore à rechercher la composition du phosphate de fer obtenu en précipitant par un excès d'acide phosphorique.

1 gr. de fil de fer fut dissous dans l'acide chlorhydrique, suroxydé par l'azotate de potasse, additionné d'acétate de soude et précipité avec 12 gr. de phosphate de soude. Comme il ne faut en réalité que 6 gr. de ce sel pour opérer la précipitation complète, il y avait un grand excès du précipitant. Le précipité fut bien lavé, séché, enlevé autant que possible de dessus le filtre ; ce dernier fut brûlé dans une opération particulière et la portion du précipité enlevé, fut seule calcinée, puis humectée d'acide azotique et calcinée de nouveau. Tout le précipité pesait 3,015 gr. contenant le peroxyde provenant d'un gr. de fer = 1,428 gr. de peroxyde, il reste donc pour l'acide phosphorique 1,587. Ce qui donne la composition :

52,63 d'acide phosphorique.

47,37 de peroxyde de fer.

Dans deux opérations successives on prit chaque fois 0,5 gr. de précipité, on en fit la réduction par le zinc et le dosage par le caméléon. Chaque fois il fallut 13 CC du dernier (titre : 1 gr. de fer = 78,4 CC). Ceux-ci correspondent à 0,1658 gr. de fer = 0,237 gr. de peroxyde. Ce qui donne la composition suivante :

52,6 pour cent d'acide phosphorique.

47,4 — — de peroxyde de fer.

Résultat parfaitement d'accord avec les nombres obtenus directement. Si l'on divise ces nombres par les équivalents correspondants, on obtient pour le peroxyde de fer 0,593 et pour l'acide phosphorique 0,737, quotients qui sont à peu près dans le rapport de 4 : 5. La formule du sel serait donc IV. $4Fe^2O^3, 5Pho^5$ et sa composition :

> 52,71 pour cent d'acide phosphorique.
> 47,29 — — de peroxyde de fer.

En répétant la même expérience on obtint, avec 1 gr. de fer métallique, 3,035 gr. de phosphate de fer calciné. En en retranchant 1,428 gr. de peroxyde de fer, il reste 1,607 gr. d'acide phosphorique. D'où l'on conclut pour sa composition :

> 52,95 pour cent d'acide phosphorique.
> 47,05 — — d'oxyde de fer.
> ___________
> 100,00

Ce qui s'accorde encore avec les expériences précédentes.

Frésénius et Will (1) prétendent que le précipité formé par une petite quantité de sel de peroxyde de fer avec l'acétate d'ammoniaque dans un liquide contenant beaucoup d'acide phosphorique, correspond à la formule I et est du sesquiphosphate de peroxyde de fer. C'est la seule fois qu'on ait signalé l'existence de ce sel. Il ne m'est jamais arrivé d'obtenir ce précipité, bien que dans les expériences précédentes, j'aie employé deux fois plus d'acide phosphorique qu'il n'en fallait pour la précipitation et que par conséquent les conditions de sa formation aient été remplies. Je suis donc en droit de douter de l'existence de ce composé, m'appuyant en outre sur cette remarque que si on précipite du perchlorure neutre de fer par le phosphate de soude, la liqueur est fortement acide, ce qui ne devrait nullement arriver s'il se formait un sesquiphosphate, puisqu'alors l'acide devrait se trouver dans le précipité. Je fus surpris également dans ces essais de ne pas obtenir un composé neutre, mais bien contenant un peu plus d'acide phosphorique. J'essayai dès lors encore une fois si le sel calciné ne contenait pas de phosphate de soude en faisant bouillir la poudre avec de l'eau distillée. L'eau de filtration donna, il est vrai, un léger trouble avec l'azotate de plomb, mais la poudre desséchée, essayée par le caméléon, présenta juste la même proportion de fer qu'avant le lavage, et dès lors je dois lui conserver la composition trouvée. On voit d'après tous ces faits qu'il n'y a rien de constant dans la manière dont l'acide phosphorique se combine avec le sesquioxyde de fer et que cela doit

____

(1) *Ann. de Chimie et de Pharmacie*, v. L, p. 379,

rendre bien difficile le dosage exact de cet acide. Tous ces précipités sont muci-
lagineux, imprégnés d'eau et ne la laissent passer que si lentement à travers
le meilleur papier à filtrer, que les analyses sont des plus longues. J'ajouterai
encore qu'avec un excès de perchlorure de fer, l'azotate de plomb ne décèle
dans la liqueur filtrée aucune trace d'acide phosphorique et qu'avec un excès
d'acide phosphorique on ne retrouve pas de fer dans le liquide avec le sulfhydrate d'ammoniaque. On peut donc sans crainte laver longtemps le précipité.

Revenons maintenant à la partie pratique de l'expérience, tout en ayant
reconnu que le dosage de l'acide phosphorique ne satisfait ni à la rigueur, ni
à la facilité que nous prétendons être le propre de la méthode par les liqueurs titrées.

Voici comment on conduit l'expérience :

I. On dissout le phosphate dans l'eau, quand c'est possible, sinon dans
l'acide chlorhydrique, on y ajoute un excès d'acétate de soude et d'acide
acétique libre. Puis on précipite en versant goutte à goutte du perchlorure
de fer jusqu'à ce que le liquide contienne du perchlorure de fer en dissolution. On jette sur un filtre et on essaye avec le sulfocyanure de potassium
et quelques gouttes d'acide chlorhydrique; si le liquide qui passe contient du peroxyde de fer en dissolution, et si la coloration rouge se manifeste, cela suffit. On pourrait même, pour être plus certain, ajouter au
liquide filtré quelques gouttes de la solution de perchlorure de fer et voir s'il
se forme encore un trouble ou un précipité de phosphate de fer. Lorsque cela
n'arrive pas et que le liquide se colore seulement en rouge foncé par l'acétate de peroxyde de fer formé, l'opération est satisfaisante. Dans le cas contraire, il faudrait de nouveau ajouter du perchlorure de fer au liquide filtré
et tout repasser sur le filtre. On lave alors complétement sur ce dernier avec
de l'eau distillée chaude et un peu d'acide acétique, jusqu'à ce que le liquide
qui passe ne donne aucune coloration rouge par le sulfocyanure et l'acide
chlorhydrique. On dessèche le précipité sur le filtre, on le calcine, on l'humecte d'acide azotique, on le calcine de nouveau et on le pèse. Maintenant
on le dissout tout entier dans l'acide chlorhydrique pur, et opérant pour les
dernières parcelles dans un creuset de platine, on réduit par le zinc et on
dose le fer par le caméléon. Ce métal calculé en peroxyde et retranché du poids
total donne la quantité d'acide phosphorique. Cette méthode n'est certainement pas plus expéditive que la méthode par les pesées, mais elle est plus
rigoureuse. La dernière admet pour le précipité pesé une composition qu'il
n'a pas toujours, comme l'ont prouvé nos expériences citées plus haut. Le
dosage du fer dans le précipité donne donc seulement la certitude, qu'on

ne pourrait avoir autrement, quand il s'agit d'un corps d'une composition si variable. Frésénius et Will pour cette raison séparent le fer à l'état de peroxyde par les procédés analytiques connus et en déterminent aussi le poids ; mais notre procédé a un grand avantage en ce que, plus certain, il épargne beaucoup de temps et de peines.

II. Suivant Raewsky. On précipite et on lave comme précédemment, n° 1, puis, sans dessécher le précipité, on le dissout sur le filtre avec de l'acide chlorhydrique, on enlève ainsi tout le fer contenu sur le filtre, on réduit le liquide qui contient le fer avec le zinc et on dose par le caméléon. Pour le calcul on emploie le facteur 1,273 pour le fer métallique ou 0,182 pour le sulfate double de fer et d'ammoniaque.

III. Suivant Liebig (1). On part de la décomposition donnée par la formule II, et on admet que le précipité est représenté par $Fe^2O^3 Pho^5$. Bien que le dosage de l'acide phosphorique par le procédé de Liebig ne se termine pas par le caméléon, je crois devoir le décrire ici, parce qu'il se rapproche beaucoup de celui de Raewsky.

Le phosphate est dissous également, avec un peu d'acide chlorhydrique si c'est nécessaire, puis on y ajoute de l'acétate de soude et beaucoup d'acide acétique. On y verse ensuite goutte à goutte une dissolution titrée de perchlorure de fer, jusqu'à ce que le prussiate de potasse décèle dans le liquide du peroxyde de fer libre en dissolution. Pour le reconnaître, on place sur une soucoupe en porcelaine du papier imbibé de prussiate de potasse et on presse contre lui un double de papier à filtre avec une baguette en verre, à laquelle est suspendue une goutte du liquide à essayer. Si celui-ci contient du peroxyde de fer dissous en excès, au bout de 3 ou 4 secondes, le papier qui est en dessous présente une coloration bleue. On voit que cette méthode a tous les inconvénients des méthodes à la touche, mais il faut s'en contenter puisqu'il n'y en a pas d'autres meilleures. La réaction d'essai étant faite avec une seule goutte de liquide et devant produire un phénomène sensible, on ne saurait douter qu'il pourrait bien y avoir déjà dans la masse totale un excès notable du précipitant. J'ai cherché en vain à terminer l'opération par un phénomène sensible se produisant au milieu du liquide lui-même. Le sulfocyanure manque complétement le but. La couleur rouge qui apparaît dès les premières gouttes, disparaît sans laisser de trace quand on agite. Le sulfocyanure en présence des acétates ne donne pas de coloration rouge. Le tannin colore aussi en noir le phosphate de fer.

(1) *Ann. de Chimie et de Pharmacie*, v. LXXVIII, p. 150.

Quand on verse le perchlorure de_fer dans une dissolution de phosphate de soude additionnée d'acétate de soude et d'acide acétique, il ne se forme pas de précipité dans les premiers moments ou bien celui qui se fait se redissout aussitôt. Ce n'est qu'au bout de quelque temps qu'il se dépose un précipité permanent.

Il ne faut donc pas mener l'analyse trop rapidement, mais laisser les substances quelque temps mêlées ensemble. Du reste, par cette méthode, il ne m'est jamais arrivé d'obtenir des nombres identiques et correspondants à la proportion d'acide phosphorique.

Liebig prépare sa dissolution de fer en dissolvant 15,556 gr. de fer métallique dans l'acide chlorhydrique et en peroxydant par l'addition de quelques gouttes d'acide azotique avec l'aide de la chaleur. Le liquide est ensuite évaporé à siccité au bain-marie, puis dissous dans 2 litres, 1 CC $=$ 10 milligrammes d'acide phosphorique. Je le prépare de sorte que 1 litre contienne $\frac{1}{10}$ d'équivalent ou 27,038 gr. de perchlorure de fer cristallisé. 1 CC $= \frac{1}{10000}$ d'équivalent ou 0,007136 gr. d'acide phosphorique.

CHAPITRE XVII.

Acide sulfhydrique.

SUBSTANCE.	FORMULE.	ÉQUIVALENT.	1 CC D'ACIDE oxalique normal correspond à
77. Acide sulfhydrique....	SH	17	0,017 gram.

Fer métallique $\times$ 0,3035 $=$ acide sulfhydrique. Log. $=$ 0,4821587 $-$ 1.
Sel double de fer $\times$ 0,04336 $=$ —   —   Log. $=$ 0,6370893 $-$ 2.

Lorsqu'on verse du perchlorure de fer dans de l'eau contenant en dissolution de l'acide sulfhydrique, du soufre est mis en liberté et il se forme une quantité de sel de protoxyde de fer équivalente à celle de l'acide sulfhydrique.

Le soufre libre est sans action sur le caméléon, quand les liquides sont très-étendus, car l'expérience prouve qu'on emploie autant de caméléon pour le même liquide filtré ou non filtré. Un excès de caméléon ne fait pas non plus disparaître le trouble, et celui-ci n'empêche pas de reconnaître très-facilement la coloration rouge.

Mais si l'on verse une dissolution de caméléon dans de l'eau sulfurée acide, sans y avoir préalablement ajouté du perchlorure de fer, le caméléon est aussi decomposé, mais plus lentement que par le sel de protoxyde de fer. Il se sépare très-peu ou point de soufre, le liquide reste en général limpide et l'on emploie en somme plus de caméléon que pour l'épreuve avec addition de perchlorure de fer. D'après cela, l'addition préalable de perchlorure de fer est indispensable.

Pour procéder à l'analyse, on met dans un flacon à large col du perchlorure de fer qui doit naturellement être exempt de protochlorure, ce dont on s'assure par le caméléon, puis on ajoute de l'acide sulfurique concentré. La couleur jaune-foncé du perchlorure de fer devient jaune-clair. On puise à l'aide d'une pipette l'eau sulfurée qu'on laisse couler jusqu'à ce que le niveau soit au trait d'affleurement, on plonge le bout de la pipette dans le liquide contenant le fer et on laisse couler. De cette manière, on ne perd pas trace d'acide sulfhydrique. Le liquide se trouble par l'effet du soufre qui se sépare, mais l'excès de perchlorure de fer lui conserve une légère teinte jaunâtre. Il faut même, dans chaque cas, que cet excès existe et on s'en assurera par un essai avec le prussiate jaune, en prenant, avec une baguette en verre, une goutte du liquide qu'on portera sur une soucoupe en porcelaine où l'on aura mis d'avance un peu d'une solution de prussiate jaune; il faut qu'aussitôt il se développe une couleur bleu-foncé. On étend alors de beaucoup d'eau de manière à presque décolorer le liquide, puis on ajoute le caméléon. On aperçoit la coloration rouge aussi facilement dans un liquide clair que dans un liquide trouble.

La décomposition est très-simple. Le perchlorure de fer et l'acide sulfhydrique donnent du protochlorure de fer, du soufre et de l'acide chlorhydrique.

$$\mathrm{Fe^2Cl^3 + SH = 2FeCl + S + HCl.}$$

On voit donc que 2 équivalents de fer correspondent à 1 équiv. d'acide sulfhydrique ou 56 de fer = 17 d'acide sulfhydrique, par conséquent la quantité d'acide sulfhydrique $= \frac{17}{56} \times$ fer $= 0{,}3035$ fois le fer.

On n'a donc qu'à calculer en fer les CC de caméléon employés d'après le titre du jour et à multiplier le fer par 0,3035, ou si le caméléon est rapporté à l'acide oxalique, à transformer les CC d'acide oxalique d'après le nombre (77) marqué au commencement du chapitre.

On traita 10 CC d'une solution aqueuse d'acide sulfhydrique d'après cette méthode. On employa :

         1° 14,1   CC de caméléon.
         2° 14   —   —
         3° 13,5   —   —

En moyenne 13,86 CC de caméléon (titre $\frac{1}{4}$ gr. de fer $= 44,5$ CC). Ces 13,86 CC de caméléon $= 0,077865$ de fer et ceux-ci multipliés par 0,3035 donnent 0,0236 gr. $= 0,236$ pour cent d'acide sulfhydrique.

On pourrait, de la même manière, déterminer la quantité d'acide sulfhydrique contenue dans le sulfhydrate d'ammoniaque. Il faudrait additionner fortement le perchlorure de fer d'acide chlorhydrique, puis y faire couler le sulfhydrate d'ammoniaque. On étendrait à 300 CC, on filtrerait promptement une portion à travers un filtre à plis, on prendrait 100 CC du liquide qu'on traiterait par le caméléon. On aurait encore assez de substance pour faire une seconde épreuve.

Le soufre qui se sépare de l'acide sulfhydrique se dépose très-lentement et passe en partie à travers le papier pendant la filtration. Du reste, l'acide sulfhydrique se dose bien plus exactement et plus facilement par l'arsénite de soude, comme nous l'indiquerons plus tard.

CHAPITRE XVIII.

Zinc.

1° *Dosage par l'acide oxalique.*

SUBSTANCES.	FORMULES.	ÉQUIVALENT.	QUANTITÉ à peser pour que 1 CC d'acide normal $=$ 1 p. cent de la substance.	1 CC d'acide oxalique normal correspond à
78. Zinc.	Zn	52,53	5,253 gr.	0,05253 gr.
79. Oxyde de zinc. .	ZnO	40,53	4,053	0,04053

2° *Dosage par le fer.*

$$\text{Fer} \times 0,5809 = \text{zinc.} \qquad \text{Log.} = 0,7644014 \quad - 1.$$
$$\text{Fer} \times 0,7240 = \text{oxyde de zinc. Log.} = 0,8597386 \quad - 1.$$
$$\text{Sel double de fer} \times 0,08298 = \text{zinc.} \qquad \text{Log.} = 0,9189734 \quad - 2.$$
$$- \qquad - \qquad \times 0,1039 = \text{oxyde de zinc. Log.} = 0,0161155 \quad - 1.$$

Immédiatement à côté du dosage de l'acide sulfhydrique par le caméléon, nous devons placer l'élégant procédé de détermination du zinc donné par Schwarz. Il a une valeur industrielle précieuse, parce qu'il permet de reconnaître avec exactitude la richesse en oxyde de zinc des minerais de zinc, calamine et blende. Il repose sur ce fait que le sulfure de zinc précipité par l'acide sulfhydrique d'une dissolution ammoniacale ou acétique, donne facilement avec du perchlorure acide de fer, du protochlorure de fer, du chlorure de zinc et du soufre.

$$Fe^2Cl^3 + ZnS = 2FeCl + ZnCl + S.$$

Le protochlorure de fer formé est dosé par le caméléon.

Ce qu'il faut donc faire tout d'abord, c'est d'introduire l'oxyde de zinc seul dans une dissolution ammoniacale pour l'en précipiter ensuite par l'hydrogène sulfuré. Le procédé de Schmidt réussit parfaitement.

19

On pèse le minerai finement pulvérisé et sec, on le calcine dans un creuset de platine et on place la poudre calcinée dans un flacon fermant hermétiquement, avec de l'ammoniaque caustique et du carbonate d'ammoniaque. L'oxyde de zinc se dissout seul. On filtre, on lave avec de l'eau ammoniacale, et on précipite le liquide filtré par un courant de gaz sulfhydrique ou une dissolution de ce corps récemment préparée. On chauffe d'abord un peu le tout et on laisse le précipité se déposer avant de mettre sur le filtre où on le lavera sans interruption avec de l'eau chaude. Aussitôt que l'eau qui passe ne contient plus de traces d'acide sulfhydrique, on introduit le filtre et le précipité dans un flacon de 300 CC, on y verse une quantité suffisante de perchlorure de fer, de l'eau chaude, de l'acide sulfurique concentré ; on laisse le flacon bouché quelques instants, en ayant soin d'agiter de temps en temps. On remplit le flacon jusqu'au trait, on remue et on laisse déposer. Du liquide clair, on puise avec une pipette 50 ou 100 CC qu'on étend de beaucoup d'eau et d'acide sulfurique, jusqu'à ce que tout soit incolore, et on ajoute le caméléon. L'essai peut se contrôler avec 100 nouveaux CC. On calcule ensuite la quantité de caméléon pour 300 CC, on transforme en fer ou en acide oxalique et les données indiquées en tête du chapitre permettent d'achever le calcul.

Puisqu'un équivalent de perchlorure de fer Fe^2Cl^3 ne donne qu'un équivalent de chlore au zinc, 2 équivalents de fer correspondent à 1 équivalent de zinc. Donc 56 de fer $= 32,53$ de zinc, par conséquent $\dfrac{fer \times 32,53}{56} = zinc$. C'est là le nombre 0,5809 donné plus haut, par lequel il faut multiplier le fer, et de même pour les autres nombres.

Le sulfure de zinc n'est pas décomposé complétement par le perchlorure de fer neutre, c'est pourquoi il ne faut pas négliger d'ajouter de l'acide au liquide additionné déjà de perchlorure de fer. On ne doit pas sentir l'acide sulfhydrique ou tout au plus l'odeur doit en être presque insensible.

0,5 gr. d'oxyde de zinc pur fortement chauffé, furent dissous dans une quantité suffisante d'ammoniaque caustique et de carbonate d'ammoniaque. On précipita par l'acide sulfhydrique, puis on lava ; on ajouta l'acide sulfurique et le perchlorure de fer, on étendit à 300 CC, et, avec une pipette, on prit deux fois 100 CC du liquide. Chaque fois il fallut 41,3 CC de caméléon (titre $\frac{1}{4}$ gr. fer $= 44,5$ CC). En tout on a donc employé 123,9 CC de caméléon. Ceux-ci, transformés en fer métallique, en donnent 0,696 gr. qui multipliés par 9,724 font 0,503 gr. d'oxyde de zinc, au lieu de 0,500 gr.

CHAPITRE XIX.

Or.

SUBSTANCES.	FORMULES.	ÉQUIVALENT.	QUANTITÉ à peser pour que 1 CC d'acide normal $=$ 1 p. cent de la substance.	1 CC d'acide oxalique normal correspond à
80. 1/3 éq. d'or. . .	$\dfrac{Au}{3}$	65,56	6,556 gr.	0,06556 gr.

Hempel a fait entrer le dosage de l'or dans ses travaux sur les analyses par l'acide oxalique.

L'action du chlorure d'or sur l'acide oxalique libre est connue ainsi que l'usage qu'on fait de cette réaction dans les recherches analytiques (*Traité d'analyses chimiques* de Rose, vol. II, p. 268). A la suite d'une longue digestion, l'or est précipité à l'état métallique et l'acide oxalique se change en acide carbonique. Si l'on fait usage d'une quantité connue d'acide oxalique titré, on peut évaluer l'acide oxalique restant dans le liquide à l'aide du caméléon, par conséquent en déduire la quantité décomposée, qui donnera la mesure de l'or.

Le perchlorure d'or ayant pour composition $AuCl^3$, et l'acide oxalique ne prenant qu'un équivalent d'oxygène, 1 équivalent de perchlorure d'or décompose 3 équivalents d'acide oxalique, ou ce qui est la même chose, 1 CC d'acide oxalique normal correspond à $\frac{1}{3}$ de $\frac{1}{1000}$ d'équivalent d'or $=$ 0,06556 gr. d'or.

Maintenant la première condition à remplir, c'est de transformer l'or en chlorure. On sait qu'on y parvient au moyen de l'eau régale et en évaporant au bain-marie jusqu'à siccité. Comme dans ces circonstances aucun autre métal ne décompose l'acide oxalique, on n'a pas à s'en occuper. On pourra toujours préalablement faire partir le mercure par la chaleur. Les alliages d'or les plus fréquents sont ceux de cuivre et d'argent. L'argent se séparera naturellement à l'état de chlorure par l'action de l'eau régale et quant au cuivre, il ne gêne en rien l'analyse.

On introduit la dissolution de chlorure d'or évaporée dans un flacon de 300 CC et on y ajoute la quantité nécessaire d'acide oxalique normal. On peut facilement calculer d'avance cette dernière en regardant le poids total à essayer comme de l'or pur. Pour chaque 0,06556 gr. d'or il faudrait prendre 1 CC d'acide oxalique normal, il en faudra donc environ de 7 à 8 CC pour ½ gr. d'or.

On laisse le mélange 24 heures dans un lieu chaud, et la disparition de la couleur, quand il n'y a pas d'autre métal, indique la fin de la décomposition. L'or se dépose sous forme de lamelles. On remplit le flacon jusqu'à la marque, on agite et l'on prend avec une pipette 100 CC qu'on dose par le caméléon. On peut répéter l'expérience deux fois, puisque l'on a 300 CC.

D'après le titre connu du caméléon par rapport à l'acide oxalique, on transforme le caméléon décomposé en acide oxalique, on retranche celui-ci des CC d'acide normal employés primitivement, on multiplie le reste par 0,06556 et l'on a l'or en grammes.

Comme l'or se rencontre rarement dans les analyses scientifiques, à cause de son prix élevé, mais bien plus souvent dans les opérations techniques et les analyses de monnaies, il peut ne pas paraître très-rationnel de le doser à l'aide d'une méthode par reste, surtout quand on obtient précisément par ce procédé l'or à l'état pur sous une forme qui permet de le peser directement.

<hr>

CHAPITRE XX.

Oxygène dissous dans l'eau.

(60)   1 CC d'acide oxalique normal $=$ 0,008 gr. d'oyygène.

Double sel de fer $\times$ 0,020408 $=$ Oxygène. Log. $=$ 0,3098004 $-$ 2.

1000 CC d'oxygène (0°C; 0^m, 760 de pression) $=$ 1,43 gr.

1 gr. d'oxygène —   —   — $=$ 700 CC

Les sels de protoxyde de fer en dissolution acide absorbent très-lentement l'oxygène, surtout quand domine un acide fort comme l'acide sulfurique. Cela peut bien tenir à ce que le peroxyde de fer est une base très-faible qui a peu d'affinité pour se combiner à l'acide sulfurique, tandis que le protoxyde est une base forte. Dans les solutions neutres les sels de protoxyde de fer absorbent l'oxygène plus facilement, et le protoxyde libre, séparé de l'acide sulfurique, l'absorbe très-promptement.

Quand on dose le protoxyde de fer avec le caméléon, on a soin qu'il y ait toujours de l'acide sulfurique libre, parce qu'alors l'oxygène dissous dans l'eau aussi bien que celui de l'atmosphère sont sans action sensible pendant la durée de l'expérience.

Ayant mêlé une quantité connue d'une dissolution de sulfate de protoxyde de fer avec de l'eau froide, puis ayant précipité le protoxyde par la potasse caustique, et l'ayant de nouveau dissous avec l'acide sulfurique quelque temps après, il fallut bien moins de caméléon qu'avant la précipitation. Il y eut donc une oxydation d'une partie du protoxyde de fer, qui ne peut être produite que par l'oxygène en dissolution dans l'eau et par l'air renfermé dans les vases. Si on éloigne cette dernière cause d'oxydation, on aura un moyen de déterminer analytiquement la quantité d'oxygène contenu dans l'eau. Il n'y a qu'à rendre la méthode praticable et à démontrer la constance de ses résultats. On fit une dissolution étendue de sulfate de fer, on l'acidifia avec quelques gouttes d'acide sulfurique, afin d'être certain de son inaltérabilité pendant la durée des essais.

5 CC de cette dissolution, additionnés d'eau bouillie et d'acide, décomposèrent 8,5 CC de caméléon.

5 CC de la solution de sulfate de fer, étendus avec 100 CC d'eau de fontaine et de l'acide sulfurique, exigèrent également 8,5 CC de caméléon.

500 CC d'eau du Rhin puisée récemment, avec 5 CC de la même dissolution et de l'acide sulfurique, employèrent aussi 8,5 CC de caméléon.

Il résulte de là que les résultats ne changent pas, quand bien même on étend la dissolution de fer d'épreuve avec de l'eau contenant de l'air.

5 CC de la solution de vitriol vert furent mis dans un ballon que l'on remplit d'acide carbonique en y faisant passer un courant rapide de ce gaz, ensuite on y ajouta de la potasse caustique en solution étendue, le ballon fut fermé et agité longtemps. L'ayant ouvert, on y versa de l'acide sulfurique étendu pour redissoudre le protoxyde et on titra par le caméléon. Il en fallut encore 8,5 CC. Cette expérience prouve que la simple précipitation du protoxide de fer quand on a enlevé l'oxygène libre et la dissolution nouvelle de l'oxyde ne changent pas les résultats.

On passa donc aux dosages. On introduisit 5 CC de la solution de sulfate de fer dans 500 CC d'eau de fontaine fraîche ; on remplit le flacon d'acide carbonique, et avant de fermer on y mit un peu de potasse caustique en dissolution. Au bout de 10 minutes, le flacon fut ouvert; on y versa rapidement de l'acide sulfurique, et quand tout fut éclairci, on titra par le caméléon. Il en fallut seulement 1,8 CC au lieu de 8,5; par conséquent les 6,7 CC de caméléon mesurent l'oxygène libre en dissolution dans 500 CC d'eau de fontaine.

L'expérience fut répétée de la même manière, seulement le mélange fut abandonné pendant une demi-heure. Après avoir redissous le précipité, il fallut 1,9 CC de caméléon pour faire apparaître une couleur rouge sensible. 6,6 CC de caméléon mesurent l'oxygène libre. On voit, d'après cela, que le temps plus long pendant lequel on laisse le mélange ne change pas sensiblement le résultat.

L'expérience fut répétée avec deux fois plus de sulfate de fer, savoir 500 CC d'eau de fontaine et 10 CC de sulfate. Après avoir précipité avec la potasse caustique, laissé reposer un quart d'heure et dissous dans l'acide sulfurique, il fallut 10 CC de caméléon. Comme 10 CC de sulfate de fer auraient absorbés seuls 17 CC de caméléon, il suit que 7 CC représentent l'oxygène libre.

1000 CC d'eau de fontaine et 10 CC de sulfate de fer exigèrent 2,6 CC de caméléon. Donc 14,4 CC de caméléon mesurent la quantité d'oxygène dissous dans 1000 CC d'eau de fontaine.

Ainsi la moyenne de ces expériences est 13,75 CC de caméléon pour l'oxygène libre dans 1 litre d'eau de fontaine.

500 CC d'eau du Rhin et 5 CC de la dissolution de sulfate de fer. Le précipité paraissait tout jaune, couleur de peroxyde de fer. Après la dissolution, on n'employa que 0,4 CC de caméléon. Mesure de l'oxygène : 8,1 CC de caméléon.

500 CC d'eau du Rhin et 10 CC de sulfate de fer. Le précipité est également jaune. Il fallut 8,8 CC de caméléon, donc la mesure de l'oxygène $=$ $17 - 8,8 = 8,2$ CC.

1000 CC d'eau du Rhin et 20 CC de sulfate de fer. Le précipité était vert. On employa 17,7 CC de caméléon. Mesure de l'oxygène : $4 \times 8,5 - 17,7 = 16,3$ CC.

Ces trois essais s'accordent parfaitement, puisqu'ils donnent pour 1 litre 16,2, 16,4 et 16,3. Le dernier nombre est en même temps la moyenne des trois.

On prit, pour terminer, le titre du caméléon. 5 CC d'acide oxalique normal $=$ 53,8 CC de caméléon, donc 1 CC de caméléon $=$ 0,09293 CC d'acide oxalique normal.

Nous avons trouvé :

       Pour l'eau de fontaine 13,75 CC de caméléon.

       Pour l'eau du Rhin   16,30 —   —

Réduisant en acide oxalique d'après le titre trouvé :

       Pour l'eau de fontaine, 1,277   CC d'acide oxalique normal.

       Pour l'eau du Rhin,   1,5148 —   —   —

Voilà la mesure de l'oxygène libre dans un litre.

Comme chaque CC d'une liqueur normale représente $\frac{1}{1000}$ d'équivalent, 1 CC d'acide oxalique normal $= 0,008$ gr. d'oxygène. Donc le poids d'oxygène contenu dans un litre est de :

0,010126 gr. pour l'eau de fontaine.

0,012120 — pour l'eau du Rhin.

Maintenant 1000 CC d'oxygène à 0° et à la pression de 0^m,760 pesant 1,43, 1 litre d'eau de fontaine renferme 7,144 CC d'oxygène à 0° et à la pression de 0^m, 760,

Et 1 litre d'eau du Rhin renferme 8,475 CC d'oxygène à 0° et à la pression de 0^m, 760.

Ces deux eaux contenant aussi de l'acide carbonique libre, les coefficients d'absorption que nous venons de trouver, n'atteignent pas les valeurs indiquées par Bunsen pour l'eau pure.

CHAPITRE XXI.

Acide sulfurique.

Schwarz (1) a proposé, pour l'acide sulfurique, un procédé de dosage qui se termine aussi par l'emploi du caméléon. Si on précipite un sulfate avec une certaine quantité d'une dissolution titrée de plomb, une partie du plomb correspondante à l'acide sulfurique disparaît de la solution, puisque le sulfate de plomb insoluble se dépose. Si donc on détermine la quantité de plomb qui reste encore, on obtient par différence la proportion de plomb qui mesure l'acide sulfurique. Schwarz opère de cette manière : il précipite par le bichromate de potasse le liquide filtré dans lequel s'est fait le sulfate de plomb, il décompose le chromate de plomb lavé avec un volume connu d'une dissolution de sulfate de protoxyde de fer titrée, et détermine, à l'aide du caméléon, la portion non oxydée du sulfate de fer. Ou bien encore, indirectement l'oxyde de plomb non précipité par l'acide sulfurique est traité par un volume connu d'une dissolution titrée de bichromate de potasse ; on filtre pour séparer le

(1) *Annales de Chimie et de Pharmacie*, vol. LXXXIV, p. 98.

chromate de plomb, l'excès du bichromate de potasse est décomposé par une dissolution de sulfate de fer titrée, et, enfin, le reste du sulfate de fer est dosé avec le caméléon. Toutes ces opérations sont, il est vrai, possibles et conformes à la théorie ; mais comme chacune d'elles peut donner des erreurs, celles-ci peuvent s'accumuler de façon que c'est en quelque sorte une méthode par reste à la 3ᵉ puissance. Schwarz lui-même convient que ce procédé n'est pas applicable en pratique, attendu qu'on y perd plus de temps qu'à laver et à peser le précipité de sulfate de baryte. La nécessité d'avoir en outre trois liquides titrés, empêche encore de l'employer.

C'est sur un principe semblable que repose la méthode de dosage d'acide sulfurique donnée par Charles Mohr et qui fut décrite page 99 et suivantes. On n'a besoin que d'une solution titrée de baryte et de l'acide azotique que l'on a préparé d'après cette dernière. Le premier reste donne déjà le résultat, tandis que suivant le procédé de Schwarz, ce n'est que le 3ᵉ.

CHAPITRE XXII.

Acide chlorique.

Sulfate double de fer et d'ammoniaque $\times$ 0,03208 = acide chlorique.

$$\text{Log.} = 0,5062344 - 2.$$

—   —   — $\times$ 0,05211 = chlorate de potasse.

$$\text{Log.} = 0,7169211 - 2.$$

On peut faire usage du sulfate double de fer et d'ammoniaque pour décomposer l'acide chlorique sous l'influence de l'acide sulfurique ou de l'acide chlorhydrique. Comme 1 équivalent de sel de protoxyde de fer peut prendre $\frac{1}{2}$ équivalent d'oxygène ou de chlore, 1 équivalent de chlorate est suffisant pour oxyder 12 équivalents de sels de protoxyde de fer, puisque le premier peut céder 6 équivalents d'oxygène. Par conséquent 12 $\times$ 196 ou 2352 parties de sel double de fer et d'ammoniaque sont nécessaires pour désoxyder complétement 122,57 parties de chlorate de potasse ou environ le 20ᵉ de chlorate.

Dans une dissolution de 4 gr. de sulfate double de fer et d'ammoniaque additionnée d'acide sulfurique, on ajouta 0,2 de chlorate de potasse et on chauffa jusqu'à ce que l'on vit nettement la couleur jaune du sel de peroxyde de fer. Le liquide étendu exigea encore 2 CC de caméléon dont 21,5 CC représentaient 1 gr. du sel de fer. Les 4 gr. du sel de fer équivalant à 86 CC de caméléon, en en retranchant les 2 CC, il reste 84 CC. Ceux-ci, d'après le titre indiqué, valent 3,907 gr. du sel de fer, et en multipliant ce dernier poids par 0,05211, on a 0,203 gr. de chlorate de potasse au lieu de 0,200. Ce nombre, 0,05211, est le quotient de la division de l'équivalent de chlorate par 12 équivalents de sel de fer $\dfrac{122,57}{2352} = 0,05211$.

0,5 gr. de chlorate de potasse avec 10 gr. de sel de fer et de l'acide sulfurique, absorbèrent encore 3 CC de caméléon. 10 gr. de sel de fer valent 215 CC de caméléon, en retranchant 3 CC, il reste 212 CC de caméléon = 9,860 gr. de sel double. Ceux-ci, multipliés par 0,05211 donnent 0,5138 gr. de chlorate.

Ces analyses donnent facilement un résultat un peu trop fort, sans doute parce qu'un peu du sel de protoxyde de fer s'oxyde aux dépens de l'oxygène contenu dans les vases, d'autant plus qu'il faut chauffer pour que la décomposition soit complète. Or, le fer oxydé est toujours compté pour l'acide chlorique, c'est de là que vient l'excès.

CHAPITRE XXIII.

Acide chromique.

Sulfate de fer et d'ammoniaque $\times$ 0,12642 = bichromate de potasse.

Log. = 0,1018158 — 1.

—   —   — $\times$ 0,08636 = acide chromique.

Log. = 0,9363126 — 2.

—   —   — $\times$ 0,04554 = chrome.

Log. = 0,6583930 — 2.

—   —   — $\times$ 0,2761 = chromate de plomb.

Log. = 0,4250449 — 1.

Sulfate de fer et d'ammoniaque $\times \dfrac{\text{équiv. d'un composé à 2 équiv. de chrome}}{1176}$ = ce composé.

Sulfate de fer et d'ammoniaque $\times \dfrac{\text{équiv. d'un composé à 1 équiv. de chrome}}{588}$ = ce composé.

En présence des sels de protoxyde de fer dans une dissolution acide, l'acide chromique se décompose aussitôt en formant de l'oxyde de chrome et du peroxyde de fer. Cette réaction nous offre un moyen facile de doser l'acide chromique. On décompose le chromate en employant une quantité connue et en excès d'un sel de protoxyde de fer, on n'a plus qu'à déterminer avec le caméléon la quantité de protoxyde de fer non décomposé et par une soustraction on sait ce que l'acide chromique a suroxydé. Comme sel de protoxyde de fer, le plus commode pour les mesures volumétriques est le sulfate double de fer et d'ammoniaque.

0,1 gr. de bichromate de potasse fut dissous dans l'eau, on y ajouta 0,9 gr. de sulfate double de fer et d'ammoniaque et de l'acide sulfurique. Le protoxyde de fer excédant décomposa 1,5 CC de caméléon (titre : 1 gr. de sel double = 15 CC de caméléon), donc les 1,5 CC de caméléon équivalents à 0,1 gr. de sel double. Ceux-ci, retranchés de 0,9 donnent 0,8 gr. qui multipliés par 0,12642 font 0,1011 de bichromate de potasse au lieu de 0,100.

L'essai fut répété avec les mêmes quantités et donna les mêmes résultats.

9,6 CC d'une solution normale décime de chrome, qui contenait par conséquent 0,004955 gr. de bichromate de potasse par CC, représentent 0,04756 gr. de bichromate de potasse : on y ajouta 0,4 gr. de sel double de fer, puis 0,5 CC de caméléon. Ces derniers représentent 0,033 gr. de sel de fer qui, retranchés de 0,4 gr., laissent 0,367 gr. ; en multipliant ce dernier nombre par 0,12642, on a 0,04639 gr. de bichromate de potasse.

Si l'on veut se mettre à l'abri d'une incertitude possible dans la décomposition du protoxyde de fer par les chromates, on peut déterminer le titre du sel de fer employé avec du bichromate de potasse pur. Alors l'acide chromique se dose par lui-même.

L'analyse du chromate de plomb se rapporte encore à ce principe. On le pèse, on le met dans un mortier en y ajoutant un poids connu de sulfate double de fer et d'ammoniaque, puis on broye le mélange avec de l'acide chlorhydrique pur. Pour ne pas s'exposer à ajouter trop de sel double de fer, on peut en tarer sur la balance une quantité plus que suffisante, et quand la décomposition est achevée, ce qu'on reconnaît à ce qu'une goutte de liquide colore en bleu le papier trempé dans le prussiate rouge de potasse, on peut, en faisant de nouveau équilibre à la tare avec des poids ajoutés à ce qui reste de sel, savoir combien on a employé de ce dernier. On étend fortement d'eau pure, puis on dose au caméléon l'excès de protoxyde de fer.

1 gr. de chromate de plomb pur fut broyé avec 4 gr. de sel double de fer et de l'acide chlorhydrique, le reste de la poudre fut agité dans un flacon avec de l'eau et de l'acide chlorhydrique. Après avoir étendu d'eau il fallut encore 3,4 CC de caméléon. Ceux-ci, retranchés de 44, laissent 40,6 CC de caméléon correspondant à 3,691 gr. de sel double de fer.

Comme 1 équivalent de chromate de plomb oxyde 3 équivalents de protoxyde de fer, il s'en suit que 162,35 de chromate de plomb $=$ 3,196 ou 588 de sel double de fer; il faut donc multiplier celui-ci par $\frac{162,35}{588}$ ou .0,276 pour obtenir le chromate de plomb. 0,276 fois 3,691 donnent 1,018 gr. de chromate de plomb au lieu de 1 gr.

Enfin, il faut encore ajouter ici que Hempel a proposé de faire l'analyse des chromates par l'acide oxalique. Toutefois, ceux-ci ne se décomposent ni facilement ni complétement avec l'acide oxalique normal, il faut opérer sur des liquides concentrés et avec un grand excès d'acide sulfurique. C'est pourquoi j'ai renoncé à cette méthode, d'autant plus que l'emploi du sulfate double de fer et d'ammoniaque nous offre un moyen très-commode de déterminer le titre du caméléon. Au reste, d'après Hempel, on ne pourrait pas non plus se passer ici de titrer le caméléon par l'acide oxalique.

CHAPITRE XXIV.

Chlore et hypochlorites.

Ces corps peuvent être dosés par le protoxyde de fer, mais non par l'acide oxalique. On introduit la dissolution de chlore dans une dissolution fraîche de sel double de fer, on agite et on titre le reste du protoxyde de fer par le caméléon. Cette analyse réussit parfaitement bien. Les hypochlorites alcalins et terreux sont moins faciles à traiter, parce qu'additionnés d'acide, ils dégagent le chlore trop rapidement. Nous verrons plus loin un moyen beaucoup plus commode et plus rigoureux par l'emploi de l'arsénite de soude.

CHAPITRE XXV.

Mercure.

Hempel propose de décomposer le sublimé corrosif par l'oxalate d'ammoniaque ou l'acide oxalique sous l'influence de la lumière solaire, ce qui produit du calomel. La nécessité de la présence des rayons du soleil fait dépendre cette méthode de circonstances qu'il n'est pas en notre pouvoir de faire naître à volonté.

CHAPITRE XXVI.

Acide urique.

$$\text{Acide urique cristallisé} \quad C^{10}H^4Az^4O^6 + 2HO = 186.$$
$$\text{—} \qquad \text{anhydre} \quad C^{10}H^4Az^4O^6 = 168.$$
$$\text{Sel double de fer} \times 0,19 = \text{acide urique.}$$

L'action de l'acide urique sur le caméléon fut étudiée par M. le docteur Scholz, chirurgien militaire à Blankenbourg, dans le Harz, et appliquée par lui à l'analyse quantitative de cet acide. Ce savant m'ayant fait part de ses travaux, je lui communiquai quelques idées sur le but vers lequel je pensais qu'il serait bon de diriger ses recherches, et je reçus de lui une suite de lettres très-précieuses dont j'extrais ce qu'il y a d'essentiel.

L'acide urique en dissolution acide agit sur le caméléon tout aussi promptement que les sels de fer au minimum, tandis que l'urée n'a pas la moindre action. La présence de l'urée ne gênera donc nullement dans ce travail. L'urée est, d'après cela, une substance oxydée à un si haut degré qu'elle ne peut plus prendre d'oxygène à l'acide permanganique, tandis que l'acide urique s'offre à nous comme un corps oxydable. Le raisonnement pathologique assigne aussi ce caractère à ces deux substances. L'urine de l'homme en bonne santé contient beaucoup d'urée et fort peu d'acide urique, tandis que celle des personnes affectées de la goutte et des hémorrhoïdes renferme beaucoup d'acide urique, de même aussi que l'urine de ceux qui abusent de la nourriture ou qui font des efforts musculaires outrés. La présence de l'acide urique indique donc toujours ou que l'oxygène fait défaut ou qu'il y a surabondance d'aliments oxydables.

L'urine contient toutefois encore d'autres matières qui décolorent le caméléon, telles sont celles nommées matières extractives et le principe colorant. Dans l'état de santé, l'urine oxydée au plus haut degré est très-faiblement colorée. Dans la goutte, la fièvre, l'urine chargée d'acide urique est fortement colorée. La matière colorante de l'urine paraît être identique à celle du sérum du sang, et toutes deux semblent provenir du principe colorant de la bile.

Pour pouvoir étudier séparément les actions de ces deux substances, il fallait essayer l'effet du caméléon sur l'acide urique pur, afin de le préciser nettement en nombre. Les substances qui servirent dans ces recherches, savoir l'acide urique extrait des excréments du boa, le sel double de fer, le caméléon, ainsi que les burettes furent les mêmes que celles que j'avais employées dans le même but et que j'envoyai au docteur Scholz.

Titre du caméléon : 1 CC de caméléon = 0,045603 gr. de sulfate double d'ammoniaque et de protoxyde de fer.

I. 0,204 gr. d'acide urique cristallisé, séché à l'air, dissous dans la potasse et fortement acidifiés par l'acide sulfurique, décomposèrent 23,9 CC de caméléon = 1,0899 gr. de sel double de fer.

D'après cela, la quantité de sel double × 0,18717 = acide urique.

II. 0,102 gr. d'acide urique exigèrent 12,1 CC de caméléon = 0,55179 gr. de sel double de fer. Donc le sel double × 0,18489 = acide urique.

III. 0,323 gr. d'acide urique nécessitèrent 36,9 CC de caméléon = 1,6827 gr. de sel double de fer. Donc le sel double × 0,19194 = acide urique.

IV. 0,398 gr. d'acide urique = 46 CC de caméléon = 2,0977 gr. de sel double. Celui-ci × 0,18972 = acide urique.

V. 0,278 gr. d'acide urique = 32,1 CC de caméléon = 1,4638 gr. de sel double. Sel double × 0,18990 = acide urique.

En faisant abstraction de la seconde expérience dans laquelle on avait pris une trop faible quantité d'acide urique, on voit que la moyenne des quatre autres conduit à ceci, que :

La quantité de sel double de fer × 0,18968 = l'acide urique cristallisé.

L'équivalent de l'acide urique cristallisé est 186. Remplaçant dans l'égalité précédente, on aura :

$$\frac{186}{0,18968} = 980,59 \text{ sel double de fer.}$$

D'après cela, 186 parties d'acide urique absorbent autant d'oxygène que 980,59 parties de sel double de fer. Or, de celui-ci 2 équivalents ou 392 parties prennent 1 équivalent $=$ 8 parties d'oxygène, par conséquent en posant la proportion :

$$392 : 8 : : 980,59 : x$$

on aura $x = 20,012$, qui représente combien 186 parties d'acide urique prennent d'oxygène. Ce nombre est si peu différent de 20, qu'on peut lui substituer ce dernier. Mais $20 = 2\frac{1}{2}$ équivalents d'oxygène, ainsi 2 équivalents d'acide urique cristallisé absorbent 5 équivalents d'oxygène. En prenant le nombre 20 comme exact, nous pouvons partir de là pour rectifier le nombre empirique trouvé plus haut, nous aurons :

$$8 : 20 : : 392 : 980 \text{ et } \frac{186}{980} = 0,1897958.$$

ce nombre est très-peu différent de 0,19 ainsi que celui que nous avons trouvé plus haut par l'expérience et qui était 0,18968.

L'acide urique solide se dissout si lentement dans l'eau, qu'on ne peut pas le doser à moins de le dissoudre préalablement dans la potasse, puis après avoir étendu la dissolution on y ajoute un excès d'acide sulfurique. Il se dépose du reste si lentement, que pendant tout l'essai il reste en dissolution. Si l'on avait de l'acide urique pur, rien ne serait plus facile que de le doser par cette méthode avec la plus grande rigueur. Il n'y a pas d'urate complétement insoluble, c'est pourquoi on ne peut pas séparer analytiquement l'acide urique. Cependant il est par lui-même si difficilement soluble, que lorsqu'on le met en liberté dans l'urine par l'addition d'un acide, il est, au bout d'un temps un peu long, presque complétement précipité.

Si à 300 CC d'urine on ajoute 5 CC d'acide sulfurique anglais en agitant le mélange, et abandonnant le tout quelques jours à la cave ou en hiver à l'air libre, l'acide urique se dépose sous forme de poudre rouge cristalline. Toutefois, il reste toujours un peu d'acide urique en dissolution, et une partie du précipité est formée de substances qui, sans être de l'acide urique, décolorent cependant le caméléon. Ces deux causes d'erreur, dont la dernière n'est pas constante, sont opposées, et se compensent en partie. Pour mieux apprécier leur influence, on fit les expériences suivantes :

0,165 gr. d'acide urique furent dissous avec un peu d'une dissolution de potasse dans 300 CC d'eau, on précipita par l'acide sulfurique et on maintint à une température froide pendant 24 heures. Le liquide surnageant fut enlevé avec un siphon et on en titra 200 CC avec le caméléon. Il fallut 0,9 CC de caméléon qui correspondent à 0,00778 gr. d'acide urique. Cela indique pour la solubilité, une partie d'acide dans 25707 parties en volume du liquide acide. Le précipité fut de nouveau dissous dans la potasse, on en fit 300 CC et on ajouta 5 CC d'acide sulfurique. Pour 200 CC du liquide clair, il fallut encore 0,9 CC de caméléon. Enfin, dans un autre cas, il fallut pour les 300 CC du liquide soutiré 1,4 CC de caméléon, résultat qui s'accorde parfaitement avec les deux précédents. La partie d'acide urique non précipitée dépend uniquement de la solubilité de l'acide et par conséquent de la quantité et de la nature du liquide.

Pour rechercher l'influence des matières extractives et colorantes précipitées avec l'acide urique, on ajouta 5 CC d'acide sulfurique à 300 CC d'urine et on laissa déposer pendant 24 heures. Pour tout le précipité, il fallut 36,3 CC de caméléon. On traita de nouveau par l'acide sulfurique 300 nouveaux CC d'urine, le précipité fut dissous dans une dissolution de potasse, le tout, étendu à 300 CC, fut additionné d'acide sulfurique et on dosa 200 CC du liquide avec le caméléon. Il fallut 2,6 CC de caméléon, donc pour les 300 CC il eût fallu 3,9 CC. Si l'on en retranche 1,4 CC qui sont nécessaires, ainsi que nous l'avons vu plus haut, pour l'acide urique que peuvent dissoudre les 300 CC, il reste 2,5 CC de caméléon pour les substances autres que l'acide urique qui se trouvent dans le liquide. Comme le précipité d'acide urique était encore un peu coloré, il fut de nouveau dissous et traité de même. Les 300 CC de liquide surnageant décomposèrent 2,4 CC de caméléon, qui, diminués de 1,4 CC, donnent encore 1 CC de caméléon pour les matières étrangères.

Le précipité étant encore une fois dissous et précipité, pour les 300 CC de liquide, il fallut 1,3 CC de caméléon ; il n'y avait donc plus, dès lors, que de l'acide urique dissous, puisque le liquide ne décomposait pas plus de caméléon qu'une dissolution d'acide urique pur. Quant à l'acide restant et déposé, il exigea 28 CC de caméléon. Ajoutons maintenant toutes ces quantités de caméléon employées dans chaque essai successif, savoir : 3,9, 2,4 et 1,3 CC aux 28 CC, on aura 35,6 CC pour tout le précipité primitif, tandis que plus haut nous avions eu 36,3 CC : l'accord est assez satisfaisant. La quantité de caméléon décomposée par les substances étrangères est de 2,5 + 1 = 3,5 CC, c'est-à-dire, $\frac{1}{10}$ de ce qu'il fallut pour tout le premier précipité et si l'on veut admettre une fois pour toutes que ce résultat est exact, il faudra pour 300 CC d'urine corriger les CC de caméléon nécessaires, dans ce sens qu'on en retranchera $\frac{1}{10}$ de la quantité totale et qu'on y ajoutera autant de CC qu'il en faudrait d'un caméléon de titre déterminé pour le liquide qui surnagerait le précipité formé dans 300 CC d'une dissolution d'acide urique pur. Soit m cette dernière quantité, si l'on a employé x CC de caméléon, ceux-ci corrigés seront $x - \frac{x}{10} + m$.

On voit, par là, qu'on ne s'écarterait pas trop de la vérité, en admettant qu'une cause d'erreur compense l'autre et en ne faisant pas de correction.

Dans la méthode ordinaire, en pesant l'acide urique, les deux causes d'erreur existent d'ailleurs aussi, puisqu'en précipitant et en lavant, il y a de l'acide dissous et des corps étrangers également précipités.

Du reste, la proportion des matières qui se déposent avec l'acide urique n'est pas constante : ainsi dans un autre cas on trouva que ces substances décomposaient 5,44 CC de caméléon, et l'acide urique pur 20,56 CC; ici il eût donc fallu retrancher $\frac{1}{5}$ de la totalité.

Toutefois, on peut doser très-rigoureusement l'acide urique avec le caméléon, lorsqu'on est certain qu'il n'y a pas d'autres substances pouvant agir sur le permanganate de potasse.

ROBERT BUNSEN.

ACTION DE L'ACIDE SULFUREUX SUR LA DISSOLUTION D'IODE.

CHAPITRE XXVI.

Principe de la méthode.

Le travail que Bunsen publia en 1853 fait véritablement époque dans l'histoire de l'analyse volumétrique. Il faut avouer ici que les chimistes qui se sont occupés plus tard de cette partie de la science, comme Streng et l'auteur de ce traité, n'ont fait que s'appuyer sur les idées de Bunsen. C'est à Bunsen seul qu'on est redevable de la méthode, et les perfectionnements ne portent que sur le choix d'autres corps qui rendent le travail plus facile et les résultats plus certains, ce qui a quelqu'importance dans la pratique.

Bunsen démontra d'abord que les différences d'effets que présente l'action de l'acide sulfureux sur la dissolution d'iode tiennent essentiellement à la concentration plus ou moins grande de l'acide sulfureux. Si l'on ne fait pas attention à cette circonstance, l'emploi de l'iodure d'amidon indiqué pour la première fois par Dupasquier, devient tout à fait illusoire. En effet, si d'un côté l'acide sulfureux et l'iode se transforment en acide sulfurique et en acide iodhydrique, pour une plus grande concentration l'acide sulfurique et l'acide iodhydrique peuvent se décomposer en acide sulfureux et en iode. Ce n'est que lorsque les liquides sont très-étendus que l'on peut être certain que la dernière réaction n'a pas lieu et que la première au contraire est complète. Pour des concentrations comprises entre les limites, une des deux décompositions n'a jamais lieu qu'à un certain degré. Ce fut par des expériences, qu'il fut bien établi que le résultat n'était constant et rigoureux que lorsque la proportion d'acide sulfureux anhydre ne dépassait pas 4 ou 5 centièmes pour cent en poids. Si la proportion d'acide est plus grande, la méthode donne des résultats différents, suivant qu'on verse plus ou moins lentement et qu'on agite plus ou moins convenablement pendant le mélange. L'acide sulfureux à son degré convenable de dilution doit être préparé en grande provision, parce qu'on en emploie beaucoup pour une analyse. On peut le préparer et le conserver très-facilement de la manière suivante, d'après les conseils de Frésénius. On prend un flacon aussi grand que possible, d'environ 10 litres, on le remplit presque complétement d'eau, et on peut employer de l'eau de fontaine en prenant la précaution de la faire bouillir, on ajoute 70 à 80 CC d'une dissolution saturée d'acide sulfureux, on agite fortement et on place le flacon sur une console élevée (fig. 94). Au moyen d'un tube en caoutchouc

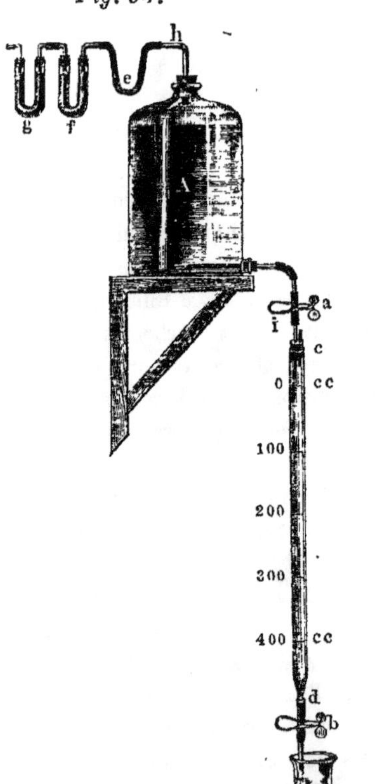

Fig. 94.

vulcanisé, on unit le tube *h* à deux autres tubes en U, dont l'un *g* est rempli de morceaux de phosphore et l'autre *f* d'hydrate de potasse. De cette façon, l'air qui pénètre dans le flacon est dépouillé de son oxygène et la petite quantité d'acide phosphoreux ou d'air ozonifié est arrêtée par la potasse.

Près du fond du flacon, on perce un trou circulaire dans lequel on fixe à l'aide d'un bouchon un tube recourbé à angle droit. Celui-ci porte en son milieu un tube en caoutchouc fermé avec la pince *a*. Ce tube servant à faire couler le liquide du flacon dans le tube gradué, s'engage en *c* dans un bouchon qui ferme la partie supérieure de celui-ci. Seulement, pour que l'air puisse sortir de ce dernier, on pratique une légère échancrure sur le contour du bouchon ou bien on le traverse par un tube de verre mince. L'extrémité inférieure du tube à écoulement est un peu recourbée en *c* afin que la solution d'acide sulfureux ne tombe pas à plat, mais tout le long des parois du tube. Le tube jaugé ne porte des divisions que de 50 en 50 CC. On les trace en le remplissant d'eau distillée jusqu'à un trait supérieur, puis au moyen de la pince inférieure *b*, on fait couler l'eau peu à peu dans un tube jaugé de 50 CC et mouillé d'avance. Après chaque remplissage de la jauge, on fait un trait au crayon vis-à-vis le niveau du liquide sur une bande de papier collée sur le tube à graduer. Ensuite plaçant le tube horizontalement, on prolonge ces traits sur le verre au moyen d'un diamant. Puis le tube ainsi gradué est placé dans une position invariable et reste toujours fixé au flacon.

La manière de mesurer la solution d'acide sulfureux se comprend d'elle-même : il ne faut pas que le tube d'écoulement soit trop étroit, parce qu'on perdrait du temps inutilement.

Cette disposition, en tout fort commode, a cependant un inconvénient quand il s'agit de l'acide sulfureux, c'est que celui-ci s'altère en coulant dans toute la longueur d'un long tube plein d'air. Bien qu'il ne coule pas en filet et qu'il ne s'éparpille pas en gouttes, cependant il s'étend sur les parois du tube. L'air chassé se répand librement au dehors. J'ai modifié l'appareil de sorte que le liquide arrivant par la partie inférieure du tube, l'air expulsé repasse dans le grand flacon. La fig. 95 en fait comprendre facilement la disposition. Le tube mesureur est placé dans une position convenable, que nous ne pouvons assigner ici d'une manière plus précise. Il est nettement coupé aux deux extrémités et fermé par des bouchons graissés avec de l'huile. Dans le bouchon inférieur sont fixés le tube à écoulement *a*, et le tube qui sert à remplir *b*, tous deux munis d'une pince. L'ouverture supérieure communique avec le flacon au moyen d'un tube en caoutchouc. Si, par la pression, on ouvre la pince *c*, le liquide descendant par le tube en caoutchouc et le tube en verre dans le tube mesureur, monte à telle hauteur qu'on veut jusqu'à ce qu'on abandonne la pince *c*. On ouvre alors le robinet *a*, on laisse couler le liquide pour amener le niveau au zéro et la burette est prête.

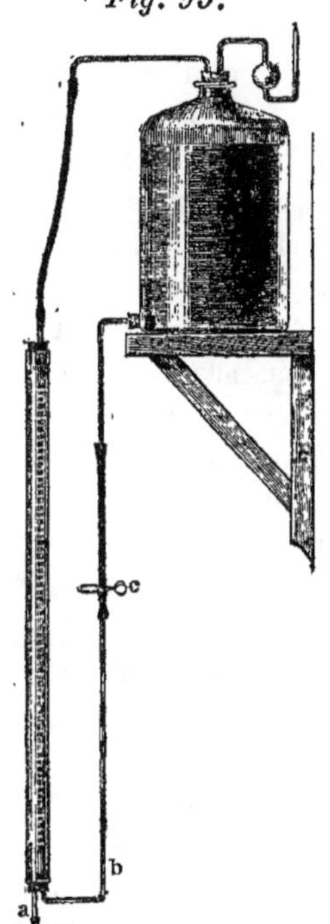

Fig. 95.

A travers le bouchon du grand flacon, à côté du tube à air communiquant à la burette, il y a un tube à boule fonctionnant comme soupape qui laisse entrer l'air quand la burette se vide. A la suite de ce tube à boule, on peut encore ajouter le tube à phosphore de Frésénius et alors un flacon entier peut être employé en toute sûreté, il conserve parfaitement toujours le même titre.

En général, cette disposition est très-avantageuse pour tous les travaux qui

Fig. 96. doivent se répéter fréquemment de la même manière, comme dans les analyses d'argent dans les hôtels de monnaies, les analyses de soude dans les fabriques de soude, et on pourrait donner à la partie inférieure de la burette la forme représentée dans la fig. 96, où le bouchon d'en bas est supprimé et où un tube soudé à la partie latérale inférieure sert à introduire le liquide. Ce tube étroit, restant toujours plein, n'a pas d'influence sur la division de la burette, de même que cela a lieu dans la burette de Gay-Lussac.

Quant à la dissolution d'iode, Bunsen la prend d'une force arbitraire qu'il détermine soit par une analyse en poids, soit en la comparant au bichromate de potasse. On peut aussi se procurer de l'iode chimiquement pur que l'on trouve maintenant dans le commerce, le peser et le dissoudre dans l'iodure de potassium en évitant toute perte. L'équivalent élevé de l'iode et l'exactitude avec laquelle il est déterminé, justifient ce choix de l'iode pesé comme substance de dosage. On peut encore plus facilement doser la dissolution d'iode par l'arsenite de soude, quand sa force est inconnue, puis l'étendre de manière que chaque centimètre cube renferme $\frac{1}{1000}$ équivalent d'iode évalué en grammes. On évitera ainsi l'emploi incommode de longues formules et on n'oubliera pas à chaque instant la relation de tous les nombres et des résultats de l'expérience. Je supposerai donc qu'on a introduit ce perfectionnement essentiel et facile dans la méthode et je ferai complétement abstraction des formules.

Maintenant, avec ces deux liquides on peut doser les corps les plus divers. L'acide sulfureux, l'acide sulfhydrique, après avoir été préalablement étendus d'eau purgée d'air, et le protochlorure d'étain peuvent seuls être directement dosés par la solution d'iode, et pour toutes les autres analyses, il faut faire avant une opération que nous allons indiquer. Les corps qui cèdent de l'oxygène seront décomposés par l'ébullition avec l'acide chlorhydrique concentré. L'hydrogène de l'acide chlorhydrique forme de l'eau, en même temps qu'une quantité de chlore équivalente à l'oxygène cédé devient libre et se dégage. On le recueille dans une dissolution d'iodure de potassium et il met en liberté une quantité équivalente d'iode. Celui-ci est traité par une quantité mesurée d'acide sulfureux jusqu'à décoloration complète, il se fait de l'acide sulfurique et de l'acide iodhydrique. L'excès d'acide sulfureux est déterminé par la dissolution d'iode après avoir ajouté un peu d'amidon. On obtient donc directement la proportion d'acide sulfureux en excès et indirectement celui qui a été oxydé par l'iode. Comme le rapport de la dissolution d'acide sulfureux à celle d'iode est connu, on en conclut la quantité de la solution d'iode qui correspond à l'oxygène cédé et c'est celle-ci qui servira à faire le dosage.

Bunsen a appliqué la méthode aux substances suivantes :

1° *Iode.* L'iode à essayer est pesé et dissous dans l'iodure de potassium, décoloré par l'acide sulfureux, additionné d'amidon et titré au bleu avec la solution d'iode. Ici l'iode est dosé par l'iode même et le résultat comporte toute la rigueur qu'on a mise à préparer la liqueur d'épreuve.

2° *Chlore.* Le chlore décompose la dissolution d'iodure de potassium et met en liberté son équivalent d'iode. Celui-ci est décoloré par SO² et l'excès de SO² est de nouveau titré par la solution d'iode. Par ce moyen, Bunsen a déterminé le poids spécifique du chlore qui s'est trouvé d'accord avec celui établi par d'autres méthodes.

3° Le *brome* est dosé comme le chlore.

4° *Mélange de chlore et d'iode.* On détermine l'iode par le chlorure de palladium, puis à une autre portion du mélange on ajoute un peu d'iodure de potassium, on achève avec l'acide sulfureux et la solution d'iode.

5° Les *chlorites* et les *hypochlorites* sont mêlés à de l'iodure de potassium, décomposés par l'acide chlorhydrique, l'iode mis en liberté est décoloré par l'acide sulfureux et dosé par le moyen ordinaire.

6° L'*acide sulfureux* et l'*acide sulfhydrique* étendus d'eau privée d'air sont titrés directement avec la solution d'iode.

7° *Chromates.* On les distille avec de l'acide chlorhydrique fumant, le chlore qui se dégage est reçu dans de l'iodure de potassium pur et est dosé comme plus haut par l'iode. La composition bien définie du chromate de potasse offre un moyen de déterminer exactement la proportion d'iode contenue dans la dissolution d'épreuve. Un poids connu de chromate de potasse dégage une quantité bien déterminée et connue de chlore et celle-ci dans l'iodure de potassium précipite un poids également connu d'iode. On compare ce dernier avec la solution d'iode employée au moyen de l'acide sulfureux. Les bichromates dégagent 3 éq. de chlore et la quantité correspondante d'iode est mise en liberté.

8° *Chlorates*. On les décompose aussi avec l'acide chlorhydrique fumant, on condense les 6 équivalents de chlore dégagés dans l'iodure de potassium et on achève comme plus haut.

9° Les *peroxydes de plomb, de manganèse, de nickel, de cobalt* dégagent du chlore avec l'acide chlorhydrique fumant, et on opère comme nous savons.

10° Les *acides iodique, vanadique, sélénique, manganique, ferrique,* l'*ozone*, sont traités aussi par distillation avec l'acide chlorhydrique fumant.

11° Les *oxydes de cérium et de lanthane* peuvent être séparés en les précipitant ensemble à l'état d'oxalates qu'on dissout dans l'acide sulfurique concentré et qu'on précipite par l'hydrate de potasse. Les protoxydes hydratés obtenus sont mis en suspension dans une dissolution de potasse caustique, traités par un courant de chlore gazeux et lavés avec soin. Le précipité renferme le cérium à l'état d'oxyde intermédiaire et celui-ci dégage du chlore par ébullition avec l'acide chlorhydrique fumant ; on dose ce chlore à la manière connue.

12° Enfin, Bunsen a encore opéré une analyse de *fer*, qui se fait toutefois par un moyen détourné. En distillant un poids connu de bichromate de potasse avec de l'acide chlorhydrique, il se dégage une quantité connue de chlore. Mais s'il se trouve dans le mélange du fer, à l'état de protoxyde ou de protochlorure, il retient une partie du chlore, par conséquent il s'en dégage moins que ce qui correspond au poids employé de bichromate. Le chlore qui manque mesure le protoxyde de fer.

13° L'*acide arsenieux* absorbant aussi du chlore pourra être dosé comme le protoxyde de fer par la quantité de chlore manquant.

En voyant le grand nombre de corps qui tous sont soumis au même procédé d'analyse, et dont on pourrait encore augmenter le nombre, on ne peut s'empêcher d'avouer que Bunsen a rendu un grand service à la science. Par ses modèles d'analyses, ce savant a montré à quels résultats remarquables pouvait conduire un travail assidu, conduit avec soins et talents. Toutefois, cette méthode est de toutes les analyses par oxydation et réduction, la plus minutieuse et la plus difficile ; elle ne peut se faire que dans les laboratoires de chimie et n'est guère à la portée des fabricants. Voici les objections qu'on peut lui faire. L'état de dilution très-grand de l'acide sulfureux oblige d'opérer sur une très-petite quantité de substance ou avec un volume pas trop grand de liquide. La volatilité de l'acide sulfureux aussi bien que la facilité avec laquelle il s'oxyde, sont des propriétés qui le recommandent peu. Le remplissage fréquent du tube gradué est une opération ennuyeuse et il n'est pas sans inconvénient de verser l'acide sulfureux dans des vases un peu grands remplis d'air. Enfin l'acide sulfureux a encore le grave défaut de ne pouvoir servir directement de corps réducteur à cause de son état de dilution extrême.

De là la nécessité de réduire le corps qui cède de l'oxygène en le distillant avec de l'acide chlorhydrique et de mesurer le chlore dégagé. Mais une distillation est toujours une opération qui entraîne facilement des pertes, ne serait-ce que la difficulté de chasser complétement le gaz. Le contact du chlore gazeux avec les bouchons et les tubes en caoutchouc est aussi un inconvénient que l'on ne rencontre pas dans les autres méthodes.

Si nous revenons aux opérations particulières, nous trouvons d'abord que le dosage de l'iode, du brome et du chlore est beaucoup plus facile et plus exact avec l'arsenite de soude. L'oxygène de l'air n'agit sur aucune des substances qu'on emploie dans ce cas. La fin de l'analyse se reconnaît avec autant de précision, puisque dans les deux cas elle est indiquée par la coloration en bleu de l'amidon.

Les chlorites et les hypochlorites sont aussi mieux analysés par l'arsenite de soude.

Pour l'acide sulfureux et l'acide sulfhydrique la meilleure méthode, surtout depuis que Bunsen a montré qu'il faut que l'acide sulfureux soit suffisamment étendu, est celle employée par Dupasquier.

Les chromates seront très-bien comparés à eux-mêmes, puisqu'on peut les préparer dans un grand état de pureté comme liqueurs d'épreuve. Les chlorates seront complétement décomposés sans distillation par le protochlorure d'étain ou les sels de protoxyde de fer et l'acide chlorhydrique et on dosera l'excès de ces deux agents de réduction.

Les peroxydes seront tous traités sans distillation par le protochlorure d'étain ou les sels de protoxyde de fer et l'acide chlorhydrique.

L'analyse du fer est très-longue et on ne peut pas la comparer à celle par le caméléon. Outre l'échantillon, il faut peser le chromate de potasse, faire une distillation, puis ensuite opérer avec trois liqueurs, l'iodure de potassium, l'acide sulfureux et la solution d'iode, avant d'avoir terminé. La quantité de chromate de potasse à peser est inconnue et cependant elle ne doit pas être trop faible. Ou bien le travail sera manqué, si l'on prend trop peu de sel, ou bien, dans le cas contraire, on aura trop de chlore à doser.

L'acide arsenieux sera bien plus commodément dissous dans le carbonate de soude et mesuré par la solution d'iode.

Comme nous l'avons dit, les difficultés que présente la méthode de Bunsen tiennent surtout à la nécessité de beaucoup étendre la solution d'acide sulfureux ainsi qu'à la volatilité de ce corps, et la dilution est indispensable à cause de l'action sur l'acide iodhydrique de l'acide sulfurique provenant de l'oxydation de l'acide sulfureux. Ces deux acides, en effet, quand ils sont très-concentrés, se décomposent en acide sulfureux et iode, ou, ce qui revient au même, l'action de l'acide sulfureux sur l'iode ne se fait pas complétement. Toutes ces difficultés disparaissent si on sursature l'acide sulfureux avec du carbonate ou du bicarbonate de soude. L'acide perd sa volatilité et l'acide sulfurique formé, se combinant à la soude, ne peut plus agir sur l'iodure de sodium qui prend en même temps naissance. La décomposition est complète pour tous les degrés de concentration. C'est un fait tout à fait semblable à celui que j'ai découvert pour l'acide arsenieux ; car, là aussi, l'acide arsenique formé réagit sur l'acide iodhydrique, ou au moins la première réaction n'est pas complète. Mais si l'on ajoute du carbonate de soude, l'acide arsenique s'y combine et l'iodure d'amidon qui s'était formé disparaît de nouveau.

Suivant Bunsen, pour décomposer une quantité donnée d'acide sulfureux, il faudra d'autant plus d'iode que l'acide sulfureux aura été primitivement plus étendu, jusqu'à ce qu'enfin, pour une certaine proportion qu'il indique, la quantité d'iode employé n'augmente plus. On trouve cette limite quand, par une addition de carbonate de soude, la couleur bleue de l'iodure d'amidon formé ne disparaît plus. Si l'on mêle de l'acide sulfureux concentré avec une dissolution d'iode, on trouve les résultats les plus différents.

5 CC d'acide sulfureux concentré furent colorés en bleu par 11,9 CC d'une dissolution d'iode renfermant 6,3 gr. d'iode par litre. La couleur disparut par une addition de carbonate de soude et il fallut encore 8 gouttes de la solution d'iode avant que la couleur bleue fût permanente.

5 CC du même acide additionnés de carbonate de soude, exigèrent 12,5 CC de solution d'iode.

5 CC d'acide sulfureux non étendu employèrent 11,9 CC de solution d'iode ; après addition de carbonate de soude, on ajouta encore 8 gouttes d'iode.

5 CC d'acide sulfureux additionnés de carbonate de soude :

         1° $=$ 12,4   CC de solution d'iode.

         2° $=$ 12,35 —   —   —

D'après cela, les dosages d'acide sulfureux sursaturé de carbonate de soude ne donnent pas seulement les nombres les plus concordants, mais encore les plus élevés. Le carbonate de soude seul avec de l'amidon se colore en bleu par la première goutte d'iode ; donc, par lui-même, il n'influe en rien sur le phénomène. Ainsi, dans toutes les analyses de Bunsen, rien n'empêche de sursaturer l'acide sulfureux par le carbonate de soude ou d'employer le sulfite de soude avec le carbonate. Au lieu d'absorber le chlore développé dans de l'iodure de potassium, on pourra le recevoir directement et le retenir avec bien plus de sécurité dans une dissolution de sulfite et de carbonate de soude; l'iode mis en liberté est toujours volatil et l'atmosphère du vase se remplit de vapeurs violettes.

De cette façon, l'analyse a la plus grande ressemblance avec celle que j'ai donnée par l'arsenite de soude, avec cette différence toutefois que l'acide sulfureux a l'inconvénient d'être trop oxydable, en sorte qu'il ne se conserve pas dans une dissolution titrée ; il est, en outre, moins facile à préparer pur que l'acide arsenieux qui l'est d'ordinaire naturellement.

L'iode, le chlore, le brome se dissolvent sans coloration dans le nouveau liquide et après la dissolution, on n'a qu'à doser l'excès d'acide sulfureux avec la solution d'iode. Il y a donc un liquide de moins, la solution d'iodure de potassium, et de moins aussi une opération.

Comme Bunsen commence toutes ses analyses des corps oxydants par une distillation avec l'acide chlorhydrique concentré, qu'il absorbe le chlore qui se dégage, le sursature d'acide sulfureux, et enfin mesure avec la solution d'iode, on peut, dans tous les cas, remplacer la solution d'iodure de potassium par l'arsenite de soude qui absorbe le chlore avec la plus grande facilité, et il n'est pas nécessaire de remplacer l'acide sulfureux étendu par le sulfite de soude.

On y gagne d'avoir deux liquides dont les titres sont invariables et, dans chaque travail, d'avoir une opération et un liquide de moins, ce qui n'est pas à négliger.

AUGUSTE STRENG.

CHAPITRE XXVII.

Généralités sur la méthode.

Cette belle méthode a été indiquée par le docteur Aug. Streng, chimiste de l'école des mines de Clausthal. Elle repose également sur la réaction de l'iodure d'amidon employée par Dupasquier et aussi par Bunsen dans son remarquable travail dont nous avons donné une idée dans le chapitre précédent.

Dans la méthode de Streng, on mesure l'oxydation par une liqueur titrée de bichromate de potasse et la réduction par une solution de protochlorure d'étain dont le rapport avec la solution de chrome (c'est ainsi que pour abréger, nous nommerons celle de bichromate de potasse) a été établi par des expériences préliminaires.

Quand on ajoute un acide à une dissolution de bichromate de potasse, l'acide chromique est mis en liberté et c'est lui qui détermine l'oxydation.

Si l'on emploie en même temps de l'iodure de potassium, de l'acide iodhydrique est mis aussi en liberté et celui-ci en contact avec l'acide chromique donne immédiatement de l'iode et de l'oxyde de chrome. L'iode libre colore aussitôt l'amidon qu'on a soin d'ajouter et lui donne une couleur bleue intense. Mais s'il se trouve en présence des corps qui peuvent absorber l'oxygène de l'acide chromique, la coloration de l'amidon par l'iode n'a lieu que lorsque les autres corps sont complétement oxydés. L'apparition de la couleur bleue est donc l'indice de l'oxydation complète des corps oxydables traités en même temps que l'iodure de potassium.

S'il faut doser des corps qui cèdent de l'oxygène ou des éléments qui agissent tout à fait comme l'oxygène, ainsi que l'iode, le chlore, les premiers doivent être d'abord réduits et on y parvient par le protochlorure d'étain, qui par là se change en oxyde d'étain, perchlorure ou periodure. Comme le protochlorure d'étain absorbe l'iode, il peut décolorer l'iodure d'amidon, et par conséquent la couleur bleue n'apparaîtra pas tant qu'il y aura du protochlorure d'étain non décomposé. Mais si enfin la couleur bleue apparaît par l'effet d'une addition prolongée de dissolution de chrome, cela indique que l'excès de protochlorure d'étain ajouté est oxydé.

On peut, dès lors, donner deux formes à l'analyse :

1° Pour les corps qui absorbent l'oxygène, on dosera directement en ajoutant une dissolution de chrome, avec une quantité convenable d'acide chlorhydrique libre, de l'iodure de potassium et de l'empois d'amidon ; à ce procédé se rattache le dosage de l'étain lui-même.

2° Pour les corps cédant de l'oxygène, on leur fera subir une réduction préalable avec une quantité mesurée et en excès de protochlorure d'étain et on déterminera l'excès de ce dernier avec la solution de chrome, en ajoutant en même temps de l'acide, de l'iodure de potassium et de l'empois d'amidon. C'est une méthode par reste.

Toutes les réactions s'opèrent dans des dissolutions fortement acides, et on se sert pour cela de l'acide chlorhydrique pur.

Quant au choix qu'a fait Streng des deux corps qu'il emploie, on peut dire qu'il est très-heureux. Pour corps réducteur il fallait une substance qui décolorât l'iodure d'amidon. C'est ce que font l'hydrogène sulfuré, l'acide sulfureux, les sels de protoxyde de cuivre, ceux de protoxyde d'étain, l'acide arsenieux dans une dissolution alcaline ; mais les sels de protoxyde de fer (parce que le periodure de fer n'existe pas), l'acide oxalique, le prussiate jaune de potasse, l'acide arsenieux dans une dissolution acide n'agissent pas sur l'iodure d'amidon. Parmi les premières substances énumérées, le protochlorure d'étain est certainement préférable. Deux de ces substances sont des gaz et altérables à un haut degré ; les sels de protoxyde de cuivre sont aussi très-peu stables et difficilement solubles, en outre, ils donnent avec l'iodure de potassium un précipité, et comme ils bleuissent par l'oxydation, ils sont semblables à l'iodure d'amidon. L'acide arsenieux ne décolore l'iodure d'amidon que quand il est en solution alcaline, ce qui ne peut s'appliquer dans le genre de recherches dont il s'agit, attendu qu'alors l'acide chromique ne serait pas décomposé. Il ne reste donc que le protochlorure d'étain comme le corps réducteur le plus convenable. Toutefois, il a un inconvénient que nous ne pouvons éviter, c'est de s'oxyder dans les vases contenant de l'air. Mais on chercherait probablement en vain un corps réducteur pouvant se conserver inaltérable dans une dissolution acide.

Le bichromate de potasse a, comme liqueur volumétrique, des propriétés précieuses. Il est facile à préparer chimiquement pur ; dans cet état, il ne contient pas d'eau, il peut facilement être fondu et être ainsi débarrassé de l'eau hygrométrique, et quand il a été fondu, il absorbe si peu l'humidité qu'on peut le peser en toute sécurité. Ajoutez à cela que son poids équivalent est très-élevé, et qu'il a été établi d'une manière certaine par les expériences tout à fait concordantes de Moberg et de Wildenstein ; enfin, sa dissolution se conserve parfaitement sans altération.

CHAPITRE XXVIII.

Liqueurs titrées.

1° Dissolution de protochlorure d'étain.

On obtient le mieux la dissolution de protochlorure d'étain en partant de l'étain pur. On trouve partout à acheter de l'étain fin de Banca ; mais pour pouvoir le dissoudre, il faut l'amener à un état de division très-grand. Pour cela, dans un creuset de Hesse neuf, on fond à une douce chaleur, 250 ou 500 gr. d'étain, puis on verse peu à peu et de haut le métal fondu dans un vase profond et plein d'eau froide. En s'éparpillant dans l'eau, le métal se divise en lamelles minces, contournées, poreuses, très-facilement solubles dans l'acide chlorhydrique pur. On sèche le métal et on le conserve dans un flacon à large goulot fermant hermétiquement. Pour faire la solution de chlorure d'étain, on met une partie du métal dans un vase en verre, avec de l'acide chlorhydrique, on y ajoute une lame de platine ou un couvercle de creuset de platine, et on chauffe un peu en ayant soin de fermer le vase avec un grand verre de montre ou un morceau de ballon cassé. Il est remarquable de voir comme la présence du platine active la dissolution de l'étain. L'hydrogène de l'acide chlorhydrique se dégage presqu'entièrement sur le platine, quand celui-ci est en contact avec l'étain. Le platine n'est nullement attaqué, de sorte que l'assemblage du platine et de l'étain avec l'acide chlorhydrique forme une chaîne galvanique très-énergique. L'acide chlorhydrique officinal froid qui seul n'attaque pas l'étain, laisse dégager·des bulles d'hydrogène aussitôt que l'on met du platine en contact avec l'étain.

Le chlorure d'étain ne doit pas être neutre, mais doit contenir beaucoup d'acide libre ; c'est pourquoi on peut décanter le liquide clair et limpide aussitôt que, sous l'action de la chaleur, le dégagement d'hydrogène sur la lame de platine devient faible. On verse le liquide dans un flacon bouché à l'émeri, et l'on remet dans le premier vase de nouvel acide et de nouveaux morceaux d'étain jusqu'à ce qu'on ait préparé une quantité suffisante de dissolution. Dans le flacon même je jette encore quelques fragments d'étain.

La dissolution directe de l'étain dans l'acide chlorhydrique donne un plus beau liquide que la dissolution dans l'eau et l'acide chlorhydrique du sel d'étain tout préparé que l'on achèterait. En général, celle-ci est trouble et le trouble ne disparaît pas toujours par l'addition de l'acide chlorhydrique, attendu que l'oxyde d'étain n'est pas facilement soluble dans l'acide chlorhydrique. Il arrive aussi quelquefois qu'une dissolution claire de protochlorure d'étain se trouble avec le temps et qu'une addition d'acide chlorhydrique ne suffit pas souvent, malgré ce que disent les traités de chimie, pour lui rendre sa limpidité. On peut cependant y arriver en la chauffant avec de l'acide chlorhydrique, de l'étain et du platine. Alors l'oxyde d'étain est de nouveau réduit et le liquide redevient limpide. Si, maintenant, on a de beau sel d'étain solide, on peut très-bien le dissoudre en employant d'abord de l'acide chlorhydrique pur, et en n'y ajoutant l'eau qu'ensuite. La dissolution de chlorure d'étain est toujours oxydable, et c'est pour cela qu'il n'est pas nécessaire de lui donner une force déterminée ; il vaut mieux, avant chaque travail, déterminer directement son titre. Au lieu de la dissolution de protochlorure d'étain, j'ai fait usage du chlorure double d'étain et d'ammoniaque cristallisé. Nous y reviendrons plus particulièrement dans le chapitre suivant, à propos du dosage de l'étain.

2° *Dissolution de bichromate de potasse.*

Le bichromate de potasse du commerce est rarement tout à fait pur, mais le plus souvent il contient un peu de sulfate de potasse. Pour l'en débarrasser on dissout le sel dans de l'eau distillée chaude et l'on fait cristalliser. Si les cristaux n'étaient pas exempts complétement de sulfate, on recommencerait l'opération. On ne peut reconnaître la proportion d'acide sulfurique que contient le sel qu'en décomposant d'abord l'acide chromique et cela réussit au mieux avec le protochlorure d'étain. Si l'on a employé de l'acide chlorhydrique pur, le sel d'étain ne contient pas d'acide sulfurique, ce dont on peut du reste s'assurer par la baryte. On décompose le chromate de potasse avec la dissolution acide de protochlorure d'étain, jusqu'à ce que toute trace de couleur jaune ait disparu, et qu'on aperçoive une teinte vert-clair ; alors on verse le chlorure de baryum qui ne doit pas produire de trouble. Si le sel est ainsi reconnu exempt de sulfate, on peut l'employer pour l'analyse. On en met une quantité arbitraire dans un creuset de platine propre, et on chauffe doucement jusqu'à complète fusion avec une lampe à alcool à longue mèche. La masse forme un liquide rouge foncé. Les gros cristaux décrépitent un peu, c'est pourquoi il est bon de fermer le creuset avec son couvercle. Quand la fusion est achevée, on place le creuset toujours fermé sous une cloche en verre avec du chlorure de calcium et on le laisse refroidir. Le sel cristallise en lames rouge-foncé ; quand le refroidissement est complet, la masse est toute fendillée et offre l'aspect d'une sorte de poussière cristalline dont on pèse alors la quantité nécessaire.

Comme l'acide chromique cède 3 équivalents d'oxygène, et peut par conséquent oxyder 3 équivalents d'un corps qui n'en absorbe qu'un d'oxygène, il faut peser $\frac{1}{3}$ ou $\frac{1}{30}$ d'équivalent du sel. L'équivalent de bichromate de potasse (2. CrO + KO) est 148,67, dont le tiers en grammes est 49,55 gr. Cette quantité, dissoute dans un litre, donnerait une concentration trop grande pour avoir des résultats exacts, aussi il n'en faut prendre qu'un dixième ou $\frac{1}{30}$ d'équivalent = 4,955 gr. On pèse donc 4,955 gr. du sel préalablement fondu et refroidi auprès du chlorure de calcium ; on l'introduit, sans en perdre, dans un flacon d'un litre qu'on remplit aux $\frac{2}{3}$ d'eau distillée, et on dissout en agitant. Puis avec de l'eau distillée à 14° R. on achève de remplir jusqu'au trait, on agite et on conserve dans le flacon destiné à cet usage. Ce liquide, qui ne contient par litre que $\frac{1}{30}$ d'équivalent, est une liqueur normale décime que, pour abréger, nous désignerons par $\dfrac{N}{10}$. Dans toute cette partie de l'ouvrage nous n'emploierons que ce liquide. Comme la dissolution de chrome n'agit que par la moitié de son oxygène, par conséquent ne cède que 3 équivalents d'oxygène pour 2 d'acide chromique, et que notre dissolution contient $\frac{1}{30}$ d'équivalent de bichromate de potasse, cette solution est réellement normale-décime, puisque par litre elle renferme $\frac{1}{10}$ d'équivalent d'oxygène disponible.

3° *Dissolution d'amidon.*

On délaie dans de l'eau froide de la fécule de pommes de terre ordinaire, de l'amidon de blé, de l'arrow-root, et on en verse une petite quantité dans de l'eau bouillante; en agitant il se forme de l'empois. En étendant cet empois de beaucoup d'eau, il se fait un dépôt au fond du vase et au-dessus est un liquide presque clair. Même après avoir été filtré, ce liquide se colore fortement en bleu par l'iode, et cette couleur bleue est parfaitement transparente, tandis qu'avec le dépôt elle est trouble. C'est le liquide clair qui produit les phénomènes les plus beaux.

En faisant bouillir l'amidon dans l'eau avec un peu d'acide sulfurique, on obtient un liquide qui produit aussi la réaction de l'iode ; toutefois, il ne faut pas faire bouillir trop longtemps, parce qu'il se formerait du glucose que l'iode ne colore plus. Si l'on conserve longtemps de l'empois étendu, il finit aussi par se délayer sans que son aspect paraisse changé, mais alors l'iode n'agit plus sur lui. C'est pourquoi, lorsqu'on a de l'empois préparé depuis longtemps, il faut l'essayer seul d'abord avec de l'iode et de l'acide chlorhydrique pour s'assurer qu'il donne encore la coloration bleue. Ce qu'il y a de mieux et de plus certain, c'est de préparer une petite quantité d'empois frais au moment de commencer les analyses.

L'iodure de potassium, l'acide chlorhydrique et la dissolution d'amidon doivent rester incolores quand on les mélange. S'il se produit une coloration bleue, cela peut tenir à l'une de ces trois causes :

    1° L'iodure de potassium contient de l'acide iodique ;

    2° L'acide chlorhydrique contient du chlore ;

    3° L'empois peut être oxydé.

Pour essayer l'amidon, on en fait de l'empois frais, auquel on ajoute les deux autres substances. S'il n'y a aucune coloration, c'est que celle qu'on avait observée est due à une altération de l'empois. Ce qui me fit remarquer cela, c'est une série d'analyses qui, toutes, me donnèrent des résultats trop faibles. Un empois vieux devenait bleu par son contact avec de l'iodure de potassium et de l'acide chlorhydrique, tandis que du frais restait incolore dans les mêmes circonstances. Il devait donc y avoir dans l'empois vieux un corps qui oxydait l'hydrogène de l'acide iodhydrique. Ce corps n'agissait pas sur le potassium de l'iodure, car sans ajouter d'acide chlorhydrique, l'iodure de potassium pur n'était pas coloré par cet empois altéré.

Pour mettre ce fait hors de doute, on mêla 10 CC d'empois vieux avec de l'iodure de potassium et de l'acide chlorhydrique, il en résulta une coloration bleue intense. On dosa par le protochlorure d'étain. Pour décolorer complétement il fallut 0,4 CC de chlorure.

20 CC d'empois vieux exigèrent 0,8 CC.
30 —   —   —   —   1,2 —

La quantité de chlorure d'étain est donc proportionnelle à la quantité d'empois. Si donc, maintenant, on emploie l'empois en quantité indéterminée, l'erreur commise est tout à fait inconnue et variable.

Ce qu'il y avait de remarquable, c'était la rapidité avec laquelle la dissolution d'empois décolorée redevenait bleue. Si l'on expérimente lentement, il se porte donc encore plus d'oxygène, pendant l'opération, sur l'acide iodhydrique. Cela semble prouver que l'empois oxydé est lui-même un véritable comburant qui oxyde les autres corps facilement oxydables comme l'hydrogène de l'acide iodhydrique. De tout cela, nous concluons qu'il est indispensable d'opérer avec de l'empois frais, ou tout au moins d'essayer celui dont on se sert avec l'iodure de potassium et l'acide chlorhydrique.

L'ennui d'être obligé, lorsqu'on fait de fréquentes analyses, de préparer chaque fois de nouvel empois, m'a suggéré l'idée de préparer une dissolution d'empois inaltérable, et, jusqu'à un certain point, je crois avoir réussi. Dans une bassine plate on délaie une quantité convenable d'amidon avec de l'eau froide, et on y verse ensuite de l'eau bouillante de manière à faire une colle épaisse. On cuit celle-ci en la remuant jusqu'à ce qu'elle redevienne claire et transparente, puis ensuite on y ajoute quelques morceaux de sucre qu'on y fait dissoudre en agitant. On dessèche complétement cette pâte sur une assiette plate ou une lame de verre, et on la conserve en morceaux dans un flacon bien bouché. L'addition du sucre favorise la dissolution de la matière sèche. On agite une petite quantité de cette préparation dans de l'eau froide et on a une dissolution fraîche d'empois qui ne s'altère pas. Ce n'est là, toutefois, qu'un expédient auquel il faudra toujours préférer la dissolution d'amidon récemment préparée.

4° Dissolution d'iodure de potassium.

Cette dissolution n'a pas besoin d'avoir une force déterminée, on pourra donc la prendre saturée. L'iodure de potassium doit être exempt d'acide iodique, ce dont on s'assure le mieux en mettant la solution en contact avec de l'empois et un peu d'acide chlorhydrique, il n'en doit résulter aucune coloration bleue.

Fixation du titre.

Il faut maintenant établir d'une manière rigoureuse le rapport de la dissolution de protochlorure d'étain à la dissolution normale décime de bichromate de potasse que, pour abréger, nous appellerons simplement dissolution de chrome. On mesure les deux liquides dans les tubes mêmes dont on se servira pour les analyses ultérieures. On peut mesurer exactement la dissolution de protochlorure d'étain avec des pipettes ou bien avec des burettes divisées en centimètres cubes, puisqu'on peut toujours prendre un volume égal à un nombre entier de divisions. On fait couler la dissolution de chrome au moyen d'une burette divisée en dixièmes de centimètres cubes et dans laquelle on peut encore évaluer les demi-divisions. Il est bon de donner au protochlorure d'étain une concentration telle qu'il décompose à peu près un volume égal de solution de chrome. A cet effet, on prend 1 CC de chlorure d'étain et, sans l'étendre, on ajoute de l'iodure de potassium, de l'amidon et on titre au bleu avec la solution de chrome. Supposons que pour 1 CC de chlorure il ait fallu 6,5 CC de dissolution de chrome, il faut alors faire 6,5 CC avec le centimètre cube, ou étendre 100 CC de manière à en faire 650. On verse donc 100 CC de chlorure d'étain dans le flacon à mélange (fig. 55) et on étend d'eau jusqu'à 650 CC. Toutefois, on peut opérer aussi avec des dissolutions plus ou moins concentrées.

Voici maintenant comment on détermine le titre : ordinairement on prend au moyen de la pipette ou de la burette, 10 ou 20 CC de protochlorure d'étain, on y ajoute l'iodure de potassium et l'empois d'amidon et on titre avec la solution normale décime de chrome jusqu'à l'apparition de la couleur bleue. On fait la même expérience avec d'autres nombres et on note les résultats. S'ils sont d'accord, ou s'ils diffèrent peu, on les inscrit sur une étiquette que l'on colle sur le flacon de protochlorure d'étain.

Une circonstance à remarquer, c'est que la concentration plus ou moins grande du protochlorure d'étain change les nombres obtenus.

1 CC d'une dissolution concentrée de protochlorure d'étain sans addition d'eau exigea 9,4 CC de dissolution de chrome, en ajoutant à un nouveau CC 200 CC d'eau, il ne fallut que 5,6 CC de dissolution de chrome, et avec 400 CC d'eau cela fut encore réduit à 4,25 CC. En étendant encore davantage la dissolution de protochlorure d'étain par rapport à celle de chrome, on perdrait l'avantage de pouvoir s'en servir pour opérer directement la réduction des oxydes supérieurs.

21

Il était donc nécessaire d'examiner avec soin ce fait que l'addition d'eau au chlorure d'étain fait varier la quantité de bichromate employé. Je fis part de cette remarque au savant M. Streng, qui avait imaginé la méthode, il trouva mes observations fondées, bien qu'auparavant il n'y eût pas songé. Dans une communication qu'il me fit à ce sujet, le 12 mars 1855, il me donna les détails suivants. Les quantités de protochlorure d'étain étaient mesurées avec la même pipette, ce qui donnait toujours un volume parfaitement identique de la substance réductrice.

Une pipette pleine de protochlorure d'étain, exigea :

Sans addition d'eau 7,05 CC de solution de chrome

(0,01 gr. de sel dans 1 CC).

Avec 100 CC d'eau 6,81 —
— 200 — — 6,57 —
— 100 — — 6,7 —
— 200 — — 6,57 —

Un autre jour, une pipette pleine de chlorure d'étain, exigea :

Sans addition d'eau 6,7 CC de solution de chrome.

Avec 100 CC d'eau 6,44 —   —
— 200 — 6,07 —   —
— 300 — 5,89 —   —
— 200 — 6,02 —   —
— 100 — 6,37 —   —
Sans eau 6,57 —   —

En outre :

Une pipette sans eau exigea 13,3 CC de solution norm. décime de chrome.

Avec 100 CC d'eau 13,16 —   —   —
— 200 — — 12,66 —   —   —
— 300 — — 12,11 —   —   —

Et je pourrais citer beaucoup d'autres séries qui confirment le fait.

La réaction une fois complète, il arriva que pour beaucoup de dissolutions concentrées, la couleur bleue disparaissait par l'addition d'une goutte de protochlorure d'étain, puis en y ajoutant 100 CC d'eau, la couleur reparaissait avec 2 gouttes de solution de chrome, mais disparaissait de nouveau avec 2 gouttes de protochlorure d'étain, de sorte qu'en augmentant la quantité d'eau, la sensibilité de la réaction diminuait. Reste maintenant à savoir quelle est la cause pour laquelle la quantité de la solution de chrome à ajouter est d'autant plus faible que la quantité d'eau est plus grande. Il y a trois raisons possibles :

1° Une action particulière du chlore sur l'amidon ;

2° Une action de l'oxygène libre dissous dans l'eau, sur le protochlorure d'étain :

3° Le protochlorure d'étain, en solution étendue, peut ne pas décolorer l'iodure d'amidon.

Quant au premier cas, on peut considérer l'action du chlore sous deux ponts de vue :

a. L'amidon, dans les dissolutions concentrées, agirait comme réducteur sur le perchlorure d'étain formé. Mais quand on fait bouillir du perchlorure d'étain pur avec de l'amidon dissous, et qu'on ajoute de l'iodure de potassium, il n'y a pas de coloration bleue ; et si l'on verse dans le mélange une goutte de dissolution de bichromate de potasse, aussitôt l'iodure d'amidon se forme. S'il s'était formé du protochlorure d'étain, la couleur bleue produite au commencement aurait dû disparaître au bout de quelque temps.

b. L'amidon décomposerait la dissolution de chrome dans les solutions acidulées par l'acide chlorhydrique. Pour s'en assurer on mit dans quatre verres différents une pipette pleine de dissolution de chrome que l'on additionna dans chacun d'acide chlorhydrique et d'amidon, puis, après avoir ajouté de l'iodure de potassium, on décolora avec le chlorure d'étain, en laissant la dissolution concentrée dans un seul verre et après avoir étendu d'eau préalablement dans les autres. Voici les résultats obtenus :

Une pipette de dissolution de chrome (0,0049 gr. par litre), exigea :	CC de protochlorure d'étain pour la décoloration
sans addition d'eau	6,32
Avec 100 CC d'eau	6,67
— 200 — —	7,17
— 300 — —	7,68

S'il y avait eu ici une action du chlore sur l'amidon, pour tous les verres, il eût fallu la même quantité de protochlorure pour décolorer, puisque tous sont identiques à ce point de vue. Mais au contraire, on voit que la proportion de protochlorure d'étain augmente avec la quantité d'eau ajoutée, comme plus haut nous avons vu qu'il fallait de moins en moins de dissolution de chrome, ce qui revient évidemment au même. Donc, d'après l'opinion du docteur Streng, cela ne tient pas à une action particulière du chlore.

Quant au troisième cas, à savoir si le protochlorure d'étain en dissolution étendue ne décompose plus l'iodure d'amidon, ce n'est pas facile à décider. Nous n'avons pas, pour le protochlorure d'étain, de réactif plus sensible que l'iodure d'amidon. Si l'on opère avec des liquides étendus, on remarque que les phénomènes sont beaucoup plus lents à se manifester, parce qu'après chaque addition de l'un des deux liquides il faut attendre assez longtemps.

Reste donc le troisième cas où l'oxygène en dissolution dans l'eau agirait comme oxydant sur le protochlorure d'étain. On fit bouillir de l'eau dans un ballon jusqu'à ce que la totalité de l'air dissous fut expulsée et on versa de l'huile à la surface. Après le refroidissement, on retira l'eau avec un siphon à robinet à pince, et on obtint les résultats suivants :

Une pipette pleine de protochlorure d'étain	CC de dissolution de chrome (4,9 gr. dans 1 litre)
exigea : sans addition d'eau	36,42
Avec 100 CC d'eau	36,42
— 200 — —	36,2
— 300 — —	36,42

Même expérience avec une solution de protochlorure d'étain plus faible :

Sans addition d'eau	25,66
Avec 100 CC d'eau	25,17
— 200 — —	25,2
— 300 — —	25,17

Et réciproquement :

Une pipette pleine de solution de chrome (4,9 gr. par litre)	CC de protochlorure d'étain pour la décoloration.
exigea : sans addition d'eau	9,09
Avec 100 CC d'eau	9,13
— 200 — —	9,32
— 300 — —	9,32

Ces résultats sont si concordants, qu'ils ne laissent aucun doute et démontrent clairement que l'oxygène dissous dans l'eau est la cause du désaccord que nous avions remarqué. De là résulte cette règle pratique importante, qu'il ne faut employer que de l'eau bouillie pour étendre les liquides ou qu'il vaut mieux encore ne pas étendre ultérieurement les liqueurs.

Les expériences que je fis dans le même but confirment pleinement les résultats obtenus par Streng. L'eau était portée à l'ébullition, seulement on ne la recouvrait pas d'huile pour la laisser refroidir, le flacon était fermé par une lame de verre et on fit une série d'expériences avec le même protochlorure d'étain en employant de l'eau de fontaine fraîche.

Dans tous les cas, on prit 10 CC de protochlorure d'étain avec une pipette et qui seuls décomposaient 12,2 CC de dissolution de chrome.

10 CC DE PROTOCHLORURE D'ÉTAIN.	EAU BOUILLIE.	EAU DE FONTAINE FRAÎCHE.
Avec 100 CC	11,4	10
— 200 —	10,7	9,8
— 300 —	10,5	vacat
— 400 —	vacat	7,4

Enfin, j'essayai de priver l'eau ordinaire de son oxygène libre en l'agitant avec de l'acide carbonique. Pour 10 CC de protochlorure d'étain on obtint les résultats suivants :

Sans addition d'eau   11,8 CC de solution de chrome.

Avec 200 CC d'eau contenant de l'acide carbonique   11,3 —   —

. Avec 200 CC de la même eau fraîche   8,4 —   —

Ainsi l'acide carbonique avait déplacé une quantité d'oxygène dont l'action équivalait à celle de 2,9 CC de dissolution de chrome. Comme ici l'acide carbonique n'empêche ou ne détermine aucune action chimique particulière, l'explication que nous avons déjà donnée paraît la seule plausible.

Toutefois, la comparaison des expériences analogues ne donne pas partout un minimum de dissolution de chrome proportionnel à la quantité d'eau ajoutée, de sorte que la méthode ne pourrait pas s'appliquer à la détermination de l'oxygène libre en dissolution dans l'eau.

Il reste donc bien établi qu'il ne faut pas étendre les liqueurs avec de l'eau.

Outre cette influence de la dilution plus ou moins grande, mon attention fut encore appelée sur un autre fait que je ne puis expliquer.

Si l'on prend avec une burette des quantités égales de protochlorure d'étain, qu'on y ajoute de l'iodure de potassium et de l'amidon, qu'on titre au bleu par le chromate de potasse, en ajoutant ensuite plus tard de nouvelles quantités de protochlorure d'étain, il faut des volumes moindres de solution de chrome que la première fois ; en d'autres termes, des quantités de plus en plus grandes de protochlorure d'étain exigent des quantités proportionnellement moindres de solution de chrome.

On prit le chlorure d'étain et le bichromate de potasse dans deu   burettes placées à côté l'une de l'autre, divisées avec le plus grand soin, on ajoutait chaque fois 10 CC de protochlorure d'étain au liquide déjà coloré en bleu par l'action du bichromate. On obtint les résultats suivants :

Pour 10 CC de chlorure d'étain.

10 CC de protochlorure d'étain = 8,5 CC de solution de chrome = 8,50 CC de chromate.
20 —   —   — = 16,8 —   —   — = 8,40 —   —
30 —   —   — = 25,1 —   —   — = 8,37 —   —
40 —   —   — = 33,4 —   —   — = 8,36 —   —
50 —   —   — = 41,5 —   —   — = 8,30 —   —
60 —   —   — = 49,7 —   —   — = 8,28 —   —
70 —   —   — = 57,4 —   —   — = 8,20 —   —
80 —   —   — = 65,1 —   —   — = 8,15 —   —
90 —   —   — = 72,7 —   —   — = 8,08 —   —

On voit, d'après cela, que les quantités ne sont pas proportionnelles. Si, par exemple, 10 CC de protochlorure d'étain exigent 8,5 CC de dissolution de chrome, pour 90 CC il en faudrait neuf fois plus ou 76,5 CC, tandis qu'en réalité on n'en emploie que 72,7 CC. On fit alors l'expérience inverse avec les mêmes tubes et les mêmes liquides, et en prenant chaque fois 20 CC de chromate de plus (avec de l'iodure de potassium et de l'amidon), on ajouta du protochlorure d'étain jusqu'à la disparition de la couleur bleue.

Pour 10 CC de chrome.

20 CC de dissol. de chrome = 23 CC de protoch. d'étain = 11,50 CC de protoc. d'étain.
40 —   —   — = 47 —   —   — = 11,75 —   —
60 —   —   — = 70,7 —   —   — = 11,78 —   —
80 —   —   — = 94,5 —   —   — = 11,81 —   —
100 —   —   — = 118,4 —   —   — = 11,84 —   —
120 —   —   — = 142,5 —   —   — = 11,88 —   —

Ainsi, pour des quantités de plus en plus grandes de solution de chrome, les quantités de protochlorure d'étain sont plus grandes que si elles étaient proportionnelles, et pour des quantités de plus en plus grandes de protochlorure d'étain, celles de chromate sont plus faibles que si elles étaient proportionnelles.

Je remarquai aussi que les nombres obtenus ne sont pas les mêmes, suivant qu'on verse la solution de chrome dans celle de protochlorure ou réciproquement.

5 CC de protochlorure d'étain concentré exigèrent 18,4 CC de solution de chrome ; du même tube et au même endroit je fis couler 18,4 CC de solution de chrome, j'ajoutai de l'iodure de potassium et de l'amidon et il fallut seulement 4,95 CC de protochlorure d'étain pour décolorer.

15 CC de protochlorure d'étain exigèrent 54,7 CC de solution de chrome pour donner la couleur bleue ; au contraire, 54,7 CC de solution de chrome furent décolorés par 14,8 CC de protochlorure d'étain.

16 CC de protochlorure d'étain étaient équivalents à 58,2 CC de solution de chrome ; maintenant on prit 58,2 CC de solution de chrome, et, pour décolorer, il ne fallut que 15,6 CC de protochlorure d'étain ; puis 15,6 CC de protochlorure d'étain exigèrent 57,3 CC de chromate pour produire la couleur bleue. Mais en terminant, on reprit 16 CC de protochlorure qui exigèrent, comme la première fois, 58,2 CC de solution de chrome.

Dans un grand nombre d'analyses avec des substances pures, j'ai toujours obtenu un résultat trop faible en ajoutant tout d'abord en même temps que la solution d'étain, l'amidon et l'iodure de potassium ; tandis qu'en ne le faisant qu'après que la réduction est opérée par le chlorure d'étain, l'amidon ne se trouve en contact qu'avec un petit excès de protochlorure d'étain. Voici donc, dès lors, comment je détermine le titre. Je prends avec la burette une quantité quelconque de dissolution normale-décime de chrome, j'acidifie avec l'acide chlorhydrique, puis je fais couler de la burette le protochlorure d'étain jusqu'à ce que l'on remarque clairement la couleur grise du perchlorure de chrome. Ensuite je laisse couler la dissolution de chlorure d'étain jusqu'à la division entière en CC la plus voisine. Alors seulement j'ajoute l'iodure de potassium et l'amidon, et, de la même burette que plus haut, je verse de la solution de chrome jusqu'à coloration bleue. Puis les nombres correspondants de protochlorure d'étain et de solution de chrome sont notés pour établir le titre. Des quantités différentes de dissolution de chrome donnent de cette manière des nombres bien d'accord et proportionnels et les analyses ont, dans tous les cas, une exactitude satisfaisante. En réunissant tous ces faits, on voit qu'ils enlèvent à la méthode d'analyses par le chrome beaucoup de la valeur qu'au premier abord je fus porté à lui attribuer comme méthode de réduction et d'oxydation. Je ne voyais alors autre chose que les nombres parfaitement d'accord du docteur Streng, et le phénomène très-net de la réaction joint à l'invariabilité du titre de la solution de chromate de potasse. Ce ne fut qu'un examen approfondi de la méthode qui m'en divulgua les défauts. Peut-être l'auteur, par une étude nouvelle du procédé, réussira-t-il à lui donner toute la certitude désirable.

Comme un grand nombre d'analyses peuvent être faites de la même manière avec le protochlorure d'étain et le bichromate de potasse ou avec l'arsénite de soude et la dissolution d'iode, il faut que les liqueurs employées à cet effet soient parfaitement concordantes. On n'y peut pas arriver directement, parce que deux de ces liquides, le bichromate de potasse et l'arsenite de soude, ne peuvent pas être comparés immédiatement l'un à l'autre. Heureusement nous avons, dans la dissolution d'iode, un terme commun, une substance qu'on peut faire agir aussi bien sur le protochlorure d'étain que sur l'arsenite de soude, et, avec elle, on peut obtenir la comparaison dont il s'agit.

D'abord nous poserons en principe, que la dissolution de bichromate de potasse et celle d'arsenite de soude sont des solutions normales décimes, ayant une force parfaitement déterminée, invariable, déduite de l'équivalent même de la substance. Au contraire, le protochlorure d'étain, à cause de son oxydabilité, et la dissolution d'iode, à cause de la difficulté d'avoir de l'iode pur et de le peser, ont un titre variable qu'il faut déterminer chaque fois avant les expériences (un titre journalier). Il s'agit maintenant de savoir si les deux dissolutions normales-décimes de bichromate de potasse et d'arsenite de soude ont la même action chimique, mais en sens contraire. Directement on ne peut mettre ces deux liquides en contact et les essayer par la réaction de l'iode, parce que l'acide chromique n'oxyde qu'en présence d'un acide, tandis que l'arsenite de soude ne décolore l'iodure d'amidon que dans les liqueurs alcalines. Ces deux conditions ne peuvent se réaliser en même temps.

J'ai résolu la question par les essais suivants :

1° On prit avec une pipette 10 CC d'une dissolution arbitraire de protochlorure d'étain, on y ajouta l'iodure de potassium et l'amidon, et on titra au bleu avec la solution normale-décime de chrome. Il fallut, dans trois essais successifs, chaque fois 17 CC de solution de chrome.

2° 10 CC du même protochlorure d'étain furent additionnés d'une solution d'amidon, et on y ajouta, jusqu'à la coloration en bleu, la dissolution d'iode dans l'iodure de potassium que l'on voulait essayer. Deux fois successivement il fallut 17,2 CC de la solution d'iode.

3° 10 CC de la dissolution normale-décime d'arsenite de soude (récemment préparée) furent, après addition d'amidon, titrés au bleu avec la même solution d'iode que plus haut, il en fallut 10,1 CC dans trois essais successifs.

Les 17,2 CC de solution d'iode employés au n° 2, peuvent, d'après le n° 3, être réduits en dissolution normale-décime d'arsenite de soude, il suffit de les multiplier par 10 et de diviser par 10,1. Cela donne 17,03 CC, et ceux-ci comparés avec la dissolution de chrome, d'après 1°, donnent ce résultat que :

17 CC de solution de chrome = 17,03 CC d'arsenite de soude. La différence de $\frac{3}{100}$ de CC est si faible qu'on peut la négliger, d'autant plus que c'est une quantité qu'il est impossible d'évaluer avec la burette.

En résumé, ces résultats s'enchaînent de la manière suivante :

17   CC de solution de chrome = 10   CC de protochlorure d'étain (1°).

10   CC de protochlorure d'étain =17,2 CC de solution d'iode (2°).

17,2 CC de solution d'iode   = 17,03 CC d'arsenite de soude (3°).

Donc 17 CC de solution de chrome = 17,03 CC d'arsenite de soude.

Avec d'autres liquides on obtient les résultats suivants :

5 CC de chlorure d'étain = 29,7 CC de solution d'iode = 14,85 d'arsenite de soude.

5 CC de chlorure d'étain = 14,9 CC de solution de chrome à 4,955 gr.
par litre.

Donc 14,85 d'arsenite de soude = 14,9 de solution de chrome. C'est-à-
dire que les liqueurs sont équivalentes.

CHAPITRE XXIX.

Étain.

SUBSTANCES.	FORMULES.	ÉQUIVALENT.	QUANTITÉ à peser pour que 1 CC de la solution de chrome =1 p. cent de la substance.	1 CC de la solution de chrome correspond à
81. Étain..........	Sn	64,5	0,645 gram.	0,00645 gr.

L'étain peut être dosé directement avec la dissolution de chrome quand il est dissous à l'état de protoxyde ou de protochlorure. On n'a pas alors de titre à prendre, puisque le seul liquide que l'on emploie, la solution de chrome, est inaltérable.

Si l'étain est déjà dissous, on y ajoute de l'acide chlorhydrique, de l'amidon et de l'iodure de potassium, et on y verse, à l'aide de la burette, la solution de chrome en agitant de temps en temps. Les centimètres cubes employés sont calculés en étain.

Lorsque l'étain se trouve dans une dissolution à l'état de protochlorure et de perchlorure, avec une partie du liquide on dose directement le protochlorure sans se préoccuper du perchlorure ; dans une autre portion de la dissolution, on précipite tout l'étain à l'aide du zinc métallique, on lave cet étain, on le redissout avec l'acide chlorhydrique pour le faire passer à l'état de protochlorure et on en détermine ainsi la quantité totale.

La dissolution de l'étain dans l'acide chlorhydrique est beaucoup favorisée par la présence du platine. S'il faut dissoudre des morceaux entiers d'étain, comme des feuilles d'étain, on met dans le tube d'essai des lames de platine, ou une spatule, ou des fils enroulés. S'il s'agit d'étain précipité, on peut opérer comme l'a indiqué le docteur Streng. On met les cristaux d'étain dans le tube d'essai ; on y verse de l'acide chlorhydrique concentré, fumant mais pur, et on chauffe presque à l'ébullition. Alors on plonge une baguette en verre effilée dans une dissolution étendue de chlorure de platine et on touche avec cette baguette le liquide du tube. Une petite quantité de chlorure de platine se dissout, le platine réduit se dépose à la surface de l'étain et détermine un abondant dégagement d'hydrogène qui accompagne la dissolution de l'étain. La couleur jaune primitive du liquide disparaît bientôt complétement et le perchlorure d'étain, qui aurait pu se former au commencement, est de nouveau réduit pendant la réaction. La dissolution est complète en quelques minutes.

On transverse alors la solution d'étain du tube dans un verre ou mieux dans un ballon avec de l'eau bouillie encore chaude, on y ajoute la solution d'amidon et d'iodure de potassium, puis on y fait couler la solution de chrome jusqu'à l'apparition de la couleur bleue.

L'incertitude de l'équivalent de l'étain, comme aussi la décomposition probablement incomplète du bichromate de potasse par le protochlorure d'étain, font qu'on n'arrive pas au résultat en le calculant simplement d'après l'équivalent. C'est pourquoi, Penny et Streng ont évalué empiriquement la quantité de bichromate de potasse que peuvent décomposer 100 parties d'étain pur dissous dans l'acide chlorhydrique. Ils trouvèrent qu'il fallait 83,2 parties de bichromate. Si l'on calcule d'après cela l'équivalent de l'étain, celui du bichromate étant 148,67, on arrive à 59,52 tandis que Berzélius admet 58,82.

Mes expériences faites sur de l'étain obtenu par la décomposition galvanique du protochlorure d'étain, m'ont donné un équivalent plus élevé au moins dans les circonstances où l'étain est soumis à l'analyse par la solution de chrome.

0,2 gr. d'étain obtenu par le courant de la pile, dissous dans l'acide chlorhydrique, exigèrent 31,2 CC de dissolution de chrome. Ce nombre doit être multiplié par $\frac{1}{10000}$ équivalent d'étain. En prenant l'équivalent de Berzélius, on obtient 0,1835 gr. d'étain, en prenant le nombre de Penny et Streng on a

0,1857 gr. d'étain au lieu de 0,200 gr., et il faudrait multiplier par 0,00641 les CC de la solution de chrome pour retrouver 0,2, en supposant que l'étain fût pur.

0,3 gr. du même étain furent dissous, d'après Streng, avec addition de chlorure de platine, il fallut 46,5 CC de dissolution de chrome. Cela correspond, d'après l'équivalent de Berzélius, à 0,27527 gr. d'étain, et d'après celui de Penny et Streng à 0,27676 gr., tandis que pour avoir le résultat exact il faudrait multiplier par 0,00645.

En prenant la moyenne des deux nombres 0,00641 et 0,00645 presque identiques, on a 0,00643 qui est le facteur indiqué en tête de ce chapitre. Pour essayer l'exactitude de ce nombre, on pesa 0,234 gr. d'étain pur et on titra. Il fallut 36,4 CC de solution de chrome. En calculant, d'après notre nombre empirique, on trouve 0,234052 gr., ce qui est presque égal à la quantité employée.

0,242 gr. d'étain exigèrent 37,8 CC de solution de chrome. Cela donne 0,243054 gr. d'étain.

0,3 gr. de feuilles d'étain dissous à l'aide du chlorure de platine, décomposèrent 47 CC de solution de chrome = 0,302 gr. d'étain.

L'analyse de l'étain est surtout importante au point de vue industriel pour le dosage de l'étain dans le sel d'étain du commerce. Celui-ci a pour composition $SnCl + 2Aq$, d'après toutes les expériences parfaitement concordantes des chimistes. En admettant notre équivalent empirique de l'étain, l'équivalent du sel est 117,76. Et 1 CC de la solution de chrome représente 0,017776 gr. de protochlorure d'étain.

0,3 gr. d'un bel échantillon de sel d'étain desséché exigèrent 25 CC de solution de chrome.

Cela correspond à 0,2944 gr. de protochlorure pur ou 98,13 pour cent.

En pesant 1,177 gr. de sel à essayer, les CC de solution de chrome donnent immédiatement sans calcul la quantité pour cent de sel pur.

Si, à l'aide de la chaleur, on dissout dans un peu d'eau avec quelques gouttes d'acide chlorhydrique 2 parties de sel d'étain et 1 partie de sel ammoniaque, puis que l'on filtre et qu'on abandonne dans une capsule de porcelaine, il se dépose, par le refroidissement, des cristaux laiteux, longs d'environ un pouce ayant la forme de prismes obliques à base rhombe. On peut facilement les débarrasser des eaux-mères en les pressant entre des feuilles de papier non collé et on obtient ainsi un sel d'étain parfaitement inaltérable à l'air. Sa formule est $AzH^4Cl + SnCl + HO = 156,74$, et comme il contient 1 équivalent d'étain = 58,82, il renferme donc 37,527 pour cent de son poids d'étain.

Pour déterminer la quantité d'étain que renferme ce sel, on fit beaucoup d'analyses :

1° 0,5 gr. du sel = 29 CC de solution de chrome. En employant le nombre empirique pour l'étain (0,00643 gr.) on obtient 37,294 pour cent d'étain.

2° 1 gr. du sel exigea 58,3 CC de solution de chrome. Cela donne 37,487 pour cent d'étain.

3° 1 gr. du sel = 118 CC d'une dissolution d'iode, dont 20,3 CC = 10 CC d'une solution normale-décime d'arsenite de soude. Donc les 118 CC = 58,41 CC de la solution normale-décime, ce qui donne 37,557 p. c. d'étain.

4° 1 gr. du sel = 57,6 CC $\frac{N}{10}$ de solution de chrome = 37,0368 pour cent d'étain.

5° 0,3 gr. du sel = 35,5 CC de la solution d'iode du n° 3. Cela fait pour 1 gr. du sel 118,33 CC et ceux-ci réduits à la solution $\frac{N}{10}$ donnent 58,579 CC = 37,600 pour cent d'étain.

Il résulte de ces analyses que le sel en question a bien réellement la composition admise et que l'équivalent empirique de l'étain doit être employé dans le calcul de ses composés. Le chlorhydrate d'ammoniaque remplace 1 éq. d'eau (eau d'hydratation faisant partie du sel). Comme le titre de la solution de protochlorure d'étain est variable, on pourra employer le sel double en le pesant chaque fois au moment de s'en servir, on se rappellera que 1 gr. de ce sel = 58,35 CC de la solution $\frac{N}{10}$ de chrome, ou que pour 100 CC de la solution $\frac{N}{10}$ de chrome, il faut peser 1,714 gr. de chlorure double pour opérer la réduction; on mesurera le reste du protochlorure d'étain par la solution de chrome.

Plusieurs mois plus tard on essaya le même sel avec une solution de chrome récemment préparée.

0,5 gr. de chlorure double d'étain et d'ammoniaque exigèrent dans différents essais :

1° 27,9 CC de solution de chrome.
2° 28,2 — — —
3° 28,0 — — —
4° 27,8 — — —

Et pour 1 gr. il fallut :

1° 55,4 CC de solution de chrome.
2° 56,3 — — —
3° 56,6 — — —

On retrouve ici les petites variations inhérentes à la méthode d'analyse par le chrome et dont j'ai déjà signalé l'inconvénient dans le précédent chapitre.

CHAPITRE XXX.

Acide chromique.

SUBSTANCES.	FORMULES.	ÉQUIVALENT.	QUANTITÉ à peser pour que 1 CC de la solution de chrome =1 p. cent de la substance.	1 CC de la solution de chrome correspond à
82. 1/3 éq. bichromate de potasse..	$\dfrac{2CrO^3 + KO}{3}$	49,55	0, 96 gram.	0,004955 gr.
83. 2/3 éq. acide chromique.	$\dfrac{2CrO^3}{3}$	33,85	0,558	0,005385
84. 2/3 éq. chromate neutre de potasse.	$\dfrac{2(CrO^3 + KO)}{3}$	65,26	0,655	0,006526
85. 2/3 éq. de chromate de plomb...	$\dfrac{2(CrO^3 + PbO)}{3}$	108,25	1,082	0,010825

Le dosage du chrome ne peut se faire qu'en l'amenant à l'état d'acide chromique. Si le chrome est sous une autre forme, il faut le transformer en acide chromique en le fondant avec du nitre et de la potasse dans un creuset d'argent.

Le dosage de l'acide chromique se fait par le protochlorure d'étain, d'après ce que nous savons de l'action de cette dernière substance sur une dissolution de chromate de potasse d'un titre connu. Ainsi l'acide chromique se mesure par lui-même. La solution qu'on emploie est la solution normale-décime qui contient dans un litre 4,955 gr. de bichromate de potasse. Elle renferme donc par centimètre cube $\frac{1}{10000}$ d'équivalent d'oxygène disponible, ce qui vaut $\frac{1}{30000}$ d'équivalent de bichromate de potasse, puisqu'un équivalent de ce sel peut perdre 3 équivalents d'oxygène.

On pourrait croire que ce dosage de l'acide chromique par lui-même est une des opérations les plus simples et les plus rigoureuses, et cependant elle m'a présenté les plus grandes difficultés. Cela vient de ce que l'établissement du titre du protochlorure d'étain donne des nombres différents suivant que l'on verse le chromate dans le chlorure d'étain ou réciproquement le chlorure d'étain dans le chromate.

La manière la plus régulière d'opérer, c'est de verser en agitant fortement la solution de chrome dans le liquide contenant du protochlorure d'étain libre avec addition d'iodure de potassium et d'amidon, et cela jusqu'à ce que l'on saisisse une couleur bleue persistante au milieu de la solution verte de chrome.

Si l'on bleuit la solution de chrome avec de l'iodure de potassium, de l'amidon et de l'acide chlorhydrique, la couleur bleue disparaît quand on ajoute du protochlorure d'étain. Cette dernière méthode donne des nombres différents de la première et les apparences sont moins nettes à observer. En outre, elle présente cet inconvenient que les phénomènes sont plus longtemps à se manifester et qu'à la fin de l'opération les dernières traces de teinte bleue disparaissent peu à peu sans addition de protochlorure d'étain.

Ainsi je trouvai que 15 CC de protochlorure d'étain exigèrent 54,7 CC de solution de chrome, tandis qu'au contraire, 54,7 CC de solution de chrome bleuis par l'iodure de potassium et l'amidon furent décolorés par 14,8 CC de protochlorure d'étain.

D'autres jours on obtint les résultats suivants :

10 CC de protochlorure d'étain= 19,3 de solution de chrome = 9,8 CC de protochlorure.
20 —   —   — = 38,3   —   — = 19,6 —   —
30 —   —   — = 57,3   —   — = 29,5 —   —

On voit que les nombres de la troisième colonne sont plus petits que ceux de la première et que ceux de la seconde ne sont pas en progression, mais sont de plus en plus faibles. La fixation du titre sera donc entachée d'erreur, suivant que l'on choisira l'une ou l'autre des expériences. Aussi cette différence dans le titre sera sensible dans les résultats des analyses.

0,2 gr. de bichromate de potasse fondu exigèrent 14 CC de protochlorure d'étain et tout l'acide chromique était décomposé; pour ramener la coloration bleue, il fallut, après avoir ajouté les corps connus, 2,1 CC de dissolution de chrome.

5 CC de protochlorure d'étain, additionnés d'amidon et d'iodure de potassium, exigèrent 14,9 CC de solution de chrome.

Donc, d'après cela, les 14 CC de protochlorure étaient équivalents à 41,72 CC de solution de chrome. En en retranchant 2,1 CC, il reste 39,62 CC qui, multipliés par 0,004935, donnent 0,1963 gr. au lieu de 0,200 gr.

Le même essai, décoloré de nouveau par la solution d'étain, puis ramené au bleu par la solution de chrome, donna 0,1972 gr.

0,5 gr. de bichromate de potasse prirent 34 CC de solution d'étain = 102 CC de solution de chrome et, en second lieu, 2,5 CC de solution de chrome. Reste donc à calculer sur 99,5 CC de solution de chrome, ce qui fait 0,493 gr. au lieu de 0,500 gr.

Toutes ces analyses donnent un déficit sensible. Restait à en chercher la raison. La seule différence entre la marche suivie dans les analyses et celle employée pour établir le titre, c'est que dans ce dernier cas l'iodure de potassium et l'amidon étaient ajoutés tout d'abord, tandis que dans l'analyse on ne le fait qu'à la fin, en sorte que le protochlorure d'étain et l'acide chromique agissent l'un sur l'autre sans l'intervention de l'amidon. J'essayai donc d'établir le titre dans les mêmes conditions.

Dans 0,2 gr. de bichromate de potasse, on versa 28 CC de solution de protochlorure, puis il fallut ajouter ensuite 2,2 CC de solution de chrome.

Premier titre d'après la manière ordinaire : 14 CC de protochlorure d'étain = 21 CC de solution de chrome ; par conséquent 28 CC de protochlorure d'étain = 42 CC de liqueur de chrome. Retranchant 2,2 CC, reste 39,8 CC de liqueur de chrome = 0,1972 gr. de bichromate de potasse.

Deuxième titre d'après la même méthode : 14 CC de chlorure d'étain = 20,8 CC de liqueur de chrome ; donc 28 CC de chlorure = 41,6 CC de solution de chrome. Retranchant 2,2 CC, il reste 39,4 CC de solution de chrome = 0,1952 gr. de bichromate de potasse.

Maintenant on prit le titre inversement. On prit 40 CC de solution de chrome, on les décomposa complètement par 29 CC de protochlorure d'étain, puis seulement on ajouta l'iodure de potassium et l'amidon, et l'on versa de la solution de chrome jusqu'à l'apparition de la couleur bleue. En tout il fallut employer 44,1 CC de solution de chrome pour 29 CC de protochlorure d'étain. En calculant d'après cela les 28 CC de chlorure d'étain employés, ils correspondent à 42,5 CC de solution de chrome. Retranchons-en les 2,2 CC, il reste 40,3 CC de solution de chrome ou 0,19968 gr. de bichromate de potasse.

Une seconde fois, à 0,2 gr. de bichromate de potasse, on ajouta 29 CC de protochlorure d'étain, puis 3,6 CC de solution de chrome. Comme les 29 CC d'étain = 44,1 CC de liqueur de chrome, en en retranchant 3,6 CC, il reste 40,5 CC de solution de chrome = 0,2006 gr. de bichromate de potasse.

Un nouveau titre donna 14 CC de protochlorure d'étain = 21,3 CC de solution de chrome, donc 29 CC de protochlorure = 44,12 CC de solution

de chrome ; retranchant les 3,6 CC, on a 40,52 CC de solution dé chrome
= 0,2007 gr. de bichromate.

On obtient donc de cette dernière façon des résultats satisfaisants.

Le dosage du chrome a surtout une importance technique pour connaître
la richesse en chromate de plomb du jaune de chrome du commerce. Cette
analyse, dans ce cas, n'est pas des plus exactes, à cause de la difficulté qu'on
a d'attaquer complétement le chromate de plomb. Ce qu'il y a de préférable,
c'est une dissolution passablement concentrée de protochlorure d'étain ou un
poids récemment pesé de chlorure double d'ammoniaque et d'étain. Voici la
meilleure manière d'opérer avec la dissolution de protochlorure d'étain : après
avoir pris le titre de celle-ci, on pèse 1 ou 2 gr. de jaune de chrome sec, on le
met dans un mortier de porcelaine à bec, on triture avec de l'acide chlorhydrique concentré, puis on ajoute la solution de chlorure d'étain, jusqu'à ce que la
couleur jaune du sel de chrome ait complétement disparu et ait fait place à la
teinte verte du chlorure de chrome. Le chlorure de plomb légèrement jaunâtre se dépose bientôt. On décante le liquide dans un vase à titrer ou un
verre à pied bien propre, on broie de nouveau le dépôt avec de l'acide chlorhydrique, on y ajoute du protochlorure d'étain, on décante de nouveau et on
répète cette opération jusqu'à ce que toute la poudre jaune déposée au fond
du mortier ait totalement disparu, ou mieux que celle qui reste soit tout à
fait blanche. Tous les liquides étant réunis, on y ajoute l'iodure de potassium
et l'amidon, au commencement il se sépare de l'iodure de plomb, mais il se
dissout bientôt et on titre au bleu avec la solution $\frac{N}{10}$ de chrome.

Après avoir calculé le protochlorure d'étain en solution $\frac{N}{10}$ de chrome,
d'après son titre, on en retranche la quantité de cette dernière ajoutée en
dernier lieu et on calcule le reste en jaune de chrome.

Avec le sel double d'étain et d'ammoniaque on opère à peu près de même.
On pèse séparément 1 gr. de jaune de chrome, puis 1 ½ à 2 gr. de sel double,
on met tout le jaune de chrome et la plus grande partie du sel d'étain dans
le mortier, on broie avec de l'acide chlorhydrique concentré de manière à
faire une bouillie, on décante, on broie de nouveau avec de l'acide chlorhydrique, on ajoute le reste du sel double, on réunit toutes les liqueurs et on
les titre avec la solution $\frac{N}{10}$ de chrome. Comme le double sel d'étain a un
titre constant, on n'a pas besoin de le prendre chaque fois, mais chaque
gramme du sel correspond à 58,35 CC de solution $\frac{N}{10}$ de chrome .

On fait le contrôle de l'analyse avec du chromate de plomb pur.

1 gr. de chromate de plomb et 2 gr. de chlorure double d'étain et d'ammoniaque, ainsi traités, exigèrent à la fin 22,8 CC de la solution $\frac{N}{10}$ de chrome.

En les retranchant de 116,70, il reste 93,9 CC de dissolution $\frac{N}{10}$ de chrome = 1,016 gr. de chromate de plomb.

1 gr. du même chromate et 2 gr. de sel double d'étain décomposèrent encore 26,2 CC de solution $\frac{N}{10}$ de chrome, reste donc à calculer sur 116,7 — 26,2 = 90,5 CC de solution $\frac{N}{10}$ de chrome = 0,979 gr. de chromate de plomb.

Une troisième analyse donna 0,9857 gr.

Ces petites différences tiennent à une circonstance inconnue, inhérente à la méthode même.

On sait que le jaune de chrome du commerce est impudemment falsifié avec du sulfate de plomb ou d'autres substances, ou parfois même ce n'est que du sulfate de plomb recouvert d'une légère couche de chromate. La simple vue ne suffit pas ici pour reconnaître la fraude, car souvent les échantillons les plus mauvais offrent des nuances plus foncées que les plus purs. Le dosage du chrome fait connaître en quelques instants la différence.

2 gr. de jaune de chrome fin du commerce ayant une couleur jaune serin-clair, qui le distinguait déjà du chromate de plomb pur qui est jaune-orangé, furent broyés dans un mortier avec de l'acide chlorhydrique, on y ajouta du protochlorure d'étain jusqu'à ce que la couleur jaune eut complétement disparue et fait place à la couleur verte. On employa d'abord 24 CC de solution d'étain (titre : 5 CC de protochlorure = 23,6 CC de solution $\frac{N}{10}$ de chrome), puis en retour 8,3 CC de solution de chrome.

Les 24 CC de solution de protochlorure d'étain = $\frac{23,6 \times 24}{5}$ = 113,28 CC de dissolution de chrome, en retranchant 8,3 CC il reste 104,98 CC. Ceux-ci, multipliés par 0,010823, donnent 1,13619 gr. de chromate de plomb ou 56,8099 pour cent.

2 gr. d'un jaune de chrome de qualité moyenne exigèrent 8 CC de chlorure d'étain et ensuite 10,5 CC de la solution $\frac{N}{10}$ de chrome.

Or, 8 CC de chlorure d'étain = 37,76 CC de solution $\frac{N}{10}$ de chrome, en en retranchant 10,5 CC il reste 27,26 CC, les multipliant par 0,010823, on a 0,295 gr. de chromate de plomb ou 14,75 pour cent.

5 gr. de jaune de chrome très-ordinaire, mais encore bien coloré, furent traités par 4,2 CC de chlorure d'étain $=$ 19,82 CC de solution $\frac{N}{10}$ de chrome, puis on employa en retour 1,8 CC de cette dernière, reste donc à calculer sur 18,02 CC. En multipliant par 0,010833 on trouve 0,195 gr. ou 3,9 (!) pour cent de chromate de plomb.

Pour comprendre les nombres placés en tête de ce chapitre donnant la valeur d'un CC d'une solution normale-décime de chrome, on remarquera que pour le bichromate de potasse, la proportion de celui-ci, dans la solution décime, est donnée directement, savoir $\frac{1}{30}$ d'équivalent par litre, soit $\frac{1}{30000}$ par CC, pour l'acide chromique, c'est directement aussi la proportion d'acide chromique contenue dans $\frac{1}{30000}$ d'équiv. de bichromate de potasse. 1 équiv. d'acide chromique pèse 50,78, donc 2 équivalents pèsent 101,56 ; le trentième est 3,385 gr. puisque $\frac{1}{30}$ équivalent de bichromate de potasse est contenu dans un litre, et la millième partie donne 0,003385 gr. d'acide chromique ; pour le chrome métallique dont l'équivalent est 26,78, $\frac{2}{3}$ d'équivalent divisés également par 10000 donnent $\frac{2 \cdot 26,78}{3 \cdot 10000} = \frac{53,56}{30000} = 0,001785$; et d'même pour le chromate neutre de potasse ou de plomb on calcule $\frac{2}{30000}$ d'équivalent. Le chromate neutre de potasse pèse 97,89, le double 195,78 divisé par 30000 donne le nombre 0,006526 inscrit dans le tableau et aussi pour le chromate de plomb, $= \frac{162,35 \times 2}{30000} = 0,010823$. Ainsi tous les bichromates sont pris dans le tableau pour $\frac{1}{30000}$ d'équivalent, et les chromates neutres pour $\frac{2}{30000}$ puisque le bichromate de potasse de la dissolution normale donne toujours par sa saturation 2 équivalents de chromate de potasse neutre.

CHAPITRE XXXI.

Acide sulfureux.

SUBSTANCES.	FORMULES.	ÉQUIVALENT.	QUANTITÉ à peser pour que 1 CC de la solut. normale de soude $=$1 p. cent de la substance.	1 CC DE SOUDE normale correspond à
86. Acide sulfureux.	SO^2	52	0,52 gr.	0,0052 gr.

Le dosage de l'acide sulfureux par la dissolution de chrome n'est pas facile, il est beaucoup plus exact avec une solution d'iode d'un titre connu. Le bichromate de potasse acidulé est promptement décomposé par l'acide sulfureux concentré ; mais quand l'acide est étendu, la décomposition n'a pas lieu instantanément. Il ne se forme pas de tache bleue là où tombe la solution de chrome et, de plus, le liquide prend même une teinte jaunâtre. Ce n'est qu'après quelque temps que toute la liqueur passe tout à coup au bleu. Si, maintenant, on ajoute une solution étendue de protochlorure d'étain, on trouve que souvent il faut de 10 à 12 gouttes pour obtenir la décoloration, de sorte qu'on a dépassé de toute cette quantité le taux exact de la décomposition. En comparant les nombres ainsi obtenus avec les résultats fournis par l'analyse au moyen de l'iode, l'analyse par le chrome donne toujours une différence en moins.

La dilution de l'acide sulfureux a encore une plus notable influence sur les résultats.

10 CC d'une solution concentrée d'acide sulfureux titrée par la solution normale-décime d'iode en exigèrent 10,7 CC.

10 CC du même acide, étendu préalablement d'eau bouillie, nécessitèrent l'emploi de 11,3 CC d'iode.

10 CC de cet acide sulfureux concentré, traités par la solution de chrome employèrent une fois 10,6, une autre 11,6 CC.

La même quantité, préalablement étendue d'eau, employa 4,4 puis 4,6 et une fois 5,9 CC.

Ces grandes différences montrent que la méthode n'est pas applicable.

On essaya de faire l'expérience autrement, de mettre l'acide sulfureux en contact avec un excès de bichromate de potasse, et de doser cet excès par le protochlorure d'étain, mais les résultats présentèrent le même désaccord, d'autant plus que nous avons déjà montré plus haut que dans les opérations de ce genre on obtient des nombres différents. Le meilleur dosage de l'acide sulfureux est toujours, jusqu'à présent, celui par la solution d'iode.

CHAPITRE XXXII.

Mercure.

SUBSTANCES.	FORMULES.	ÉQUIVALENT.	QUANTITÉ à peser pour que 1 CC de la solution de chrome $=$ 1 p. cent de la substance.	1 CC de solution de chrome correspond à
87. 1 éq. de mercure d'après le perchlorure, ou le peroxyde.	Hg	100,05	1,0005 gram.	0,010005 gr.
88. 2 éq. de mercure d'après le protochlorure, ou le protoxyde.	2Hg	200,10	2,001	0,02001
89. 1 éq. de sublimé.	HgCl	135,51	1,355	0,013551
90. 1 éq. de calomel.	Hg²Cl	235,56	2,355	0,023556

Le dosage du mercure par la réduction avec le protochlorure d'étain est une opération d'analyse en poids d'une très-grande exactitude. D'après la méthode de Streng, le protochlorure d'étain non décomposé par le sel de mercure sera déterminé au moyen de la solution de chrome. On dissout la substance contenant du mercure dans de l'acide chlorhydrique, on ajoute un excès de protochlorure d'étain mesuré avec la burette, on chauffe jusqu'à ce que tout le mercure soit réduit à l'état métallique et se soit rassemblé, ce que favorise l'action de la chaleur, on verse le mercure métallique, on le lave plusieurs fois avec de l'eau bouillie, puis on dose l'excès de protochlorure d'étain à la manière connue avec la solution de chrome. Ayant déterminé récemment le titre de la solution de protochlorure d'étain, on calcule combien toute la quantité de chlorure employé aurait décomposé de solution de chrome, on en retranche le volume de chromate employé pour le reste et on calcule d'après cela la proportion de la substance cherchée.

Il est évident que, dans le calcul, il y a une grande différence, suivant que le mercure entre dans la combinaison à l'état de perchlorure ou de peroxyde ou bien à l'état de protochlorure ou de protoxyde. Le perchlorure donne au sel d'étain 1 équivalent de chlore, tandis que le protochlorure n'en cède que $\frac{1}{2}$ équivalent. Mais, du reste, on n'est jamais dans l'incertitude à ce sujet, car, par l'addition de l'acide chlorhydrique, on reconnaît de suite si le mercure est à l'état de protoxyde ou non. Il faut donc y faire bien attention. Les analyses de sublimé corrosif faites par le chlorure d'étain, donnent trop peu de mercure dans les résultats. Ainsi j'obtins 0,488 gr. de sublimé au lieu de 0,5, et 0,9719 gr. au lieu de 1 gr. Cela tient, en grande partie, à ce que le précipité peut contenir encore du protochlorure de mercure, tandis que dans le liquide surnageant et étendu il y a encore du chlorure d'étain. Il y a donc eu trop peu de protochlorure d'étain décomposé et l'on employa, dès lors, plus de solution de chrome qu'il n'en faudrait réellement si la décomposition était régulière et complète.

A 1 gr. de sublimé dissous dans l'acide chlorhydrique, on ajouta 20 CC de protochlorure d'étain qui, d'après le titre, étaient équivalents à 74,8 CC de solution de chrome. Après une longue digestion sous l'action de la chaleur, le métal fut complétement éliminé, on le retira et il y avait encore dans la liqueur assez de protochlorure d'étain pour décomposer 11 CC de solution de chrome. Sur le résidu on ajouta encore 5 CC de protochlorure d'étain additionné d'acide chlorhydrique (= 18,7 CC de solution de chrome), et, après avoir laissé la réaction s'opérer, il fallut reprendre par 10 CC de solution de chrome. Donc, en tout, la quantité de solution de chrome équivalente au protochlorure d'étain est 93,5 CC, dont il faut retrancher 21 CC, par conséquent 72,5 CC de solution de chrome mesurent le sublimé. En multipliant par 0,013551 on obtient 0,982447 gr. au lieu de 1,0000 gr. ; il y a donc ici encore un faible manquant. Pour diminuer autant que possible la formation du protochlorure de mercure, je renversai l'opération.

25 CC de protochlorure d'étain (titre : 5 CC == 19 CC de solution de chrome) furent additionnés d'acide chlorhydrique et chauffés dans un vase rempli d'acide carbonique, puis on y ajouta 1 gr. de sublimé et on chauffa

jusqu'à ce que tout le métal soit rassemblé en petites gouttelettes. Après refroidissement, l'excès de protochlorure d'étain fut dosé avec la solution de chrome et il en fallut 21,5 CC. Donc, 95 — 21,5 ou 73,5 CC de solution de chrome mesurent le chlorure d'étain décomposé par le sublimé. Ce nombre donne 0,996 gr. de sublimé au lieu de 1,000 gr.

Le même essai répété avec 1 gr. de sublimé donna 21,7 CC de solution de chrome. Donc 73,3 CC de solution de chrome mesurent la quantité de bichlorure de mercure, ce qui fournit 0,99329 gr. au lieu de 1,000 gr.

On décomposa de la même manière, mais difficilement, le protochlorure de mercure (calomel) sublimé en poudre fine.

On fit bouillir pendant longtemps 2 gr. de ce sel avec de l'acide chlorhydrique et 25 CC de protochlorure d'étain (= 95 CC de solution de chrome), en même temps qu'on faisait passer un courant d'acide carbonique dans le ballon. Après avoir décanté le liquide, le protochlorure d'étain qui y restait, correspondait à 26,4 CC de solution de chrome. Le calcul fait par conséquent sur 68,6 CC de solution de chrome ne donna que 1,6159 gr. de calomel, donc il y a erreur notable en moins.

Pour cette raison, on fit encore une fois bouillir le résidu avec 5 CC de protochlorure d'étain (= 19 CC de solution de chrome), il en résulta encore des gouttes de mercure métallique. Il ne fallut que 7,6 CC de solution de chrome. Donc la quantité de cette liqueur équivalente au protochlorure d'étain décomposé par le calomel est égale en tout à 95 + 19 — (26,4 + 7,6) = 80 CC, et en multipliant par le millième de l'équivalent du protochlorure de mercure, on obtient 1,884 gr. au lieu de 2 gr. Ce qui, évidemment, n'est pas assez exact. Dans d'autres essais, j'obtins 0,875 gr. au lieu de 1 gr.

On voit, d'après cela, que l'on approche d'un résultat plus exact en ne faisant pas la décomposition en une seule fois, mais en faisant successivement plusieurs opérations jusqu'à ce que la dernière quantité de protochlorure d'étain ajouté ne décompose pas, après le refroidissement, moins de solution de chrome que dans les circonstances ordinaires. Lorsque le mercure forme, au fond du vase, un dépôt compact et dense, on peut doser l'excès de protochlorure d'étain sans décanter.

On comprend facilement qu'on ne peut soumettre à ce genre d'analyse aucun azotate de mercure. S'il fallait doser l'azotate de protoxyde on précipiterait le protoxyde par l'acide chlorhydrique, on laverait et on opèrerait ensuite comme plus haut.

S'il s'agissait de l'azotate de bioxyde, on le décomposerait par l'ébullition avec l'acide chlorhydrique, et de manière à beaucoup réduire le volume du mélange et on achèverait de la même manière.

CHAPITRE XXXIII.

Ferricyanure de potassium.

SUBSTANCES.	FORMULES.	ÉQUIVALENT.	QUANTITÉ à peser pour que 1 CC d'acide normal = 1 p. cent de la substance.	1 CC D'ACIDE normal correspond à
75. Ferricyanure de potassium......	$3.KC^2Az + Fe^2 + 3C^2Az.$	329,33	3,2933 gr.	0,032933 gr.

Le dosage du ferricyanure de potassium (sel rouge de Gmélin) au moyen de l'iodure de potassium, l'acide sulfureux et la solution d'iode, a été donné par Lenssen (1) et peut se faire d'après la méthode de Bunsen. Le ferricyanure de potassium et l'iodure de potassium ne se décomposent pas mutuellement, mais si dans la solution suffisamment concentrée, car lorsqu'elle est étendue la décomposition est incomplète, on ajoute de l'acide chlorhydrique fort, il se forme de l'acide ferrocyanhydrique et de l'iode libre qui reste dissous dans l'acide iodhydrique.

Le ferricyanure de potassium renferme 1 équivalent de ferricyanogène $3C^2Az + Fe^2$; des 3 équivalents de cyanogène, un se combine à l'hydrogène de l'acide iodhydrique et met en liberté 1 équivalent d'iode :

$$3C^2Az + Fe^2 + IH = 2(C^2AzFe) + C^2AzH + I.$$

1 équivalent d'iode $= 126,88$ correspond donc à 1 équivalent de ferricyanure $= 329,33$: donc 1 CC de la liqueur décime $= \frac{1}{10000}$ d'équivalent $= 0,032933$ gr. de ferricyanure de potassium.

0,5 gr. de ferricyanure de potassium dissous dans un peu d'eau, additionnés d'acide chlorhydrique et d'iodure de potassium, absorbent 250 CC d'acide sulfureux, dont 100 CC furent trouvés immédiatement après, équivalents à 12,6 CC d'une solution d'iode, au $\frac{1}{20}$ d'équivalent par litre. Il fallut 2,2 CC de solution d'iode pour l'excès d'acide sulfureux.

(1) *Annales de Chimie et de Pharmacie*, vol. XCI, p. 240.

Les 250 CC d'acide sulfureux $=$ 31,5 CC de solution d'iode.

Retranchons-en   2,2 CC   —   —

Il reste donc 29,3 CC de solution d'iode $=$ 14,65 CC de la liqueur normale décime. 14,65 $\times$ 0,032933 donne 0,482 gr. au lieu de 0,500 gr.

0,5 gr. de ferricyanure de potassium traités de la même manière furent décolorés par 17 CC de protochlorure d'étain qui furent trouvés égaux à 17,5 CC de solution de chrome. Après y avoir ajouté l'amidon, il fallut encore 2 CC de solution de chrome. Donc 17,5 — 2 $=$ 15,5 CC de solution de chrome mesurent le ferricyanure de potassium. 15,5 $\times$ 0,0032933 $=$ 0,510 gr.

L'accord des deux essais est loin d'être satisfaisant.

CHAPITRE XXXIV.

Cuivre.

1 CC de solution de chrome $=$ 0,006336 gr. de cuivre.
1 —   —   — $=$ 0,007936 — de bioxyde de cuivre.
1 —   —   — $=$ 0,024936 — de sulfate de cuivre cristallisé.

Ce procédé d'analyse, déjà indiqué par de Haen (1) et auquel on peut appliquer la méthode de Bunsen, peut aussi se traiter par la méthode de Streng. Au lieu d'une solution d'acide sulfureux étendu et d'une solution d'iode, on peut employer le protochlorure d'étain et le bichromate de potasse.

Lorsqu'on met en présence un sel de peroxyde de cuivre dissous et un iodure métallique, ils ne se décomposent pas simplement en periodure de cuivre, qui paraît ne pas exister, et un sel à oxacide correspondant ; mais il se dépose du protoiodure de cuivre en poudre insoluble et la moitié de l'iode est mis en liberté. On n'a donc qu'à doser la quantité d'iode libre pour en déduire la proportion de cuivre. De Haen ajoute de l'acide sulfureux jusqu'à ce que la couleur de l'iode ait disparu, puis ensuite la solution d'amidon et il titre au bleu avec une solution d'iode d'une force connue.

(1) *Ann. de Chimie et de Pharmacie*, v. XCI, p. 237.

Voici comment je conduis l'opération :

Le sel de cuivre étant pesé, je le dissous dans l'eau avec un peu d'acide sulfurique, j'ajoute l'amidon et un excès d'une dissolution d'iodure de potassium pur, je place le mélange bleu sous la burette à chlorure d'étain et je laisse couler ce liquide, en ayant soin d'agiter fréquemment, jusqu'à ce que la couleur bleue de l'iodure d'amidon ait disparu. Le liquide est alors trouble et blanchâtre à cause du protoioduré de cuivre formé. Ensuite j'y fais couler de la solution décime de chrome jusqu'à ce que la couleur bleue de l'iodure d'amidon reparaisse.

Comme il n'y a que la moitié de l'iode en liberté, pour chaque équivalent d'iode il faut calculer 2 équivalents de cuivre ou ce qui correspond en sel de cuivre.

On prit, avec une pipette, 10 CC d'une solution de cuivre qui contenait, dans un litre, 12,5 gr. de sulfate de cuivre pur, on y ajouta l'amidon, l'iodure de potassium, puis le protochlorure d'étain jusqu'à décoloration complète. Il fallut 6 CC, puis en retour 1,3 CC de solution de chrome pour ramener la couleur bleue. La force du protochlorure d'étain était telle que 100 CC = 105,6 CC de solution de chrome. Donc 6 CC de chlorure d'étain = 6,336 CC de chrome ; en en retranchant 1,3 CC, il reste 5,036 CC de solution de chrome pour mesure de l'iode mis en liberté ou de la moitié du sel de cuivre. D'après l'équivalent du sulfate de cuivre, 1 CC de solution de chrome correspond à $\frac{1}{10000}$ équivalent ou 0,012468 gr. de sulfate. Mais comme il n'y a que la moitié de l'iode mis en liberté, il faut doubler ou calculer d'après 0,024936 gr. de vitriol bleu. 5,036 × 0,024936 = 0,1255 gr. de sulfate de cuivre. Or, 10 CC de la dissolution en renferment 0,1250 gr.

20 CC de la même dissolution de cuivre, qui contenaient par conséquent 0,250 gr. de sulfate, furent traités de la même manière. On employa 11 CC de protochlorure d'étain = 11,616 CC de solution de chrome, puis en retour 1,6 CC de solution de chrome. Donc 11,616 — 1,6 = 10,016 CC de solution de chrome mesurent le sulfate de cuivre. 10,016 × 0,024936 = 0,24975 gr. de sulfate de cuivre au lieu de 0,250 gr.

Malheureusement cette méthode est rendue impraticable par la présence de plusieurs subtances. Les acides azotique, chlorhydrique, acétique libres, les sels de protoxyde de fer, et d'autres substances qui décomposent l'iodure de potassium, doivent être écartés d'abord. De plus, les résultats perdent de leur exactitude, quand on laisse longtemps en contact la solution de cuivre et l'iodure de potassium avant d'y ajouter l'acide sulfureux ou le chlorure d'étain. Mais, à part ces circonstances, et en ayant soin de ne pas prendre des liqueurs trop étendues, la méthode est rigoureuse. Frésénius pense qu'au moyen d'un poids connu de cuivre pur ou d'un volume déterminé d'une dissolution de sulfate de cuivre d'un titre connu, on peut établir la force de la dissolution d'iode aussi rigoureusement qu'avec le bichromate de potasse. Quand même cela serait, ce moyen d'établir le titre ne pourrait encore être comparé à celui par l'arsenite de soude.

Streng a indiqué un autre dosage du cuivre qu'on peut également achever par le bichromate de potasse. Il ne m'a pas donné de résultats satisfaisants.

Il faut, au moyen du glucose, précipiter le cuivre à l'état de protoxyde dans une dissolution alcaline faite à l'aide du tartrate de potasse et de la potasse caustique, redissoudre ensuite le protoxyde dans l'acide chlorhydrique, puis enfin, après avoir ajouté l'amidon et l'iodure de potassium, titrer avec la solution de chrome. Comme le protochlorure de cuivre formé décolore l'iodure d'amidon, la quantité de dissolution de chrome employée devrait mesurer la quantité de protoxyde de cuivre formé. Il est difficile, dans cette analyse, de reconnaître la marche de la réaction, parce que la coloration est trop masquée par la ressemblance de couleur du perchlorure de chrome et du perchlorure de cuivre.

Ce procédé de dosage du cuivre est analogue à celui de Schwarz, décrit dans le chapitre « caméléon ». Mais il a sur celui-ci plusieurs désavantages. Le premier, que nous avons déjà indiqué, c'est que la couleur de l'iodure d'amidon est trop semblable à celle des sels de chrome et de cuivre, et cette ressemblance peut facilement induire en erreur ; un second inconvénient, c'est que le protochlorure de cuivre en contact avec l'iodure de potassium donne aussitôt un précipité de protoiodure de cuivre. Comme ce précipité ne se dissout que peu à peu par l'addition du chromate de potasse, la couleur bleue de l'iodure d'amidon n'apparaît pas tout d'un coup, mais la coloration qui s'est déjà formée disparaît encore pendant quelque temps jusqu'à ce que tout le protoiodure soit dissous. Cette méthode est donc moins bonne que celle de Schwarz, les résultats qu'elle m'a donnés ne m'ont point paru de nature à être rapportés.

CHAPITRE XXXV.

Chlore. — Brome.

1 CC de solution de chrome $=$ 0,003546 gr. de chlore.

1 —   —   — $=$ 0,007997 — de brome.

Le dosage du chlore, du brome, de l'iode appartient en propre au chapitre où nous traiterons de l'arsenite de soude ; toutefois, on peut le faire avec le chlorure d'étain. Si le chlore n'est pas en combinaison, comme dans l'eau de chlore, on prend un certain volume de la dissolution avec une pipette, on l'introduit au milieu d'un volume connu de la solution de protochlorure d'étain dont on vient de prendre le titre. On agite, on ajoute l'iodure de potassium et l'amidon et on amène la couleur bleue par la dissolution de chrome.

S'il faut faire dégager le chlore et le recueillir à l'état gazeux dans la solution de chlorure d'étain, la méthode est encore plus défectueuse, parce que le chlorure d'étain absorbe beaucoup moins bien le chlore gazeux et éprouve, pendant l'opération même, un changement notable, inconvénient que l'on ne rencontre pas avec l'arsenite de soude.

CHAPITRE XXXVI.

Iode.

97. 1 CC de solution de chrome $=$ 0,012688 gr. d'iode.

98. 1 —   —   — $=$ 0,016599 gr. d'iodure de potassium.

Pour doser l'iode libre, on le pèse entre deux verres de montre ou dans un creuset de platine, on le place immédiatement dans un mortier où l'on fait couler du chlorure d'étain au moyen d'une burette remplie jusqu'au zéro, afin de couvrir l'iode de liquide. On broie avec le pilon en ayant soin de ne rien projeter. Aussitôt que le chlorure d'étain est oxydé, l'iode se dissout avec une couleur jaune. On reconnaît ce moment encore mieux en ajoutant un peu de dissolution d'amidon, ce qui colore immédiatement le liquide en bleu. On ajoute alors une plus grande quantité de chlorure d'étain qui décolore la liqueur jusqu'à ce qu'après la complète dissolution de l'iode, tout reste incolore. Si tout l'iode avait été dissous dans de l'iodure de potassium, on aurait pu traiter directement par le chlorure d'étain jusqu'à décoloration et terminer ainsi l'analyse. Comme l'iode en morceaux ne se dissout que lentement dans l'iodure de potassium, il faudrait employer le mortier, et, dans ce récipient ouvert, il vaut mieux qu'il y ait un excès de chlorure d'étain que d'iode libre. Dans tous les cas, il ne faut pas ajouter de chlorure d'étain au-delà du pont où la décoloration est produite, et on en dose l'excès en reprenant par la solution de chrome.

0,706 gr. d'iode pur et sec furent traités peu à peu par 28,6 CC de chlorure d'étain = 55,9 CC de solution de chrome. Il fallut revenir avec 0,4 CC de solution de chrome ; donc 55,5 CC de solution de chrome mesurent l'iode. Cela donne 0,704184 gr. au lieu de 0,706.

0,664 gr. d'iode pur furent traités peu à peu par 28,6 CC de chlorure d'étain = 55,9 CC de solution de chrome. En retour il fallut 3,5 CC de solution de chrome. Reste à calculer sur 52,4 CC de solution de chrome. On a donc 0,66485 gr. au lieu de 0,664 gr. d'iode.

0,5 d'iode anglais ordinaire furent traités peu à peu par 20 CC de chlorure d'étain = 39,3 CC de solution de chrome, puis on reprit par 1,1 CC de cette dernière. Donc la quantité d'iode correspond à 38,2 CC de solution de chrome. 38,2 fois 0,012688 = 0,4846 gr. = 96,92 pour cent d'iode.

Ici encore la méthode par l'arsenite de soude est préférable, parce qu'on n'a pas à craindre l'action de l'air pendant le traitement, toujours fort long, dans le mortier ouvert.

CHAPITRE XXXVII.

Acide chlorique.

1 CC de solution de chrome = 0,002043 gr. de chlorate de potasse.
1 —   —   — = 0,001258 — d'acide chlorique.

Le dosage de l'acide chlorique par la méthode précédente est maintenant facile et certain. D'après Bunsen, on distille le chlorate avec de l'acide chlorhydrique concentré et on recueille les 6 équivalents de chlore qui se dégagent dans de l'iodure de potassium, puis on dose l'iode éliminé avec l'acide sulfureux et la solution d'iode. Seulement le contact du chlore avec le bouchon et les caoutchoucs, la possibilité des fuites de gaz font perdre à cette méthode une partie de ses avantages.

Suivant Streng, on chauffe le chlorate avec de l'acide chlorhydrique concentré et un excès de protochlorure d'étain, et, après la décomposition, on mesure l'excès de chlorure employé au moyen de la dissolution de chrome. Dans cette manière d'opérer, il n'y a pas de dégagement de chlore, mais il est immédiatement absorbé par le protochlorure d'étain. Quand l'intérieur du flacon ou bien le liquide, se colore en jaune-verdâtre, c'est qu'il n'y a pas assez de chlorure d'étain et l'opération est manquée. Le liquide n'est de plus en contact qu'avec du verre. La décomposition n'est complète que lorsqu'on a chauffé longtemps à une douce chaleur, ou bien en chauffant de suite à l'ébullition. Je me sers, dans ce travail, d'une fiole fermée comme je l'ai déjà indiqué avec une soupape en caoutchouc, en sorte que, pendant le refroidissement, l'air extérieur ne peut pénétrer dans le vase. Le chlorate de potasse (ClO^5KO) donne ses 6 équivalents de chlore au chlorure d'étain et notre liqueur de chrome ne contient, par litre, que $\frac{1}{10}$ d'équivalent d'oxygène disponible, par conséquent chaque CC seulement $\frac{1}{10000}$ d'équivalent, le chlorate de potasse agit par un 6e de son équivalent. Celui-ci entier est 122,57 dont le 6° est 20,43 gr. et comme nos liqueurs sont étendues de manière à être décimes, à un litre de solution de chrome correspondent 2,043 gr. de chlorate de potasse, chaque CC de solution de chrome correspond donc à 0,002043 gr. de chlorate de potasse.

0,2 gr. de chlorate de potasse furent chauffés avec de l'acide chlorhydrique et 120 CC de chlorure d'étain qui équivalaient à 120 CC de solution de chrome. Le liquide froid décomposa encore 22,8 CC de solution de chrome. Donc 120 — 22,8 = 97,2 CC de solution de chrome, équivalent à 0,2 gr. de chlorate de potasse.

97,2 × 0,002043 = 0,1986 gr. au lieu de 0,2 gr.

Il ne faut pas oublier d'ajouter au mélange de l'acide chlorhydrique concentré sans quoi la décomposition n'aurait pas lieu, et de chauffer jusqu'à l'ébullition. Pour ne pas mettre aussi trop peu de chlorure d'étain, on remarquera que pour $\frac{1}{4}$ gr. de chlorate de potasse, il faut en prendre une quantité équivalente à environ 125 CC de solution de chrome.

L'acide chlorique ne peut pas être dosé par l'arsenite de soude sans distillation, à moins de sursaturer d'abord par l'acide chlorhydrique, puis ensuite de nouveau par le carbonate de soude, ce qui n'est pas praticable.

Au contraire, les hypochlorites alcalins, le chlorure de chaux sont dosés bien plus facilement par l'arsenite de soude que par le protochlorure d'étain. Quand on introduit ces substances dans la dissolution d'étain, il est presque impossible d'éviter une perte de chlore.

CHAPITRE XXXVIII.

Acide iodique. — Acide bromique.

1 CC de solution de chrome $=$ 0,002784 gr. de bromate de potasse.
1 —   —   — $=$ 0,001999 — d'acide bromique.

On traite ces acides comme nous avons dit au chapitre précédent à propos de l'acide chlorique.

L'acide iodique se décompose par l'action de l'acide chlorhydrique fumant, de telle sorte que 4 équivalents de chlore se dégagent, tandis que 1 équivalent de protochlorure d'iode reste dans le liquide.

CHAPITRE XXXIX.

Plomb. — Manganèse. — Cobalt. — Nickel.

Streng a étendu sa méthode aux métaux en question. Il les précipite à l'état de peroxyde en faisant bouillir leur dissolution avec une solution de chlorure de chaux, il les réduit par le protochlorure d'étain et détermine le reste de celui-ci avec la solution de chrome. On pourrait se donner la peine de soumettre ce genre de travail à un contrôle expérimental, si l'on pouvait faire abstraction des petites erreurs inhérentes à la méthode analytique par le chromate de potasse, c'est pour cela que je me borne ici à indiquer les données de l'auteur.

Plomb.

Les sels de plomb solubles aussi bien que le sulfate de plomb obtenu par précipitation, seront précipités à l'état de peroxyde de plomb en les faisant bouillir dans une liqueur neutre avec une solution de chlorure de chaux. Si l'on a précipité le sulfate de plomb ·et séparé ainsi ce métal d'autres corps, il est plus simple et plus certain de le peser après l'avoir chauffé au rouge. Mais si le sulfate de plomb provient de l'oxydation du sulfure, il peut contenir des substances étrangères, alors son analyse par les liqueurs titrées est très-avantageuse.

Streng chauffe longtemps au bain-marie le mélange contenant le sulfate de plomb avec la dissolution de chlorure de chaux, en ayant soin d'agiter souvent pour empêcher l'agglomération de la masse. Le peroxyde est ensuite lavé, retiré du filtre avec une fiole à jet, puis on détermine à la manière connue la quantité d'oxygène disponible qu'il contient.

Manganèse.

Le liquide, rendu légèrement alcalin, et qui contient naturellement un précipité, est mis en digestion à chaud avec du chlorure de chaux dissous, et le précipité de peroxyde de manganèse formé est traité comme on l'a déjà dit. Il est clair qu'il ne faut pas qu'il y ait ensemble deux métaux que le chlorure de chaux pourrait changer en peroxyde. Quand le peroxyde de manganèse a été lavé sur le filtre, rien ne s'oppose à ce qu'on le dose directement en le calcinant, puis le pesant à l'état de Mn^3O^4.

Cobalt et Nickel.

On les traite de la même manière. La mesure de leurs peroxydes par la liqueur titrée est une pesée, mais non pas une séparation. Si donc les deux métaux sont ensemble, il faut d'abord les séparer par une opération analytique avant de pouvoir les doser.

REMARQUES SUR LA MÉTHODE DE STRENG.

Nous avons indiqué les irrégularités qu'a signalées une étude approfondic de cette méthode, en témoignant le désir que de nouvelles recherches puissent l'en affranchir. Depuis la rédaction de ce chapitre, on a publié deux travaux sur ce sujet, mais ils font plutôt connaître la nature du mal qu'ils n'en indiquent le remède.

Récemment, Casselmann (1) a publié un travail étendu dans lequel il discute l'action de l'acide sulfureux, du chlorure d'étain, de la dissolution d'iode et de celle de chromate de potasse.

Il sera montré plus loin que la dissolution de chromate de potasse ne peut servir pour le dosage de l'acide sulfureux. Casselmann a trouvé également qu'en étendant d'eau de plus en plus la même quantité d'acide sulfureux, la quantité de bichromate de potasse nécessaire à son dosage allait *en diminuant*. Quand il y a par trop d'eau, l'acide sulfureux et l'acide chromique n'agissent pour ainsi dire plus l'un sur l'autre. Il faut donc, d'après cela, mettre cette réaction de côté.

En outre, Casselmann a trouvé qu'à un certain état de dilution, l'acide iodhydrique et l'acide chromique peuvent rester en présence sans réagir l'un sur l'autre.

Quant au chlorure d'étain, il a vu que si la proportion d'étain contenue dans le liquide, après l'addition de tous les réactifs, était d'environ 1 pour cent, on obtenait avec le chromate de potasse des résultats exacts, et que, plus on étend le liquide, plus la quantité d'acide chromique nécessaire à l'oxydation est moindre, sans qu'il ait donné de limites à cette diminution. Pour une plus grande concentration que 1 pour cent d'étain, la quantité d'acide chromique ne change plus.

Pour la dissolution d'iode en présence du chlorure d'étain, il a remarqué que l'affinité de celui-ci pour s'emparer de l'iode reste la même, quelle que soit la dilution du liquide. Cela contredit les résultats trouvés d'autre part, et c'est impossible, si l'oxygène libre dans l'eau est la cause de cette variation dans l'effet produit.

L'auteur conclut, dès lors, que les trois agents de réduction, l'acide sulfureux, l'acide iodhydrique et le protochlorure d'étain se comportent tout à fait

____

(1) *Ann. de Chimie et de Pharmacie*, vol. XCVI, p. 129.

de la même manière vis-à-vis l'acide chromique, autant, toutefois, qu'on prendra un certain degré de concentration suffisant pour que les substances puissent produire leur effet réducteur.

Kessler a traité la même question, et est arrivé au même résultat que Streng, à savoir, que les quantités relatives d'acide chromique et de protoxyde d'étain qui se décomposent mutuellement, sont indépendantes de la quantité d'eau ajoutée quand celle-ci est bien purgée d'air, tandis que Casselmann nie cette constance d'effet quand les liquides sont très-étendus.

Les travaux de ces deux chimistes n'ont donc pas avancé la question, puisqu'ils arrivent à des résultats contradictoires.

Il nous paraît qu'on en peut conclure que l'oxygène libre, contenu dans l'eau qu'on emploie, oxyde un peu de protoxyde d'étain, aussi bien qu'une trop grande quantité d'eau purgée d'air altère la décomposition mutuelle. Le résultat pratique de tout cela serait, qu'il faudrait laisser de côté le protochlorure d'étain comme agent de réduction, et qu'en même temps il faudrait aussi abandonner le chromate de potasse si l'on ne parvient pas à découvrir un autre agent réducteur qui réduise l'acide chromique, qui ne soit pas attaqué par l'oxygène libre, qui décompose toujours la même quantité de cet acide, quelqu'étendue que soit la liqueur, et qui enfin, outre cela, puisse décolorer l'iodure d'amidon. Mais on n'en a pas encore trouvé qui jouisse de tant de précieuses propriétés, et, jusqu'à ce qu'on y arrive, il faut nous résoudre à accepter le chromate de potasse.

Le dosage de l'étain se fera par la dissolution d'iode que l'on ramènera à l'arsenite de soude.

Pour l'acide chromique on prendra la méthode indiquée au chapitre *caméléon,* ou bien on emploiera l'arsenite de soude après une distillation préliminaire.

L'acide sulfureux sera traité par la dissolution d'iode.

Pour le mercure nous n'avons pas d'autre procédé.

Le ferricyanure de potassium (prussiate rouge) se dosera par l'hyposulfite de soude, à l'aide duquel on mesurera facilement l'iode mis en liberté par la réaction du prussiate rouge, de l'iodure de potassium et de l'acide chlorhydrique.

Quant au cuivre, il a tant de méthodes de dosage, qu'on est embarrassé de savoir quelle est la meilleure. L'emploi du cyanure de potassium est très-satisfaisant dans la plupart des cas; le procédé de Fleittmann est aussi fort bon.

Pour le chlore, le brome et l'iode, on se servira sans hésiter de l'arsenite de soude.

23

L'acide chlorique a déjà été traité par le caméléon et il le sera par l'arsenite de soude.

Les peroxydes de plomb, manganèse, etc., peuvent être réduits par le sulfate double de protoxyde de fer et d'ammoniaque, et l'excès de celui-ci mesuré par le caméléon ; ou bien on peut les distiller avec de l'acide chlorhydrique, recevoir le chlore dégagé dans l'arsenite de soude et achever par la dissolution d'iode.

IV.

FRÉDÉRIC MOHR.

ACTION DE L'ARSENITE DE SOUDE SUR LA DISSOLUTION D'IODE.

(Chlorométrie. — Sulfhydrométrie.)

La méthode d'analyse par oxydation et réduction que nous allons décrire, a été amenée graduellement, comme celle des chapitres précédents, par des améliorations et des additions successives, au degré de perfection qu'elle possède.

Gay-Lussac (1) est le premier qui employa l'acide arsenieux dans les analyses volumétriques, et l'appliqua aux essais chlorométriques. Il dissolvait l'acide arsenieux dans l'acide chlorhydrique, y ajoutait une dissolution sulfurique d'indigo, puis faisait agir le chlorure de chaux jusqu'à la disparition de la couleur indiquant un léger excès de chlore. La décoloration n'a pas lieu instantanément, mais bien peu à peu parce que la matière colorante de l'indigo étant décomposée par place, et ne pouvant pas se reproduire dans la liqueur, il arrive que, lorsque les dernières portions d'acide arsenieux disparaissent, la plus grande partie de la couleur bleue de l'indigo est déjà détruite. Il résulte de là, une incertitude sur le moment exact où l'opération est terminée, incertitude qui fit désirer aux fabricants de chlorure de chaux un autre procédé.

Penot (2) a donné aussi une méthode analogue. Tout en conservant l'emploi de l'acide arsenieux de Gay-Lussac, il a perfectionné le procédé de manière à obtenir des résultats exacts et qui sont toujours les mêmes. Au lieu de dissoudre l'acide arsenieux dans l'acide chlorhydrique, il le dissout dans le

---

(1) *Ann. de Chimie et de Pharmacie*, vol. VIII, p. 18.
(2) *Journal polytechnique de Dingler*, CXXVII, p. 134, CXXIX, p. 286.

carbonate de soude et il reconnaît la fin de l'opération en touchant un papier collé, ioduré, préparé par lui, ce qui détermine une tache bleue sur ce papier resté, jusque-là, parfaitement blanc. On peut dire, en passant, que le papier de Penot, imprégné d'iodure de sodium, est tout à fait impropre, car il donne aussi une tache bleue avec les acides purs, puisqu'il contient toujours de l'iodate de soude. Il faut donc employer de l'iodure de potassium pur et de l'empois. Mais cependant Penot a introduit dans la méthode deux heureuses modifications, savoir : la réaction extrêmement sensible de l'iode, et la substitution de la solution basique d'arsenite de soude à la dissolution acide de chlorure d'arsenic ; il semble, toutefois, n'avoir pas tout à fait compris l'importance de ce dernier perfectionnement.

L'emploi de l'acide arsenieux à l'état de composé neutre ou basique a un autre avantage que le seul changement du milieu dissolvant. A l'état d'arsenite de soude, l'acide arsenieux a une beaucoup plus grande affinité pour l'oxygène, le chlore, l'iode que lorsqu'il est libre ou changé en protochlorure d'arsenic.

Si on colore en bleu par l'iode une solution d'empois et qu'on y verse de l'arsenite de soude, la couleur est instantanément détruite, mais cela n'a plus lieu si l'on dissout l'acide arsenieux dans l'acide chlorhydrique ou si l'on acidifie l'arsenite de soude.

Ainsi donc, l'acide arsenieux combiné aux alcalis, peut enlever l'iode à l'iodure d'amidon pour passer à l'état d'acide arsenique, tandis que l'iode se change en acide iodhydrique ; l'acide arsenieux libre n'agit pas ainsi. On pourra donc, d'après cela, employer la réaction de l'iode dans une solution alcaline, tandis que dans une liqueur acide, la première goutte de chlorure de chaux, d'eau de chlore, de chromate de potasse, fait naître la couleur bleue, ce qui prouve que, dans ce cas, l'oxydation de l'acide arsenieux n'a pas lieu. Le carbonate de soude ne détruit pas la couleur bleue de l'iodure d'amidon ; on peut donc, sans inconvénient, ajouter à l'acide arsenieux un grand excès de carbonate de soude. Or, l'utilité de cet excès de carbonate alcalin résulte de l'expérience suivante :

Si l'on prépare une dissolution normale d'iode à $\frac{1}{10}$ d'équivalent ($= 12,688$ gr.) par litre et une solution normale d'arsenite de soude de $\frac{1}{20}$ d'équivalent $= 4,95$ gr. d'acide arsenieux (parce que l'acide arsenieux prenant 2 équivalents d'oxygène, il faut prendre la moitié d'un dixième d'équivalent), avec 14,5 gr. de carbonate de soude cristallisé, les deux solutions devraient être équivalentes, c'est-à-dire, se saturer exactement à volumes égaux. Or, en prenant 10 CC d'arsenite de soude additionnés d'empois, la couleur bleue apparaissait déjà avec 7 CC d'iode, et l'iode était passé à l'état d'acide iodhydrique qui avait déplacé une partie de l'acide arsenieux. Or, celui-ci libre ne décolorant pas l'iodure d'amidon, c'est pourquoi la réaction arrive plutôt. Mais en ajoutant maintenant du carbonate de soude, la couleur bleue disparaît aussitôt et ne revient qu'après l'emploi de 10 CC d'iode, et il est impossible de la faire disparaître de nouveau, quelque quantité de carbonate qu'on surajoute. La solution, fortement alcaline d'acide arsenieux, est donc une substance précieuse pour le dosage du chlore libre, de l'iode libre, du chlorure de chaux et autres analogues; et l'avantage de l'acide arsenieux, c'est que, malgré son inaltérabilité absolue au contact de l'oxygène de l'air, c'est aussi, jusqu'à présent, le seul corps qui, en dissolution alcaline, possède cette aptitude à s'oxyder tout en pouvant se conserver et restant identique à lui-même. Tous les autres agents chlorométriques, comme le protoxyde de fer, le protochlorure d'étain, l'acide sulfureux sont acides et dégagent toujours, au contact du chlorure de chaux, du chlore qui échappe au dosage. Otto dit, à cette occasion (*Traité de chimie*, 2ᵉ édit., vol. III, p. 426) : « chaque fois que l'on verse une solution de chlorure de chaux dans du sulfate de protoxyde de fer, on sent l'odeur du chlore et cela d'autant plus que la solution du sel de fer est plus acide. » Cette circonstance diminue évidemment la rigueur de la méthode, puisqu'elle se fait sentir différemment suivant l'état acide de la dissolution de sulfate de fer. La même chose a lieu également quand on fait usage du chlorure acide d'arsenic, et, dans ce cas aussi, je suis tout à fait de l'opinion du savant Otto, que l'emploi du sulfate de fer est préférable à celui de l'acide arsenieux si vénéneux. Mais si l'acide arsenieux est en dissolution alcaline, la perte du chlore gazeux n'est plus à craindre et il est possible, en évitant la méthode à la touche, de déterminer, dans la liqueur elle-même, la réaction si sensible de l'iode. A ce titre, je donne de nouveau la préférence à l'acide arsenieux, préférence hautement justifiée par l'inaltérabilité du titre de la liqueur.

Il y a, dans cette réaction, une analogie complète avec ce que nous avons dit à propos des expériences de Bunsen. Dans ces dernières, l'acide sulfureux au contact de la solution d'iode, forme de l'acide sulfurique et de l'acide iodhydrique, et pour un autre degré de concentration, l'acide iodhydrique et l'acide sulfurique redonnent de l'iode libre et de l'acide sulfureux. Ici c'est identique. L'acide arsenieux et l'iode en présence des alcalis donnent de l'acide arsenique et un iodure métallique ou de l'acide iodhydrique, tandis qu'au contraire, l'acide arsenique libre et un iodure métallique ou l'acide iodhydrique se décomposent en iode libre et acide arsenieux. J'ai fait, à ce sujet, les expériences suivantes :

On peut s'assurer très-rigoureusement si l'acide arsenique préparé en chauffant à siccité l'acide arsenieux avec un mélange d'acide chlorhydrique et d'acide azotique, contient de l'acide arsenieux ; en sursaturant par le carbonate de soude, ajoutant de l'empois et une solution d'iode, la première goutte d'iode doit développer la couleur bleue. Si la tache bleue disparaît en agitant, c'est qu'il y a encore de l'acide arsenieux, il faut recommencer une nouvelle oxydation. On fit donc dissoudre, dans de l'eau, avec un peu d'une dissolution d'iodure de potassium, une dissolution d'acide arsenique que la plus petite goutte d'iode colorait en bleu dans les circonstances que nous venons de rappeler. Au bout de quelques instants le liquide se colorait en brun à cause de l'iode éliminé.

On ajouta de l'empois et il se fit une couleur bleu foncé.

De l'acide arsenique très-étendu avec de l'empois et de l'iodure de potassium ne décéla aucune décomposition. Mais l'addition de quelques gouttes d'acide sulfurique détermina aussitôt la couleur bleue de l'iodure d'amidon. On voudrait peut-être expliquer cette dernière réaction par l'action de l'acide sulfurique sur l'acide iodhydrique ; mais, dans le premier cas, où l'on n'emploie que l'acide arsenique pur, cela n'est pas possible. L'acide arsenique chasse de l'iodure de potassium, l'acide iodhydrique et celui-ci est décomposé par l'acide arsenique comme le prouve clairement la coloration bleue. Ainsi, pour que l'acide arsenique formé, comme dans la méthode de Bunsen l'acide sulfurique, ne puisse pas être de nouveau décomposé, ou au moins ne puisse pas entraver, jusqu'à un certain point, la décomposition normale, il faudra, ici comme là, annuler l'effet de l'acide libre par la présence de l'alcali.

L'acide arsenieux ne peut pas être employé avec le bichromate de potasse : dans les solutions alcalines, le bichromate ne serait pas décomposé et dans les solutions acides, l'acide arsenieux n'enlève pas la couleur bleue de l'iodure d'amidon.

Il faut évidemment attribuer l'action décolorante de l'arsenite de soude sur l'iodure d'amidon à l'affinité de l'acide arsenieux pour l'oxygène, exaltée par la présence de la base, de même que le zinc, qui ne décompose pas l'eau, le fait au contraire promptement en présence d'un acide.

D'après ces essais tentés pour doser directement avec l'arsenite de soude, le chlorure de soude, celui de chaux et l'eau de chlore, je croyais perfectionner la méthode de Penot en ajoutant de l'iodure de potassium et de l'empois à une quantité connue d'arsenite de soude, et en y faisant arriver, au moyen d'une burette, le liquide contenant le chlore à doser. Toutefois les résultats que j'obtins étaient si contradictoires, que j'aurais douté de la valeur de la méthode si je n'en eusse bientôt trouvé le motif.

La réaction était bien la même dans les deux cas, seulement elle n'était pas conduite d'une manière aussi convenable dans un cas que dans l'autre. Pour 10 CC d'arsenite de soude, j'employai successivement avec la même eau de chlore 17,8, puis 21, puis enfin 29,5 CC jusqu'à ce que la couleur bleue apparut ; de même, en opérant avec du chlorure de soude fraîchement préparé, il fallut 9,3, puis 9,5 et 10,5 CC.

Ces différences tiennent à l'action locale du chlore et du chlorure de chaux sur l'amidon. Suivant que l'on met plus ou moins d'amidon, ou bien qu'en ajoutant le chlore on a plus étendu la liqueur ou agité plus fortement, les nombres obtenus sont différents.

Si l'on remue peu, l'amidon est décomposé par place par le chlore, quand l'acide arsenieux qui se trouvait là est déjà oxydé.

Il résulte donc tout simplement de ces faits, qu'il ne faut pas introduire une liqueur chlorée dans une autre contenant de l'amidon pour déterminer la réaction de l'iode au sein du liquide. Cela, en outre, me fit comprendre pourquoi Penot employait la méthode par touche si ennuyeuse, tandis qu'il était si facile de déterminer la réaction dans le liquide. D'après le procédé de Penot, l'empois reste sur le papier et n'est pas en contact avec le chlore ajouté, tant que le liquide n'est pas mélangé, et que, dès lors, le chlore n'est pas en combinaison. De cette manière, la méthode de Penot donne de bons résultats, bien que, à cause de la touche, elle soit toujours fort incommode.

Si l'on verse de l'eau de chlore dans de l'iodure de potassium, une quantité équivalente d'iode est mise en liberté. On peut opérer sans crainte cette réaction dans une liqueur contenant de l'empois, parce l'iode libre ne décompose pas l'amidon. Il n'y avait donc qu'à chercher à terminer l'opération avec une solution d'iode titrée comme le fait aussi Bunsen.

En mettant à profit tous ces faits, la chlorométrie devient une opération très-simple et très-rigoureuse. Elle se distingue essentiellement des méthodes de Bunsen et de Streng en ce qu'on y opère sur des liquides alcalins, tandis que dans celles-ci on n'emploie que des liquides franchement acides, attendu que les nombreux oxydes métalliques dont elles s'occupent sont insolubles dans les liqueurs alcalines.

Le chlore et l'iode qui n'offrent aucune affinité en présence des acides seront aussi, pour ce motif, dosés plus facilement dans les solutions alcalines.

CHAPITRE XL.

Préparation des liqueurs d'épreuve.

a. *Solution normale-décime d'arsenite de soude.*

Nous avons deux liquides qui agissent mutuellement l'un sur l'autre : 1°
la solution d'arsenite de soude ; 2° celle d'iode.

Tous deux peuvent être regardés comme servant de base à la méthode,
puisque tous deux peuvent se préparer avec des corps faciles à obtenir purs
et à peser. Bunsen s'est appuyé sur une dissolution d'iode dont il détermine
préalablement la force par une analyse ordinaire ou au moyen du bichromate
de potasse. La dissolution de l'iode dans l'iodure de potassium est, il est vrai,
inaltérable au point de vue chimique, mais il n'en est pas de même au point
de vue physique, attendu que l'iode peut se volatiliser. Les solutions d'iode,
même les plus étendues, répandent l'odeur de la vapeur d'iode ; et, à une
température un peu élevée, on voit le flacon se remplir de vapeurs violettes.
Dans des burettes fermées avec des billes et presque remplies, les couches
supérieures du liquide prenaient, du jour au lendemain, une légère coloration
due à la vaporisation de l'iode. La petite quantité de liquide qui reste au-
dessous de la pince dans le tube d'écoulement, est presque complétement
décolorée au bout de quelques jours. Lorsqu'on ouvre souvent un flacon
contenant une dissolution d'iode, ce qu'il faut faire fréquemment pour remplir les burettes, la force de la solution va toujours en diminuant, ainsi que je
m'en suis assuré en prenant le titre avec l'arsenite de soude. Il n'y avait donc
pas autre chose à faire que d'établir exactement chaque fois, par une nouvelle
analyse, la valeur de la dissolution d'iode au moyen du bichromate de potasse.
La volatilité est la propriété la plus désavantageuse qu'on puisse rencontrer
dans une substance prise comme devant faire partie d'une liqueur titrée.
Comme nous possédons dans l'acide arsenieux un corps facile à avoir pur,
pulvérulent, non hygroscopique ni volatil, toutes ces propriétés lui donnent
un avantage incontestable sur l'iode qui est volatil, peut être facilement impur
et contenir de l'eau et du chlore. C'est pourquoi j'ai choisi l'acide arsenieux
comme devant servir de base à la méthode. Il doit être parfaitement pur. Le
meilleur moyen de s'en assurer, c'est de voir s'il est complétement volatil
sans résidu. On en met un peu sur une feuille de platine et on chauffe sur

la lampe à alcool, en évitant avec soin de respirer les vapeurs blanches, ino-
dores qui se dégagent. Quand on peut, on opère dans une sorte de laboratoire
fermé, où ne se trouvent que les mains et les appareils, tandis que le reste du
corps est en dehors, mais d'ordinaire ces précautions ne sont pas indispensables, on se place seulement sous la hotte d'une bonne cheminée. Quand
l'acide arsenieux incolore se sublime sans résidu, on peut le regarder comme
bon et l'employer tel quel. Quand l'acide arsenieux est à l'état porcelanique,
blanc, opaque, présentant encore dans son intérieur des parties vitreuses,
c'est une garantie suffisante qu'il ne contient pas d'autres corps volatils tels
que sel ammoniac ou soufre ; quant aux substances fixes, on les reconnaîtrait
dans le résidu de la sublimation. On peut aussi le chauffer dans un tube
d'essai ou dans un petit ballon. Enfin il n'est pas difficile de préparer soi-
même par sublimation de l'acide aussi pur qu'on pourrait le désirer.

On réduit une assez grande quantité d'acide, ainsi préparé, en poudre fine
que l'on conserve dans un flacon en verre fort dont le goulot est assez large
pour pouvoir y puiser avec une spatule lors des pesées. Il est inutile de dire
qu'on prendra toutes les précautions pour éviter les méprises si funestes qui
pourraient arriver quand on emploie l'acide arsenieux, on étiquettera bien
nettement le flacon et on le conservera dans une armoire fermée à clef.

Pour préparer la liqueur d'épreuve on place le flacon ouvert sous une
cloche avec du chlorure de calcium, puis avec une bonne balance on pèse la
quantité convenable sur une nacelle faite en fendant un tube de verre dans
le sens de sa longueur.

L'équivalent de l'arsenic étant 75, comme il s'y combine 3 équivalents
d'oxygène pour faire l'acide arsenieux, l'équivalent de celui-ci est 99 ; pour
une dissolution normale-décime il en faudrait prendre 9,9 gr. Mais, comme
l'acide arsenieux, ArO^3, pour se changer en acide arsenique, ArO^5, prend
2 équivalents d'oxygène, pour préparer un liquide dont le titre corresponde
à $\frac{1}{10}$ d'équivalent d'oxygène absorbé ou cédé, il faut prendre la moitié du
nombre précédent ou 4,95 gr.

Ainsi, tant que l'équivalent de l'arsenic ne sera pas changé, c'est là le
poids normal d'acide arsenieux qui entrera dans la liqueur normale-décime.
On pèse donc 4,95 gr. d'acide arsenieux pur et en poudre, on l'introduit sans
en perdre dans un petit ballon et on y verse une dissolution claire de carbonate de soude chimiquement pur. Dans tous les cas, il faut s'assurer que ce
sel est exempt de sulfite et d'hyposulfite. Pour cela, on y met un peu de
solution d'amidon et une goutte de solution d'iode, il doit immédiatement en
résulter une coloration bleue. Si cela n'arrivait pas, il faudrait préalablement

purifier le carbonate de soude, aussi c'est pour cela que je préfère employer le bicarbonate qui ne peut contenir ces sels ; quant au sulfate de soude et au chlorure de sodium ils n'ont pas d'inconvénient. Le bicarbonate se colore subitement en bleu avec l'amidon et la solution d'iode. On prend donc environ 10 gr. de bicarbonate et l'on chauffe jusqu'à ce que, l'effervescence achevée, tout soit dissous en un liquide clair.

Au commencement, la poudre agglomérée nage à la surface du liquide, mais bientôt elle disparaît à mesure que la température s'élève. On verse la solution claire dans un flacon d'un litre, dans lequel on a mis préalablement un peu d'eau distillée, on lave bien le ballon en versant l'eau de lavage dans le flacon, puis on remplit celui-ci jusqu'à la marque en le mettant à la température normale et on mélange le tout en agitant fortement.

J'ai trouvé ce liquide tout à fait inaltérable au contact de l'oxygène atmosphérique, tandis que Frésénius lui attribue une grande oxydabilité qu'on n'a pas encore observée jusqu'à présent. J'ai essayé des dissolutions normales préparées avec le même acide arsenieux et à des époques bien différentes et je leur ai toujours trouvé la même force. Elles donnent, avec le nitrate d'argent des précipités d'un jaune-clair tout à fait pur, sans qu'on y remarque la moindre trace du précipité rouge-brique d'arseniate d'argent et il faut la même quantité d'iode, aussi bien pour les liqueurs préparées depuis dix-huit mois que pour celles qui le sont tout récemment. Ces remarques, que j'avais faites depuis longtemps, répétées trois mois après encore, me donnant toujours les mêmes résultats, je suis en droit d'en conclure que la dissolution d'arsenite de soude bien préparée est un liquide normal dont le titre est invariable. Mais si l'arsenite de soude est mélangé d'un peu de sulfite et si on le conserve dans un flacon ouvert, alors au bout de peu de temps on y trouve de l'acide arsenique. L'oxydation du sulfite détermine celle de l'arsenite. Dans une petite quantité d'une dissolution qui, pendant dix mois, avait conservé le même titre, j'introduisis quelques cristaux de sulfite de soude, au bout de quinze jours l'azotate d'argent y produisait un précipité rouge-brique et la solution ammoniaco-magnésienne, y formait un précipité notable, cristallin et caractéristique d'arseniate ammoniaco-magnésien. L'hyposulfite de soude, au bout de quinze jours, n'avait pas encore produit cette action, mais elle se manifesta plus tard. Une dissolution arsenicale conservée huit jours dans un vase ouvert et dans une *étuve* chaude, ne donna pas, au bout de ce temps, la moindre trace d'acide arsenique. On voit, d'après cela, la nécessité d'employer une dissolution de carbonate de soude chimiquement pur, et c'est pourquoi le bicarbonate est préférable.

Cette combinaison, que j'ai imaginée, est la seule qui se compose de deux liquides inaltérables. Avant de l'employer, il faut d'abord s'assurer si elle contient assez d'alcali. Pour cela, on y ajoute de l'amidon et on la fait passer au bleu avec la solution d'iode. Ensuite on y projette un peu de carbonate de soude pur ou du bicarbonate réduit en poudre et l'on regarde si la couleur bleue disparaît. Si cela arrive, il faudra, pour plus de certitude, ajouter dans chaque analyse un petit excès de carbonate de soude. Du reste, on peut le faire une fois pour toutes en préparant la liqueur normale.

b. *Solution d'iode.*

On peut préparer la dissolution d'iode, soit d'une force quelconque, arbitraire, ou lui donner un titre parfaitement déterminé. La dissolution d'une force inconnue sera mesurée au moyen de l'arsenite de soude, puis on en déduit le volume qu'il faut lui donner. Il sera bon d'employer la dissolution d'iode dans l'iodure de potassium. Toutefois, pour avoir plus d'exactitude dans les analyses, il faudra faire la dissolution d'iode suffisamment étendue. Si sa concentration correspond à celle de la liqueur arsenicale, elle est encore tellement concentrée qu'une goutte produit une couleur bleue trop intense. Comme la réaction de l'iode sur l'amidon est très-sensible, nous pouvons en profiter pour employer des liqueurs très-étendues.

On peut employer toute espèce d'iode, qu'il soit humide ou qu'il contienne du chlore peu importe, puisque la force de la dissolution est déterminée ultérieurement et que le chlore est retenu par l'iodure de potassium. Il est, toutefois, bien préférable de prendre de l'iode pur et sec, comme on peut en avoir dans le commerce, et de préparer, par une seule pesée, un liquide ayant toujours le même titre.

L'équivalent de l'iode étant 126,88, il faudrait pour une dissolution décime en dissoudre 12,688 avec de l'iodure de potassium dans un litre. Le liquide est alors tellement coloré que, dans une burette de 15 à 16 millimètres de diamètre, on peut à peine voir la courbure du ménisque, mais il ne l'est cependant pas assez pour qu'on ne puisse voir la division qui correspond au niveau du liquide contre le verre. Je préfère alors ne prendre que la dixième partie de ce poids, soit 1,269 gr. d'iode et étendre de manière à faire un litre. Si l'on a un assez grand flacon, d'environ 5 litres, et s'il faut faire souvent usage de cette dissolution comme dans les laboratoires de chimie ou dans les fabriques, on peut, à cause de l'inaltérabilité du liquide, en préparer une plus grande quantité en pesant d'un coup 6,344 gr. d'iode pour 5 litres ou 12,688 pour 10 litres.

La liqueur ainsi préparée avec de l'iode pur, est au centième, c'est-à-dire qu'elle contient par litre $\frac{1}{100}$ d'équivalent en grammes, et on pourrait, d'après cela, calculer directement toutes les analyses. Cependant, pour ne pas multiplier inutilement les nombres du système et les tableaux, il est bon de réduire immédiatement les CC employés en arsenite de soude en reculant la virgule d'un rang vers la gauche.

Chaque dissolution d'iode doit être transformée en solution normale-décime d'arsenite de soude. On fait couler de la burette qui renferme cette dernière, 5 ou 10 CC, on y ajoute de l'empois d'amidon fraîchement préparé et un peu de bicarbonate de soude, puis on titre au bleu avec la solution d'iode. Si, pour y arriver, il a fallu juste 10 fois plus de CC qu'on en a pris d'arsenite de soude, la solution d'iode est exactement une solution normale au centième et on n'a qu'à diviser par 10 les CC qu'on en emploie pour les transformer en arsenite de soude. Si cela n'est pas, on utilise cette expérience pour faire une petite table de transformation qui ne peut servir, bien entendu, que tant qu'on aura le même liquide ou un liquide préparé de la même manière avec le même iode.

Voici un exemple de ce genre d'opération :

1,27 gr. d'iode furent dissous dans un litre et on en remplit une grande burette.

Pour 5 CC d'arsenite de soude il fallut :

1° 50,6 CC de solution d'iode.

2° 50,6 —   —   —

Donc 1 CC de solution d'iode $= \dfrac{5}{50,6} = 0{,}09881$ CC d'arsenite de soude: on en conclut le petit tableau suivant :

Fig. 97.

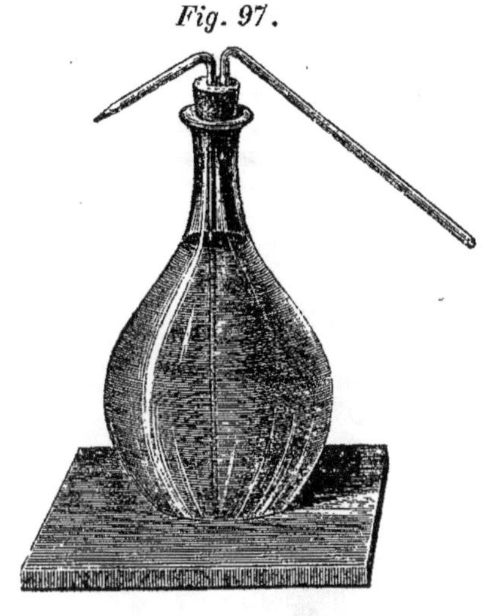

CC DE SOLUTION D'IODE.	CC DE SOLUTION ARSENICALE.
1	0,09881
2	0,19762
3	0,29643
4	0,59524
5	0,49405
6	0,59286
7	0,69167
8	0,79048
9	0,88929

La solution d'iode ne conserve pas absolument son titre à cause de la grande volatilité de l'iode dans les vases ouverts.

Aussi pour la conserver je me sers d'un flacon à jet comme celui que nous avons décrit à propos du caméléon (fig. 97). Ce flacon n'est ouvert que quand il faut le remplir de nouveau.

On peut mesurer la solution d'iode avec les burettes à pince. Seulement, avec le temps, le tube en caoutchouc vulcanisé devient dur et rigide, probablement parce qu'il se forme du sulfure d'iode dans la masse du caoutchouc. Alors les burettes ne fonctionnent plus quand on ouvre la pince. Ce qui m'a le mieux réussi, mais encore pas pour toujours, c'était d'enduire les tubes en caoutchouc à l'intérieur avec du suif, ou bien de les imbiber d'une dissolution de gutta-percha dans le chloroforme et de laisser sécher. J'emploie aussi pour la solution d'iode la burette à pied avec un tube pour souffler dans la burette et déterminer le jet, on n'ouvre non plus qu'une fois pour remplir (fig. 98, fig. 99, page suivante). Quand on se sert d'une solution très-étendue, il faut prendre une burette passablement grande pour ne pas être obligé de la remplir souvent.

c. Papier amidonné à l'iodure de potassium.

Dans toutes les analyses par distillation, avant d'ajouter la solution d'amidon on doit s'assurer si l'arsenite de soude est en excès. On le reconnaît en touchant le liquide avec un papier trempé dans un mélange d'empois et d'io-

dure de potassium et desséché. Le papier qui sert à cet usage ne doit pas
contenir trace de chlore, sans quoi il bleuit seul pendant la dessiccation. Penot

Fig. 98.

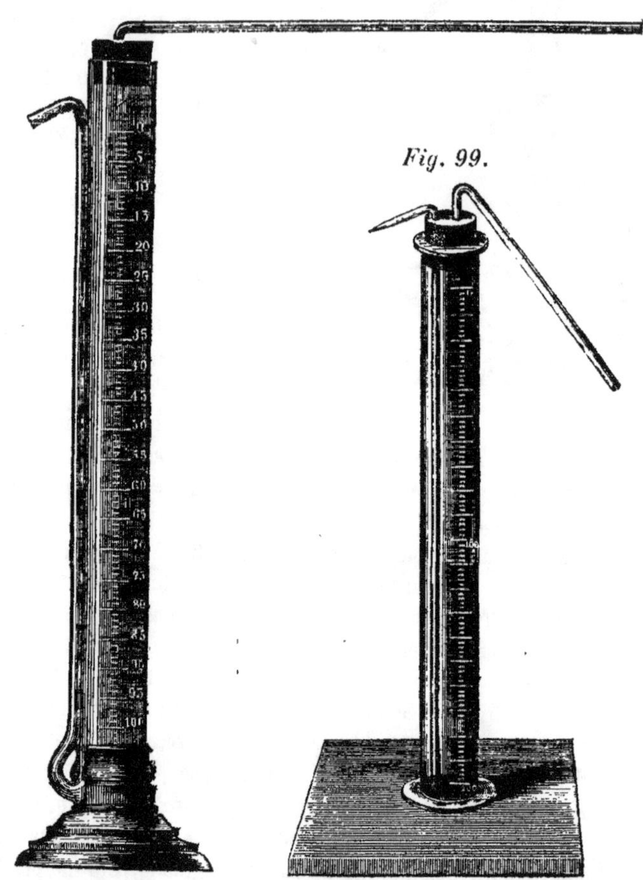

Fig. 99.

avait employé un papier amidonné préparé avec de l'iode et du carbonate de
soude; mais c'était à tort, parce qu'il se forme de l'iodate de soude et alors
les acides purs produisent des taches bleues. Je ne vois pas de raison pour
substituer à l'iodure de potassium que l'on trouve partout, qui seul peut
suffire, une préparation particulière qui a sur lui des désavantages. On peut
laisser de côté le papier amidonné ioduré en étendant avec le doigt, sur une
assiette en porcelaine, à l'instant où l'on en a besoin, un peu d'empois d'amidon avec quelques gouttes d'une dissolution d'iodure de potassium.

CHAPITRE XLI.

Acide arsenieux.

SUBSTANCES.	FORMULES.	ÉQUIVALENT.	QUANTITÉ à peser pour que 1 CC de solution d'arsenite = 1 p. cent de la substance.	1 CC de la solution d'arsenite de soude correspond à
91. 1/2 équiv. d'acide arsenieux. . .	$\dfrac{ArO^3}{2}$	49,5	0,495 gr.	0,00495 gr.

Le dosage de l'acide arsenieux par la dissolution d'iode qui a été titrée avec l'acide arsenieux pur est un dosage d'un corps par lui-même. L'acide pur mesure la richesse de l'acide arsenieux essayé. Le cas le plus simple est celui où il n'y a que de l'acide arsenieux soit pur, soit en combinaison. S'il est dans une dissolution alcaline, qui ne contient toutefois aucun sel pouvant agir sur la solution d'iode, comme un sulfite ou un hyposulfite (1), on en prend un certain volume avec une pipette, on y ajoute de l'amidon, un peu de bicarbonate de soude et on titre au bleu avec la solution d'iode. Les CC de celle-ci en solution normale-décime d'arsenite de soude font connaître la proportion d'acide arsenieux pur contenu dans la préparation.

Si l'acide arsenieux n'est pas dissous, on le fait bouillir avec le bicarbonate de soude, on ajoute l'amidon, on titre au bleu avec l'iode et on calcule comme plus haut.

On prit 0,1 de l'acide arsenieux employé pour préparer la solution normale, on fit dissoudre en faisant bouillir avec du bicarbonate de soude, et on titra avec l'amidon et l'iode, il fallut 202 CC de solution d'iode (titre : 10 CC d'arsenite de soude = 99,6 CC de solution d'iode : donc 1 CC de solution d'iode $= \dfrac{10}{99,6} = 0,1004$ CC d'arsenite de soude). Les 202 CC employés

---

(1) On s'en assure par la réaction connue, chauffer avec l'acide sulfurique ou l'acide chlorhydrique, l'odeur de l'acide sulfureux décèle sa présence, l'odeur d'acide sulfureux et un trouble occasionné par un dépôt de soufre indiquent l'acide hyposulfureux.

= 20,28 CC d'arsenite de soude et ceux-ci multipliés par 0,00495 donnent 0,1003 gr. d'acide arsenieux au lieu de 0,1 gr.

0,1 gr. du même acide arsenieux, traité de même le jour suivant exigea 202 CC, ce qui donne encore 0,1003 gr.

On appliqua maintenant ce procédé pour déterminer la quantité d'acide arsenieux que donneraient le réalgar, l'orpiment et l'arsenic blanc du commerce.

Si l'on fait bouillir du réalgar rouge avec du carbonate de soude neutre ou du bicarbonate, il se forme toujours une certaine quantité du sulfarsenite de sulfure de sodium. La liqueur filtrée donne, avec un excès d'acide acétique, un précipité jaune de sulfure d'arsenic. On pourrait faire bouillir le réalgar avec du carbonate de soude, puis, après avoir étendu d'eau et laissé refroidir, précipiter par un excès d'acide acétique et titrer avec la solution d'iode le liquide filtré saturé par le carbonate de soude.

0,2 gr. de réalgar furent traités ainsi et l'acide arsenieux combiné à la soude fut dosé par l'iode. Il fallut 24 CC de la solution d'iode (titre : 10 CC d'arsenite de soude = 101 CC d'iode). Les 24 CC d'iode = 2,376 CC d'arsenite de soude et en les multipliant par 0,00495, on a 0,01176 gr. d'acide arsenieux.

Ce réalgar contient donc $\dfrac{0,01176 \times 100}{0,2} = 5$ ou 5,88 p. c. d'acide arsenieux.

On reconnut que l'acide arsenieux, additionné d'acétate de soude, emploie autant d'iode que quand il est sursaturé de carbonate de soude. Et en effet, cela doit être, puisque l'acide arsenique formé peut s'unir à la soude de l'acétate et mettre en liberté l'acide acétique qui, de son côté, ne déplace pas l'acide arsenique. On peut donc, d'après cela, employer un mélange d'acide arsenieux et d'acétate de soude aussi bien que de l'arsenite de soude. Dès lors, l'acétate de soude s'offre comme un dissolvant précieux de l'acide arsenieux quand celui-ci sera mélangé avec des composés sulfurés d'arsenic ; car les acétates alcalins dissolvent, à l'ébullition, l'acide arsenieux aussi bien que les carbonates alcalins, tandis qu'ils n'attaquent pas les composés sulfurés.

On fit bouillir 0,2 gr. de réalgar avec de l'acétate de soude qui se colorait immédiatement en bleu avec une seule goutte d'iode quand on ajoutait de l'amidon ; la solution fut additionnée de quelques gouttes d'acide acétique, étendue à 300 CC, et filtrée. 100 CC du liquide employèrent 8,2 CC de la solution d'iode, donc, en tout, il en faudrait 24,6 CC (même titre que plus haut). Ces 24,6 CC représentent 2,435 CC de solution arsenicale et ceux-ci multipliés par 0,00495 donnent 0,012053 gr. = 6,026 p. c. d'acide arsenieux.

Orpiment. — Masses jaunes, telles qu'on les trouve dans le commerce ;
elles représentent de l'acide arsenieux presque pur.

0,2 gr. traités à l'ébullition par le bicarbonate de soude furent complètement dissous. En sursaturant par l'acide acétique, il n'y eut pas de précipité.
On étendit d'eau pour faire 300 CC dont on prit 50 avec une pipette et on
dosa avec la solution d'iode du dernier titre. Il en fallut 64 CC ; 50 nouveaux
CC en exigèrent aussi 64 CC ; pour 25 CC il en fallut 32 ; donc en tout 6
fois 64 = 384 CC de solution d'iode = 38 CC de solution d'arsenite de soude,
en multipliant par 0,00495 on a 0,188 gr. ou 94 pour cent d'acide arsenieux.

Pour comparer, on fit bouillir 0,2 gr. d'orpiment avec l'acétate de soude,
on ajouta de l'eau pour faire 300 CC, et on en prit 50. Il fallut chaque fois
66 CC de solution d'iode, donc en tout il en faudrait 6 fois 66 = 396 CC =
39,2 CC de solution d'arsenite = 0,197 gr. ou 97 pour cent d'acide arsenieux. Ici la méthode par l'acétate de soude donne un peu plus que celle par
le carbonate.

La même chose se remarqua avec l'acide arsenieux pur. 0,2 gr. de celui-
ci, dissous à l'aide de l'acétate de soude, donnèrent, dans deux essais, 0,208
et 0,205 gr. au lieu de 0,200. Aussi, toutes les fois qu'on aura préparé la
dissolution normale d'arsenite avec le carbonate de soude, il faudra employer
ce sel dans les analyses de préférence à l'acétate.

Comme dans les analyses, l'arsenic est presque toujours séparé à l'état de
sulfure, et que celui-ci ne peut être directement pesé, mais qu'il faut soit
le doser par une nouvelle analyse d'après la quantité de soufre qu'il contient, soit, après l'avoir complétement oxydé, le peser à l'état d'arseniate
ammoniaco-magnésien, il serait à désirer qu'on trouvât un procédé volumétrique simple pour le sulfure d'arsenic. J'ai essayé plusieurs méthodes, mais
je n'ai pas encore obtenu de résultats satisfaisants.

On peut dissoudre le sulfure d'arsenic dans l'ammoniaque et le retirer
ainsi du filtre en évaporant la solution dans une capsule en porcelaine. Ce
précipité, traité par l'acide azotique étendu, se transforme bien en soufre
blanc, mais une partie de l'arsenic passe à l'état d'acide arsenique. En
essayant de réduire celui-ci par l'acide sulfureux, je n'obtins aucun résultat,
comme je le savais, du reste, d'avance et comme cela devait arriver.

J'essayai de précipiter la solution ammoniacale de sulfure d'arsenic avec
l'azotate d'argent, puis le reste d'argent par l'acide chlorhydrique, de saturer,
après filtration, avec le carbonate de soude, et de doser avec la solution d'iode.
J'obtins toujours un résultat de beaucoup trop faible. J'abandonnai donc cette
question pour la soumettre à des recherches ultérieures.

CHAPITRE XLII.

Acide sulfureux.

SUBSTANCE.	FORMULE.	ÉQUIVALENT.	1 CC de la solution d'arsenite de soude correspond à
86. Acide sulfureux......	SO^2	52	0,0052 gram.

Le dosage de l'acide sulfureux dépend de certaines circonstances qu'il ne faut pas négliger. Cet acide est transformé en acide sulfurique par la dissolution d'iode, tandis que l'iode, aux dépens de l'hydrogène de l'eau décomposée, passe à l'état d'acide iodhydrique.

$$SO^2 + HO + I = SO^3 + IH$$

Mais cette décomposition n'a lieu qu'autant que l'acide sulfureux est très-étendu, attendu que, d'un autre côte, l'acide sulfurique et l'acide iodhydrique, à un certain degré de concentration, se décomposent en acide sulfureux, eau et iode. On se sert, pour cette analyse, d'une dissolution d'iode dont la force a été exactement déterminée par l'arsenite de soude. L'acide sulfureux sera étendu avec de l'eau bouillie, refroidie dans un vase fermé, on y ajoutera de l'amidon récemment transformé en empois, puis ensuite de la dissolution d'iode jusqu'à l'apparition de la couleur bleue. Les nombres de centimètres cubes employés seront réduits en solution normale-décime d'arsenite de soude et le nombre de centimètres cubes de cette dernière multiplié par 0,0032 donnera en grammes la proportion d'acide sulfureux. Au reste, l'erreur que l'on peut commettre en traitant directement l'acide sulfureux concentré par la solution d'iode n'est pas très-grande. On le reconnaît si, après avoir obtenu la coloration bleue, on ajoute quelques gouttes d'une dissolution de carbonate de soude, puis ensuite de nouveau de la solution d'iode jusqu'à la persistance de la couleur bleue. En saturant par la soude l'acide sulfurique qui se forme, on diminue l'affinité entre l'acide sulfurique et l'acide iodhydrique et l'opération marche régulièrement jusqu'à la fin.

5 CC d'acide sulfureux concentré furent directement traités par l'iode,

après y avoir ajouté de l'empois d'amidon ; 10 CC de cette solution d'iode correspondaient à 4,91 CC de la solution normale-décime d'arsenite de soude. On employa 11,6 CC de cette solution d'iode. Une seconde expérience en donna 11,7 CC comme la première. Ces 11,7 CC représentent 5,79 CC d'arsenite de soude et en multipliant par 0,0032 on a 0,0185328 gr. d'acide sulfureux = 0,37065 pour cent.

On peut, dans cette analyse, commettre de graves erreurs en faisant usage d'eau aérée. Alors une partie de l'acide sulfureux est oxydée et on emploie moins de la dissolution d'iode qu'il n'en faudrait pour l'acide non étendu. Ainsi, pour les 5 CC de l'acide sulfureux précédent, étendus d'avance de 346 CC d'eau de fontaine, il fallut 6,7 CC de solution iodée, il n'en fallut que 6,2 CC, en étendant de 400 CC d'eau de fontaine. Les erreurs les plus grandes ont lieu quand on étend d'abord d'eau contenant de l'air, qu'on ajoute le carbonate de soude et qu'on titre seulement ensuite, parce que le sulfite de soude absorbe l'oxigène bien plus facilement que l'acide sulfureux libre.

5 CC du même acide sulfureux étendus de 400 CC d'eau de fontaine, n'employèrent, après l'addition d'un peu de carbonate de soude, que 0,8 CC d'iode pour produire la coloration bleue. Avec la même quantité d'eau de fontaine, mais en ne mettant pas préalablement de carbonate de soude, l'addition de ce sel ne diminua pas sensiblement la coloration bleue, ou bien elle reparut persistante après la plus légère addition de dissolution d'iode. En répétant l'expérience plusieurs fois avec les mêmes quantités de substances on obtient des résultats très-variables qui dépendent de la promptitude avec laquelle on verse les liquides, et de l'accès de l'air quand on agite.

Les sulfites solubles seront dissous dans de l'eau bouillie, puis titrés au bleu avec l'iode et l'amidon. A la fin de l'opération, on s'assure qu'une addition de carbonate de soude ne détruit pas la coloration, sans quoi on ajouterait de nouveau de la solution d'iode et alors seulement on ferait la lecture. Comme les sulfites sont difficiles à obtenir purs, ils ne se prêtent guère aux analyses de contrôle.

Au lieu du carbonate neutre de soude, j'emploie de préférence le bicarbonate. Ce dernier ne peut contenir ni hyposulfite, ni soude caustique. Avant de verser dans le vase l'acide sulfureux, j'y mets, avec la pointe d'un couteau, une petite quantité de ce sel en poudre. Il n'en résulte aucune effervescence sensible, tandis qu'elle a lieu quand l'acide sulfureux est transformé en acide sulfurique par l'iode et qu'alors seulement on introduit le bicarbonate de soude.

Voici les résultats d'une analyse faite sur une dissolution d'acide sulfureux :

10 CC versés sur du bicarbonate de soude exigèrent :

1° 60   CC d'une dissolution d'iode (1 CC = 0,09881 CC d'arsenite de soude).

2° 60,4 —   —   —

3° 60,5 —   —   —

Cela correspond à

1° 5,9286 CC d'arsenite de soude = 0,01897 gr. = 0,1897 p. c. de SO^2

2° 5,9681 —   —   = 0,01909   = 0,1909 —   —

3° 5,9780 —   —   = 0,01912   = 0,1912 —   —

Le jour suivant le même acide sulfureux employa, pour 10 CC, 59,5 CC de solution d'iode = 5,88 CC d'arsenite de soude = 0,01881 = 0,1881 pour cent de SO .

Pour 100 CC d'une dissolution très-étendue d'acide sulfureux, il fallut 300 CC d'iode. Ceux-ci représentent 0,29643 CC d'arsenite de soude, qui multipliés par 0,0032, donnent 0,000948 gr. ou autant pour cent d'acide sulfureux, puisqu'on a opéré sur 100 CC.

Dans la méthode d'analyse de Bunsen, la dilution de l'acide sulfureux n'est pas nécessaire puisqu'on le sature avec le bicarbonate de soude, seulement il faut l'étendre pour obtenir une belle réaction sur l'amidon. Si le liquide est trop concentré, la coloration produite avec l'amidon a une teinte rouge-violet. Ce n'est que pour un certain degré de dilution du liquide que la couleur est d'un beau bleu comme la solution d'indigo. Les liquides s'étendent naturellement quand on fait usage de la dissolution d'iode au centième.

On peut encore faire cette analyse en transformant l'acide sulfureux en une quantité équivalente d'acide arsenieux. On doit, pour cela, prendre de l'acide arsenique bien exempt d'acide arsenieux, ce qu'on reconnaît en le saturant avec le carbonate de soude, et alors en y mettant un peu d'empois d'amidon, une goutte d'iode doit colorer en bleu. Si la couleur disparaît, c'est qu'il y a encore de l'acide arsenieux. On met la solution d'acide arsenique dans un flacon fort, on y verse l'acide sulfureux au moyen d'une pipette, en s'arrangeant de façon qu'il ne reste pas un trop grand vide dans le flacon, on le ferme bien en liant le bouchon et on abandonne le tout quelques heures à une douce température. Quand on ouvre le flacon toute odeur d'acide sulfureux doit avoir disparu, et, à la place de l'acide sulfureux, il s'est fait une quantité équivalente d'acide arsenieux. On sature avec du carbonate de soude et on dose l'acide arsenieux avec l'amidon et l'iode. 2 équivalents d'acide sulfureux correspondent à un d'acide arsenieux.

$$ArO^5 + 2.SO^2 = ArO^3 + 2SO^3$$

Ainsi 1 CC de solution arsenicale = 0,0032 gr. SO^2.

CHAPITRE XLIII.

Acide sulfhydrique.

(Sulfhydrométrie.)

1° Dosage direct par l'iode.

1 CC d'arsenite de soude décime = 0,0017 gr. d'acide sulfhydrique.

2° Dosage par précipitation du sulfure d'arsenic.

1 CC d'arsenite de soude décime = 0,00255 gr. d'acide sulfhydrique.

Le dosage de l'hydrogène sulfuré au moyen d'une dissolution titrée d'iode et de la réaction de l'amidon, a été indiqué pour la première fois par M. Dupasquier. Plus tard, Bunsen employa la même méthode, mais en déterminant le titre de la solution d'iode par une analyse au lieu d'une pesée.

L'iode transforme l'acide sulfhydrique en soufre qui se dépose et hydrogène qui forme de l'acide iodhydrique.

$$SH + I = S + IH.$$

Cette décomposition, nous le croyons, est toute simple ; il faut remarquer qu'il ne se produit pas d'acide sulfurique. Rose dit (1), lorsqu'il découvrit la formation d'acide sulfurique dans la décomposition des iodates par l'hydrogène sulfuré : « On sait qu'un mélange d'iode libre et d'eau est transformé par l'acide sulfhydrique en acide iodhydrique avec un dépôt de soufre, sans qu'il y ait formation d'acide sulfurique. Mais si on chauffe le mélange pendant que le courant d'hydrogène sulfuré le traverse, il se produit une petite quantité d'acide sulfurique. »

Ce dernier cas ne se présente naturellement pas ici.

Dès lors il n'est plus nécessaire, comme pour l'acide sulfureux, d'étendre beaucoup la solution d'hydrogène sulfuré puisqu'on n'aura plus à craindre l'action de l'acide sulfurique sur l'acide iodhydrique. Bunsen dit, dans son remarquable travail (2), en parlant de la nécessité d'étendre beaucoup l'acide

(1) *Annales de Poggendorf*, t. XLVII, p. 165.
(2) *Annales de Chimie et de Pharmacie*, t. LXXXVI, p. 278.

sulfureux pour pouvoir le doser exactement : « on peut encore ajouter ici
l'acide sulfhydrique. » Ces mots semblent plutôt indiquer une idée que le
résultat d'expériences, d'autant que dans ce même chapitre VII on ne trouve
rapporté aucun dosage d'acide sulfhydrique.

Ainsi donc, comme l'acide iodhydrique formé ne peut réagir en aucune
façon sur le soufre mis en liberté, il n'est pas nécessaire d'étendre les liqueurs.
Toutefois, l'expérience montre que quand elles sont trop concentrées, l'amidon
prend une couleur rouge qui n'est pas ordinaire, et ce n'est que lorqu'il y a
une quantité d'eau suffisante que l'on obtient la belle couleur bleue caractéristique de l'iodure d'amidon. La même chose a lieu quand, avant d'ajouter
l'iode, on introduit une petite quantité de bicarbonate en poudre.

Pour étendre l'acide sulfhydrique on ne peut employer que de l'eau bouillie
et refroidie dans un vase fermé.

Quand l'iode touche la dissolution d'acide sulfhydrique étendue et additionnée d'amidon, il se fait, à l'endroit où le contact a lieu, une tache bleue
d'iodure d'amidon qui disparaît quand on agite. Le soufre qui se dépose
trouble le liquide. A la fin, on ne fait plus couler l'iode que goutte à goutte
jusqu'à ce que la teinte bleue persiste, puis alors on fait la lecture. Avec le
temps la couleur bleue disparaît, probablement par l'action du soufre sur
l'iode. Si l'on opère successivement avec des quantités égales d'acide sulfhydrique aqueux, mais sans avoir soin de prendre les mêmes précautions pour
étendre le liquide d'eau et faire le mélange, les résultats obtenus présentent
des différences qui tiennent à la méthode elle-même.

Ainsi, pour 20 CC d'une dissolution d'hydrogène sulfuré, il fallut, sans
l'étendre d'eau, 8,6 CC de solution d'iode ; la même quantité étendue d'eau
en employa 9,4 CC, et en ajoutant avant du bicarbonate de soude il en fallut
9,6 CC.

Une autre fois avec 20 CC de la même eau il fallut :

8,8 CC d'iode avant d'ajouter de l'eau.

9,4 — — après avoir beaucoup étendu.

9,8 — — après avoir mis un peu de bicarbonate de soude.

Ces différences tiennent à ce que la décomposition n'a pas toujours lieu de
la même manière, et à ce qu'il y a des causes d'erreurs inhérentes à la méthode elle-même.

D'après la réaction régulière que nous avons indiquée au commencement,
les CC de la solution d'iode employés, transformés en arsenite de soude, de-
vront être multipliés par 0,0017. Comme on ne peut pas avoir directement et
avec exactitude le poids de l'acide sulfhydrique, il faut chercher un contrôle

à la méthode dans une réaction bien nette donnant, par la décomposition de l'acide sulfhydrique, un produit qu'on puisse doser facilement et exactement. La solution normale d'arsenite de soude nous permettra d'y arriver.

1 équivalent d'acide arsenieux et 3 d'acide sulfhydrique se transforment en 1 équivalent de sulfure d'arsenic et 3 d'eau.

$$ArO^3 + 3SH = ArS^3 + 3\,HO.$$

Cette décomposition est si nette qu'on pourrait l'employer dans les analyses en poids. Un équivalent de sulfure d'arsenic correspond à 3 d'acide sulfhydrique. Toutefois le sulfure d'arsenic en petite quantité ne peut pas se peser facilement avec exactitude ni se doser. Mais nous pouvons trouver facilement par les procédés volumétriques la quantité de soufre et d'arsenic qui sont dans le sulfure d'arsenic en mesurant l'acide arsenieux non précipité. Voici donc comment on opère :

On verse, au moyen de la burette, un volume déterminé de la solution normale d'arsenite dans un flacon de 300 CC, puis on y fait couler directement avec une pipette un volume également connu de l'eau contenant l'hydrogène sulfuré. La plupart du temps on ne voit pas de changement de couleur ; quand la solution d'acide sulfhydrique est concentrée, il se forme une teinte jaune-faible. On agite fortement, on ajoute quelques gouttes d'acide chlorhydrique pur, de manière à rendre le liquide franchement acide, ce qu'on reconnaît avec le papier de tournesol. Il se fait aussitôt un précipité caillebotté de sulfure d'arsenic et le liquide devient complétement incolore. Il ne doit plus se dégager d'odeur d'hydrogène sulfuré. On remplit le flacon de 300 CC jusqu'à la marque, avec de l'eau qui n'a pas besoin d'avoir bouilli, puisque ni le sulfure d'arsenic formé, ni l'acide arsenieux en excès ne sont altérés par l'oxygène. On filtre à travers un filtre sec, dans un vase sec et on essaie si la liqueur qui passe claire donne encore un précipité jaune avec l'acide sulfhydrique, ce qui indique qu'elle renferme encore de l'acide arsenieux, comme cela doit être. On mesure 100 CC du liquide filtré, on les met dans un flacon à mélange, on sature l'acide libre avec du carbonate de soude en poudre, on ajoute l'empois d'amidon et on dose l'acide arsenieux avec la solution d'iode. On répète l'essai avec 100 nouveaux CC du même liquide et les deux résultats doivent être absólument d'accord, ou tout au plus les différences ne doivent pas dépasser $\frac{1}{10}$ de CC.

J'essayai si on pouvait doser l'acide arsenieux sans éliminer le sulfure d'asenic, mais cela n'est pas possible. Le sulfure d'arsenic se dissout peu à peu dans la liqueur qui doit être alcaline et les résultats sont faux. La décoloration ultérieure de l'iodure d'amidon qui se forme tout d'abord est très-lente ; tandis qu'avec l'acide arsenieux pur, le moment où la couleur bleue est persistante ne laisse aucun doute.

Ce procédé auquel j'avais songé uniquement pour contrôler la méthode, présente tant de garanties et d'avantages que je crus pouvoir le substituer à l'analyse ordinaire. Au commencement du mélange, on n'a pas à craindre l'oxydation ni la volatilisation de l'hydrogène sulfuré. La solution alcaline d'acide arsenieux absorbe très-promptement l'acide sulfhydrique et la combinaison est presque instantanée ; aussitôt que, par l'acide ajouté, on a précipité le sulfure d'arsenic, le liquide et le précipité deviennent complétement inaltérables à l'air et l'on peut tranquillement continuer le travail. Le dosage de l'acide arsenieux non précipité et par conséquent celui de l'acide manquant se fait avec la plus grande rigueur, puisque ce corps se mesure par lui-même et que l'opération se termine par la réaction si nette de l'iode.

Un autre avantage encore, c'est que la méthode directe est remplacée par la méthode par reste, et, à la fin de l'opération, on fait réagir l'un sur l'autre les mêmes corps comme dans toutes les autres analyses de cette partie du traité.

Le calcul du résultat, d'après cette méthode, se fait d'après le nombre indiqué en second lieu au commencement de ce chapitre.

Quand l'acide arsenieux ($ArO^3 = 99$) s'oxyde, il prend 2 équivalents d'oxygène, puisque l'acide arsenique est ArO^5. D'après cela, ce ne sera pas $\frac{1}{10}$ d'équivalent mais la moitié d'un dixième ou 4,95 d'acide arsenieux qu'il faudra dissoudre dans un litre. Mais quand l'acide arsenieux est décomposé par l'acide sulfhydrique, il cède 3 équivalents d'oxygène ; donc 1 éq. de ArO^3 correspondant à 3 éq. de SH, $\frac{1}{20}$ d'eq. d'ArO^3 dans un litre de liqueur normale correspond à $\frac{3}{20}$ d'éq. de SH ou $\frac{3}{20}$ de 17 $= 2,55$. Donc 1 CC de liqueur arsenicale équivaut à 0,00255.

Voici quelques expériences faites pour comparer les deux méthodes : titre : 10 CC d'arsenite de soude $= 38,5$ CC de solution d'iode.

A 10 CC de solution d'arsenite, on ajouta 30 CC d'une solution d'hydrogène sulfuré, on agita, quelques instants après, on versa de l'acide chlorhydrique jusqu'à ce que la réaction fut acide, on étendit d'eau pour faire 300 CC, on filtra ; 100 CC du liquide filtré additionnés de bicarbonate de soude, et traités par la dissolution d'iode donnèrent :

        1° 100 CC $=$ 11   CC d'iode.
        2° 100 $=$ 11 — —
        3° 50 $=$ 5,5 — —

Ainsi les 300 CC $=$ 33 CC d'iode. Ceux-ci, retranchés de 38,5, laissent

5,5 CC. En transformant ces derniers en arsenite de soude, d'après le titre précédent, on trouve 1,43 CC qui, multipliés par 0,00255, donnent 0,0036465 gr. d'acide sulfhydrique.

La même expérience répétée avec les mêmes quantités conduisit exactement au même résultat.

10 CC de la solution arsenicale furent mêlés à 40 CC d'eau sulfurée et le tout traité comme plus haut.

$$100\ CC = 9,2\ CC\ de\ solution\ d'iode.$$
$$50\quad = 4,6 — \quad — \quad —$$
$$50\quad = 4,6 — \quad — \quad —$$

Ainsi les 300 CC = 27,6 CC. Ceux-ci, retranchés de 38,5 CC, laissent 10,9 CC qui, transformés en arsenite de soude, font 2,8311 CC. En les multipliant par 0,00255, on a 0,007219 gr. de HS, donc, dans 20 CC, pour comparer à l'essai précédent, on trouvera 0,003609 gr. de HS.

Maintenant pour comparer on traita directement 20 CC d'eau sulfurée par la dissolution d'iode jusqu'au bleu, on trouva :

1° Sans étendre d'eau, ... 6,8 CC d'iode.
2° Avec addition d'eau. . . . . 8,6 — —
3° Avec eau et bicarbonate de soude. . . 8,7 — —

Ces trois nombres différents donnent :

1° 1,766   CC d'arsenite de soude = 0,0030022 gr. de HS.
2° 2,2338 —   —   = 0,003797 — —
3° 2,2600 —   —   = 0,003842 — —

Ainsi, le nombre obtenu par la précipitation du sulfure d'arsenic tient le milieu entre ceux donnés par la méthode directe. L'inconvénient fâcheux de la décoloration ultérieure des liquides traités directement par la solution d'iode, fait qu'il est tout à fait impossible de reconnaître à quel moment il faut s'arrêter et quand il faut faire la lecture. En général, le dosage direct de l'acide sulfhydrique par l'iode donne des résultats plus élevés que la précipitation par l'acide arsenieux.

Si nous comparons la valeur intrinsèque des deux méthodes, celle de Dupasquier repose sur une hypothèse, celle par le sulfure d'arsenic sur une analyse en poids, car l'acide arsenieux du liquide normal a été pesé et tout dosage d'acide arsenieux peut être ramené à cette mesure en poids. On pourrait bien imaginer beaucoup d'autres analyses semblables qui, de même, reposeraient sur des pesées. Exemple : en mêlant de l'eau sulfurée à une dissolution normale-décime d'argent, et dosant dans le liquide filtré l'argent non précipité avec la solution titrée de chlorure de sodium ; ou bien en précipitant avec une dissolution de perchlorure de cuivre, et en mesurant le reste du cuivre à l'aide d'une des nombreuses méthodes connues, par exemple, avec l'iodure de potassium, ou bien encore en absorbant l'hydrogène sulfuré dans une solution alcaline de plomb et en mesurant, dans le liquide filtré, le reste du plomb avec l'acide chromique ou l'acide oxalique. Mais non-seulement toutes ces méthodes ne présentent pas d'avantage sur celle par l'arsenic, mais encore elles sont bien moins préférables, car, par exemple, avec l'argent il y a une précipitation qui donne de la peine et demande du temps, avec le cuivre il se forme un précipité très-oxydable, avec le plomb il y a à craindre l'action de l'acide carbonique de l'air, et il faut beaucoup laver. Je crois donc que le procédé de dosage que nous avons indiqué pour l'hydrogène sulfuré peut être regardé comme un progrès fait dans la sulfhydrométrie.

La méthode est très-avantageuse quand il faut mesurer l'acide sulfhydrique à l'état gazeux, attendu que la solution alcaline d'arsenite se combine complétement à ce gaz. On peut aussi absorber le gaz avec une dissolution étendue d'alcali caustique, puis y ajouter ensuite la solution arsenicale.

Pour doser la proportion d'hydrogène sulfuré que renferme le gaz ordinaire de l'éclairage, on emploiera l'appareil dessiné ci-contre (fig. 100), et la méthode que nous allons indiquer.

On prend le gaz au tube *a*, qui l'amène dans l'appartement; au moyen d'un bon bouchon, on fixe au bec un tube de verre recourbé portant un mince tube en caoutchouc qui amène le gaz dans les flacons d'absorption. Ce sont deux petites fioles à fond plat, *b* et *b'*, à moitié remplies d'une dissolution étendue, mais très-pure, de soude caustique qu'on aura soin d'essayer avant. Pour cela on en sature un peu avec de l'acide chlorhydrique, et ajoutant de l'amidon et de l'iode, on s'assure qu'elle ne contient aucune substance qui nuirait à l'analyse, telles que sulfure de sodium, hyposulfite ou sulfite de soude. Toutes ces substances décolorent l'iodure d'amidon. Il faut donc que la première goutte d'iode donne la couleur bleue. Un flacon de Woulff rempli d'eau, *c*, qu'on peut remplacer par tout autre appareil propre à mesurer les gaz, détermine l'aspiration du gaz par l'écoulement de l'eau, et celle-ci recueillie dans un flacon jaugé *d* indique le volume du gaz qui a passé dans la dissolution de soude. On peut, dans certains cas, tenir compte de la température et de la pression. Lorsque le tube en caoutchouc qui est relié au bec a été rempli de gaz, on l'unit à l'appareil, on ouvre le robinet du flacon et on laisse circuler le gaz. On doit, bien entendu, s'être assuré d'avance que l'appareil entier est hermétiquement fermé. Le gaz traverse les deux petites fioles bulle à bulle et y laisse tout son hydrogène sulfuré : ce qui a déjà lieu presqu'en entier dans la première, *b*.

En employant trois fioles, la deuxième et la troisième, même avec un fort courant gazeux, ne contenaient pas trace d'hydrogène sulfuré ; aussi le second flacon,

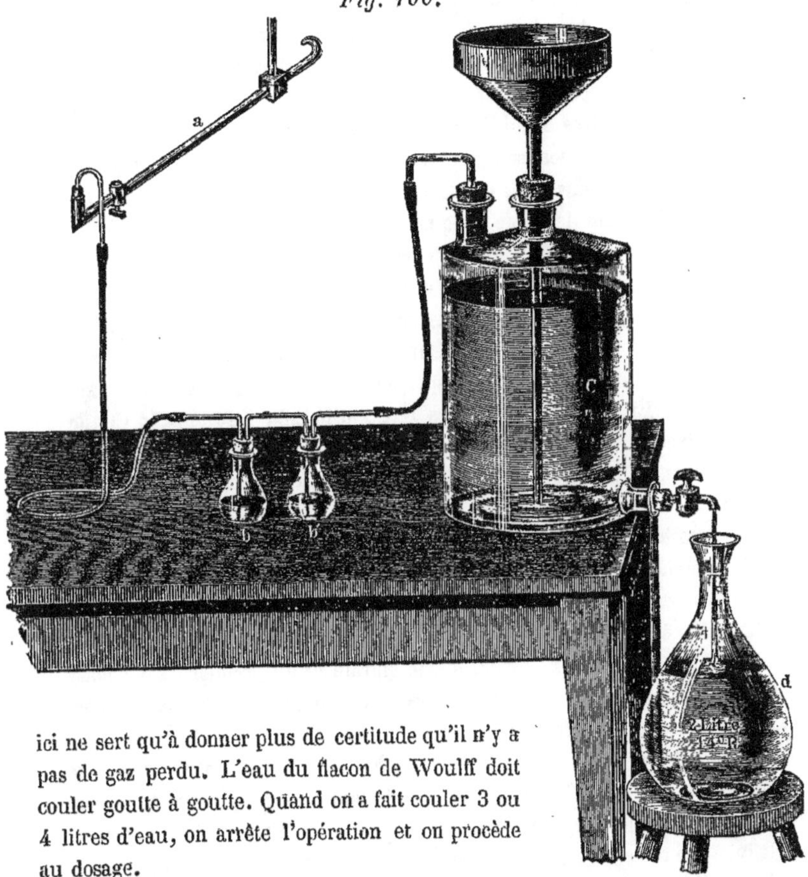

Fig. 100.

ici ne sert qu'à donner plus de certitude qu'il n'y a pas de gaz perdu. L'eau du flacon de Woulff doit couler goutte à goutte. Quand on a fait couler 3 ou 4 litres d'eau, on arrête l'opération et on procède au dosage.

On ouvre d'abord le dernier flacon b', on y introduit 5 CC de solution normale d'arsenite de soude, on sursature faiblement avec l'acide chlorhydrique. Si le liquide reste incolore et ne se trouble pas, c'est qu'il ne contient pas d'acide sulfhydrique. On ouvre ensuite le premier flacon b, on y verse 10 CC de la dissolution d'arsenite et on sursature avec l'acide chlorhydrique. Dans la plupart des cas, il se fait un dépôt sensible de sulfure jaune d'arsenic. Si, par l'effet d'un courant trop rapide de gaz, il s'était aussi formé un trouble dans le second flacon b, on réunirait les deux liquides et on ajouterait ensemble les quantités d'arsenite de soude employées. On remplit avec ces liquides acides et troubles un flacon de 300 CC, et on filtre ; on prend deux fois 100 CC de la liqueur filtrée, on sature faiblement avec le carbonate de soude et on titre au bleu avec l'amidon et l'iode ; on peut aussi filtrer le tout, laver le dépôt, saturer de carbonate de soude et achever comme plus haut.

Avec cet appareil, on fit passer 6 litres de gaz dans les flacons à absorption en laissant couler 6 litres d'eau. Les fioles contenaient de la potasse caustique étendue. Le premier flacon seul renfermait de l'hydrogène sulfuré, dans les deux autres (on avait mis cette fois trois fioles), il n'y en avait pas traces. On ajouta 5 CC d'arsenite de soude et quantité suffisante d'acide chlorhydrique. Il se fit aussitôt un dépôt floconneux de sulfure d'arsenic, le tout fut filtré et dans le liquide clair sursaturé par le carbonate de soude, on mesura avec la solution d'iode la quantité d'arsenite de soude qui s'y trouvait encore. Il fallut 3,15 CC de solution d'iode ; le titre étant 5 CC d'arsenite de soude = 12,5 CC d'iode, les 3,15 CC d'iode correspondent à 1,26 CC de solution d'arsenite de soude. En les retranchant des 5 CC primitifs, il reste 3,74 CC de solution d'arsenite de soude pour la mesure de l'hydrogène sulfuré. $3,74 \times 0,00255$ donne 0,009537 gr. d'acide sulfhydrique dans 6 litres de gaz de la houille.

Je fis encore une expérience en employant directement la solution d'iode, voici la marche de l'opération : des trois flacons d'absorption, le premier contenait un volume connu de solution d'iode, les deux autres, une dissolution d'empois étendu d'eau. Pendant que le gaz passait, le second flacon se colora en bleu à cause des vapeurs d'iode entraînées du premier flacon, mais le troisième resta complétement incolore, ce qui prouve que la solution d'amidon ne laisse dégager aucune vapeur d'iode.

Dans le premier flacon il se déposa sans doute du soufre, mais il se fit en même temps un trouble et un dépôt goudronneux sur les parois du flacon provenant de l'action de l'iode sur les autres éléments volatils du gaz de l'éclairage, en sorte qu'on ne peut plus dire ici que la réaction soit normale et simple. Par la mesure de l'iode qui restait, le résultat fut beaucoup plus élevé que dans la méthode précédente par la solution d'arsenic. Aussi, je regarde le procédé par l'iode comme tout à fait inapplicable.

CHAPITRE XLIV.

Étain.

SUBSTANCES.	FORMULES.	QUANTITÉ A PESER pour que 1 CC de la solution d'arsenite = 1 p. c. de la substance.	1 CC de la solution d'arsenite correspond à
81. Étain.	Sn	0,6518 gram.	0,006518 gr.
92. Chlorure double d'é-tain et d'ammoniac. .	$SnCl + AzH^4 Cl + HO$	1,79	0,0179

L'étain peut se doser à l'état de protoxyde ou de protochlorure avec la dissolution d'iode comme avec celle de chrome, et on trouve, avec le premier liquide, les mêmes irrégularités, dans les analyses, que lorsqu'on fait usage du chrome.

Quand on opère avec une certaine quantité d'étain chimiquement pur, en faisant usage de l'équivalent ordinaire on ne retrouve jamais le poids employé, mais un poids moindre. C'est cette remarque qui nous a conduit, dans l'analyse par le chrome, à prendre, au lieu de l'équivalent réel, un nombre empirique basé sur des expériences faites avec soin, comme l'avaient déjà fait Penny et Streng. Comme on arrive toujours à un résultat trop faible, que par conséquent on a employé une trop petite quantité d'iode correspondant à la solution de chrome, pour déterminer la formation de l'iodure d'amidon, cela conduit à penser que la couleur de l'iodure d'amidon apparaît avant la complète oxydation de tout le protochlorure d'étain. Si le dosage par l'iode m'avait donné de meilleurs résultats que l'emploi de la solution de chrome, je n'aurais pas hésité à employer exclusivement le premier moyen. Mais, d'après ce qui arrive, la méthode par l'iode n'est plus qu'une analyse de même genre que l'autre, et l'on pourrait se passer de la solution de chrome, puisque même sans cela on doit avoir une provision de solution d'iode pour la plupart des autres analyses par oxydation, et qu'en outre, on peut promptement en déterminer le titre avec la dissolution inaltérable d'arsenite de soude.

Pour essayer la méthode on fit quelques expériences.

0,116 gr. d'étain chimiquement pur, furent dissous par l'acide chlorhydrique concentré dans un tube de verre à l'aide de quelques fragments de

platine ; il fallut, pour amener la coloration bleue, 46,5 CC de solution
d'iode (titre : 10 CC de solution arsenicale = 26 CC de solution d'iode). Ces
46,5 CC équivalent à 17,8846 CC de solution d'arsenite. Multiplions ce
nombre par 0,005882, dix-millième de l'équivalent de l'étain, nous trouvons
0,10519 gr. d'étain au lieu de 0,116.

0,136 gr. d'étain traités de la même manière exigèrent 54 CC de solution
d'iode = 20,7692 CC de solution arsenicale, qui, multipliés par 0,005882,
donnent 0,12216 gr. d'étain au lieu de 0,136 gr.

Dans ces deux cas, auxquels sont semblables bien d'autres encore, il
manque beaucoup plus d'étain que cela ne devrait être dans une bonne analyse.
Maintenant en retournant la question et en admettant que l'on ait opéré avec
des substances pures, on peut calculer le nombre par lequel il faudrait multiplier les centimètres cubes de la solution d'arsenite pour obtenir le poids
exact d'étain.

Le premier essai donna $x . 17,8846 = 0,116$ gr. d'étain, donc

$$x = \frac{0,116}{17,8846} = 0,006486.$$

Le second conduit à

$$x = \frac{0,136}{20,7692} = 0,00655.$$

La moyenne des deux est 0,006518.

Ainsi nous arrivons presque au même nombre que par l'analyse au moyen
du bichromate de potasse et nous devons nous contenter de ce coefficient
empirique, jusqu'à ce que, pour l'étain, nous ayons trouvé un nouvel agent
d'oxydation présentant des phénomènes faciles à saisir.

C'est la même chose aussi avec l'analyse du double sel inaltérable à l'air
de chlorure de zinc et de sel ammoniac. On fit dissoudre des poids connus de
ce sel avec de l'acide chlorhydrique, on ajouta de l'amidon et on titra au bleu.

CHLORURE DOUBLE d'étain et d'ammoniaque.		SOLUTION d'iode.		SOLUTION arsenicale.	1 gr. de chlorure double d'étain et d'ammoniaque.
0,2 gr.	=	28,4 CC	=	10,924 CC	54,62 CC de solut. arsenic.
0,2	=	28,2	=	10,846	54,23 — — —
0,5	=	44,2	=	17,000	56,66 — — —
0,5	=	45,4	=	16,700	55,66 — — —
0,1	=	15,0	=	5,769	57,69 — — —

Moyenne.   55,772

Pour 1 gr. de sel double, il fallait 56 CC de la dissolution de chrome.

La moyenne des neuf nombres de la dernière colonne est 55,772, correspondant à 1 gr. de sel double et presque d'accord avec le nombre donné par l'analyse avec le bichromate. Si nous posons :

$$x \cdot 55,772 = 1 \text{ gr.}$$

On a
$$x = \frac{1}{55,772} = 0,0179.$$

C'est-à-dire que pour avoir les grammes du chlorure double d'étain et d'ammoniaque, il faut multiplier les CC de solution arsenicale par 0,0179 au lieu de 0,015674 que donnerait l'équivalent du sel. La comparaison des nombres précédents en particulier montre que cette analyse n'est pas des plus rigoureuses, puisque les résultats varient avec la concentration de la liqueur. En se servant des nombres empiriques, on arrive toutefois à des résultats assez exacts.

Je fis en même temps un essai par une autre méthode en employant le caméléon au lieu de l'iode. Le phénomène est très-net, il n'y a pas d'incertitude sur une seule goutte. On peut se servir de la réaction de l'iodure d'amidon, en ajoutant aux liquides de l'iodure de potassium et de l'empois. Dans ce cas, on voit apparaître la couleur bleue de l'iodure d'amidon au lieu de la teinte rose du caméléon. Je fis les expériences avec le sel double d'étain et d'ammoniaque dont je prenais chaque fois 0,5 gr.

Il fallut dans différents cas :

$$1° \quad 14,75 \text{ CC de caméléon.}$$
$$2° \quad 14,3 \quad — \quad —$$
$$3° \quad 16,1 \quad — \quad —$$
$$4° \quad 17,2 \quad — \quad —$$
$$5° \quad 13,8 \quad — \quad —$$

Pour le n° 5, la concentration était très-grande, tandis que pour 3 et 4 les liquides étaient très-étendus. Nous voyons donc ici encore l'influence fâcheuse de la concentration, et, très-certainement, cette dissidence dans les résultats numériques tient à quelques propriétés particulières inhérentes aux sels de protoxyde d'étain.

Il fallait 14,5 CC du caméléon employé pour 1 gr. de sulfate double de fer et d'ammoniaque.

Comme le double sel d'étain absorbe 1 équivalent d'oxygène, tandis que le sel de fer n'en prend que $\frac{1}{2}$ équivalent, il résulte que 2 équivalents de sel de fer $=$ 1 équivalent de sel double d'étain, donc 156,74 de sel d'étain $=$ 392 de sel de fer. Par conséquent pour avoir la quantité de sel d'étain, il faut multiplier le sel de fer correspondant au caméléon par $\dfrac{156,74}{392}$ ou 0,4. On aura, dès lors, pour les essais précédents :

      1° 0,4069 gr. de double sel d'étain.
      2° 0,3945 —   —
      3° 0,4414 —   —
      4° 0,4744 —   —
      5° 0,3806 —   —

au lieu des 0,5 gr. employés chaque fois.

De tout cela il résulte que, jusqu'à présent, l'étain ne peut se doser exactement par les méthodes d'oxydation, et que, par conséquent aussi, on ne saurait l'employer comme agent de réduction dans les analyses des autres corps.

CHAPITRE XLV.

Acide chromique.

SUBSTANCES.	FORMULES.	ÉQUIVALENT.	QUANTITÉ à peser pour que 1 CC d'arsenite de soude $=$1 p. cent de la substance.	1 CC de solution d'arsenite de soude correspond à
93. 2/3 équivalent de chrome.	$\dfrac{2Cr}{3}$	17,853	0,17853 gr.	0,0017853 g.
94. 1/3 éq. de sesquioxyde de chrome.	$\dfrac{Cr^2O^3}{3}$	32,52	0,3252	0,003252
84. 2/3 éq. chromate neutre de potasse.	$\dfrac{2(CrO^3 + KO)}{3}$	65,26	0,6526	0,006526
82. 1/3 éq. de bichromate de potasse..	$\dfrac{2CrO^3 + KO}{3}$	49,55	0,4955	0,004955

L'acide chromique ne peut être employé directement avec l'acide arsenieux dans nos essais, parce que, pour le dosage de l'acide arsenieux la liqueur devant être alcaline, le sesquioxyde de chrome formé serait précipité et l'acide arsenieux entraîné avec lui. Il faut donc, en quelque sorte, transporter sur l'acide arsenieux seulement l'action oxydante de l'acide chromique sans le faire intervenir directement. On y arrive le mieux, en chauffant le composé d'acide chromique avec de l'acide chlorhydrique fumant en excès.

Par là, 2 équivalents d'acide chromique dégagent 3 équivalents de chlore.

$$2\ CrO^5 + 3\ HCl = Cr^2O^5 + 3\ Cl + 3\ HO.$$

Dès lors, le dosage de l'acide chromique, comme toutes les opérations qui se font à l'aide d'une distillation, devient une opération purement chlorométrique.

Pour cette distillation, Bunsen se sert de l'appareil fig. 101. Le liquide absorbant est contenu dans une cornue retournée. Bunsen emploie une quantité arbitraire d'iodure de potassium. L'extrémité du tube qui amène le gaz est fermée par une soupape en verre ; c'est une petite boule en verre avec une queue, et tellement légère qu'elle flotterait sur l'eau. Elle est destinée à empêcher l'absorption, mais elle ne le fait pas toujours parce que la fermeture n'est pas assez hermétique.

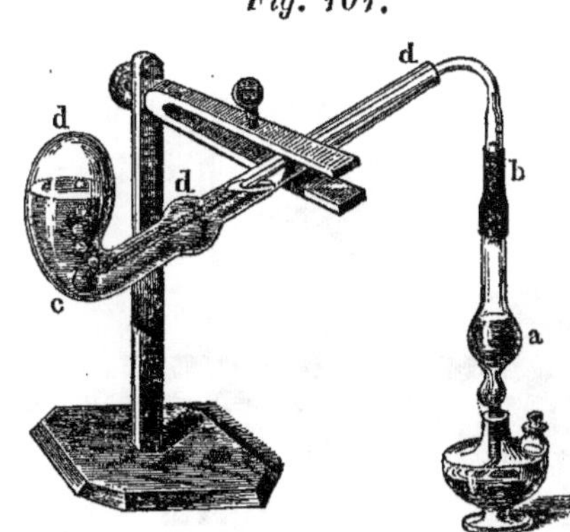

Fig. 101.

Frésénius a perfectionné l'appareil en supprimant la soupape, en étirant le tube en pointe, et en y soufflant une boule vers le haut. De cette manière, l'absorption est lente, et avant que toute la boule ne soit rem-

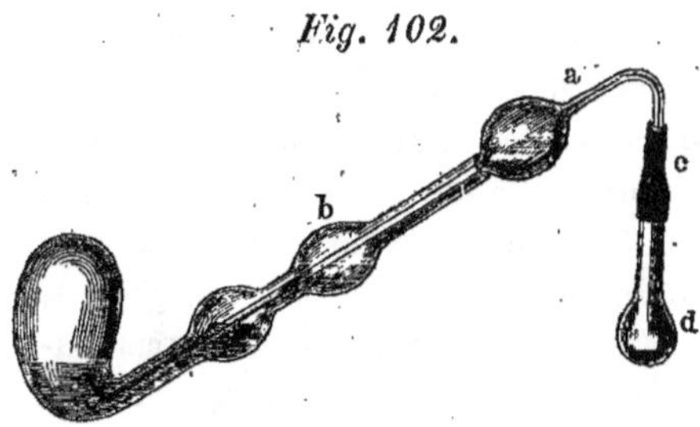

Fig. 102.

plie on a le temps de détacher le petit ballon, ce qui arrête immédiatement l'ascension du liquide.

Le transvasement du liquide de la cornue est une opération qui peut amener des erreurs, des pertes, surtout quand il s'agit de substances volatiles comme l'iode libre. Bien que je fasse usage d'un autre liquide absorbant, j'ai cependant employé un autre appareil distillatoire très-simple représenté dans la fig. 103.

Fig. 103.

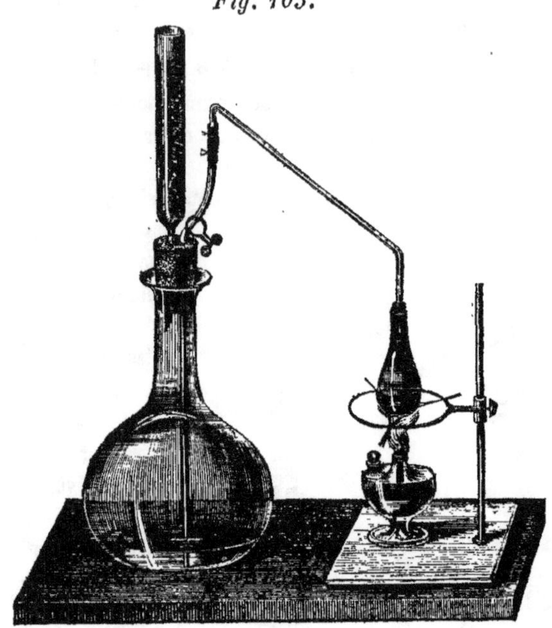

On ferme un ballon d'environ 1 litre avec un bouchon percé de deux trous ; à travers l'un passe le bout étroit d'un tube large rempli de fragments de verre, et à travers l'autre le tube abducteur dont l'extrémité inférieure rétrécie plonge jusqu'au fond du ballon. La partie extérieure de ce tube est recourbée un peu de côté, pour faciliter sa jonction avec le reste du tube abducteur au moyen d'un tube en caoutchouc. Avant de faire l'expérience, une pince est engagée librement autour du tube, comme le montre la figure. Au commencement j'avais renflé le tube en boule, mais j'ai vu que cela était inutile et même désavantageux à cause de la difficulté d'en chasser le chlore.

On réunit alors l'appareil distillatoire au moyen d'un tube en caoutchouc avec le ballon préparé. Le tube abducteur est très-incliné, assez large pour laisser couler le liquide acide qui s'y condense, et terminé en biseau dans le vase distillatoire ; celui-ci est hermétiquement fermé avec un bon bouchon, que j'ai la précaution d'imprégner d'une dissolution de gutta-percha dans l'éther.

Dans le ballon à condensation, on met un volume connu de la dissolution d'arsenite de soude avec un excès notable en carbonate de soude pur, et l'on verse ce dernier par le tube rempli de verre cassé, de sorte que le verre en reste humecté. On fait marcher la distillation, que l'on pousse jusqu'à ce que tout le chlore se soit dégagé. On le reconnaît avec quelque certitude à ce que le tube à dégagement est chaud jusqu'au dessous du tube en caoutchouc; de plus, il se fait dans le ballon une effervescence causée par l'acide chlorhydrique, qui y arrive à la fin, et on entend le bruit particulier que font les bulles de vapeurs privées de gaz en se condensant dans le liquide. On serre alors le tube en caoutchouc avec la pince, on enlève la lampe à alcool et on laisse refroidir. On détache le tube abducteur incliné, on agite fortement la fiole à absorption et on ouvre la pince que l'on replace au bas du tube. Pour plus de sûreté, on peut laisser encore reposer quelques instants le vase à absorption avant de l'ouvrir. On lave les fragments de verre avec de l'eau distillée qu'on verse dessus et qui tombe dans la fiole. Il faut que, quand on ouvre l'appareil, le vase à distillation et l'autre ne répandent pas la moindre odeur de chlore ; toute expérience pour laquelle cela n'aurait pas lieu doit être regardée comme manquée.

0,2 gr. de bichromate de potasse fondus furent traités de cette façon. On avait pris 45 CC d'arsenite de soude avec du carbonate. Le liquide, après l'absorption, fut étendu d'eau de manière à faire 300 CC; on en prit 100 que l'on dosa avec la solution d'iode. Dans deux essais il en fallut chaque fois 6,7 CC, donc en tout 20,1 CC. Le titre de la dissolution d'iode était tel que 10 CC d'arsenite de soude $=$ 38,4 CC de solution d'iode. D'après cela, 20,1 CC de solution d'iode font 5,234 CC d'arsenite, et ceux-ci, retranchés de 45 CC, laissent 39,766 CC qui, multipliés par 0,004956, donnent 0,19708 au lieu de 0,2 gr.

0,3 gr. de bichromate de potasse furent distillés avec de l'acide chlorhydrique ; le chlore fut reçu dans 67 CC de solution d'arsenite (titre : 10 CC $=$ 38,8 CC d'iode). Il fallut en retour employer 27 CC d'iode $=$ 6,96 CC d'arsenite. Retranchant ceux-ci de 67, il reste 60,04 CC d'arsenite, comme mesure du chrome ou du chlore. Cela donne 0,2975 au lieu de 0,3 gr. de bichromate de potasse.

0,5 gr. de bichromate de potasse distillés avec de l'acide chlorhydrique furent traités par 106 CC de solution d'arsenite, puis 13,6 CC de solution d'iode (titre : 10 CC d'arsenite $=$ 26,4 CC d'iode). Les 13,6 CC d'iode sont donc équivalent à 5,151 CC de solution d'arsenite. Il reste, par conséquent, de cette dernière 100,849 CC qui, multipliés par 0,004956, représentent 0,4998 gr. de bichromate de potasse au lieu de 0,500 gr.

CHAPITRE XLVI.

Chlore.

SUBSTANCES.	FORMULES.	ÉQUIVALENT.	1 CC de la solution d'arsenite correspond à
95. Chlore.	Cl	35,46	0,003546 gr.

1000 CC de gaz chlore (à 0° et à 760^{mm}) pèsent   3,17 gr.
1 gr. de chlore   —   occupe 315,457 CC.

Par cette méthode, on peut doser le chlore soit à l'état gazeux en dissolution, soit en combinaison dans les corps solides. C'est la chlorométrie proprement dite. Les résultats sont on ne peut pas plus exacts et concordants, et le phénomène qui annonce la fin de l'opération est très-net. Toute décomposition d'un corps oxygéné de composition bien connue et pouvant dégager du chlore avec l'acide chlorhydrique, peut servir de contrôle à la chlorométrie.

Dans tous les cas, avant d'ajouter la dissolution d'empois, il faut que le chlore soit retenu par l'acide arsenieux. On peut y arriver de deux manières également satisfaisantes : ou bien on fait arriver le chlore dans un volume connu de solution d'arsenite, et l'on essaye en touchant du papier amidonné d'iodure de potassium ; ou bien, on fait arriver le chlore dans un excès inconnu de carbonate de soude, puis seulement après on ajoute la solution arsenicale, en essayant de temps en temps avec une baguette de verre, qu'on plonge dans la liqueur, et avec laquelle on fait des traits sur le papier ioduré jusqu'à ce qu'il ne se produise plus de coloration bleue. Alors on ajoute la solution d'amidon et l'on mesure avec l'iode l'excès d'acide arsenieux.

Les essais furent faits avec une solution concentrée de chlore fortement colorée.

Dans 15 CC de solution d'arsenite, on versa 10 CC de dissolution de chlore au moyen d'une pipette qui porte, à l'extrémité par laquelle on aspire, un petit tube *a* (fig. 104). Entre la pipette et ce tube, rempli d'un mélange calciné de sulfate de soude et de chaux vive, se trouve un tube en caoutchouc

Fig. 104. pouvant se fermer à l'aide de la pince. Pendant qu'on aspire, on tient le tube en caoutchouc ouvert en pressant la pince, on le laisse se fermer naturellement, puis, par une pression légère et convenable, on laisse couler le liquide jusqu'au trait. Par ce procédé, on peut, sans danger, aspirer et mesurer avec la pipette toute espèce de liquide tenant un gaz acide ou nuisible en dissolution.

Après avoir ajouté l'empois d'amidon, on dosa avec la solution d'iode (titre : 10 CC de liqueur arsenicale = 26,4 CC d'iode) ; il en fallut 7,6 CC = 0,287 CC d'arsenite. En retranchant ce nombre de 15 CC, il reste 14,713 CC d'arsenite comme mesure du chlore. Multipliant ce nombre par 0,003546 on a 0,05217 gr. de chlore.

Un second essai répété de la même manière donna 7,6 CC d'iode ; ainsi encore 0,05217 gr. de chlore.

Les 10 CC de chlore aqueux furent d'abord traités par du carbonate de soude, puis on y ajouta 15 CC d'arsenite, et il fallut enfin 7,7 CC d'iode ; ainsi, nous retrouvons exactement le même résultat.

Pour 30 CC d'arsenite et 20 CC d'eau de chlore, il fallut 15,2 CC de solution d'iode ; toujours même résultat que dans les premiers essais.

Ainsi, d'après cela, la solution aqueuse de chlore essayée, contient 0,05217 gr. de chlore gazeux dans 10 CC.

Sachant que 1000 CC de chlore gazeux à 0° et à la pression 760^{mm} pèsent 3,17 gr., il s'en suit que 1 gr. de chlore (à 0° et à la pression 760^{mm}) occupe 315,417 CC. Les 0,05217 gr. de chlore occupent donc 315,417 × 0,05217 = 16,457 CC, en sorte que cette eau contient en volume 1,6457 de chlore à 0° et à la pression 760^{mm}.

Comme il arrive fréquemment que des ordonnances de médecin prescrivent de l'eau de chlore additionnée de sirop, on peut se demander ce que, dans cette circonstance, l'analyse donnerait. On mélangea donc 20 CC d'une eau de chlore de concentration connue, avec une once de sirop simple de sucre, on laissa quelque temps en contact, puis on ajouta 30 CC d'arsenite de soude et on en dosa le reste par la méthode connue. Il fallut employer 20 CC de solution d'iode. Auparavant, sans addition de sirop, il eût fallu 15,2 CC d'iode.

Donc, 20 — 15,2 = 4,8 CC d'iode = 1,818 CC d'arsenite mesurent la quantité de chlore qui ne se trouve plus comme tel dans le mélange, mais à l'état d'acide chlorhydrique. Cela représente 0,00644 gr. de chlore, tandis que les 20 CC en contenaient 0,10434 gr.

20 CC de la même eau de chlore furent mêlés à une once de sirop de framboises, et dosés à la manière connue, après une addition de 20 CC d'arsenite de soude. On employa 47 CC d'iode = 17,8 CC d'arsenite de soude. En les retranchant des 20 CC primitifs, le reste, 2,2 CC d'arsenite, mesure le chlore restant. Cela fait 0,0078 gr., donc il y eut 0,10434 — 0,0078 = 0,09654 gr. de chlore qui ont été transformés par le sirop décoloré. Probablement que si on eût attendu plus longtemps, tout le chlore eût disparu.

Nous n'avons parlé, jusqu'à présent, que du dosage du chlore existant déjà d'avance à l'état libre. On devrait encore réussir à doser le chlore à l'état de perchlorure en faisant une opération préliminaire, pour le dégager par une distillation. Toutefois, cela n'est pas facile et les expériences faites de cette manière n'ont pas donné de résultats satisfaisants, parce qu'on ne parvient pas, par la distillation, à chasser tout le chlore. J'employais du peroxyde de manganèse finement pulvérisé et de l'acide sulfurique, ou du bichromate de potasse et de l'acide sulfurique.

Un demi-gramme de chlorure de sodium qui, d'après le calcul, contient 0,303317 gr. de chlore, fut distillé avec du peroxyde de manganèse finement pulvérisé, très-pur, et un excès d'acide sulfurique. En ouvrant le vase, on ne sentait pas le chlore ; mais son odeur se manifestait nettement après le refroidissement du vase distillatoire. Le résultat donna 0,2758 gr. de chlore au lieu de 0,303317.

Une opération tout à fait semblable donna 0,2858 gr. de chlore. C'est encore trop peu pour un corps qui se dose si exactement au moyen de l'argent.

0,5 gr. de chlorure de sodium distillés avec du bichromate de potasse et un grand excès d'acide sulfurique peu étendu, donnèrent 0,28369 gr. de chlore. Ici encore en ouvrant le ballon chaud, on ne sentait aucune odeur de chlore, mais elle apparaissait au bout de quelque temps. On fit donc une seconde distillation de la même substance dont le résultat est compris déjà dans le nombre précédent.

Je ne pus essayer si le permanganate de potasse pur me donnerait un meilleur résultat. En distillant jusqu'à siccité un mélange finement pulvérisé de sel marin, de bisulfate de potasse et de peroxyde de manganèse le résultat fut encore plus mauvais; il manquait la moitié du chlore. Le mélange chauffé au rouge dans un tube de verre dégageait encore du chlore.

CHAPITRE XLVII.

Brome.

SUBSTANCES.	FORMULES.	ÉQUIVALENT.	QUANTITÉ à peser pour que 1 CC de solution d'arsenite $=$ 1 p. cent de la substance.	1 CC d'arsenite de soude correspond à
96. Brome.	Br	79,97	0,800 gram.	0,007997 gr.

Le brome est absorbé instantanément par l'arsenite de soude. Quand il est pur, son dosage est facile et très-exact. On ne peut guère appliquer la méthode dont nous parlons qu'au brome libre, parce que nous n'avons pas de méthode analytique pour éliminer de ses combinaisons le brome libre et exempt de chlore, et le brome du commerce contient toujours une petite quantité de chlore; celui-ci agit comme le brome dans le dosage par l'arsenite de soude et à cause de son poids équivalent, il fait le même effet qu'environ deux fois son poids de brome; 35,46 de chlore équivalent à 80. de brome. Quand ce dernier ne contient pas d'autres substances que le chlore, on les dose tous deux par une seule opération. Il faut seulement avoir pris exactement le poids du brome chloré. Mais si le brome contient encore de l'eau ou de l'acide brom-hydrique, ou, comme cela arrive presque toujours, du bromoforme prove-nant de l'action des substances organiques que renferme l'eau-mère concentrée sur des fagots d'épines, alors l'analyse est impraticable. On peut toutefois absorber au moins l'eau avec du chlorure de calcium.

Pour peser le brome, on souffle dans un tube de verre étroit une petite boule terminée par une pointe effilée et on la remplit de brome, ce qui est une opération assez désagréable. On chauffe la boule, on en plonge la pointe dans le brome qui y monte par le refroidissement. On fait alors bouillir le brome dans la boule, les vapeurs chassent l'air, puis on plonge de nouveau la pointe dans le liquide et on laisse refroidir jusqu'à ce que la boule soit complétement ou presque complétement pleine. On pèse la boule pleine et on en déduit le poids du brome.

Toute la boule est plongée alors dans une solution d'arsenite de soude en quantité connue. Le tableau montre que pour 0,8 gr. de brome il faut au moins 100 CC d'arsenite de soude, et pour plus de sécurité, on en prend un peu plus. On chauffe le liquide pour que le brome s'y mélange et soit absorbé. A la fin, on brise encore la petite boule au milieu de la liqueur et on dose l'excès d'acide arsenieux avec la solution titrée d'iode. On transforme celle-ci en arsenite de soude qu'on retranche de la quantité primitivement employée. Si le brome était pur, en multipliant les CC d'arsenite de soude, décomposé par 0,007997, on devrait trouver un résultat représentant le poids de brome employé. Dans le cas où le brome contiendrait du chlore, on trouverait la quantité de ces deux corps par les calculs suivants :

Soit A gr. le poids du brome chloré et m CC d'arsenite de soude employés.

Si nous représentons par x le poids de brome pur, celui du chlore sera $A - x$. Or x de brome exigent $x \cdot 0{,}007997$ CC d'arsenite de soude et pour $A - x$ de chlore il en faut $(A - x)\, 0{,}003546$ CC. Ces deux quantités doivent faire m. Donc

$$x \cdot 0{,}007997 + (A - x)\, 0{,}003546 = m.$$

d'où
$$x = m - A \cdot \frac{0{,}003546}{0{,}004457}$$

On peut aussi employer une méthode analytique indirecte en précipitant un poids connu de brome chloré en présence de l'acide sulfureux avec la solution d'argent et en prenant le poids du précipité. Si le brome impur pèse A et le précipité d'argent B, en représentant par y le chlore, on aura

$$y = \frac{\dfrac{Ag}{Br}\, A - B.}{\dfrac{Ag}{Br} - \dfrac{Ag}{Cl}}$$

Bunsen a employé les deux méthodes avec le même brome et a obtenu des résultats qui s'accordaient beaucoup.

CHAPITRE XLVIII.

Iode.

SUBSTANCES.	FORMULES.	ÉQUIVALENT.	QUANTITÉ à peser pour que 1 CC d'arsenite de soude $=$ 1 p. cent de la substance.	1 CC d'arsenite de soude correspond à
97. Iode.	I	126,88	1,2688 gr.	0,012688 gr.
98. Iodure de potassium.	IK	165,99	1,6599	0,016599

Le dosage de l'iode est une des analyses les plus belles et les plus exactes de la méthode chlorométrique. S'il s'agit d'iode libre dans lequel on veut déterminer la proportion d'iode pur, on en pèse une quantité arbitraire entre deux verres de montre, ou bien on tare un creuset de platine fermé contenant l'iode, on en prend une certaine quantité nécessaire pour l'essai et on détermine la diminution de poids du creuset. On place l'iode dans un mortier en porcelaine, puis, au moyen d'une burette remplie jusqu'au zéro de la solution normale-décime d'arsenite de soude, on en fait couler de suite un peu dans le mortier et l'on triture l'iode au-dessous de la surface du liquide. On ajoute un peu de la solution claire d'amidon et l'on continue à broyer. Lorsque tout l'arsenite de soude est décomposé par l'iode, la couleur bleue apparaît tout à coup, et l'on ajoute encore, en remuant, de l'arsenite de soude. La liqueur devient d'abord transparente et incolore, puis ensuite de nouveau bleue. On continue ainsi jusqu'à ce que tout l'iode ait disparu et que le liquide soit encore incolore. On titre alors au bleu avec la solution d'iode dans le mortier lui-même. On a établi exactement auparavant le rapport de la solution d'iode à celle d'arsenite, ou bien on le fait de nouveau avant l'essai. La quantité d'iode employée en dernier est transformée en arsenite, retranchée du volume de liqueur arsenicale ajouté, et le reste de celle-ci est calculé en iode.

0,525 gr. d'iode pur, sec, doué d'un bel éclat métallique, furent broyés dans un mortier de porcelaine, additionnés d'amidon, et on ajouta peu à peu 41,4 CC d'arsenite de soude. La première goutte de solution d'iode fit passer

au bleu. On n'avait donc employé que juste la quantité nécessaire d'arsenite
de soude. 41,4 fois 0,012688 donnent 0,52528 gr. au lieu de 0,526.

0,580 gr. d'iode furent traités par 46 CC d'arsenite de soude, puis il fallut
0,8 CC de solution d'iode. Celle-ci avait juste la moitié de la force de la solution arsenicale. Il faut donc retrancher 0,4 CC et calculer sur 45,6 CC d'arsenite de soude qui correspondent à 0,578 gr. d'iode.

Pour essayer l'application de cette méthode au dosage de l'iode en combinaison, on mit dans un ballon de l'iodure de potassium pur, fortement
chauffé dans un creuset de platine et on y ajouta de l'eau et un excès de perchlorure de fer cristallisé. Il faut que ce dernier ne contienne ni chlore, ni
protochlorure ; on s'en assure, pour le dernier, avec le permanganate de
potasse dont la première goutte doit colorer en rouge une solution étendue
du sel. Quant au chlore libre, il ne pouvait y en avoir dans le sel cristallisé,
pas plus que d'acide azotique, puisqu'on l'avait préparé par le peroxyde de
fer et l'acide chlorhydrique.

Dès que les liquides furent mélangés, l'iode, devenu libre, leur donna une
teinte très-foncée et forma à la surface comme une peau métallique.

Le ballon fut mis en communication, au moyen d'un tube deux fois recourbé, avec un large flacon contenant une quantité exactement mesurée d'arsenite de soude. Par l'ébullition, l'iode fut chassé. Le tube ne doit pas être trop
étroit, sans quoi il s'obstruerait facilement. L'iode, arrivant en vapeurs dans
l'arsenite de soude, disparaissait aussitôt. Si l'iode est en excès, le liquide paraît
jaune, et, dans ce cas, il faut ajouter une nouvelle quantité d'arsenite. A la
fin, il faut que, pendant une ébullition complète, on n'aperçoive pas trace de
vapeur d'iode. L'extrémité du tube ne doit pas plonger dans la liqueur arsenicale ; on évite ainsi la nécessité de le nettoyer, et le danger d'une absorption.
A la dissolution incolore d'arsenite de soude on ajoute de l'amidon et on titre
le reste avec la solution d'iode.

1,76 gr. d'iodure de potassium pur furent traités de cette façon et on employa
110 CC d'arsenite de soude que l'on versait peu à peu au moyen d'un tube
à entonnoir. Il fallut 4,8 CC d'une solution d'iode équivalente à celle d'arsenite, il y eut donc 105,2 CC d'arsenite décomposés, $105,2 \times 0,016599$
($= \frac{1}{10000}$ équivalent d'iodure de potassium), donne 1,746 gr. d'iodure de
potassium au lieu de 1,760.

Dans le résidu de la distillation se trouve une quantité de protochlorure de
fer équivalente à celle de l'iode, et l'on peut la doser par le caméléon. Cette
remarque a été faite par Schwarz, et la première méthode, quant à ce qui a
rapport à la manière de chasser l'iode, est due à Duflos.

Si l'iode contenait du chlore, mais pas autre chose, ainsi ni eau, ni iodure de cyanogène, on pourrait, connaissant son poids, déterminer, comme nous l'avons montré pour le brome, la quantité d'iode pur d'après les CC d'arsenite de soude employés. Soit A gr. le poids de l'iode et m CC d'arsenite de soude décomposé, en représentant l'iode pur par x on aura l'équation :

$$x \times 0,012688 + (A - x)\, 0,003546 = m.$$

d'où
$$x = m - \frac{A \cdot 0,003546}{0,009142}$$

On pourrait aussi se servir de l'analyse indirecte en poids en pesant l'iode et le précipité obtenu avec le sel d'argent, comme nous l'avons dit à propos du brome.

CHAPITRE XLIX.

Hypochlorites.

(Chlorure de chaux. — Liqueur de Labarraque. — Eau de javelle.)

SUBSTANCES.	FORMULES.	ÉQUIVALENT.	QUANTITÉ à peser pour que 1 CC d'arsenite de soude =1 p. cent de la substance.	1 CC d'arsenite de soude correspond à
95. Sels décolorants considérés comme chlore libre. . . .	Cl	35,46	0,3546 gr.	0,003546 gr.

Le plus important des sels décolorants est le chlorure de chaux. Il a pour composition ClO CaO. On le prépare en faisant passer un courant de chlore gazeux sur de la chaux hydratée, jusqu'à ce que le gaz ne soit plus absorbé. Il se forme 1 équivalent de chlorure de calcium et 1 d'hypochlorite de chaux.

$$2 \cdot CaO + 2 \cdot Cl = CaO\, ClO + CaCl.$$

Ainsi le sel contient toujours 1 équivalent de chlorure de calcium.

L'effet décolorant de chlorure de chaux dépend de son acide hypochloreux

ClO, et le chlore agit aussi énergiquement que l'oxygène, ou, en d'autres termes, l'action décolorante du sel est deux fois aussi forte que celle du chlore contenu dans l'acide hypochloreux.

Pour l'industrie, il importe peu que le blanchiment soit produit par l'action d'un corps ou d'un autre, et puisque nous devons prendre une valeur conventionnelle de la force du chlorure de chaux, ce qu'il y a de plus convenable, c'est de l'établir d'après le chlore libre ou agissant réellement. Et en effet, cette action est justement égale à celle du chlore employé dans sa préparation, puisque l'équivalent de chlore combiné au calcium dans le chlorure tout à fait inactif, a rendu libre l'équivalent d'oxygène qui s'est porté sur l'autre équivalent de chlore. Ainsi, l'effet de ClO est équivalent à celui de 2 Cl, employés pour la préparation du chlorure de chaux. Nous avons là, dès lors, un moyen de calculer la proportion de chlore agissant.

Le chlorure de chaux théoriquement pur, abstraction faite de l'eau nécessaire pour hydrater la chaux, aurait pour composition CaOClO + CaCl, son équivalent serait 71,46 + 55,46 = 126,92, qui renfermerait 2 équivalents de chlore agissant ou 70,92. Cela correspond à $\dfrac{70,92 \times 100}{126,92}$ ou 55,878 pour cent.

Ainsi, un chlorure de chaux qui contiendrait virtuellement 55,878 pour cent de chlore, serait absolument pur et nous nous en tiendrons à ce mode de représentation, d'autant plus que la détermination du chlore nous permettra d'établir directement la comparaison avec la liqueur de Labarraque et de l'eau de Javelle, ce qui ne serait pas le cas si nous ne regardions comme normale que la quantité d'hypochlorite de chaux pur.

Celle-ci correspond à $\dfrac{71,46 \times 100}{126,92}$ ou 56, 3 pour cent.

La petite différence que l'on remarque entre ces deux nombres vient de ce que nous avons calculé l'acide hypochloreux, dans le premier cas, pour 2 équivalents de chlore, tandis qu'en réalité il n'y en a qu'un et un d'oxygène dont l'équivalent est beaucoup plus petit.

L'analyse des sels décolorants par l'arsenite de soude est des plus simples et ne laisse rien à désirer. Après avoir mesuré un certain volume du liquide, quand la substance est déjà en dissolution, on y verse de la solution arsenicale, jusqu'à ce qu'en touchant avec une baguette de verre trempée dans la liqueur le papier d'amidon ioduré, il ne se produise plus de tache bleue. Alors on ajoute l'amidon et on titre au bleu avec la solution d'iode.

Quand on opère avec une dissolution de chlorure de chaux, il se fait d'abord un précipité, mais qui disparaît par une addition nouvelle d'arsenite de soude. Le résultat est tout à fait le même, si l'on ajoute d'abord à la dissolution de chlorure de chaux du carbonate de soude, ce qui forme de l'hypochlorite de soude. Alors, dans le liquide qui reste trouble, on reconnaît la réaction de l'amidon avec la plus grande facilité.

Le chlorure de chaux solide doit subir une opération préalable pour que l'eau en retire toutes les parties solubles, car lorsqu'on le met en contact avec l'eau, il forme une pâte épaisse dont quelques parties échappent à l'action du dissolvant.

On met le chlorure de chaux pesé dans un mortier de porcelaine muni d'un bon bec qu'on a soin de frotter avec du suif ; on triture d'abord à sec, puis avec de l'eau et on introduit les parties divisées dans un flacon à mélange à large goulot. Les morceaux qui restent au fond du mortier sont de nouveau broyés, réunis aux autres dans le flacon et ainsi de suite, jusqu'à ce que le mortier soit bien nettoyé. On termine l'opération comme plus haut. Ce liquide est toujours trouble, mais cela n'empêche pas de voir nettement la réaction.

On fit les expériences suivantes avec une dissolution filtrée de chlorure de chaux.

(Titre : 10 CC de solution arsenicale = 26,4 CC de solution d'iode.)

1° 1 CC de solution de chlorure fut traité par 14 CC de solution arsenicale, puis 12,2 CC d'iode. Ceux-ci = 4,621 CC d'arsenite qu'il faut retrancher des 14 CC, reste 9,379 CC d'arsenite.

2° 1 CC de chlorure, 10 CC d'arsenite, 1,6 CC d'iode. Cette dernière quantité = 0,606 CC d'arsenite ; retranchant de 10, reste 9,394 CC d'arsenite.

3° 2 CC de chlorure, 20 CC d'arsenite, 3,6 CC d'iode. Ceux-ci = 1,363 CC d'arsenite. Il reste donc 18,637 CC ou pour 1 CC 9,319 CC.

4° 3 CC de chlorure, 29 CC d'arsenite, 2,6 CC d'iode. Ceux-ci = 0,984 CC d'arsenite, il en reste donc 28,016, dont le tiers = 9,338 CC d'arsenite.

Ainsi 1 CC du chlorure de chaux correspond à :

1°	0,033258 gr. de chlore libre.		
2°	0,033311 —	—	
3°	0,033045 —	—	
4°	0,033112 —	—	
Moyenne	0,03318 —	—	

ou 3,318 pour cent sans faire attention au poids spécifique du liquide.

Ces nombres montrent quel accord parfait donne cette méthode, même pour une petite quantité de substance, pour 1 CC.

5° 1 gr. de chlorure de chaux fut broyé dans un mortier avec de l'eau jusqu'à ce que tout fut bien divisé. On y ajouta 72 CC d'arsenite de soude et il fallut 0,2 CC de solution d'iode (titre : même force que l'arsenite, c'est-à-dire, volume à volume) ; donc il reste 71,8 CC de solution arsenicale.

6° 1 gr. du même chlorure de chaux traité de la même manière avec 72 CC d'arnite, il fallut 0,4 CC d'iode ; reste 71,6 CC d'arsenite.

N° 5 correspond à 25,460 pour cent.

N° 6   —   25,389 pour cent de chlore libre.

Ce dosage du chlorure de chaux a un grand avantage sur les procédés employés jusqu'à ce jour. Le chlorure de chaux produit beaucoup d'écume et salit les burettes, en sorte qu'il faut toujours laver celles-ci avec de l'acide chlorhydrique. Dans le procédé usuel par le sulfate de protoxyde de fer (voyez : Traité d'*Otto*, Recherches techniques de *Bolley*, ainsi que les expériences de *Penot*), la solution de chlorure est mise dans la burette et presque toujours on ne peut dire où est la surface du liquide. L'eau de chlore doit être versée dans la burette, ce qui ne peut être exact à cause de la perte inévitable de gaz. Comme nous venons d'opérer, au contraire, la substance à analyser n'est jamais mise dans la burette, mais seulement le liquide titré qui est pur et limpide. Il y peut rester tant qu'il y a de nouvelles analyses à faire, tandis que par les anciens procédés il faut nettoyer la burette après chaque analyse.

La liqueur de Labarraque peut se doser sans addition préalable de carbonate de soude.

On peut même, par ce moyen, déterminer la composition de l'acide hypochloreux. Comme on ne peut pas le peser, on en fait arriver une quantité arbitraire dans un volume connu de dissolution arsenicale. On obtient très-facilement l'acide hypochloreux en faisant couler, au moyen d'un tube effilé, de l'acide azotique étendu tout à fait pur, dans un excès de dissolution de chlorure de chaux et en déterminant le dégagement du gaz par une douce élévation de température obtenue par un bain-marie. L'acide hypochloreux est absorbé par l'arsenite de soude que l'on prend en excès. On complète le volume de 300 CC avec de l'eau distillée. On en prend 100 CC avec une pipette et on dose à la manière connue l'excès d'arsenite de soude. On obtient ainsi la valeur oxydante de la combinaison évaluée en chlore. Comme nous l'avons déjà dit, l'oxygène, dans ce composé, produit un effet tout à fait équivalent à celui du chlore.

On sature avec de l'acide azotique les 100 autres CC et on y dose le chlore à l'aide de la solution décime d'argent. On connaît ainsi la quantité réelle de chlore d'après la quantité d'argent employée pour la précipitation. On peut aussi sécher le précipité de chlorure d'argent et le peser.

On voit alors que le chlore dosé par l'argent est moitié de celui obtenu par la méthode chlorométrique.

On peut analyser de la même manière les autres composés oxygénés du chlore. Il n'y a qu'une précaution à prendre, c'est que les composés soient purs et ne contiennent pas de mélange de chlore. Pour l'acide chloreux ClO^3, on prend 15 parties d'acide arsenieux en poudre fine et 20 parties de chlorate de potasse, on en fait, avec de l'eau, une pâte liquide, on y ajoute un mélange de 60 parties d'acide azotique de densité 1,33, et 20 parties d'eau, on introduit le tout dans un ballon de 300 à 400 CC de capacité de manière à le remplir jusqu'au col et on y adapte, à l'aide d'un bouchon, un tube à gaz. Le dégagement commence à la température de 25° C. ; on peut élever la température, au moyen d'un bain-marie, à 45° ou 50° C., mais pas plus haut. L'opération est terminée quand le liquide du ballon est décoloré. L'acide azotique ne doit contenir ni acide chlorhydrique, ni acide sulfurique, qui pourraient déterminer l'explosion de l'appareil. On mesure la valeur chlorométrique par l'oxydation de l'acide arsenieux et la quantité de chlore par l'argent.

Si l'on voulait donner un nouveau moyen d'analyse de l'acide chlorique, on pourrait indiquer aussi cette méthode. Une portion de chlorate de potasse décomposé par ébullition avec de l'acide chlorhydrique concentré donnerait la quantité de chlore et d'oxygène évalué chlorométriquement comme chlore. Puis on décomposerait une quantité égale de chlorate de potasse en le chauffant au rouge et on doserait le chlore par l'argent. On trouverait que ce dernier élément, le chlore, n'est que la sixième partie du résultat chlorométrique.

CHAPITRE L.

Acide chlorique.

SUBSTANCES.	FORMULES.	ÉQUIVALENT.	QUANTITÉ à peser pour que 1 CC d'arsenite de soude = 1 p. cent de la substance.	1 CC d'arsenite de soude correspond à
99. 1/6 équiv. d'acide chlorique...	$\dfrac{ClO^5}{6}$	12,577	0,1258 gr.	0,0012577 gr.
100. 1/6 éq. de chlorate de potasse..	$\dfrac{ClO^5 + KO}{6}$	20,428	0,2043	0,0020428

L'acide chlorique est complétement décomposé quand on le chauffe avec de l'acide chlorhydrique concentré, et 1 équivalent d'acide chlorique donne toujours 6 équivalents de chlore.

$$ClO^5 + 5HCl = 6Cl + 5HO.$$

Quant à savoir s'il se forme, pendant la réaction, de l'acide hypochloreux ou de l'acide chloreux, cela importe peu pour le résultat. Suivant la proportion d'acide chlorhydrique, les décompositions suivantes pourraient se former :

$$\left.\begin{array}{l}ClO^5 \\ ClH\end{array}\right\}\begin{array}{l}ClO \\ ClO^3 \\ HO\end{array} \quad \left.\begin{array}{l}ClO^5 \\ 2ClH\end{array}\right\}\begin{array}{l}3ClO \\ 2HO\end{array} \quad \left.\begin{array}{l}ClO^5 \\ 3ClH\end{array}\right\}\begin{array}{l}2ClO \\ 2Cl \\ 3HO\end{array}$$

$$\left.\begin{array}{l}ClO^5 \\ 4ClH\end{array}\right\}\begin{array}{l}ClO \\ 4Cl \\ 4HO\end{array} \quad \left.\begin{array}{l}ClO^5 \\ 5ClH\end{array}\right\}\begin{array}{l}6Cl \\ 5HO\end{array}$$

Avec un grand excès d'acide chlorhydrique, c'est toujours la dernière décomposition qui a lieu. On met de l'acide chlorhydrique concentré fumant dans le ballon à décomposition de l'appareil distillatoire dont nous avons déjà parlé (fig. 103), on y introduit le chlorate pesé, on ferme immédiatement et on détermine le dégagement en chauffant. A la fin, on porte à l'ébullition pour chasser tout le chlore.

Comme le chlorate donne 6 équivalents de chlore, et que notre liquide normal ne correspond, par litre, qu'à $\frac{1}{10}$ d'équivalent d'oxygène disponible, chaque CC de la solution arsenicale correspond, dans le tableau, à la sixième partie de $\frac{1}{100000}$ d'équivalent.

CHAPITRE LI.

Oxydes de manganèse.

SUBSTANCES.	FORMULES.	ÉQUIVALENT.	QUANTITÉ à peser pour que 1 CC d'arsenite de soude =1 p. cent de la substance.	1 CC d'arsenite de soude correspond à
101. Peroxyde de manganèse....	MnO^2	43,57	0,4357 gram.	0,004357 gr.
102. Oxyde rouge de manganèse..	Mn^3O^4	114,71	1,1471	0,011471
112. Oxygène libre.	O	8	0,080	0,0008

Les oxydes de manganèse ne peuvent être décomposés directement par l'acide arsenieux, parce que cette décomposition n'est possible que dans une liqueur acide ; mais alors la sursaturation ultérieure de l'acide par le carbonate de soude précipiterait le reste de l'acide arsenieux avec l'oxyde de manganèse. En outre, en traitant les substances mélangées par l'acide chlorhydrique, il pourrait facilement se volatiliser du chlorure d'arsenic. Il n'y a donc pas d'autre moyen que de distiller le manganèse avec de l'acide chlorhydrique concentré, et de mesurer le chlore qui se dégage.

Les oxydes de manganèse à essayer seront pesés, distillés avec l'acide chlorhydrique, et le chlore qui se dégagera sera absorbé par la dissolution arsenicale. On obtient ainsi la quantité d'oxygène libre dans l'oxyde de manganèse, mais non pas celle de manganèse métallique. Si l'on détermine la proportion d'oxygène libre, dans un oxyde connu, par exemple, dans l'oxyde rouge calciné, Mn^3O^4, ou dans le peroxyde, MnO^2, précipité par les chlorures alcalins, la première analyse donne la quantité de manganèse métallique.

Mais si l'on n'a pas de données sur la nature de l'oxyde, il faut faire deux expériences pour en avoir la composition complète. Par la première, on connaît, comme nous l'avons dit plus haut, l'oxygène libre ; puis ensuite, on chauffe fortement l'oxyde au rouge dans un creuset de platine pour l'amener à l'état de Mn^3O^4. On traite celui-ci de la même façon et on en déduit la quantité de métal. Ou bien on dissout l'oxyde, on ajoute à la solution de l'acétate de soude et on précipite tout le manganèse à l'état de peroxyde avec un courant de chlore. Ce procédé, toutefois, présente des difficultés matérielles comparativement à l'analyse par distillation. En effet, on ne peut pas détacher du filtre le peroxyde à l'état sec sans qu'il y ait des pertes, et, en outre, on ne peut pas introduire le filtre avec le précipité dans le vase à distillation parce qu'alors le dégagement du chlore est difficile. Dans l'analyse par le sulfate double de fer et d'ammoniaque ou le protochlorure d'étain, on peut jeter le filtre avec le précipité, parce qu'il y a toujours un excès du corps absorbant le chlore. C'est pourquoi l'analyse par l'arsenic se borne aux oxydes de manganèse qu'on donne secs, et dont le plus important est le peroxyde.

1 équivalent de peroxyde de manganèse chauffé avec un excès d'acide chlorhydrique, dégage 1 équivalent de chlore.

$$MnO^2 + 2HCl = MnCl + Cl + 2HO$$

et comme la solution arsenicale est une solution normale-décime, $\frac{1}{10}$ d'équivalent ou 4,357 gr. de peroxyde de manganèse correspondent à 1 litre de liqueur normale et par conséquent 0,4357 gr. à 100 CC.

Si donc, on pèse 0,4357 gr. de maganèse, chaque centimètre cube de la dissolution d'arsenite correspond à 1 pour cent de peroxyde de manganèse.

On pèsera le manganèse, on l'introduira dans l'appareil distillatoire (fig. 103), avec de l'acide chlorhydrique fumant et on fermera aussitôt en mettant en communication avec le vase à condensation. Celui-ci contient un volume connu de solution arsenicale et un excès de carbonate de soude. On chauffera le petit ballon et tout le chlore sera chassé. On reconnaît que la décomposition est complète à ce que la dissolution de manganèse prend la couleur jaune du perchlorure de fer, quand le peroxyde de manganèse contient de l'ocre, ou bien à ce qu'elle est complétement décolorée quand il n'y pas de fer. La couleur brun-verdâtre du chlorure de manganèse doit, dans tous les cas, avoir complétement disparu. On chauffe jusqu'à une forte ébullition et jusqu'à ce que les bulles de vapeur d'eau produisent, en se condensant, le bruit qui prouve qu'elles ne sont plus mélangées de gaz permanent. On ferme le tube en caoutchouc et on abandonne l'appareil un quart d'heure à lui-même. On le démonte ensuite après avoir eu soin de laver les fragments de verre du tube ainsi que les tubes à dégagement, et de faire arriver l'eau de lavage dans le vase à condensation. Il faut toujours s'assurer que l'on ne sent pas la moindre odeur de chlore dans l'appareil.

On a maintenant à essayer si la quantité de solution arsenicale que l'on a prise, est suffisante pour se combiner à tout le chlore. Pour cela, avec une baguette en verre, on prend un peu de liquide avec lequel on touche le papier amidonné ioduré. S'il se forme une tache bleue, c'est que le liquide contient encore de l'hypochlorite de soude, et on y verse de l'arsenite de soude tant que le papier se colore. Une fois cela fait, on ajoute la solution d'empois et on mesure par l'iode l'excès d'arsenite de soude. Quand la couleur bleue a apparu, on met encore un peu de carbonate de soude pour s'assurer que la teinte bleue ne disparaît pas, car pendant la distillation il passe beaucoup d'acide chlorhydrique gazeux, qui neutralise une grande partie du carbonate de soude.

Avec un manganèse assez pauvre, on fit trois essais avec chaque fois 0,4357 gr., on distilla avec de l'acide chlorhydrique et on recueillit le produit de la distillation dans 60 CC de solution arsenicale. Le liquide de condensation exigea:

    1°   2   CC de dissolution d'iode.

    2°   2,4 —   —   —

    3°   2,1 —   —   —

(Titre : 10 CC d'arsenite = 26 CC d'iode.)

Il faut réduire les CC d'iode en CC d'arsenite, les retrancher de 60 CC pour avoir la quantité pour cent de MnO^2. On obtient :

    1°   0,769 CC d'arsenite de soude.

    2°   0,923 —   —   —

    3°   0,770 —   —   —

qui, retranchés de 60, donnent :

    1°   59,231 pour cent de peroxyde de manganèse.

    2°   59,077   —   —   —

    3°   59,230   —   —   —

Pour contrôler la méthode, le même manganèse fut dosé par le fer. 1,111 gr. de manganèse furent chauffés avec 7 gr. de sulfate double de fer et d'ammoniaque et titrés avec le caméléon. On prit 14,6 CC de ce dernier (titre : 1 gr. du sel double de fer = 13,8 CC de caméléon). Les 14,6 CC de caméléon = 1,05 gr. de sel double de fer, ceux-ci, retranchés de 7 gr., laissent 5,95 gr. = 59,5 pour cent, puisque pour 1,111 gr. de peroxyde de manganèse chaque gramme de sel de fer représente 10 pour cent de MnO^2. L'accord des deux résultats nous conduit naturellement à cette remarque que la méthode d'analyse par le fer est bien plus prompte et plus facile.

CHAPITRE LII.

Oxyde de cobalt.

SUBSTANCES.	FORMULES.	ÉQUIVALENT.	QUANTITÉ à peser pour que 1 CC d'arsenite de soude $=$ 1 p. cent de la substance.	1 CC d'arsenite de soude correspond à
103. 2 éq. cobalt. .	2Co	58,98	0,5898 gr.	0,005898 gr.
104. 2 éq. de proto-xyde de cobalt. .	2CoO	74,98	0,7498	0,007498
105. 1 éq. de sesqui-oxyde de cobalt.	Co^2O^3	82,98	0,8298	0,008298

L'oxyde de cobalt, appelé peroxyde, a pour composition $Co\ O^3$. Chauffé avec un excès d'acide chlorhydrique il se dédouble en 2 équivalents de proto-chlorure et 1 équivalent de chlore.

$$Co^2O^3 + 3ClH = 2CoCl + Cl + 3HO.$$

Donc, 1 équivalent de chlore devenu libre correspond à 2 équivalents de cobalt métallique ou de protoxyde, ou à 1 équivalent d'une combinaison cobaltique qui contient 2 équivalents de cobalt. On peut, d'après cela, déterminer facilement la composition du sesquioxyde de cobalt par l'analyse avec l'arsenite de soude. La méthode est moins convenable pour les dosages analytiques, parce que l'oxyde qui doit être alors lavé ne peut être introduit sans perte dans l'appareil à condensation.

CHAPITRE LIII.

Oxyde de nickel.

SUBSTANCES.	FORMULES.	ÉQUIVALENT.	QUANTITÉ à peser pour que 1 CC d'arsenite de soude = 1 p. cent de la substance.	1 CC d'arsenite de soude correspond à
106. 2 éq. nickel. .	2Ni	59,1	0,591 gr.	0,00591 gr.
107. 2 éq. de proto-xyde de nickel. .	2NiO	75,1	0,751	0,00751
108. 1 éq. de sesqui-oxyde de nickel..	Ni^2O^3	83,1	0,851	0,00851

L'oxyde de nickel a la même composition que celui de cobalt, et, on peut dire ici ce que nous avons dit du dernier relativement à la décomposition par l'acide chlorhydrique. On peut aussi déterminer avec l'arsenite de soude la composition de l'oxyde, plus facilement que d'employer cette méthode d'analyse pour établir sa proportion quantitative.

CHAPITRE LIV.

Oxyde de cérium.

SUBSTANCES.	FORMULES.	ÉQUIVALENT.	QUANTITÉ à peser pour que 1 CC d'arsenite de soude = 1 p. cent de la substance.	1 CC d'arsenite de soude correspond à
109. 3 éq. cérium. .	3Ce	174,648	1,746 gr.	0,0174648 g.
110. 3 éq. protoxyde de cérium.	3(CeO)	198,648	1,986	0,0198648
111. 1 éq. d'oxyde interm. de cérium.	CeO + Ce^2O^3 ou bien Ce^3O^4	206,648	2,066	0,0206648

Si l'on met en suspension dans une dissolution de potasse le protoxyde de cérium hydraté, et si on y fait arriver un courant de chlore, il se change en oxyde intermédiaire Ce^3O^4. Cet oxyde chauffé avec de l'acide chlorhydrique se transforme en protochlorure, en même temps qu'il se dégage 1 équivalent de chlore pour chaque équivalent d'oxyde intermédiaire. Mais comme ce dernier contient 3 équivalents de cérium, il faut, pour chaque équivalent de chlore dégagé, compter 3 équivalents de cérium. Si l'oxyde intermédiaire provient d'une autre combinaison de cérium qui ne contient qu'un équivalent de métal, il faut alors compter 3 équivalents de cette combinaison pour chaque équivalent de chlore.

Bunsen a appliqué cette méthode pour séparer l'oxyde de cérium de son mélange avec l'oxyde de lanthane. On les précipite tous deux à l'état de protoxydes hydratés, on les met en suspension dans une dissolution de potasse et l'on fait passer un courant de chlore. Le précipité, encore humide, est traité par l'acide chlorhydrique et le chlore qui se dégage est reçu dans l'arsenite de soude. L'oxyde de lanthane n'est pas oxydé par le chlore, par conséquent il ne dégage pas de chlore avec l'acide chlorhydrique. On conclut alors la quantité de cérium de la quantité de chlore dégagé.

A cette occasion, Bunsen détermina l'équivalent de cérium et le trouva égal à 727,7 ($O = 100$), donc pour $H = 1$ on aura $\dfrac{727,7}{12,5} = 58,216$.

Le sesquioxyde de cérium (Ce^2O^3) est ainsi décomposé par l'acide chlorhydrique en chlorure de cérium ($2CeCl$) et 1 équivalent de chlore. Si donc, on part de cet oxyde, il faut, pour 1 CC de solution arsenicale, prendre seulement $\frac{2}{10000}$ d'équivalent ou 0,0116432 gr. de cérium.

Si l'on a pris le poids du sesquioxyde de cérium, le dosage du chlore en fait connaître l'analyse, puisque à 1 CC de la solution d'arsenite correspond $\frac{3}{10000}$ équivalent $= 0,0024$ gr. d'oxygène.

CHAPITRE LV.

Ozone.

112. 1 CC de la dissolution d'arsenite = 0,0008 gr. d'ozone.

L'ozone ou l'oxygène exalté peut se doser par l'arsenite de soude. On fait arriver l'oxygène ozonifié par la décomposition électrolytique dans une solution d'arsenite de soude mesurée, en employant des tubes très-étroits afin de diviser le gaz en bulles extrêmement petites, puis, ensuite, on mesure par l'iode la quantité d'acide arsenieux non oxydé. On obtient par différence celle qui a été attaquée. Mais comme on n'est pas encore d'accord sur la nature de cette substance et que l'on croit même qu'elle peut présenter deux modifications, ce qu'il y a de plus rationnel, c'est de calculer le poids d'ozone comme si c'était de l'oxygène. Sa composition et l'intensité de son action sont deux choses entièrement distinctes et la dernière seule est donnée par l'analyse volumétrique. Il est, pour cela, tout à fait indifférent d'évaluer son effet comparativement à celui de l'oxygène ou du chlore ou de l'iode. L'oxygène est préférable puisqu'il ne se forme jamais d'ozone sans sa présence, tandis qu'il s'en produit sans chlore, ni brome, ni iode. On prendra 1 CC d'arsenite de soude comme équivalent à 0,0008 gr. d'oxygène.

L'acide arsenieux a déjà été employé dans cette circonstance par Soret (1), mais toutefois dans une expérience fort incertaine.

(1) *Annales de Poggendorf*, T. XCII, p. 504.

CHAPITRE LVI.

Oxyde d'antimoine.

SUBSTANCES.	FORMULES.	ÉQUIVALENT.	QUANTITÉ à peser pour que 1 CC de la solution arsenicale $=$ 1 p. cent de la substance.	1 CC de la solution arsenicale correspond à
113. 1/2 éq. antimoine.......	$\dfrac{Sb}{2}$	60,16	0,602 gram.	0,006016 gr.
114. 1/2 éq. oxyde d'antimoine....	$\dfrac{SbO^3}{2}$	72,16	0,722	0,007216

L'oxyde d'antimoine dans une dissolution alcaline se comporte tout à fait comme l'acide arsenieux à l'égard de la solution d'iode. L'iodure d'amidon est décoloré avec une grande énergie. On peut donc fonder sur ce fait un procédé de dosage de cet oxyde. En répétant différentes opérations sur des quantités égales d'émétique, les quantités de dissolution d'iode qu'on emploie sont parfaitement d'accord. On peut, dans cette analyse, procéder soit systématiquement soit empiriquement.

Systématiquement il faudra réduire en arsenite de soude le volume de la dissolution d'iode employée et multiplier les CC, ainsi obtenus, par le nombre théorique. Il faut, dès lors, par des expériences faites avec des substances pures, démontrer que réellement l'iode transforme l'oxyde d'antimoine en acide antimonique.

D'après les nouvelles recherches de Schneider confirmées par Henri Rose [1] l'équivalent de l'antimoine est 120,32, tandis que Berzélius l'avait fixé à 129. D'après ce nouvel équivalent, la composition de l'émétique cristallisé serait :

$$
\begin{array}{lr}
KO. & 47,11 \\
SbO^3. & 144,32 \\
C^8. & 48 \\
H^2. & 2 \\
O^4. & 64 \\
3HO. & 27 \\
\hline
& 332,13
\end{array}
$$

(1) *Annales de Poggendorf*, v. XCVIII, p. 455.

et la proportion d'oxyde d'antimoine contenu serait

$$\frac{144,32 \cdot 100}{352,43} = 43,41 \text{ pour cent.}$$

et comme l'acide antimonieux, de même que l'acide arsenieux, absorbe 2 éq. d'oxygène, il faudra pour 1 CC d'arsenite de soude, mettre dans le calcul, $\frac{1}{2}$ dix-millième d'équivalent d'oxyde d'antimoine. $\frac{1}{2}$ équivalent d'oxyde d'antimoine étant égal à 72,16, il s'en suit que 1 CC de la dissolution arsenicale $= 0,007216$ gr. d'oxyde d'antimoine. Voici les expériences que l'on fit :

Titre : 10 CC d'arsenite de soude étaient équivalents à

1° 11,6 CC de solution d'iode.

2° 11,6 — —

3° 11,6 — —

0,2 gr d'émétique dissous dans l'eau, additionnés de carbonate de soude et de dissolution d'amidon, employèrent chaque fois 14 CC de solution d'iode dans trois essais parfaitement d'accord.

D'après le titre du jour, ces 14 CC se réduisent à 12,069 CC de solution arsenicale, et ceux-ci, multipliés par 0,007216, donnent 0,087 gr. d'oxyde d'antimoine $= 43,5$ pour cent, tandis que la formule avec le nouvel équivalent conduit à 43,41 pour cent.

Cet accord parfait nous prouve qu'on a raison d'admettre que l'iode transforme l'oxyde d'antimoine en acide antimonique et que l'on peut employer, en toute confiance, cette méthode au dosage exact de l'oxyde d'antimoine. Nous avons, de plus, une preuve en faveur du nouvel équivalent, car, d'après l'ancien, l'émétique cristallisé devrait contenir 44,84 pour cent d'oxyde d'antimoine (Gmélin, V. 409).

Il est nécessaire que l'oxyde d'antimoine soit dans une dissolution alcaline, car ici aussi la base favorise la formation de l'acide antimonique. On peut mêler l'émétique avec le carbonate de soude sans qu'il y ait de précipité. Pour obtenir la réaction alcaline il ne faut prendre que de la soude mono ou bicarbonatée, mais non pas pure, car, dans ce dernier cas, elle décolore déjà par elle-même l'iodure d'amidon.

L'oxyde d'antimoine peut à l'aide des tartrates être mis en dissolution dans les liquides alcalins. On y parvient en le faisant digérer assez longtemps dans l'acide tartrique, et on sursature ensuite avec le carbonate de soude.

Quant à la manière dont on transforme les autres combinaisons antimoniées tel que le sulfure d'antimoine, l'acide antimonique, en quantités équivalentes d'oxyde d'antimoine, c'est une question en dehors du dosage.

Pour déterminer empiriquement l'oxyde d'antimoine, ce qu'il y a de mieux à faire, c'est de partir de l'émétique pur. C'est un sel qu'on peut facilement préparer pur et qui se conserve sans s'altérer dans des vases bien fermés. On n'a pas besoin alors de solution arsenicale, il ne faut qu'une dissolution d'iode quelconque dont on détermine le titre à l'aide de l'émétique.

Si l'on veut essayer la pureté d'un émétique ou connaître sa richesse en oxyde d'antimoine, on le compare à un échantillon du sel parfaitement pur. Les richesses relatives sont entre elles comme les centimètres cubes de dissolution d'iode employés pour l'un et pour l'autre. Si l'on veut connaître la quantité d'oxyde d'antimoine, on prend un poids d'émétique tel qu'il devrait contenir juste 1 ou 0,1 gr. d'oxyde. Si 332,43 d'émétique renferme 144,32 d'oxyde d'antimoine, alors $\dfrac{332,43}{144,32 \cdot 10}$ ou 0,230 gr. contiennent juste 0,1 gr. d'oxyde.

Dès lors, on pèse 0,230 gr. d'émétique, on ajoute du carbonate de soude et de l'amidon et on détermine le titre. Supposons qu'il ait fallu p CC d'iode pour le sel pur. Si, maintenant, dans une autre expérience on a employé q CC de la même solution d'iode pour de l'émétique à essayer, on aura autant de fois 0,1 gr. d'oxyde d'antimoine que p est contenu dans q, c'est-à-dire $\dfrac{q}{p}$. Si l'on voulait la quantité d'oxyde en grammes, au lieu de l'avoir en décigrammes la formule serait $\dfrac{q}{10\,p}$.

Si l'on veut calculer l'antimoine métallique, il faudra peser $\dfrac{332,43}{120,32 \cdot 10}$ = 0,276 gr. d'émétique. Le calcul sera tout à fait le même.

Le procédé empirique est direct. Il y a une pesée de plus au lieu d'une mesure de volume avec la pipette, mais aussi il faut une liqueur de moins.

Kessler (1) avait indiqué, pour doser l'antimoine, une autre méthode qui a le mérite d'avoir été la première analyse volumétrique. Elle repose, comme le dosage de l'arsenic du même auteur, sur l'oxydation de l'oxyde d'antimoine par l'acide chromique ; on évalue l'acide chromique qui reste par les sels de protoxyde de fer et l'excédant de ceux-ci par l'acide chromique ; il y a trois opérations à la touche, en comptant l'établissement du titre de la dissolution de protoxyde de fer. L'acide chromique étant décomposé par l'acide tartrique, l'émétique ne peut être employé comme substance de liqueur normale. L'acide antimonique se précipite dans les dissolutions acides, ce qui n'arrive pas quand elles sont alcalines. Ces motifs et d'autres encore faciles à comprendre font

____

(1) *Annales de Poggendorf*, v. XCV, p. 215.

de ce procédé un travail plus compliqué et bien moins exact que l'analyse par les pesées. L'auteur avait trouvé pour équivalent de l'antimoine 123,7 nombre bien plus voisin de celui donné par Schneider que le nombre ancien de Berzélius.

CHAPITRE LVII.

Cyanogène en combinaison.

SUBSTANCES.	FORMULES.	ÉQUIVALENT.	QUANTITÉ à peser pour que 1 CC de la solution $\frac{N}{10}$ d'iode = 1 p. c. de la subst.	1 CC de la solution $\frac{N}{10}$ d'iode correspond à
115. 1/2 éq. cyanogène.......	$\dfrac{C^2Az}{2}$	13	0,13 gr.	0,0013 gr.
116. 1/2 éq. cyanure de potassium...	$\dfrac{C^2Az + K}{2}$	32,555	0,3255	0,0032555

Le procédé de dosage du cyanogène en combinaison que nous allons décrire fut donné par Fordos et Gélis. Il repose sur ce que la dissolution d'iode est décomposée par le cyanure de potassium, parce qu'il se forme de l'iodure de potassium et de l'iodure de cyanogène d'après l'équation suivante :

$$CyK + 2I = IK + ICy.$$

Ainsi 2 équivalents d'iode correspondent à un seul de cyanogène. Si l'on emploie la solution décime d'iode (12,688 gr. d'iode par litre), chaque centimètre cube de cette dissolution correspond à la moitié de $\frac{1}{10000}$ d'équivalent de cyanogène ou d'un cyanure. Si l'on a une dissolution d'iode d'un titre inconnu, on établit la valeur de celui-ci avec la liqueur décime d'arsenic, et ensuite on réduit les centimètres cubes de cette solution d'iode d'après le titre trouvé en volume de la solution normale-décime.

Ce qui indique la fin de l'opération, c'est que la couleur jaune de l'iode ne disparaît plus, mais il se forme une teinte légère jaune dans le liquide jusqu'alors incolore. Les auteurs défendent expressément l'usage de l'empois et la production de la couleur bleue de l'iodure d'amidon, parce que cela ne donnerait que des résultats incertains. Bien qu'il n'y ait pas de motifs bien réels à donner pour cela, les expériences m'ont démontré qu'il en est cependant ainsi.

Comme le cyanure de potassium du commerce renferme d'autres matières qui pourraient décolorer la dissolution d'iode, il faut empêcher leur action avant de procéder au dosage du cyanogène par la liqueur d'iode. Il peut se rencontrer, dans le cyanure de potassium, de la potasse caustique, du carbonate neutre de potasse, du sulfure de potassium. Les auteurs écartent l'effet de ces substances en ajoutant à la dissolution de l'eau chargée d'acide carbonique (ou comme ils disent de l'eau de Seltz) qui les change en bicarbonates.

Ils font dissoudre 5 gr. de cyanure de potassium dans 500 CC, ils en prennent 50 CC qui contiennent par conséquent $\frac{1}{2}$ gr. de cyanure, les étendent d'eau dans une large fiole, de manière à en faire 1 litre $\frac{1}{2}$, en y ajoutant $\frac{1}{10}$ litre d'eau chargée d'acide carbonique. Ils recommandent l'emploi d'une dissolution déterminée d'iode, et on comprend facilement pourquoi. Toutefois, nous ne ferons pas usage de celle qu'ils indiquent, puisque notre système permet de ramener au rapport atomique toute liqueur quelconque d'iode.

Pour essayer la méthode, on fit dissoudre dans 500 CC d'eau, 5 gr. d'un cyanure de potassium du commerce et on en prit chaque fois 5 CC avec une pipette.

1° 5 CC de la dissolution sans amidon et sans acide carbonique exigèrent : 1° 18,2 CC ; 2° 18,2 CC de la liqueur d'iode.

(Titre : 10 CC de la solution $\frac{N}{10}$ d'arsenic $= 23,8$ CC de la liqueur d'iode.)

2° 5 CC avec de l'amidon, sans acide carbonique : 17,6 CC de la liqueur d'iode.

3° 5 CC sans amidon, agités avec de l'acide carbonique : 18 CC de la liqueur d'iode.

4° 5 CC avec de l'amidon et de l'acide carbonique : 9,3 CC de la liqueur d'iode.

5° 5 CC saturés d'acide acétique et additionnés d'amidon : la première goutte d'iode colora en bleu.

6° 5 CC avec de l'acide acétique sans amidon : on versa 1,8 CC d'iode jusqu'à l'apparition de la couleur jaune.

Il résulte de ces expériences que la couleur bleue de l'iodure d'amidon ne marche pas de pair, en quelque sorte, avec la coleur jaune de l'iode seul. Les expériences 1 et 3 montrent que la saturation préalable par l'acide carbonique ne donne qu'une différence de 0,2 CC pour l'apparition de la couleur jaune ; tandis que 1 et 4 donnent une différence de 8,9 CC ; enfin les dissolutions sursaturées par un acide libre produisent la couleur bleue dès la première goutte de liqueur d'iode, tandis que la teinte jaune ne paraît qu'après l'addition d'une petite quantité d'iode.

Si maintenant on pensait que la couleur bleue, étant un phénomène beaucoup plus saisissable, il n'est pas étonnant qu'on l'aperçoive un peu plus tôt que l'autre, on n'a qu'à comparer les résultats 1 et 4 et on verra que la différence est par trop grande pour qu'on puisse l'attribuer seulement à la plus grande sensibilité de l'iodure d'amidon ; et on est encore conduit à ceci, que l'iodure de cyanogène, sous l'influençe des acides, colore plus facilement la dissolution d'amidon que l'iode libre n'est visible par lui-même dans la liqueur.

Comparons maintenant les résultats absolus que nous venons d'obtenir à ceux que donne la méthode par l'emploi de l'argent.

5 CC de la dissolution de cyanure de potassium employèrent, d'après la 3e des expériences précédentes, 18 CC de liqueur d'iode qui, réduits en solution normale-décime d'arsenite valent 7,563 CC de celle-ci. Or, chaque centimètre cube de la solution décime $=$ 0,003255 gr. de cyanure de potassium, les 7,563 CC valent donc 0,02462 gr. de cyanure pur contenus dans 0,050 gr. du sel brut, ce qui fait 49,2 pour cent.

20 CC de la dissolution de cyanure, contenant donc 0,200 gr. de sel brut, exigèrent d'après la méthode de Liebig 7,5 CC de la solution $\dfrac{N}{10}$ d'argent.

Ceux-ci correspondent à 0,09915 gr. de cyanure pur contenus dans 0,2 gr. Cela donne 49,57 pour cent. Les deux méthodes sont donc d'accord, et on peut regarder le dosage du cyanogène par l'iode comme conduisant à des résultats satisfaisants.

CHAPITRE LVIII.

Iode.

(Dosé par oxydation.)

SUBSTANCE.	FORMULE.	ÉQUIVALENT.	QUANTITÉ à peser pour que 1 CC de la solut. normale d'arsenite =1 p. cent de la substance.	1 CC de la solution d'arsenite correspond à
117. 1/6 éq. iode. .	$\dfrac{I}{6}$	21,146	0,21146 gr.	0,0021146 g.

Bunsen a donné un moyen de doser l'iode fondé sur son oxydation et sa transformation en acide iodique, et Dupré (1) l'a rendu pratique.

A vrai dire, c'est la même méthode que celle qui avait été indiquée antérieurement par Golfier-Besseyre (2) et expliquée de la même manière par lui. Voici ses propres paroles :

« Si l'on ajoute à un iodure métallique quelconque, par exemple, à l'iodure de potassium, de l'eau de chlore ou une dissolution de chlorure de soude, un premier équivalent de chlore met l'iode en liberté, puis 5 autres équivalents de chlore le transforment en acide iodique :

$$IM + 6Cl + 5HO = ClM + 5ClH + IO^5.$$

« Ni l'iodure de potassium, ni l'acide iodique ne colorent en bleu l'empois d'amidon, l'iode libre peut seul le faire. Si, dans une dissolution qui ne contient que des traces d'iodure métallique, on met un peu d'empois, puis qu'on y verse une dissolution titrée de chlorure de soude, le liquide bleuit aussitôt et la couleur atteint bientôt le plus haut degré d'intensité. A partir de ce moment, la couleur disparaît de nouveau, et, pour que la décoloration soit complète, il faut employer un volume de chlorure de soude cinq fois plus

(1) *Annales de Chimie et de Pharmacie*, v. XCIV, p. 365.

(2) *Schwarz*. Introduction à l'analyse volumétrique, 1855, p. 114.

grand que celui nécessaire pour donner à la couleur bleue son maximum d'intensité. »

Cette manière d'opérer est tout à fait vicieuse, car on ne doit pas mettre en contact l'eau de chlore on le chlorure de soude avec la dissolution d'empois, attendu qu'ils la décomposent. On trouvera donc toujours plus de chlore employé qu'il ne serait nécessaire pour oxyder l'iode et les résultats seront trop forts.

Le procédé a été essentiellement perfectionné par Dupré. Il opère la séparation et l'oxydation de l'iode, ou, ce qui revient au même, il fait agir le chlore sur la combinaison au milieu du sulfure de carbone ou du chloroforme et ceux-ci prennent alors une belle couleur rouge-vif. La disparition de cette couleur est le signe que l'opération est terminée. En effet, l'iode chassé d'abord de la combinaison par le chlore se dissout dans le sulfure de carbone ou le chloroforme en les colorant en rouge. La quantité de chlore augmentant, il se forme d'abord du chlorure d'iode, ICl, puis toujours le chlore agissant donne probablement naissance à tous les composés intermédiaires jusqu'à ICl^5 qui, avec l'eau se change en acide iodique et en acide chlorhydrique. Tous les chlorures d'iode moins chlorurés que le dernier, ICl^5, colorent en violet le sulfure de carbone et le chloroforme, mais cette propriété n'appartient pas au composé ICl^5 ou à l'acide iodique correspondant. En agitant donc avec du sulfure de carbone pur la dissolution d'un iodure métallique à laquelle on ajoute peu à peu de l'eau de chlore, le sulfure de carbone se colore en violet ; en continuant à y mettre de l'eau de chlore, la teinte se fonce de plus en plus, jusqu'à un maximum, puis ensuite elle diminue graduellement jusqu'à ce qu'enfin elle disparaisse complétement. La disparition se fait instantanément et le moment peut se saisir avec beaucoup de rigueur. C'est l'instant où tout l'iode contenu dans le liquide est transformé en ICl^5.

Dupré se sert d'eau de chlore pour doser l'iode, tandis que Golfier-Besseyre employait le chlorure de soude. Quant à l'effet produit et aux apparences tous deux sont également bons. Le chlorure de soude a, toutefois, un avantage précieux, c'est qu'il conserve son titre, le chlore qu'il renferme n'est pas à l'état gazeux et la lumière est sans action sur la dissolution. De plus, l'eau de chlore peut perdre du chlore quand on la verse au milieu de l'air. Comme pour tout le reste, l'effet des deux substances est tout à fait le même, ces petits avantages ne doivent pas être négligés. On pourrait se servir aussi bien d'une dissolution limpide de chlorure de chaux que l'on peut toujours avoir à sa disposition, seulement ce liquide se trouble facilement. Quant à la manière de calculer les expériences, on peut procéder encore ici, soit systématiquement, soit par voie d'expérience.

Voici comment on fera théoriquement :

Au moyen de l'arsenite de soude, on trouvera la valeur de l'eau de chlore ou du chlorure de soude employé, et, d'après ce titre, on pourra réduire les centimètres cubes de l'un ou de l'autre liquide en centimètres cubes d'arsenite de soude.

D'après le principe de la méthode, il faut 6 équivalents de chlore pour oxyder complétement 1 équivalent d'iode, savoir 1 équivalent pour l'isoler, 5 équivalents pour l'oxyder. Donc 1 équivalent de chlore correspond à $\frac{1}{6}$ équivalent d'iode ; d'après le n° 97 des tableaux, 1 CC d'arsenite de soude correspond à 0,012688 gr. d'iode dans le simple déplacement de l'iode par le chlore. Pour le cas dont nous nous occupons ici, 1 CC d'arsenite de soude n'équivaut qu'au sixième de ce nombre, ainsi $= 0,0021146$ gr. et par conséquent c'est par ce nombre qu'il faudra multiplier les centimètres cubes de la dissolution de chlore réduits en arsenite de soude, pour avoir le poids en grammes de l'iode.

Ce procédé est toutefois trop détourné, et, de plus, outre la solution de chlore, il faut encore avoir de l'arsenite de soude, une dissolution d'iode et une d'amidon.

Il est alors plus certain et plus court d'établir rigoureusement la valeur de la dissolution de chlore par un moyen empirique en la mesurant avec une quantité connue d'iode. Dans cet essai, comme ce n'est que l'iode que l'on cherche et non pas la proportion d'un iodure déterminé, il faut prendre pour point de départ le poids de la substance choisie qui contient l'unité de poids d'iode.

La méthode étant surtout très-convenable quand il s'agit de très-petites quantités d'iode, attendu que la quantité de chlore que l'on emploie est, ici, six fois plus considérable que celle nécessaire pour le simple déplacement de l'iode, nous ne devrons prendre que des dissolutions très-faibles.

D'après les équivalents, 1,308 gr. d'iodure de potassium renferment juste 1 gr. d'iode.

En dissolvant dans un litre, 1,308 gr. d'iodure de potassium sec et pur, chaque centimètre cube contiendra 1 milligramme d'iode. On prend avec la pipette 10 CC de cette dissolution, dans lesquels se trouve donc 1 centigr. d'iode, on les verse dans un flacon à l'émeri de 200 à 300 CC, et, avant d'introduire du chloroforme, on ajoute le chlorure de soude au moyen de la burette (fig. 80) remplie jusqu'au zéro. L'opération est bien plus facile et plus prompte de cette manière, parce que l'iode n'est pas entraîné au fond avec le chloroforme et il n'est pas nécessaire de secouer pour le mettre en contact avec le chlore. Il suffit de faire tournoyer le vase pour produire l'effet.

Au commencement l'iode éliminé colore le liquide en jaune; quand la nuance cesse de se foncer, une nouvelle addition de chlorure la rend de plus en plus faible. On verse le chlorure tant qu'en plaçant le vase au-dessus d'une assiette en porcelaine, on y voit encore une légère teinte jaunâtre. A ce moment on ajoute quelques gouttes de chloroforme et on agite fortement. Ce corps s'empare de tout l'iode restant dans la dissolution, celle-ci se décolore complétement et le chloroforme devient rose-rouge. On verse alors goutte à goutte le chlorure de soude et on secoue en tenant ferme le bouchon du flacon. Cela est nécessaire afin de bien diviser les gouttes du chloroforme et de les mettre le plus intimement possible en contact avec les diverses parties de la dissolution aqueuse.

Même quand cette dissolution paraît incolore, les gouttes de chloroforme qu'on y met se colorent très-visiblement en rouge. Le tube d'écoulement de la burette doit être très-effilé afin de ne laisser tomber que de petites gouttes. Les expériences donnent des résultats très-concordants. En répétant quatre fois un essai avec 10 CC du liquide précédent, j'ai obtenu tout à fait les mêmes nombres.

On a ainsi directement et par une opération semblable à l'analyse elle-même, la valeur de la dissolution de chlorure de soude en iode pur. Ce résultat est indépendant de la théorie de la réaction qui a lieu entre les corps en présence, l'iode est mesuré par lui-même.

Supposons qu'on ait trouvé que 10 CC du liquide $= 7,6$ CC de chlorure de soude, et que dans une analyse particulière on ait employé 56,5 CC de ce chlorure de soude, on posera :

$$7,6 : 0,01 :: 56,5 : x = \frac{56,5 \times 0,01}{7,6} = 0,0743.$$

c'est-à-dire que la substance essayée contient 0,0743 gr. d'iode.

Si l'on avait pesé à l'état pur un poids d'iode égal à celui que contient l'iodure de potassium, il faudrait pour l'oxyder seulement les $\frac{5}{6}$ de ce qu'il a fallu de chlorure quand on opérait sur l'iodure, parce qu'ici l'iode n'a pas à être d'abord éliminé. Comme nous avons des méthodes très-précises pour doser l'iode libre, il est tout à fait inutile de prendre ici le titre avec de l'iode libre, d'autant plus qu'il est insoluble dans l'eau et que, dès lors, l'action du chlorure ne marcherait que très-lentement. La méthode de Dupré est très-convenable pour doser de petites quantités d'iode dans les iodures métalliques.

Les analyses de contrôle qui furent faites par Dupré sur de l'iodure de potassium pur pour établir sa méthode, atteignent une rigueur étonnante. Il employa des dissolutions tellement étendues que le palladium n'y produisait

27

plus de précipité appréciable. La différence entre l'iode trouvé et celui que
renfermait l'iodure de potassium employé fut, dans deux expériences, de
$\frac{1}{1000}$ de milligramme et jamais elle n'atteignit 0,2 milligrammes.

Il est inutile d'insister sur ce que, dans cette analyse, il faut auparavant
éloigner tous les oxydes qui pourraient être attaqués par le chlore ou par
l'iode. Les substances organiques, que renferment d'ordinaire les eaux-mères
iodurées, sont une cause d'erreur qui donne une plus forte proportion d'iode
que celle qui s'y trouve réellement, parce que tout le chlore absorbé par
les matières organiques est compté pour de l'iode. Dans ce cas, au lieu de la
méthode décrite plus haut on suivra la marche indiquée par Dupré dans laquelle l'influence des substances organiques est écartée. Il suffit de mettre le
liquide contenant l'iodure métallique, en contact avec de l'eau de chlore ou
du chlorure de soude d'une force indéterminée de chlore, jusqu'à ce que la
décoloration du sulfure de carbone ou du chloroforme soit complète, après
agitation.

A ce moment, tout l'iode est changé en ICl^5. Si l'on ajoute de l'iodure de
potassium, pour 1 équivalent de ICl^5, il y aura juste 6 équivalents d'iode
mis en liberté. On titre alors ceux-ci à la manière ordinaire, seulement il
faudra diviser par 6 la proportion d'iode trouvé pour avoir la quantité qui existait dans le liquide primitif. Pour doser cet iode, la liqueur décime d'hyposulfite de soude est très-convenable, en ayant soin d'étendre la liqueur et d'y
mettre de la dissolution d'empois.

Il est évident qu'à cette méthode se rattache un moyen très-exact de mesurer
l'acide iodique. Si l'on ajoute à un iodate de l'acide chlorhydrique puis de
l'iodure de potassium, 6 équivalents d'iode sont mis en liberté.

$$IO^5 + 5. IK = 5KO + 6I.$$

Ceux-ci seront facilement dosés par l'hyposulfite de soude, et la proportion
d'iode cherchée sera le sixième de celle qu'on trouvera.

A cette méthode de Dupré s'en rattache une autre basée également sur
l'oxydation de l'iode à l'état d'acide iodique, et que le docteur Hempel, de
Winterthur, m'a communiquée dans une lettre du 19 septembre 1854. Je
dois toutefois avouer qu'elle ne peut être mise à son avantage en parallèle
avec celle de Dupré.

Si l'on met un iodure métallique soluble dans une dissolution de permanganate de potasse additionnée d'un petit excès d'acide sulfurique, il se forme,
au bout d'une ou deux minutes, un précipité d'oxyde de manganèse, et tout
l'iode est transformé en acide iodique, si le permanganate est en excès. Mais
si l'on emploie un grand excès d'acide sulfurique étendu, il ne se précipite

aucun oxyde, le liquide reste parfaitement limpide, seulement il est coloré en rouge. La même chose arrive si, dans la dissolution d'iodure métallique, on met beaucoup d'acide étendu, puis si l'on y verse peu à peu la solution de permanganate jusqu'à ce que celui-ci domine, ce que l'on reconnaît facilement à la persistance de la couleur rouge et aussi à ce que le liquide n'a plus l'odeur d'iode. La décomposition est la suivante :

$$I + Mn^2O^7 + 2SO^3 = IO^5 + 2(MnO, SO^3).$$

s'il s'agissait d'acide iodhydrique, on aurait :

$$5IH + 6(Mn^2O^7) + 12SO^5 = 5.IO^5\ 5HO + 12(MnO, SO^3).$$

Il ne reste plus qu'à connaître l'excès d'acide permanganique pour en conclure combien il y en a eu de décomposé. C'est ce que l'on fait avec une dissolution titrée d'acide oxalique, et pour cela on peut se servir de la solution normale. On ajoute donc quelques centimètres cubes de cette dissolution jusqu'à ce que le liquide soit complétement décoloré au bout de quelques minutes et on titre l'excès d'acide oxalique avec la solution de caméléon. On a donc employé deux volumes de caméléon, le premier pour oxyder l'iode, le second, pour oxyder l'excès d'acide oxalique. On ajoute ces deux quantités et on en retranche celle qui équivaut à l'acide oxalique ajouté, ce que l'on sait exactement, puisque le titre du caméléon est pris avec l'acide normal. La différence donne le caméléon qui a servi pour transformer l'iode en acide iodique.

Comme l'acide oxalique ne prend qu'un équivalent d'oxygène, tandis que l'iode en prend 5, 1 CC d'acide oxalique normal ne correspond qu'à $\frac{1}{5}$ de $\frac{1}{1000}$ d'équivalent d'iode.

L'équivalent de l'iode pèse 126,88, $\frac{1}{1000}$ équivalent = 0,12688 et 1 CC d'acide oxalique normal = 0,02537 gr. d'iode.

On réduira donc les centimètres cubes du caméléon employés pour oxyder l'iode en centimètres cubes d'acide oxalique normal d'après le titre du jour, et on multipliera ces derniers par 0,02537 pour avoir la quantité d'iode. Parmi les essais faits par Hempel, je cite les suivants, dans lesquels on se servait d'iodure de potassium et on mesurait l'iode.

	Trouvé.		Calculé.	
1°	0,00455	grammes	0,00459	grammes.
2°	0,01536	—	0,015292	—
3°	0,003813	—	0,003823	—
4°	0,0030616	—	0,003058	—

Il est tout à fait indifférent de verser le caméléon dans la dissolution fortement acidifiée de l'iodure métallique ou de faire l'inverse.

Les expériences que je fis avec cette méthode ne me donnèrent pas de bons résultats. Les essais de Hempel portent sur de si petites quantités de substances, que si en en prenant de plus considérables ils ne sont plus satisfaisants, l'emploi de la méthode se trouve, par là même, bien limité. Pour 0,2 gr. d'iodure de potassium, il se formait toujours, même avec beaucoup d'acide sulfurique libre, un précipité brun qui trouble le phénomène, et comme la couleur du caméléon fortement étendue disparaît d'elle-même spontanément en très-peu de temps, on reste incertain si la décomposition est complète. En outre, le liquide trouble ne s'éclaircit pas entièrement par l'acide oxalique.

Si la dissolution, en outre, restant toujours incolore, passait ensuite au rouge par l'excès de caméléon, la chose marcherait bien. Mais l'iode éliminé colore lui-même le liquide en brun. Pendant longtemps, on voit la couleur brune de l'iode mêlée à la teinte rouge du caméléon, et on sent nettement l'odeur de l'iode. Après la méthode de Dupré, que nous avons exposée, il n'y pas lieu de s'occuper davantage de la dernière.

ACTION DE L'HYPOSULFITE DE SOUDE SUR LA DISSOLUTION D'IODE.

L'hyposulfite de soude, $S^2O^2 + NaO + 5HO = 124$, est un sel que l'on peut facilement préparer pur, qui se conserve tel pendant des années dans des flacons bien bouchés et dont la solution aqueuse reste sans s'altérer et ne s'oxyde pas. Avant de l'employer comme nouvelle liqueur normale, il fallait s'assurer, par des expériences ne laissant rien à désirer, que l'on pouvait le garder en dissolution dans l'eau.

Puisque 2 équivalents d'acide hyposulfureux, $2.S^2O^2$, ne prennent qu'un équivalent d'oxygène au contact de l'iode libre, pour se transformer en S^4O^5 ou acide tétrathionique, acide sulfhyposulfurique de Gmélin, on fit une dissolution décime contenant par litre $\frac{2}{10}$ d'équivalent ou 24,8 gr. du sel. En ajoutant une dissolution d'iode, la couleur jaune disparaît instantanément. En mettant avant une solution claire d'amidon, le phénomène est encore plus net, attendu que la couleur bleu-foncé de l'iodure d'amidon disparaît instantanément par l'agitation, jusqu'à ce que la réaction de l'iode apparaisse persistante avec toute son intensité. Après s'être assuré que l'on obtenait ainsi des résultats aussi satisfaisants et avoir fait plusieurs dosages d'iode, qui tous furent parfaitement rigoureux, on mit 4 à 500 CC de cette liqueur décime dans un flacon rempli seulement au tiers, fermé par un bouchon, et on l'abandonna dans une chambre chaude. On fit d'abord un essai toutes les semaines, puis ensuite seulement tous les mois, avec 10 CC de la même solution d'iode. Au bout de huit mois les résultats étaient toujours identiques. Avec 10 CC de cette solution faite depuis huit mois, additionnés d'amidon, il fallut juste 10 CC d'un solution décime d'iode préparée au moyen de l'arsenite de soude. On fit une nouvelle dissolution du sel, il en fallut 10 CC pour 10 CC d'iode et aussi 10 CC d'une dissolution décime d'arsenite de soude préparée depuis deux ans.

Il est donc démontré par là que la dissolution aqueuse d'hyposulfite de soude pur est constante, et que, préparée de manière à contenir $\frac{2}{10}$ d'équivalent par litre, elle est équivalente à celle d'arsenite de soude qui n'en renferme qu'un dixième d'équivalent par litre.

CHAPITRE LIX.

Acide hyposulfureux.

SUBSTANCES.	FORMULES.	ÉQUIVALENT.	QUANTITÉ à peser pour que 1 CC de la solution décime d'iode équival. à la sol. d'arsenic = 1 p. c. de la substance.	1 CC de la solution décime d'iode équivalente à celle d'arsenic correspond à
118. 2 équiv. d'acide hyposulfureux..	$2S^2O^2$	96	0,96 gr.	0,0096 gr.
119. 2 éq. d'hyposulfite de soude...	$2(S^2O^2, NaO + 5HO)$	248	2,48	0,0248

Il faut d'abord établir bien exactement le rapport dans lequel réagissent l'un sur l'autre l'iode et l'hyposulfite de soude, ce qui ressort déjà de ce qui précède. On pesa 0,248 gr. ou $\frac{2}{1000}$ équivalent de sel, on les fit dissoudre, on ajouta de l'amidon et on amena la couleur bleue avec une dissolution normale-décime d'iode que l'on avait préparée au moyen de l'arsenite de soude. Il fallut juste 10 CC d'iode. Ceux-ci correspondent à 10 · 0,0008 ou 0,008 gr. d'oxygène. Donc 0,248 gr. d'hyposulfite de soude prennent 0,008 gr. d'oxygène au moyen de l'iode ou 248 gr. du sel en absorbent 8 d'oxygène. 248 gr. représentent 2 équivalents d'hyposulfite de soude et 8 est l'équivalent de l'oxygène, donc $S^4O^4 + O = S^4O^5$, acide tétrathionique. Avant, comme après le traitement par l'iode, le sel ne produit aucun trouble dans les sels de barite, il n'y a donc pas d'acide sulfurique.

Il ne faut donc, pour doser l'acide hyposulfureux, qu'une solution d'iode d'un titre connu. Si elle est décime-normale, on emploie immédiatement les nombres du tableau ; si elle est quelconque, on la réduit d'abord en solution normale-décime. On peut prendre le titre de la solution d'iode au moyen de l'arsenite de soude, ou avec un poids connu d'hyposulfite de soude. Ces deux procédés conduisent au même résultat, seulement dans le dernier cas on mesure le corps par lui-même.

Après avoir pesé le sel à essayer, on le dissout dans beaucoup d'eau, on y ajoute de la solution d'empois, puis ensuite celle d'iode en ne versant que par gouttes vers la fin, jusqu'à ce que la couleur bleue soit persistante.

Il faut naturellement qu'il n'y ait aucun corps capable de décolorer l'iodure d'amidon, et l'on s'en assure par les moyens analytiques ordinaires, car la méthode d'analyse en volume n'est qu'une autre forme de la méthode par la balance. Comme l'acide hyposulfureux libre se dédouble rapidement en acide sulfureux et en soufre, il faut avoir soin qu'il n'y ait pas trop longtemps un excès d'acide. Quand la dissolution est étendue, et quand on opère immédiatement après l'addition d'un acide, les résultats sont toujours les mêmes.

CHAPITRE LX.

Iode

(dosé par l'hyposulfite de soude).

SUBSTANCES.	FORMULES.	ÉQUIVALENT.	QUANTITÉ à peser pour que 1 CC d'hyposulfite de soude $=$ 1 p. cent de la substance.	1 CC d'hyposulfite de soude correspond à
97. Iode.	I	126,88	1,2688 gr.	0,012688 gr.
98. Ioduré de potassium.	IK	165,99	1,6599	0,016599

Puisqu'on peut doser l'acide hyposulfureux par l'iode, on peut, réciproquement, doser le second à l'aide du premier.

10 CC de la solution décime d'hyposulfite de soude exigent 10 CC de la solution décime d'iode ; 10 CC de celle-ci colorés en bleu par l'amidon furent décolorés par 10 CC de la solution décime d'hyposulfite, ainsi les résultats sont les mêmes dans les deux cas.

0,250 gr. d'iode pur furent dissous dans de l'iodure de potassium, on ajouta de l'empois et on décolora par l'hyposulfite. Il est nécessaire, dans cette opération, de filtrer préalablement la dissolution d'empois, parce que les petits grumaux qui pourraient s'y trouver ne se décolorent pas facilement.

On employa 19,7 CC qui, calculés d'après le tableau, donnent 0,2499536 au lieu de 0,250. Pour 0,5 gr. d'iode, il fallut 39,4 CC d'hyposulfite, ce qui correspond à 0,4999 gr. d'iode au lieu de 0,500.

Il est évident que dans les combinaisons salines, on ne pourra doser l'iode qu'après l'avoir mis en liberté. On y arrive par une distillation avec le perchlorure de fer, comme nous l'avons déjà indiqué au chapitre XLVIII.

CHAPITRE LXI.

Chlore.

SUBSTANCE.	FORMULE.	ÉQUIVALENT.	1 CC de la solution d'arsenite correspond à
93. Chlore.	Cl	35,46	0,003846 gr.

Quand on oxyde l'acide hyposulfureux avec l'iode, on a un liquide qui ne précipite pas par les sels de baryte, qui ne contient donc pas d'acide sulfurique. Mais le chlore se comporte tout autrement. Il se forme, dans ce cas, de l'acide sulfurique qui se reconnaît par la baryte dans les solutions acides. S'il n'y a pas d'autre réaction, 1 équivalent de chlore transporte, sur l'acide hyposulfureux, huit fois plus d'oxygène qu'un équivalent d'iode, car 2 équivalents d'acide hyposulfureux, S^4O^4, absorbent 8 équivalents d'oxygène pour former 4 équivalents d'acide sulfurique ($S^4O^{12} = 4 \cdot SO^3$); tandis qu'ils n'en prennent qu'un seul pour se transformer en acide tétrathionique (S^4O^5).

Mais si, dans une dissolution de chlore libre, on ajoute un excès d'iodure de potassium, il se dépose une quantité d'iode équivalente à celle du chlore, et on peut mesurer cet iode par l'hyposulfite de soude. Le liquide alors ne renferme pas d'acide sulfurique.

10 CC d'eau de chlore furent introduits, à l'aide d'une pipette, dans une dissolution d'iodure de potassium et on ajouta de l'hyposulfite de soude, jusqu'à la disparition complète de la couleur jaune. Il fallut 14,8 CC.

Comme point de comparaison, 15 CC de solution d'arsenite de soude furent mis dans un verre et on y fit passer 10 CC de la même eau de chlore ; on ajouta l'amidon et on titra au bleu avec la solution d'iode. Il fallut 0,2 CC de celle-ci. Il y eut donc aussi 14,8 CC d'arsenite employés.

L'hyposulfite de soude emploie toujours autant de la solution d'iode, qu'on le prenne pur ou additionné d'acide chlorhydrique ou de carbonate de soude pur. Ce dernier, cependant, doit être essayé avec l'iode et l'on doit s'assurer

que la première goutte de la solution d'iode le colore en jaune ou en bleu si
on a ajouté de l'amidon. Si cela n'arrivait pas, il est clair qu'il faudrait d'autant
plus d'iode qu'on aurait ajouté de carbonate de soude. Si, au contraire, on
fait arriver l'eau de chlore dans une dissolution de bicarbonate de soude et
qu'on y ajoute ensuite de l'iodure de potassium, la décoloration arrive bien
plus tôt, et une addition d'acide chlorhydrique ramène la couleur jaune de
l'iode. Il est donc nécessaire de ne pas traiter l'eau de chlore dans une dissolution alcaline, mais bien acide et étendue.

Pour étudier l'effet de l'eau de chlore sans iodure de potassium, on fit
passer 10 CC de la même eau dans de l'eau distillée, puis on y mit 10 CC
d'hyposulfite de soude, de l'amidon et on amena au bleu par la solution d'iode.

On employa :

1° 7,2 CC d'iode.
2° 7 — —

Il y eut donc :

1° 2,8 CC
2° 3 — d'hyposulfite de soude oxydés,

tandis qu'avec l'iodure de potassium la même eau de chlore avait oxydé 12 et
12,1 CC d'hyposulfite de soude. Or, les nombres 2,8 et 3 ne sont pas le
huitième de 12, mais bien le quart. En ajoutant l'eau de chlore à l'hyposulfite de soude, on sentait l'odeur du chlorure de soufre. Dans tous les cas, on
voit qu'en ne prenant pas d'iodure de potassium, on emploie trop peu d'hyposulfite de soude.

CHAPITRE LXII.

Brome.

Le brome forme de l'acide sulfurique avec l'hyposulfite de soude. On ne
pourra donc pas éviter l'addition de l'iodure de potassium. Les nombres par
lesquels il faudra multiplier sont les mêmes que ceux du tableau du chapitre
XLVII.

CHAPITRE LXIII.

Cuivre.

SUBSTANCES.	FORMULES.	ÉQUIVALENT.	QUANTITÉ à peser pour que 1 CC 1/10 d'hyposulfite de soude =1 p. cent de la substance.	1 CC de la solution décime d'hyposulfite de soude correspond à
120. 2 éq. cuivre . .	2Cu	63,36	0,6336 gr.	0,006336 gr.
121. 2 éq. de bioxyde de cuivre..	2. CuO	79,36	0,7936	0,007936

Si l'on ajoute à un sel de bioxyde de cuivre de l'iodure de potassium, il se précipite du protoiodure de cuivre et il y a en liberté une quantité d'iode égale à celle qui se trouve dans le protoiodure de cuivre. L'iode libre peut se mesurer avec une grande rigueur au moyen de l'hyposulfite de soude ; de là une méthode analytique pour doser le cuivre : comme l'iode mis en liberté ne correspond en équivalent qu'à la moitié de l'oxygène contenu dans le bioxyde de cuivre, il faudra, ou bien doubler les centimètres cubes employés; ou bien, comme nous l'avons fait dans le tableau, on prendra pour 1 équivalent d'iode 2 équivalents de cuivre. Dès lors, 1 CC de la liqueur d'épreuve correspond à 2 dix-millièmes d'équivalent de cuivre ou à 0,006336 gr. de cuivre.

Cette méthode n'est qu'une modification de celle de de Haen (page 312), puisqu'on ne fait qu'y remplacer l'acide sulfureux par l'hyposulfite de soude. Elle a, sur celle de de Haen, le grand avantage que le liquide d'épreuve conserve son titre, n'est pas volatil et n'exige pas d'être étendu à un degré déterminé.

Naturellement elle offre les mêmes incompatibilités qu'elle, et en particulier elle ne peut s'appliquer en présence du peroxyde de fer et de l'acide nitreux. Or, presque toujours les dissolutions de cuivre sont accompagnées de ces substances, attendu qu'il faut nécessairement dissoudre dans l'acide nitrique le cuivre métallique, les alliages et les minerais des forges; de même aussi que dans la plupart des cas le cuivre provenant des pyrites cuivreuses, est associé au fer qui l'accompagne dans le cuivre noir et dans toutes les phases de l'affinage. Il faut donc préalablement se débarrasser de ces corps avant d'appliquer la méthode. On y parvient le mieux en précipitant par un excès d'ammoniaque, filtrant et ajoutant de l'acide chlorhydrique au liquide. De cette manière l'oxyde de fer est précipité, et l'acide nitreux transformé en acide nitrique qui ne nuit en rien. Si l'oxyde de fer est abondant, cette séparation fait perdre, comme dans l'analyse en poids, une petite quantité de cuivre que l'ammoniaque ne peut pas enlever complétement au précipité. Toutefois cette cause d'erreur affecte toutes les analyses industrielles dans lesquelles on dose le cuivre dans sa solution ammoniacale, telle que celle de M. Pelouze et celle avec le cyanure de potassium. Pour les opérations qui n'ont rapport qu'à la métallurgie, on peut négliger cette petite errenr. La dissolution de cuivre bleu d'azur sera donc séparée du précipité par filtration, celui-ci sera humecté avec de l'ammoniaque et bien lavé. Au liquide filtré on ajoutera goutte à goutte de l'acide chlorhydrique jusqu'à ce que le précipité vert-clair qui se forme soit de nouveau dissous à l'état de perchlorure de cuivre. On ajoutera alors un excès d'iodure de potassium, puis la dissolution titrée d'hyposulfite de soude jusqu'à complète décoloration. Fréquemment le protoiodure de cuivre qui nage dans la liqueur offre une légère teinte rouge violacé. On ajoute un peu d'empois et on détermine avec la solution d'iode l'excès d'hyposulfite de soude.

Si l'on avait une dissolution limpide d'amidon, on pourrait opérer plus simplement en l'ajoutant de suite et en versant à la fois l'hyposulfite de soude goutte à goutte jusqu'à ce que la dernière trace de coloration bleue disparaisse. Le travail avec un seul liquide est bien préférable, dans les analyses techniques en particulier, pour lesquelles il est gênant d'employer deux burettes et de faire les soustractions des quantités des deux liquides employés. En opérant comme nous le disons on n'aura pas besoin de dissolution d'iode.

Pour essayer la méthode, on fit dissoudre 0,1 gr. de cuivre pur dans l'acide azotique, on satura d'ammoniaque, et on rendit faiblement acide par l'acide chlorhydrique. Après avoir ajouté l'iodure de potassium et l'empois d'amidon dissous, il fallut 16,2 CC d'hyposulfite de soude pour détruire la couleur bleue. Ceux-ci calculés donnent 0,103 gr. de cuivre. Un second essai donna 0,102 gr. Pour 2 gr. de cuivre il fallut 32,6 CC de la liqueur d'épreuve, ce qui correspond à 0,206 gr. de cuivre.

Les nombres obtenus dans différentes opérations furent toujours parfaitement d'accord, de sorte que la méthode est très-bonne d'autant que le traitement de la dissolution par l'ammoniaque, puis par l'acide chlorhydrique,

permet de l'employer presque dans tous les cas. Cette méthode par l'hyposulfite
de soude, peut surtout s'appliquer à toutes les opérations dans lesquelles Bunsen,
par l'action du chlore sur l'iodure de potassium, met de l'iode en liberté et
cela avec autant de précision, d'exactitude dans les résultats que l'on en
obtient dans le dosage de l'iode.

Nous nous sommes demandé, à ce sujet, s'il ne serait pas utile de remplacer l'arsenite de soude par l'hyposulfite. En admettant que ces deux substances puissent se conserver également bien en dissolution dans l'eau, ce que
je ne saurai garantir dans la même mesure pour l'hyposulfite que pour
l'arsenite de soude, nous trouvons cependant, pour le premier, les avantages
suivants :

1° Ce n'est pas une substance vénéneuse. Cette considération a peu de valeur pour le chimiste qui travaille seul. Toutefois cela doit avoir quelqu'importance, lorsque, dans un laboratoire, il peut tomber entre les mains des élèves
une substance aussi dangereuse que l'acide arsenieux ; la responsabilité du
professeur doit lui donner quelques soucis. C'est encore moins à négliger dans
les fabriques où les ouvriers peuvent avoir à s'occuper dans la salle des essais.

2° L'équivalent de l'hyposulfite de soude est plus élevé, dès lors la pesée
est plus exacte.

3° La dissolution dans l'eau se fait promptement par la seule agitation, il
n'est pas nécessaire de faire bouillir.

Les inconvénients sont :

1° L'hyposulfite de soude peut se décomposer suivant deux formules différentes, qui donnent des résultats tout à fait différents.

2° Il faut pour l'employer des quantités assez grandes d'iodure de potassium,
ce qui n'est pas à dédaigner dans les laboratoires où, trop fréquemment, on
est porté à une prodigalité inutile.

3° Il ne se conserve pas en dissolution acide.

En pesant tous ces motifs, l'avantage me paraît être du côté de l'arsenite
de soude qui n'a contre lui que son action vénéneuse. Mais si l'on réfléchit
que dans les laboratoires où travaillent des jeunes gens, tous les liquides qui
ont servi, sont aussitôt jetés ; que la crainte naturelle que l'on a de porter ces
différentes substances à la bouche, garantit déjà contre tout accident que
pourrait causer une distraction ; qu'en outre, jamais on ne mange ni on ne
boit dans un laboratoire, mais dans une autre salle où l'on ne travaille pas,
et qu'enfin un chimiste ne peut jamais se dispenser absolument de toucher à
des substances dangereuses et vénéneuses, on comprendra que la crainte
qu'inspire l'arsenic est bien peu de chose pour en faire rejeter l'emploi.

Quant à faire un usage criminel des substances délétères, rien n'autorise à prendre, sous ce rapport, des précautions à l'égard des chimistes. Dans les fabriques, on pourra charger des opérations analytiques un homme de confiance qui travaillera dans une salle spéciale, on conduira avec soin dans un égout perdu les liquides qui auront servis, et quand il n'y aura pas d'analyses à faire, on tiendra la chambre fermée. Du reste, toutes ces précautions devraient être prises quand bien même on ne ferait pas usage de l'arsenite de soude. C'est pour cela que je n'ai pas cru devoir supprimer le chapitre sur l'arsenite de soude, bien que pour certains cas, particulièrement pour le dosage de l'iode, du chlore et du cuivre, l'hyposulfite soit très-convenable.

SUPPLÉMENT.

Le développement rapide de la science amène chaque jour de nouvelles méthodes ou d'importants perfectionnements. Depuis l'impression des premières feuilles, l'auteur ayant ajouté, au premier volume de l'édition allemande, un grand nombre d'articles supplémentaires, on a introduit tout ce que l'on a pu dans la partie de la traduction non encore imprimée ; mais tout ce qui se rattache aux premiers chapitres n'a pu trouver place qu'à la fin de ce volume. L'ordre méthodique de l'ouvrage permettra, du reste, de remettre chaque note là où il convient.

PAGE 4.

Pince de la burette.

Au lieu de la pince en laiton décrite à la page 4, on peut en construire très-facilement sans faire usage de métal.

On prend deux morceaux de 80 à 90^{mm} de longueur de tube à thermomètre applati au lieu d'être cylindrique, on courbe chacun d'eux vers le milieu de manière à former un angle obtus. Appliquant parallèlement l'une à l'autre deux branches, de manière que tout soit dans un même plan et que les autres branches forment entre elles un angle d'environ 45°, on place entre les deux branches parallèles un mince morceau de liége de 1 $\frac{1}{2}$ à 2^{mm} d'épaisseur vers le point où les deux tiges s'écartent en divergeant. On entoure la partie où se trouve le liége d'un anneau de caoutchouc coupé dans un tube en caoutchouc. Introduisant ensuite entre les deux branches en verre parallèles, le tube en caoutchouc de la burette, on rapproche les deux extrémités libres de cette pince et on les serre l'une contre l'autre à l'aide d'un second anneau en caoutchouc. Par la pression de ces deux anneaux élastiques, le tube flexible de la burette est fortement comprimé. Si, maintenant on presse les deux parties écartées des tubes, de manière à les rapprocher, l'autre portion de la pince s'ouvre, les deux branches parallèles tournant autour du liége comme autour d'une charnière, l'anneau qui est à l'extrémité s'étend et le liquide coule. En abandonnant la pince, les anneaux en caoutchouc se resserrent, la pince se referme et l'écoulement cesse. Ces pinces forment une fermeture parfaite, sont faciles à manier et à construire, seulement à cause de l'emploi de tubes en verre, elles sont peut-être trop fragiles, mais on peut facilement les faire en corne.

De toutes les modifications apportées au mode de fermeture des tubes, aucune ne me paraît pouvoir remplacer soit l'ancienne pince, soit cette nouvelle.

PAGE 35.

Ballons à fond plat jaugés.

Maintenant je fais la marque de jauge des fioles et des pipettes tout autour du col, et cela au moyen d'une disposition particulière d'un tour de tourneur. Cette manière de marquer donne une grande précision à l'affleurement du liquide au trait de jauge, car on ne peut plus tenir le flacon incliné sans s'en apercevoir immédiatement. En tenant le flacon suspendu librement entre les doigts par le bord supérieur du goulot, on le place devant les yeux de manière que le trait circulaire se confonde en une seule ligne droite.

PAGE 39.

Acide oxalique normal.

L'acide oxalique normal restera la base de l'alcalimétrie. Mais nous avons vu déjà qu'on n'en pouvait pas faire usage pour doser les oxydes terreux et nous l'avons remplacé par l'acide azotique. Il y a encore des cas où l'usage d'autres acides pourrait être commode. Si l'on voulait, par exemple, doser alcalimétriquement le sulfure de zinc précipité, on ne pourrait employer ni l'acide oxalique qui formerait un sel insoluble, ni l'acide azotique qui serait décomposé par ce sulfure. On prépare alors de l'acide sulfurique normal, ce qui ne sera pas difficile d'après ce que nous avons déjà vu. Si même, pour des essais fréquemment répétés, comme cela arrive dans les fabriques de soude, on ne voulait pas faire usage d'acide oxalique, on pourrait se servir très-bien d'acide sulfurique normal. On prépare 1 litre d'acide oxalique normal, puis 1 litre de potasse ou de soude normale, et, avec celle-ci, on fait un ballon d'acide sulfurique exactement titré. Celui-ci est bon quand, pour une même quantité de potasse caustique, il faut autant d'acide sulfurique que d'acide oxalique pour faire virer la couleur du bleu au rouge, en mesurant les deux acides en volume avec la même burette. Si la dissolution de potasse est elle-même normale, il faut employer juste autant d'acide sulfurique que d'alcali.

PAGE 40.

Solution normale de soude.

Les avantages de la dissolution de soude caustique sur l'ammoniaque sont toujours incontestables. Toutefois, avec le temps, j'ai reconnu un inconvénient qu'on ne pouvait prévoir et qui rend presque impossible l'emploi de la soude.

Si on laisse dans les burettes de la dissolution de soude, il arrive très-fréquemment qu'elles se fendent. Cela m'est arrivé non pas seulement pour une seule burette, mais bien pour plus d'une douzaine, et souvent, étant dans mon laboratoire, j'ai entendu le craquement du verre. Les fentes se forment au milieu du tube et ne se prolongent pas jusqu'au bas. Tout à côté d'une première fissure, il s'en produit une nouvelle et ainsi de suite, tellement que j'ai des burettes dans lesquelles il y en a ainsi plus de soixante les unes à côté des autres. Au lieu de soude caustique, j'ai employé la potasse caustique et jusqu'alors il ne m'est pas arrivé de pareils accidents; l'épreuve, il est vrai, n'a pas encore duré aussi longtemps qu'avec la soude.

On ne s'explique pas cette action d'une dissolution de soude si étendue, beaucoup plus corrosive sur le verre qu'une solution de potasse de même force. On remplacera donc la soude normale par de la potasse qu'on préparera avec de la crème de tartre si on veut l'avoir chimiquement pure, ou sinon avec de la potasse du commerce purifiée. Toute l'opération sera, du reste, la même que pour la soude.

PAGE 45.

Dissolutions normales acides ou alcalines.

Lorsque des liquides titrés sont préparés depuis longtemps, et que l'on ne peut plus être certain de leur force à cause de l'évaporation qui en aurait altéré le titre, on peut, afin de les employer avec confiance, les essayer sans qu'il soit nécessaire de préparer une nouvelle quantité de liqueurs normales fraîches.

Supposons qu'il s'agisse d'essayer une dissolution ancienne de potasse caustique.

On pèse exactement 3,15 gr. ($= \frac{1}{20}$ équivalent) d'acide oxalique pur, qu'on dissout dans de l'eau chaude et on y fait couler, à l'aide d'une burette, la potasse à essayer. Pour saturer 3,15 gr. d'acide oxalique, il faudrait juste 50 CC de potasse normale. On peut donc laisser couler sans s'inquiéter 48 ou 49 CC, puis alors seulement goutte à goutte jusqu'au changement de teinte. Si l'on emploie 50 CC, c'est que la liqueur est encore bonne. Mais s'il n'en faut que 49,8 CC, c'est que la potasse est plus forte que la potasse normale. Sans chercher à la ramener à sa force exacte, par addition d'eau, on peut noter le résultat de cette expérience sur le flacon comme représentant le titre du liquide et l'employer jusqu'à ce que le flacon soit vide. Il est clair qu'il faudra toujours, au lieu de 49,8 CC, en compter 50, ou bien, au lieu de 1 CC, prendre $\frac{50}{49,8} = 1,004$ CC. Dans notre système, pour l'usage des tableaux placés en tête des chapitres, il faudra toujours revenir à la solution normale. Pour cela on n'aura qu'à coller sur le flacon une petite table de réduction ainsi faite :

$$1 \text{ CC} = 1,004 \text{ de liqueur normale.}$$
$$2 - = 2,008$$
$$3 - = 3,012$$

et ainsi de suite jusqu'à 9 — = 9,036

De cette façon on pourra de suite opérer la réduction et achever le calcul d'après les tableaux.

Supposons maintenant qu'il s'agisse d'essayer une dissolution d'acide oxalique préparée depuis longtemps.

On pèse $\frac{1}{20}$ d'équivalent = 2,65 gr. de carbonate de soude pur, récemment calciné, on dissout dans de l'eau chaude, et on y verse avec la burette 50 à 51 CC de l'acide oxalique à essayer. On chauffe pour chasser l'acide carbonique et on ajoute de la potasse normale jusqu'au moment où reparaît la couleur bleue. Si le nombre des centimètres cubes d'acide oxalique employés, diminué des centimètres cubes d'alcali normal, est juste égal à 50, c'est que l'acide a encore son titre exact ; mais si la différence est moindre ou plus forte, on fait alors la correction à l'aide d'une petite table semblable à celle que nous avons indiquée plus haut. L'acide oxalique, dans des flacons bien bouchés, se conserve sans perdre son titre pendant des années entières et très-probablement pendant un temps illimité, parce qu'il ne se décompose pas comme le font l'acide tartrique et l'acide citrique.

Dans tous les cas, pour des analyses scientifiques sérieuses, il faudrait toujours faire un essai préliminaire.

PAGE 45.

Matières colorantes végétales.

C'est toujours le tournesol qui a l'avantage et rien, jusqu'à présent, ne

peut le remplacer. Nous dirons seulement ici quelques mots sur les particularités que présente le phénomène du changement de couleur, parce qu'il est
lié intimement à la connaissance exacte du terme des opérations.

Si, dans de l'eau pure ou même contenant un peu d'alcali, on met plusieurs centimètres cubes d'une teinture de tournesol fortement chargée, le
liquide regardé obliquement paraît avoir une teinte tirant sur le violet. Plus
on ajoute de tournesol, plus le liquide devient rouge. Si, dans une analyse
on veut faire disparaître ce ton rougeâtre en ajoutant toujours de l'alcali
normal, on n'y peut pas parvenir et l'analyse est perdue.

Mais, si pour un essai sur 100 CC de liquide on ne met que 4 ou 5 gouttes
de teinture de tournesol, la couleur est nettement bleue sans la moindre
nuance violette. On peut donc augmenter d'une manière notable la netteté
du phénomène en mettant, au lieu de 1 ou 2 CC de teinture de tournesol
comme nous le recommandions à la page 48, seulement 4 ou 5 gouttes. Si
on verse la teinture dans un liquide acide, il faut que la couleur rouge soit
à peine visible, et alors la nuance bleue se saisit bien plus facilement, car
elle se produit dans une liqueur presque incolore. Ces remarques sont fort
importantes.

PAGE 71.

Ammoniaque en combinaison.

Schlösing a proposé, pour le dosage de l'ammoniaque dans l'urine, une
méthode qui repose sur l'absorption lente et graduelle de l'ammoniaque par
un acide titré dans une atmosphère limitée où l'alcali se répand. Comme l'urée
dans l'urine donne aussi de l'ammoniaque par l'ébullition avec de la potasse
caustique, et que cet ammoniaque sera absorbé en même temps que celui
qu'il s'agit de doser, on doit, de cette façon, obtenir des résultats tout à fait
sans valeur. Il est vrai qu'à froid, les sels ammoniacaux sont complétement
décomposés par la potasse, tandis que l'urée ne l'est pas. C'est pourquoi on
mêle l'urine à essayer avec de la potasse, par-dessus on met une large capsule contenant une quantité connue d'un acide titré et on recouvre le tout
d'une cloche; l'ammoniaque doit être alors et peu à peu totalement absorbé.

Dans un essai avec 0,5 gr. de sel ammoniac, la décomposition et l'absorption n'étaient pas encore complètes après deux jours; du papier de tournesol
rougi était ramené au bleu par l'air de la cloche, et la mesure de l'acide restant donna 0,42 au lieu de 0,5 gr. de sel ammoniac. D'après cela, cette méthode ne saurait être appliquée dans les cas pour lesquels elle n'a pas été vérifiée.

—

On n'est, d'ailleurs, jamais certain de la fin de l'opération. Si l'on ouvre la cloche trop tôt, l'expérience est manquée. Pour la décomposition des sels ammoniacaux proprement dits, pour lesquels on ne pourrait pas appliquer la méthode de la page 71, soit à cause de leur propriété acide, soit parce qu'ils sont mélangés à des sels dont les oxydes seraient précipitables par la potasse caustique, ce qu'il y a de mieux à faire, c'est d'employer un appareil semblable à celui de la fig. 65, page 122, et qui n'en diffère que par la dimension et la disposition. Le flacon à décomposition est plus petit, tandis que celui où se fait l'absorption est plus grand, il doit contenir environ un litre ; le tube abducteur enfin est incliné de haut en bas vers la fiole à absorption. Dans le petit ballon on place l'épreuve pesée. Le tube droit qui traverse le bouchon est fermé avec une pince élastique, et contient de la potasse caustique en dissolution concentrée. Le tube droit qui surmonte le flacon à absorption, est rempli de fragments de verre humectés d'eau. Dans cette dernière grande fiole, on met un excès d'acide oxalique normal coloré en rouge par le tournesol. Quand l'appareil est monté, on fait couler la potasse caustique dans le petit ballon et on porte à l'ébullition. Quand celle-ci est forte, le liquide mousse beaucoup et menace de passer par le tube, mais en soufflant sur la partie supérieure du ballon, ou en éloignant la lampe, on fait retomber toute cette mousse. L'ammoniaque se dégage d'abord sec, puis ensuite il part avec de la vapeur d'eau. Le tube abducteur est incliné afin que le liquide du ballon se concentre, ce qui favorise le dégagement de l'ammoniaque. Dans le grand ballon, au-dessous de l'extrémité du tube abducteur, on voit l'acide rougi se colorer en bleu, mais par l'agitation cette teinte disparaît. S'il y avait trop peu d'acide, celui-ci deviendrait tout bleu, et par le tube contenant les fragments de verre, on pourrait verser de nouveau 10 CC d'acide normal. A la partie supérieure ouverte de ce tube, on peut placer un morceau de papier de tournesol rougi : tant qu'il ne devient pas bleu, c'est qu'il ne se perd pas d'ammoniaque. Cela, du reste, n'arrive jamais quand l'opération est bien conduite. Il est important de suspendre l'ébullition pendant quelques instants, afin de laisser à l'absorption le temps de se faire, puis ensuite de faire encore bouillir de 5 à 10 minutes. Si les gouttes de liquide condensé qui tombent dans l'acide ne produisent plus de taches bleues, c'est que l'opération est achevée. L'acide doit être encore rouge. On laisse l'appareil environ une heure avant de l'ouvrir, puis on mesure le reste de l'acide avec la potasse caustique.

0,5 gr. de sel ammoniac furent traités ainsi et l'ammoniaque fut reçu dans 10 CC d'acide oxalique normal ; après la distillation il fallut encore 0,6 CC de potasse normale. Il y eut donc 9,4 CC d'acide saturé. D'après le n° 13 des tableaux, cela correspond à 0,50252 gr. de sel ammoniac au lieu de 0,5 gr.

PAGE 75.

Pour établir rigoureusement le titre de l'acide azotique, le carbonate de soude pur et sans eau est préférable au carbonate de baryte, parce qu'il se dissout plus facilement, tandis que les dernières parcelles de carbonate de baryte exigent pour se dissoudre une longue ébullition. Le procédé sera ainsi plus facile et non moins certain. Le poids atomique élevé de la baryte parle, il est vrai, en sa faveur, mais un poids de 2,65 gr. se peut peser avec une aussi grande exactitude.

PAGE 113.

Acide carbonique.

1° Directement : 1 CC de soude normale $= 0,022$ gr. d'acide carbonique.

2° Méthode par reste : 1 CC de soude normale de reste $= 0,044$ gr. d'acide carbonique.

Kersting (1) a indiqué un moyen de doser l'acide carbonique avec la teinture de tournesol. Il s'appuie sur cette remarque que le changement de couleur produit dans la teinture de tournesol par l'acide carbonique est très-faible.

La teinture de tournesol se prépare en faisant digérer à froid pendant un jour des morceaux de tournesol en pain dans de l'eau distillée et en filtrant ensuite. Il faut avoir soin d'écarter les premières portions du liquide filtré, parce qu'elles contiennent l'alcali libre, ce qui coule après est plus neutre et plus convenable. Comme liqueurs titrées, nous employons la potasse normale et l'acide azotique normal, ou un acide sulfurique de force équivalente.

Le carbonate neutre de potasse ou de soude pur dissous dans de l'eau exempte d'acide carbonique, ne change pas la couleur du tournesol, non plus que les bicarbonates. Au contraire, l'acide carbonique libre fait virer le tournesol nettement au violet (2) et même presque au rouge clair quand il est en grande quantité.

(1) *Annales de Chimie et de Pharmacie*, vol. XCIV, p. 112.
(2) Par violet, on entend dans le langage ordinaire une couleur formée d'un mélange de rouge et de bleu. Cependant le violet est, le plus souvent, une couleur bleue, ou au moins dans laquelle le bleu domine, tandis que dans la teinte dont on parle plus haut, c'est le ton rouge qui l'emporte.

Si l'on verse de là teinture de tournesol bleue dans de l'eau contenant de l'acide carbonique, celle-ci se colore tout d'abord en bleu, puis, un instant après, la coloration rouge apparaît.

Si l'on verse un peu de soude caustique dans une eau chargée d'acide carbonique et additionnée de teinture de tournesol, la soude colore tout en bleu tout à fait pur, mais un peu après la nuance rouge reparaît. Ce phénomène est très-frappant et pas encore expliqué.

On pourrait dire que l'alcali et l'acide carbonique ne s'unissent pas immédiatement, et que, l'alcali restant caustique, empêche, comme tel, l'action bien plus faible de l'acide carbonique. Mais quand l'alcali est combiné à l'acide, il perd son action sur le tournesol et l'acide carbonique libre produit alors son effet sur la matière colorante végétale.

Nous avons déjà vu quelque chose d'analogue pour l'ammoniaque (p. 121). Il peut se trouver des heures entières dans un liquide en présence de l'acide carbonique sans s'y combiner, ce qu'on est conduit à admettre en remarquant que leur mélange ne précipite ni le chlorure de calcium ni celui de barium.

Maintenant Kersting trouva que 100 CC d'eau pure, que 4 gouttes de teinture de tournesol coloraient en bleu pâle, prenaient une teinte violette par l'addition de 0,2 CC d'une eau gazeuse d'acide carbonique qui pétillait faiblement.

1 gr. de bicarbonate de soude fut ajouté à un mélange de 0,2 CC de cette eau dans 100 CC et 4 gouttes de tournesol. Le liquide se colora, il est vrai, de nouveau en bleu, toutefois, à côté d'une dissolution alcaline de tournesol de même force, il offrait une nuance violette qui devint plus prononcée par l'addition de 0,1 CC d'eau gazeuse et fut tout à fait nette et non douteuse avec 0,2 CC ajoutés de nouveau.

Pour transformer en sulfate un carbonate alcalin neutre, il faut 1 équivalent d'acide sulfurique. La moitié de cette quantité d'acide doit suffire pour produire $\frac{1}{2}$ équivalent de sulfate et $\frac{1}{2}$ équivalent de bicarbonate qui forment un mélange à réaction neutre. Le plus petit excès d'acide sulfurique au-delà de cette quantité met de l'acide carbonique en liberté. Terme moyen, cet excès fut 0,36 pour cent de l'acide sulfurique ajouté.

La présence du bicarbonate alcalin rend, il est vrai, la teinture de tournesol un peu moins sensible, mais cela cependant importe très-peu, et suivant Kersting on obtient encore une rigueur satisfaisante pour la plupart des cas.

Maintenant l'acide carbonique libre peut se doser de deux manières. Ou bien on ajoute au liquide, additionné de teinture de tournesol, de l'alcali caustique jusqu'à ce que la couleur ne tourne plus au violet, ou bien on

ajoute une fois pour toutes un volume connu et en excès de soude normale
ou de potasse, et, en agitant le liquide, on y verse de l'acide oxalique normal
jusqu'à l'apparition de la teinte violette. La première méthode peut être
employée pour tous les liquides contenant très-peu d'acide carbonique comme
les eaux de fontaine ou de source ; la seconde servira pour les liquides contenant assez d'acide carbonique pour que celui-ci y fasse effervescence, parce
qu'alors l'acide gazeux est tout d'abord arrêté par l'alcali. Dans les deux cas,
il faut faire attention que le changement de couleur n'arrive qu'au bout
d'une ou deux minutes, et qu'après chaque addition il faut attendre que
l'effet soit produit avant de verser une nouvelle quantité d'acide. Enfin Kersting veut encore doser l'acide carbonique combiné en saturant complétement
et en faisant passer la teinte du violet au rouge pelure d'ognon.

En étudiant cette méthode, elle m'a paru n'être pas susceptible d'une
grande précision. Elle est trop subjective, c'est-à-dire que le résultat dépend
trop de l'habileté de l'opérateur à saisir de faibles changements de nuance.
Encore si ceux-ci arrivaient subitement ; mais en regardant longtemps une
couleur on perd, à la fin, presque le sentiment de la teinte qu'il faut
observer. Tous les liquides qui contiennent beaucoup de tournesol ont, surtout sur les bords, une teinte violette qu'aucune addition d'alcali ne peut
enlever. Pensant la faire disparaître, on dépasse alors de beaucoup le point
exact (page 402). L'expérience réussit le mieux quand on emploie très-peu
de tournesol, 4 ou 5 gouttes pour 500 CC de liquide. Un pareil mélange peut
paraître d'un bleu tout à fait pur, mais cela n'aura pas lieu avec 2 ou 3 CC
de teinture de tournesol. En général, le changement de couleur est d'autant
plus tranché, que l'acide et l'alcali sont plus forts, ainsi il est le plus net, le
plus beau avec l'acide sulfurique et la potasse pure. Déjà, avec l'acide acétique, la méthode laisse beaucoup de vague et bien davantage encore avec
l'acide carbonique. L'alcalimétrie a beaucoup gagné en précision par l'élimination préalable de l'acide carbonique.

On ne doit pas nier toutefois que la méthode de Kersting ne soit très-
commode pour doser l'acide carbonique dans les eaux naturelles, et elle a
rendu un service à la science en comblant une lacune.

Si l'on parvient, en spécifiant bien les caractères du phénomène, à lui
donner de la rigueur et à rendre les résultats comparables, le calcul à faire
d'après notre système est très-facile.

En saturant directement l'acide carbonique par un alcali caustique, la saturation a lieu équivalent à équivalent et 1 CC de soude normale représente
$\frac{1}{1000}$ ou 0,022 gr. d'acide carbonique.

Dans le procédé par reste, le calcul est différent. Nous avons un mélange de carbonate de potasse et de potasse pure, $KO + CO^2$ et KO.

D'abord la potasse libre passe à l'état de sel neutre par l'addition de l'acide normal, puis le carbonate de potasse se transforme moitié en sulfate, moitié en bicarbonate ; il n'y a donc que la moitié de l'acide carbonique déplacée par l'acide sulfurique, il faut donc doubler le reste de l'alcali trouvé.

Supposons qu'on ait versé 10 CC de soude normale, et que, pour obtenir le changement de couleur, il ait fallu 8 CC d'acide sulfurique normal, le reste est $10 - 8 = 2$ CC. Il faut le doubler, soit 4 CC de soude normale $= 4 \times 0,022 = 0,088$ gr. d'acide carbonique.

PAGE 94.

Acide azotique.

Martin (1) a basé un dosage de l'acide azotique sur sa transformation en ammoniaque. On connaissait, depuis longtemps, ce fait que l'acide azotique mélangé à l'acide sulfurique ou chlorhydrique se transforme en ammoniaque en présence du zinc métallique (Gmélin, I, 828). En mettant du zinc dans un mélange des deux acides, il ne se dégage pas de gaz et l'acide azotique se change en ammoniaque. L'hydrogène à l'état naissant se combine à l'oxygène du composé azoté produit par l'acide azotique seul.

On sait que le zinc métallique avec l'acide nitrique étendu donne du protoxyde d'azote, et en prenant 1 équivalent de protoxyde d'azote et 4 d'hydrogène il peut se former de l'eau et de l'ammoniaque.

$$AzO + 4H = AzH^s + HO.$$

Tout l'acide azotique agissant peu à peu sur le zinc, il se transforme en ammoniaque équivalent pour équivalent. Quand cette réaction est achevée, alors a lieu sur le zinc le dégagement d'hydrogène, qu'on laisse se faire pendant quelques instants. Reste encore à faire le dosage de l'ammoniaque. Mais dans un liquide contenant du chlorure de zinc et de l'acide chlorhydrique, cela ne peut avoir lieu sans une distillation préalable et c'est là un inconvénient qui rend la méthode peu pratique. Une distillation ou un dégagement de gaz est toujours une opération qui peut amener des pertes. Cependant si l'on voulait appliquer le procédé, ce qu'il y aurait de mieux à faire, serait

(1) *Compte rendu,* t. XXXVII, p. 947. — *Journal de chimie pratique,* vol. LXI, p. 247

de remettre l'ammoniaque dans de l'acide chlorhydrique pur, évaporer à siccité au bain-marie, et mesurer le chlore dans le résidu avec le chromate de potasse et la dissolution d'argent (voir le 2e volume). On pourrait aussi naturellement absorber l'ammoniaque dans un excès d'acide oxalique normal, et déterminer le reste de l'acide par un alcali titré. Dans ce cas, on emploierait l'appareil et le procédé décrit dans le supplément pour le dégagement de l'ammoniaque. On pourrait immédiatement opérer la décomposition de l'azotate par le zinc et l'acide sulfurique dans le petit ballon et après la formation de l'ammoniaque, quand le dégagement d'hydrogène aurait lieu, on introduirait l'alcali et l'on achèverait la distillation comme nous avons dit.

PAGE 89.

Acidimétrie.

Louis Kieffer, de Gottmadingen, a publié un nouveau principe d'acidimétrie, dans les *Annales de Chimie et de Pharmacie*, vol. XCIII, p. 386. C'est par méprise qu'a été faite la note de la page 47, et une étude plus sérieuse de ce travail m'en a fait connaître l'originalité. Il repose sur l'emploi, non plus d'une seule base, mais bien de deux pour la neutralisation des acides ; une d'elles est soluble dans l'eau, tandis que l'autre y est insoluble ; mais la base insoluble doit pouvoir se dissoudre à la faveur de celle qui est soluble. En général on peut doser un acide avec tout corps capable de le neutraliser, à la seule condition de pouvoir saisir l'instant précis où toute trace d'acide a disparu et où cependant toutefois le corps basique n'est pas encore en excès : cependant, d'ordinaire, au lieu de s'arrêter à ce moment, on ne reconnaît la saturation que quand il y a déjà un petit excès du corps neutralisant, par conséquent quand la limite rigoureuse est déjà dépassée.

Mais les bases ne sont pas nécessairement des oxydes simples, tels que la soude, la potasse, l'ammoniaque ; des combinaisons de deux oxydes peuvent aussi agir comme bases : dans ces combinaisons, les deux bases, l'une vis à vis l'autre, se comportent comme une base et un acide, tandis qu'en face d'un acide proprement dit et libre toutes deux jouent leur rôle propre de bases. Leur effet commun basique se produit tant qu'elles se trouvent en présence d'une trace d'acide libre. Quand tout celui-ci a disparu, alors les affinités changent, la base la plus forte reprend son affinité prédominante, se porte, par une nouvelle addition du liquide, sur la partie de l'acide qui était déjà unie à la base la plus faible, se substitue à celle-ci et en détermine la précipitation d'une quantité équivalente. Il y a donc alors séparation de deux équivalents de la base faible, et le moindre excès du liquide neutralisant est rendu sensible par un précipité net et facile à saisir.

Nous ferons mieux comprendre le jeu de ces affinités en choisissant un exemple.

Prenons comme moyen de dosage le sulfate cupro-ammoniacal employé d'abord par Kieffer et supposons qu'à l'aide d'une burette on le verse dans un acide. Ce sel est formé de sulfate d'ammoniaque et d'oxyde cupro-ammoniacal, et il n'y a que ce dernier qui joue le rôle de corps acidimétrique. L'oxyde de cuivre est la base faible, insoluble dans l'eau, mais soluble dans la base forte, l'ammoniaque. Si ce liquide bleu d'azur tombe dans un acide libre, par exemple, l'acide sulfurique, il se forme du sulfate d'ammoniaque et du sulfate de cuivre, tous deux solubles dans l'eau et le liquide reste parfaitement limpide. La couleur bleu d'azur disparaît et est remplacée par la couleur faiblement verdâtre du sel de cuivre. Mais ces couleurs ne sont qu'accessoires, on n'a pas à s'en préoccuper.

Supposons que la dernière trace d'acide sulfurique vienne d'être neutralisée par l'ammoniaque et l'oxyde de cuivre, tout reste encore dans le même état. Mais si l'on ajoute une goutte de la dissolution cupro-ammoniacale, l'ammoniaque se porte sur l'acide sulfurique du sulfate de cuivre déjà formé, et précipite à l'état d'hydrate vert l'oxyde de cuivre uni à l'acide sulfurique, et, en outre, l'ammoniaque étant, de son côté, neutralisé laisse aussi déposer à l'état d'hydrate l'oxyde de cuivre dont il déterminait la dissolution. Donc le moindre excès de la liqueur de dosage formera un précipité bien net, tout à fait insoluble dans la dissolution des deux sels complétement neutres. La formation du trouble est le signe propre de la fin de l'opération et non pas la disparition de la couleur bleu d'azur de l'oxyde cupro-ammoniacal.

On voit ici pourquoi la méthode de Kieffer est bien meilleure que celle que je proposais page 147 avec une dissolution de chlorure d'argent dans l'ammoniaque. Comme le chlorure d'argent n'est pas un corps basique et est insoluble dans les acides, il doit se précipiter aussitôt qu'on verse dans une liqueur acide, l'ammoniaque tenant ce sel en dissolution. Il est donc indispensable de verser l'acide à doser dans l'ammoniaque, tandis que dans la précédente méthode le liquide d'épreuve lui-même est placé dans la burette comme cela doit toujours se faire.

Au lieu d'oxyde de cuivre dissous dans l'ammoniaque, on peut employer de même l'oxyde de zinc dissous dans la soude, la potasse ou l'ammoniaque, et l'alumine dans la potasse ou la soude.

Dans le premier cas, il se précipitera de l'oxyde de zinc hydraté, dans le second, de l'alumine hydratée, et l'on doit se demander maintenant lequel de ces corps est préférable et offre les apparences les plus faciles à saisir. Sous ce rapport, il n'y a pas de motif de substituer une de ces substances à l'oxyde cupro-ammoniacal proposé la première fois par Kieffer. La solution est facile à préparer, se conserve bien et donne les phénomènes les plus sensibles. L'hydrate d'alumine est trop gélatineux et transparent. Le zincate de soude laisse encore déposer de l'oxyde de zinc après sa filtration.

La préparation et la détermination du titre de l'oxyde de cuivre ammoniacal sont très-simples. On dissout du sulfate de cuivre dans une quantité suffisante d'eau tiède, on ajoute peu à peu de l'ammoniaque jusqu'à ce que le précipité vert-clair soit presque entièrement dissous. Il est essentiel que l'ammoniaque soit saturé par l'oxyde de cuivre, afin que le précipité soit plus abondant lors du dosage. Mais l'ammoniaque ne peut pas prendre plus d'un équivalent d'oxyde de cuivre, autant, par conséquent, qu'il y en a dans le double sel cristallisé, et on y arrive plus sûrement, en laissant non dissous quelques flocons d'hydrate d'oxyde de cuivre. On filtre dans le flacon à mélange et on donne un titre équivalent à celui de l'acide azotique normal ou de l'acide sulfurique. On ne peut faire usage pour cela de l'acide oxalique, parce qu'il se précipiterait aussitôt de l'oxalate de cuivre qui rendrait impossible l'observation du trouble indiquant la fin du dosage.

Les dissolutions d'oxyde de zinc et d'oxyde d'alumine peuvent être traitées par l'acide oxalique. Mais comme le titre de l'acide azotique est obtenu très-exactement par quelques opérations, on ne doit pas voir là le moindre empêchement à employer la méthode.

Quand la liqueur a un titre normal, on s'en sert absolument comme de la soude et de l'ammoniaque, seulement on n'a pas besoin de teinture de tournesol et c'est la formation d'un précipité qui indique la fin de l'opération.

Avec les acides purs, cette méthode ne présente aucun avantage sur la méthode ordinaire avec le tournesol. Mais elle est d'un bon usage pour doser l'acide libre des sels métalliques qui, à l'état neutre, rougissent encore la teinture de tournesol. Elle est précieuse pour déterminer l'acide libre dans les liquides des piles électriques et dans la préparation en grand des vitriols. En général, l'oxyde de cuivre ammoniacal s'emploiera pour mesurer la proportion d'acide, et, par conséquent alors, pour doser quantitativement les bases dans tous les sels avec lesquels il forme, quand il y a neutralité, un précipité permanent par l'addition de la première goutte. Si on examine la série des sels, sous ce point de vue, on voit qu'ils peuvent se classer en trois catégories.

1° Les sels neutres de toutes les bases non précipitées par l'ammoniaque, ne donnent aucun précipité par l'oxyde de cuivre ammoniacal, tels sont les sels de potasse, de soude, de chaux, de baryte et de strontiane.

2° Les sels neutres de tous les oxydes de composition RO, que l'ammoniaque précipite, donnent par la première goutte de la liqueur un précipité persistant. Ce sont les sels de magnésie, de zinc, de bioxyde de cuivre, d'oxyde de cobalt, de nickel, de protoxyde de fer, de protoxyde de manganèse. Tous ces oxydes peuvent être dosés acidimétriquement par l'oxyde cupro-ammoniacal.

3° Les sels neutres de la série de l'alumine, R^2O^3, ne sont pas, en commençant, troublés par l'oxyde de cuivre ammoniacal; mais, plus tard, la base R^2O^3 se précipite seule, et, à la fin seulement, l'oxyde de cuivre hydraté se dépose. Cette action se lie intimement à la nature acide des oxydes R^2O^3 et a été appliquée plus loin (page 413) au dosage alcalimétrique de l'alumine. Ces oxydes ne peuvent pas être mesurés avec la liqueur bleu-céleste, pas même l'excès d'acide qu'ils peuvent contenir, puisqu'à l'état neutre ils ne produisent aucun trouble. C'est dans cette classe qu'il faut ranger l'alumine, les sesquioxydes de fer, de manganèse et de chrome.

PAGES 87 ET 88.

Oxydes de zinc et magnésie.

SUBSTANCES.	FORMULES.	ÉQUIVALENT.	QUANTITÉ à peser pour que 1 CC de sulfate cupro-ammoniacal =1 p. cent de la substance.	1 CC de sulfate cupro-ammoniacal correspond à
122. Oxyde de zinc.	ZnO	40,53	4,053 gr.	0,04053 g.
123. Magnésie....	MgO	20	2.	0,02

Nous avons dit, pages 87 et 88, que ces deux oxydes ne peuvent se doser par le procédé ordinaire. Avec l'oxyde de cuivre ammoniacal, le dosage en est facile et très-précis. On dissout l'oxyde pur, ou le carbonate, ou le sulfure de zinc dans un volume connu d'acide titré, et on détermine l'excès d'acide par l'oxyde de cuivre ammoniacal. Pour le sulfure de zinc, il faut employer l'acide sulfurique titré, pour l'oxyde et le carbonate, on peut se servir d'acide azotique.

1 gr. d'oxyde de zinc pur, récemment calciné, fut dissous dans 30 CC d'acide azotique normal, on y ajouta 5,3 CC du liquide normal cupro-ammoniacal pour faire apparaître un trouble persistant. Donc il y eut 30 — 5,3 = 24,7 CC d'acide azotique normal saturés. Ceux-ci, multipliés par 0,04053, donnent 1,001 gr. d'oxyde de zinc.

Avec 0,5 gr. d'oxyde de zinc, on en retrouva 0,502 gr. On en conclut l'exactitude de la méthode pour le dosage du zinc.

Comment pourrait-on rendre la méthode applicable à l'essai des composés les plus usuels d'oxyde de zinc et aux minerais de zinc ? Pour ceux-ci, il faut d'abord isoler l'oxyde de zinc. La calamine sera calcinée, et, d'après les expériences de Schmidt, on retirera l'oxyde de zinc avec l'ammoniaque pur et carbonaté. On peut évaporer à siccité cette solution ammoniacale de zinc dans un verre à expérience, dissoudre le résidu dans de l'acide azotique ou sulfurique titré, et mesurer l'excès d'acide avec la liqueur de cuivre ammoniacale. On peut aussi chasser l'ammoniaque par ébullition, jusqu'à ce qu'un papier rougi de tournesol ne soit plus ramené au bleu par le liquide et achever comme plus haut.

S'il s'agit de zinc impur, le fer et le zinc seuls seront dissous par l'acide sulfurique normal avec dégagement d'hydrogène. Le fer peut être ensuite dosé par le caméléon. L'excès d'acide normal restant mesurera ensemble le fer et le zinc.

Si l'on avait précipité le zinc à l'état de sulfure de zinc, on pourrait, après avoir bien lavé le sulfure, le dissoudre dans l'acide sulfurique titré, filtrer et mesurer l'excès d'acide. Dans tous les cas, il faudrait ici deux filtrations, ce qui est peu commode.

Pour essayer l'application de la méthode à la magnésie, on fit dissoudre 1 gr. de magnésie récemment calcinée dans 60 CC d'acide azotique normal, et il fallut ensuite employer 12 CC d'oxyde de cuivre ammoniacal. Or, 48 CC d'acide azotique normal = 0,96 gr. de magnésie au lieu de 1 gr.

1 gr. de la même magnésie dissous dans 60 CC d'acide azotique normal, traité par la méthode ordinaire par la teinture de tournesol et l'ammoniaque normal, exigea 47,6 CC d'ammoniaque normal, ce qui correspond à 0,952 gr. de magnésie. Je crois donc que le dosage par l'oxyde cupro-ammoniacal est exact et que la différence tient à la pesée et à la nature même du corps. Il est très-difficile de préparer de la magnésie pure et aussi de la peser exactement.

Si la calcination et une pesée n'étaient pas des opérations si simples, on pourrait employer cette méthode pour déterminer la richesse en magnésie des composés carbonatés de cette terre. La méthode dont nous venons de parler, appliquée à la magnésie, n'a pas la prétention d'être une opération analytique rigoureuse, mais seulement un essai technique (1).

PAGE 145.

Alumine.

SUBSTANCES.	FORMULES.	ÉQUIVALENT.	QUANTITÉ à peser pour que 1 CC d'ammoniaque normal $=$ 1 p. cent de la substance.	1 CC d'ammoniaque normal correspond à
124. 1/3 éq. d'alumine........	$\dfrac{Al^2 O^3}{3}$	17,087	1,96 gram. (empiriquement.)	0,0196 gr.
125. 1/3 éq. d'alun de potasse cristallisé.	1/3 $[Al^2 O^3.(SO^3)^3 +$ $KO.SO^3 + 24HO]$	158,12	18,18 (empiriquement.)	0,1818

L'alumine, jusqu'à présent, a résisté à tous les essais tentés pour la doser par les opérations volumétriques. Mais la valeur des différentes sortes d'alun, alun de potasse, alun d'ammoniaque, du sulfate d'alumine est proportionnelle à leur richesse en alumine, il est donc à désirer qu'on puisse au moins estimer la valeur relative des sels d'alumine. Le procédé que nous allons donner n'a d'avantage qu'au point de vue industriel et ne doit pas prendre place parmi les méthodes analytiques proprement dites. D'abord, dans les analyses minérales, l'alumine est le plus souvent unie à d'autres substances dont il faut d'abord la séparer, puis on ne l'a jamais à l'état de sel neutre, mais toujours dans des dissolutions alcalines ou acides. Lors donc qu'on l'aura éliminée à l'état pur, la pesée sera le moyen le plus sûr et le plus prompt.

Lorsque, dans des dissolutions à réaction acide des sels métalliques de zinc, de manganèse, de protoxyde de fer et autres de la série du zinc, on met de la teinture de tournesol, si l'on précipite en partie par de l'ammoniaque

(1) L'auteur nous communique dans une lettre cet autre procédé plus exact de dosage de la magnésie.

On précipite la magnésie à l'état de phosphate ammoniaco-magnésien ; celui-ci, bien lavé avec de l'eau ammoniacale, est dissous dans de l'acide acétique, puis précipité par l'acétate de fer. Le phosphate de fer est dissous dans l'acide chlorhydrique, réduit par le zinc et dosé par le caméléon.

ou de la potasse, la couleur rouge du tournesol ne tarde pas à virer au bleu. Le changement de couleur indique ici le *commencement* de la précipitation. Mais si l'on met du tournesol dans une dissolution d'un sel neutre d'alumine, tel que l'alun de potasse ordinaire, elle est fortement colorée en rouge, comme s'il s'agissait d'un acide libre. En ajoutant de la potasse, de la soude ou de l'ammoniaque, l'alumine se précipite en abondance, mais la couleur rouge persiste jusqu'à ce que la dernière trace d'alumine soit précipitée. Alors la couleur passe brusquement au bleu. Le changement de couleur indique donc ici la *fin* de la précipitation.

Comme l'alumine est incolore, elle n'empêche pas de saisir la coloration et c'est sur ce fait que repose la nouvelle méthode.

Ce qu'il y aurait de mieux à faire, au point de vue commercial, serait de comparer tous les sels d'alumine à l'alun de potasse, qui est le sel d'alumine le mieux connu et dont on fait le plus fréquent usage. Il serait peu convenable de prendre l'alumine même comme base, car souvent des industriels qui emploient des milliers de quintaux d'alun, n'ont jamais vu d'alumine pure. Il faut donc pour point de comparaison se procurer de l'alun de potasse pur, et essayer au moins celui du commerce quant à l'ammoniaque qu'il renferme.

Le dosage se fera le mieux avec de l'ammoniaque étendu, et celui-ci peut avoir une force quelconque, puisqu'on en prend le titre par rapport à l'alun de potasse.

On pèse 5 gr. d'alun de potasse pur, on les dissout dans 400 à 800 CC d'eau chaude et on ajoute 2 à 3 CC de tournesol.

L'ammoniaque peut être préparé avec l'esprit de sel ammoniacal ordinaire étendu de 4 à 5 fois son volume d'eau. On en remplit une burette au-dessous de laquelle on place la solution d'alun colorée en rouge et on verse l'ammoniaque en agitant jusqu'à ce que la place où tombe l'ammoniaque ne se distingue plus par une nuance plus bleue du reste de tout le liquide. On a ainsi le titre du liquide ammoniacal correspondant à 5 gr. d'alun de potasse.

Les richesses de deux aluns différents sont alors entre elles comme les volumes d'ammoniaque nécessaires pour en opérer la précipitation de quantités égales.

Dans les essais suivants on fit usage d'ammoniaque normal. 5 gr. d'alun de potasse traités à la manière indiquée plus haut, exigèrent :

     1°   27,5 CC d'ammoniaque normal.

     2°   27,5 —   —

Le nombre 27,5 est donc le titre de l'ammoniaque employé.

Pour comparer à l'alun, la valeur du sulfate d'alumine du commerce, on en précipita de la même manière 5 gr. et l'on obtint dans deux essais différents :

1° 36,6 CC d'ammoniaque normal.

2° 36,8 — —

en moyenne 36,7. Donc la proportion d'alumine de l'alun ordinaire est à celle du sulfate d'alumine (alun concentré du commerce) comme 27,5 : 36,7. En représentant l'alun ordinaire par 100, ou aura :

$$27,5 : 36,7 : : 100 : x$$

le sulfate d'alumine représente donc :

$$\frac{36,7 \times 100}{27,5} = 133,46 \text{ pour cent d'alun de potasse.}$$

Donc pour avoir la valeur d'un composé alumineux en alun de potasse pour cent, il faut multiplier par 100 et diviser par leur titre en alun de potasse les CC d'ammoniaque employés pour des poids égaux de la substance et d'alun de potasse pur.

Si un sel contient plus d'alumine que l'alun de potasse, sa richesse est plus grande que 100 pour cent. On peut rendre la division précédente plus simple, si on prépare l'ammoniaque de telle sorte que son titre soit représenté par un nombre entier suivi de zéros. En étendant l'ammoniaque normal de manière à en faire 1 litre avec 275 CC, alors 1 CC serait équivalent à 1 pour cent d'alun de potasse.

Les liquides alumineux, tels que les mordants, peuvent être essayés de la même manière. En général, ils renferment des acides libres que l'on ne peut pas doser avec la teinture de tournesol, car l'alumine neutralisée a une forte réaction acide. On mesure 50 CC du liquide, qu'on verse dans un vase dont le fond ne soit pas dépoli ni strié, on place celui-ci sur une feuille de papier noir, et on y ajoute de l'ammoniaque quelconque jusqu'à ce qu'on aperçoive un commencement de dépôt d'alumine. Alors on met la teinture de tournesol et on achève avec la burette contenant de l'ammoniaque titré. Il y a bien là une légère erreur, car les sels neutres d'alumine ne donnent pas de précipités avec les premières gouttes d'ammoniaque, mais, jusqu'à présent, nous ne connaissons pas de moyen d'éliminer cette cause d'erreur.

50 CC étant le poids décuple de 5 gr., il faudrait d'abord diviser par 10 les CC employés, puis les multiplier par 100, et diviser par le titre de l'ammoniaque, mais cela revient, on le voit, à ne multiplier que par 10 les CC puis à diviser par le titre.

Ainsi, supposons qu'avec 50 CC d'un liquide on ait employé 97,5 CC d'am-

niaque depuis le moment où l'alumine a commencé à se précipiter, la proportion d'alumine serait équivalente à $\dfrac{975}{27,5}$ ou 35,45 p. c. d'alun de potasse.

Comme dans les expériences précédentes nous avons employé l'ammoniaque
normal, nous pouvons chercher si la décomposition est régulière et si, dès
lors, nous pouvons calculer l'alumine d'après notre système, ou bien s'il y a,
dans la précipitation, quelque irrégularité qui empêche d'appliquer la règle
systématique.

L'équivalent de l'alumine est 51,26. Un équivalent d'alumine saturant 3
équivalents d'acide sulfurique, il ne faut prendre que le tiers du nombre
précédent, soit 17,087 et 1 CC d'ammoniaque normal représenterait 0,017087
gr. d'alumine. En multipliant les 27,5 CC par ce nombre, nous obtenons
0,46989 ou 0,47 d'alumine dans 5 gr. d'alun $=$ 9,4 pour cent, tandis que
l'alun en renferme réellement 10,83 pour cent. Nous aurions donc, d'après
ce système, employé trop peu d'ammoniaque, c'est-à-dire que tout l'acide
sulfurique combiné à l'alumine n'a pas été pris par l'ammoniaque, mais, ainsi
qu'on le sait, une partie de l'acide est précipitée à l'état de sulfate basique
d'alumine.

En retournant la question, nous trouvons empiriquement par quel nombre
il faudra multiplier les centimètres cubes d'ammoniaque normal pour avoir la
proportion exacte d'alumine.

Les 5 gr. d'alun contiennent 0,54 gr. d'alumine. Donc $27,5 \times x = 0,54$,
d'où $x = \dfrac{0,54}{27,5} = 0,0196$.

Ainsi 1 CC d'ammoniaque normal serait équivalent à 0,0196 gr. d'alumine
au lieu du nombre théorique 0,017087.

Si, à l'aide de la burette, on veut avoir immédiatement la proportion pour
cent d'alun de potasse, il faudra peser $\dfrac{5 \cdot 100}{27,5}$ ou 18,18 gr. de substance,
car $5 : 27,5 :: x : 100$, d'où $x = 18,18$. Ainsi en prenant 18,18 gr. de
la substance à essayer, autant il faudra de centimètres cubes d'ammoniaque
normal, autant pour cent il y aura d'alun de potasse pur cristallisé. Ce poids
est un peu trop considérable pour un essai, on pourra donc se contenter de
9,09 gr., seulement chaque centimètre cube d'ammoniaque normal représentera 2 pour cent d'alun de potasse.

Si l'on voulait la proportion d'alumine, on y arriverait par un calcul semblable. Les 5 gr. d'alun de potasse renferment $\dfrac{5 \times 51,26}{474,37}$ ou 0,54 gr.
d'alumine. Ceux-ci exigent 27,5 CC d'ammoniaque normal, donc $\dfrac{100 \times 0,54}{27,5}$

ou 1,96 gr. prendraient juste 100 CC d'ammoniaque normal, et il faudrait peser 1,96 gr. de substance pour que chaque CC représente 1 p. c. d'alumine.

Nous ferons ici une remarque sur une propriété particulière des corps de la série de l'alumine. Si, dans un sel neutre de cette série, par exemple dans une solution d'alun de potasse, on verse, goutte à goutte, de l'ammoniaque étendu, il ne se forme pas de précipité ou bien celui-ci se redissout aussitôt. L'alumine précipitée se dissout dans l'alun non décomposé pour faire un sel basique ; la même chose a lieu avec le perchlorure de fer et les autres sels analogues. L'alun non décomposé se comporte donc ici comme un acide libre. Nous avons déjà pu remarquer quelque chose d'analogue dans la méthode de Kieffer, l'oxyde cupro-ammoniacal ne donne pas de précipité au commencement avec l'alun et ses congénères. Ce phénomène a, suivant nous, un inconvénient, c'est qu'on ne peut pas mesurer rigoureusement l'acide libre dans des dissolutions d'alun et d'autres analogues. Sur les matières colorantes végétales, tout l'alun agit comme un acide jusqu'à sa complète décomposition et nous ne pouvons pas saisir le commencement de la décomposition, puisqu'alors il ne se forme pas encore de précipité. Cela tient à la nature propre de ces substances et il en résulte que nous ne pouvons pas doser par le même moyen et en même temps ces deux corps agissant comme acides libres, savoir l'alun et l'acide réel.

PAGE 103.

Acide acétique.

A cause de la faible acidité de l'acide acétique, ses sels neutres présentent déjà la réaction basique. Aussi avons-nous déjà fait remarquer, que le changement de couleur du tournesol n'est pas instantané et est difficile à bien saisir. On pourra donc employer ici, avec avantage, la méthode de Kieffer. Une série d'essais faits de cette manière a donné des résultats tout à fait concordants. Il faut faire attention seulement qu'il faut étendre les vinaigres. Sans cela il ne se forme pas de trouble, parce que le bioxyde de cuivre hydraté se redissout dans l'acétate de cuivre formé. Il faut que le liquide soit assez étendu pour qu'en versant une goutte du liquide cupro-ammoniacal, il se fasse un trouble sensible à la place où elle tombe, trouble qui, du reste, disparaît par l'agitation. En omettant cette précaution, on pourrait verser la liqueur basique jusqu'à avoir une forte réaction alcaline, sans avoir encore obtenu de précipité. On se sert d'un gobelet en verre à fond bien uni et diaphane, on le place au-dessus d'une surface autant que possible noire, et l'on

regarde dans le liquide de haut en bas. Rarement on sera incertain d'une
goutte. Pour arriver chaque fois au même degré d'exactitude, on peut,
comme terme de comparaison, placer à côté un verre dans lequel on aura
produit d'avance le précipité. La dilution de l'acide acétique a encore cet
avantage qu'il ne s'y forme pas d'épais flocons ne se dissolvant que lentement dans la liqueur acide. Le précipité doit paraître bien uniformément
réparti quand on agite un peu le vase. Cette méthode est tout à fait commode dans les fabriques de vinaigre.

Tous les acides qui forment avec le bioxyde de cuivre un sel insoluble
dans l'eau ne peuvent pas être dosés par ce procédé, ainsi les acides tartrique,
oxalique, phosphorique et autres semblables.

PAGE 99.

Acide sulfurique.

Le sulfate de strontiane mis en digestion avec le carbonate de soude, se
transforme en carbonate de strontiane et sulfate de soude, ce qui n'arrive
pas avec le sulfate de baryte. Dès lors, pour doser l'acide sulfurique, on le
précipitera avec le chlorure de strontium ou l'azotate de strontiane, on
lavera le précipité, qu'on transformera, comme nous venons de le dire, en carbonate de strontiane, facile à doser par l'acide azotique normal.

Ces tables facilitent les calculs, en permettant de remplacer les multiplications par de simples additions.

Supposons que pour saturer un certain poids de potasse du commerce il ait fallu 156,5 CC d'acide normal, et qu'il s'agisse de les transformer en carbonate de potasse pur. Nous cherchons dans la colonne des substances le carbonate de potasse, n° 4, et nous trouvons dans la même ligne horizontale les nombres suivants :

Acide normal.	Carbonate de potasse.		
100 CC	6,911	gr.	(Avancer de deux rangs vers la droite la virgule du nombre 0,06911 de la colonne verticale 1.)
50 CC	3,4555	gr.	(Avancer la virgule d'un rang vers la droite, dans le nombre 0,34555 de la colonne verticale 5.)
6 CC	0,41466	gr.	(Nombre de la colonne verticale 6, sans changement.)
0,5 CC	0,034555	gr.	(Avancer la virgule d'un rang à gauche dans le nombre de la colonne verticale 5.)
156,5 CC = 10,815715	gr.	Carbonate de potasse.	

TABLE

DES MULTIPLES PAR LES 9 PREMIERS NOMBRES, DES NOMBRES INSCRITS DANS LES CINQUIÈMES COLONNES DES TABLEAUX PLACÉS EN TÊTE DES CHAPITRES.

Les nombres depuis 1 jusqu'à 9 de la ligne horizontale supérieure en tête de la table représentent des centimètres cubes de la liqueur d'épreuve.

Les nombres qui suivent dans chaque ligne horizontale le nom de la substance inscrit à gauche donnent le poids en grammes correspondant aux centimètres cubes indiqués en haut de la colonne verticale.

NUMÉROS D'ORDRE.	SUBSTANCES.	1	2	3	4	5	6	7	8	9
1	Potassium.	0,03911	0,07822	0,11733	0,15644	0,19555	0,23466	0,27377	0,31288	0,35199
2	Potasse anhydre.	0,04711	0,09422	0,14133	0,18844	0,23555	0,28266	0,32977	0,37688	0,42399
3	Potasse hydratée.	0,05611	0,11222	0,16833	0,22444	0,28055	0,33666	0,39277	0,44888	0,50499
4	Carbonate de potasse.	0,06911	0,13822	0,20733	0,27644	0,34555	0,41466	0,48377	0,55288	0,62199
5	Bicarbonate de potasse.	0,10011	0,20022	0,30033	0,40044	0,50055	0,60066	0,70077	0,80088	0,90099
6	Sodium.	0,023	0,046	0,069	0,092	0,115	0,138	0,161	0,184	0,207
7	Soude anhydre.	0,031	0,062	0,093	0,124	0,155	0,186	0,217	0,248	0,279
8	Soude hydratée.	0,040	0,080	0,120	0,160	0,200	0,240	0,280	0,320	0,360
9	Carbonate de soude desséché.	0,053	0,106	0,159	0,212	0,265	0,318	0,371	0,424	0,477
10	Carbonate de soude cristallisé.	0,143	0,286	0,429	0,572	0,715	0,858	1,001	1,144	1,287
11	Bicarbonate de soude.	0,084	0,168	0,252	0,336	0,420	0,504	0,588	0,672	0,756
12	Ammoniaque.	0,017	0,034	0,051	0,068	0,085	0,102	0,119	0,136	0,153
13	Sel ammoniaque.	0,05346	0,10692	0,16038	0,21384	0,26730	0,32076	0,37422	0,42768	0,48114
14	Barium.	0,06859	0,13718	0,20577	0,27436	0,34295	0,41154	0,48013	0,54872	0,61731
15	Baryte anhydre.	0,07659	0,15318	0,22977	0,30636	0,38295	0,45954	0,53613	0,61272	0,68931
16	Baryte hydratée.	0,08559	0,17118	0,25677	0,34236	0,42795	0,51354	0,59913	0,68472	0,77031
17	Baryte cristallisée.	0,15759	0,31518	0,47277	0,63036	0,78795	0,94554	1,10313	1,26072	1,41831
18	Carbonate de baryte.	0,09859	0,19718	0,29577	0,39436	0,49295	0,59154	0,69013	0,78872	0,88731
19	Chlorure de barium.	0,10405	0,20810	0,31215	0,41620	0,52025	0,62430	0,72835	0,83240	0,93645
20	Azotate de baryte.	0,13059	0,26118	0,39177	0,52236	0,65295	0,78354	0,91413	1,04472	1,17531
21	Strontium.	0,04367	0,08734	0,13101	0,17468	0,21835	0,26202	0,30569	0,34936	0,39303
22	Strontiane.	0,05167	0,10334	0,15501	0,20668	0,25835	0,31002	0,36169	0,41336	0,46503
23	Carbonate de strontiane.	0,07367	0,14734	0,22101	0,29468	0,36835	0,44202	0,51569	0,58936	0,66303
24	Chlorure de strontium.	0,07913	0,15826	0,23739	0,31652	0,39565	0,47478	0,55391	0,63304	0,71217
25	Azotate de strontiane.	0,10567	0,21134	0,31701	0,42268	0,52835	0,63402	0,73969	0,84536	0,95103
26	Calcium.	0,020	0,040	0,060	0,080	0,100	0,120	0,140	0,160	0,180

NUMÉROS D'ORDRE.	SUBSTANCES.	1	2	3	4	5	6	7	8	9
27	Chaux.	0,028	0,056	0,084	0,112	0,140	0,168	0,196	0,224	0,252
28	Carbonate de chaux.	0,050	0,100	0,150	0,200	0,250	0,300	0,350	0,400	0,450
29	Chlorure de calcium.	0,05546	0,11092	0,16638	0,22184	0,27750	0,33276	0,38822	0,44368	0,49914
30	Chlorure de calcium cristallisé.	0,10946	0,21892	0,32838	0,43784	0,54750	0,65676	0,76622	0,87568	0,98514
31	Sulfate de chaux.	0,068	0,136	0,204	0,272	0,340	0,408	0,476	0,544	0,612
32	Gypse.	0,086	0,172	0,258	0,344	0,430	0,516	0,602	0,688	0,774
33	Azotate de chaux.	0,082	0,164	0,246	0,328	0,410	0,492	0,574	0,656	0,738
34	Acide chlorhydrique.	0,05646	0,07292	0,10938	0,14584	0,18250	0,21876	0,25522	0,29168	0,32814
35	Acide azotique anhydre.	0,054	0,108	0,162	0,216	0,720	0,524	0,578	0,432	0,486
36	Acide sulfurique anhydre.	0,040	0,080	0,120	0,160	0,200	0,240	0,280	0,520	0,560
37	Acide sulfurique monohydraté.	0,049	0,098	0,147	0,196	0,245	0,294	0,343	0,592	0,441
38	Bisulfate de potasse.	0,13611	0,27222	0,40835	0,54444	0,68055	0,81666	0,95277	1,08888	1,22499
39	Bisulfate de soude.	0,120	0,240	0,360	0,480	0,600	0,720	0,840	0,960	1,080
40	Acide acétique anhydre.	0,051	0,102	0,153	0,204	0,255	0,306	0,357	0,408	0,459
41	Acide acétique monohydraté.	0,060	0,120	0,180	0,240	0,300	0,360	0,420	0,480	0,540
42	Acide tartrique anhydre.	0,066	0,132	0,198	0,264	0,330	0,396	0,462	0,528	0,594
43	Acide tartrique cristallisé.	0,075	0,150	0,225	0,300	0,375	0,450	0,525	0,600	0,675
44	Crême de tartre.	0,18811	0,37622	0,56433	0,75244	0,94055	1,12866	1,31677	1,50488	1,69299
45	Acide citrique anhydre.	0,060	0,120	0,180	0,240	0,300	0,360	0,420	0,480	0,540
46	Acide citrique cristallisé.	0,069	0,138	0,207	0,276	0,345	0,414	0,483	0,552	0,621
47	Acide oxalique anhydre.	0,036	0,072	0,108	0,144	0,180	0,216	0,252	0,288	0,324
48	Acide oxalique cristallisé.	0,063	0,126	0,189	0,252	0,315	0,378	0,441	0,504	0,567
49	Sel d'oseille.	0,14611	0,29222	0,43833	0,58444	0,73055	0,87666	1,02277	1,16888	1,31499
50	Quadroxalate de potasse.	0,21811	0,43622	0,65433	0,87244	1,09055	1,30866	1,52677	1,74488	1,96299
51	Carbone.	0,006	0,012	0,018	0,024	0,030	0,036	0,042	0,048	0,054
52	Acide carbonique.	0,022	0,044	0,066	0,088	0,110	0,152	0,154	0,176	0,198
53	Ether acétique.	0,088	0,176	0,264	0,352	0,440	0,528	0,616	0,704	0,792
54	2 éq. de fer.	0,056	0,112	0,168	0,224	0,280	0,336	0,392	0,448	0,504
55	2 éq. de protoxyde de fer.	0,072	0,144	0,216	0,288	0,360	0,452	0,504	0,576	0,648
56	1 éq. de sesquioxyde de fer.	0,080	0,160	0,240	0,320	0,400	0,480	0,560	0,640	0,720
57	2 éq. de carbon. de prot. de fer.	0,116	0,232	0,348	0,464	0,580	0,696	0,812	0,928	1,044
58	2 éq. de sulf. de prot. de fer crist.	0,278	0,556	0,854	1,112	1,590	1,668	1,946	2,224	2,502
59	Peroxyde de manganèse.	0,04357	0,08714	0,13071	0,17428	0,21785	0,26142	0,30499	0,54856	0,39215

NUMÉROS D'ORDRE.	SUBSTANCES.	1	2	3	4	5	6	7	8	9
60	Oxygène libre............	0,008	0,016	0,024	0,032	0,040	0,048	0,056	0,064	0,072
61	Indigo................	0,07415	0,14830	0,22245	0,29660	0,37075	0,44490	0,51905	0,59320	0,66735
62	1/3 éq. d'acide permanganique.	0,02223	0,04446	0,06669	0,08892	0,11115	0,13338	0,15561	0,17784	0,20007
63	1/3 éq. de permang. de potasse.	0,03165	0,06330	0,09495	0,12660	0,15825	0,18990	0,22155	0,25320	0,28485
64	Plomb.................	0,10357	0,20714	0,31071	0,41428	0,51785	0,62142	0,72499	0,82856	0,93213
65	Oxyde de plomb........	0,11157	0,22314	0,33471	0,44628	0,55785	0,66942	0,78099	0,89256	1,00413
66	Azotate de plomb.......	0,16557	0,33114	0,49671	0,66228	0,82785	0,99342	1,15899	1,32456	1,49013
67	2 éq. de cuivre.........	0,06336	0,12672	0,19008	0,25344	0,31680	0,38016	0,44352	0,50688	0,57024
68	1 éq. de protoxyde de cuivre.	0,07136	0,14272	0,21408	0,28544	0,35680	0,42816	0,49952	0,57088	0,64224
69	2 éq. de bioxyde de cuivre...	0,07936	0,15872	0,23808	0,31744	0,39680	0,47616	0,55552	0,63488	0,71424
70	2 éq. de sulf. de cuivre desséc.	0,15936	0,31872	0,47808	0,63744	0,79680	0,95616	1,11552	1,27488	1,43424
71	2 éq. de sulf. de cuivre cristall.	0,24936	0,49872	0,74808	0,99744	1,24680	1,49616	1,74552	1,99488	2,24424
72	2 éq. de ferrocyanure de potass.	0,42222	0,84444	1,26666	1,68888	2,11110	2,53332	2,95554	3,37776	3,79998
73	2 éq. de ferricyanure de potass.	0,32933	0,65866	0,98799	1,31732	1,64665	1,97598	2,30531	2,63464	2,96397
74	1/3 éq. d'acide azotiq. anhydre.	0,018	0,036	0,054	0,072	0,090	0,108	0,126	0,144	0,162
75	1/3 éq. d'azotate de potasse..	0,0337	0,0674	0,1011	0,1348	0,1685	0,2022	0,2359	0,2696	0,3033
76	Acide phosphorique........	0,07136	0,14272	0,21408	0,28544	0,35680	0,42816	0,49952	0,57088	0,64224
77	Acide sulfhydrique........	0,017	0,034	0,051	0,068	0,085	0,102	0,119	0,136	0,153
78	Zinc.................	0,03253	0,06506	0,09759	0,13012	0,16265	0,19518	0,22771	0,26024	0,29277
79	Oxyde de zinc..........	0,04053	0,08106	0,12159	0,16212	0,20265	0,24318	0,28371	0,32424	0,36477
80	1/3 éq. d'or............	0,06556	0,13112	0,19668	0,26224	0,32780	0,39336	0,45892	0,52448	0,59004
81	Etain.................	0,00643	0,01286	0,01929	0,02572	0,03215	0,03858	0,04501	0,05144	0,05787
82	1/3 éq. de bichrom. de potasse.	0,004955	0,009910	0,014865	0,019820	0,024775	0,029730	0,034685	0,039640	0,044595
83	2/3 éq. d'acide chromique....	0,003385	0,006770	0,010155	0,013540	0,016925	0,020310	0,023695	0,027080	0,030465
84	2/3 éq. de chrom. neutre de pot.	0,006526	0,013052	0,019578	0,026104	0,032630	0,039156	0,045682	0,052208	0,058734
85	2/3 éq. de chromate de plomb.	0,010823	0,021646	0,032469	0,043292	0,054115	0,064938	0,075761	0,086584	0,097407
86	Acide sulfureux..........	0,0032	0,0064	0,0096	0,0128	0,0160	0,0192	0,0224	0,0256	0,0288
87	1 éq. de mercure.........	0,010005	0,020010	0,030015	0,040020	0,050025	0,060030	0,070035	0,080040	0,090045
88	2 éq. de mercure.........	0,02001	0,04002	0,06003	0,08004	0,10005	0,12006	0,14007	0,16008	0,18009
89	1 éq. de bichlorure de mercure.	0,013551	0,027102	0,040653	0,054204	0,067755	0,081306	0,094857	0,108408	0,121959
90	1 éq. de protochlorure de merc.	0,023556	0,047112	0,070668	0,094224	0,117780	0,141336	0,164892	0,188448	0,212004
91	1/2 éq. d'acide arsenieux....	0,00495	0,00990	0,01485	0,01980	0,02475	0,02970	0,03465	0,03960	0,04455
92	Chlor. double d'étain et d'amm.	0,0179	0,0358	0,0537	0,0716	0,0895	0,1074	0,1253	0,1432	0,1611

NUMÉROS D'ORDRE.	SUBSTANCES.	1	2	3	4	5	6	7	8	9
93	2/5 éq. de chrome	0,0017853	0,0035706	0,0053559	0,0071412	0,0089265	0,0107118	0,0124971	0,0142824	0,0160677
94	1/5 éq. sesquioxyde de chrome.	0,003252	0,006504	0,009756	0,014008	0,016260	0,019512	0,022764	0,026016	0,029268
95	Chlore	0,003546	0,007092	0,010638	0,014184	0,017730	0,021276	0,024822	0,028368	0,031914
96	Brome	0,007997	0,015994	0,023991	0,031988	0,039985	0,047982	0,055979	0,063976	0,071973
97	Iode	0,012688	0,025376	0,038064	0,050752	0,063440	0,076128	0,088816	0,101504	0,114192
98	Iodure de potassium	0,016599	0,033198	0,049797	0,066396	0,082995	0,099594	0,116193	0,132792	0,149391
99	1/6 éq. d'acide chlorique	0,0012577	0,0025154	0,0037731	0,0060508	0,0062885	0,0075462	0,0088039	0,0100616	0,0113193
100	1/6 éq. de chlorate de potasse.	0,0020428	0,0040856	0,0061284	0,0081712	0,0102140	0,0122568	0,0142996	0,0163424	0,0183852
101	Peroxyde de manganèse	0,004357	0,008714	0,013071	0,017428	0,021785	0,026142	0,030499	0,034856	0,039213
102	Oxyde rouge de manganèse	0,011471	0,022942	0,034413	0,045884	0,057355	0,068826	0,080297	0,091768	0,103239
103	2 éq. Cobalt	0,005898	0,011796	0,017694	0,023592	0,029490	0,035388	0,041286	0,047184	0,053082
104	2 éq. protoxyde de Cobalt	0,007498	0,014996	0,022494	0,029992	0,037490	0,044988	0,052486	0,059984	0,067482
105	1 éq. sesquioxyde de Cobalt	0,008298	0,016596	0,024894	0,033192	0,041490	0,049788	0,058086	0,066384	0,074682
106	2 éq. Nickel	0,00591	0,01182	0,01773	0,02364	0,02955	0,03546	0,04137	0,04728	0,05319
107	2 éq. protoxyde de Nickel	0,00751	0,01502	0,02253	0,03004	0,03755	0,04506	0,05257	0,06008	0,06759
108	1 éq. sesquioxyde de Nickel	0,00831	0,01662	0,02493	0,03324	0,04155	0,04986	0,05817	0,06648	0,07479
109	5 éq. de cérium	0,0174648	0,0349296	0,0523944	0,0698592	0,0873240	0,1047888	0,1222536	0,1397184	0,1571832
110	5 éq. protoxyde de cérium	0,0198648	0,0397296	0,0595944	0,0794592	0,0993240	0,1191888	0,1390536	0,1589184	0,1787832
111	1 éq. oxyde int. de cérium Ce^3O^4	0,0206648	0,0413296	0,0619944	0,0826592	0,1033240	0,1239888	0,1446536	0,1653184	0,1859832
112	Ozone (oxygène)	0,0008	0,0016	0,0024	0,0032	0,0040	0,0048	0,0056	0,0064	0,0072
113	1/2 éq. antimoine	0,006016	0,012052	0,018048	0,024064	0,030080	0,036096	0,042112	0,048128	0,054144
114	1/2 éq. acide antimonieux	0,007216	0,014432	0,021648	0,028864	0,036080	0,043296	0,050512	0,057728	0,064944
115	1/2 éq. cyanogène	0,0013	0,0026	0,0039	0,0052	0,0065	0,0078	0,0091	0,0104	0,0117
116	1/2 éq. cyanure de potassium	0,0032555	0,0065110	0,0097665	0,0130220	0,0162775	0,0195330	0,0227885	0,0260440	0,0292995
117	1/6 éq. iode	0,0021146	0,0042292	0,0063438	0,0084584	0,0105730	0,0126876	0,0148022	0,0169168	0,0190314
118	2 éq. acide hyposulfureux	0,0096	0,0192	0,0288	0,0384	0,0480	0,0576	0,0672	0,0768	0,0864
119	2 éq. hyposulfite de soude	0,0248	0,0496	0,0744	0,0992	0,1240	0,1488	0,1736	0,1984	0,2252
120	2 éq. cuivre	0,006336	0,012672	0,019008	0,025344	0,031680	0,038016	0,044352	0,050688	0,057024
121	2 éq. bioxyde de cuivre. M.	0,007936	0,015872	0,023808	0,031744	0,039680	0,047616	0,055552	0,063488	0,071424
122	Oxyde de zinc	0,04053	0,08106	0,12159	0,16212	0,20265	0,24518	0,28571	0,32424	0,36477
123	Magnésie	0,02	0,04	0,06	0,08	0,10	0,12	0,14	0,16	0,18
124	1/3 éq. alumine	0,0196	0,0392	0,0588	0,0784	0,0980	0,1176	0,1372	0,1568	0,1764
125	1/3 éq. alun de potasse cristall.	0,1818	0,3636	0,5454	0,7272	0,9090	1,0908	1,2726	1,4544	1,6362

TABLE DES MATIÈRES.

Supplément.

PRIX COURANT

DES

Appareils nécessaires pour faire les analyses volumétriques.

Les instruments qui ont servi à M. Mohr dans toutes ses recherches et toutes ses nombreuses analyses ont été construits par lui-même, afin d'être plus certain de leur exactitude et de rapporter toutes les graduations des tubes et des flacons à un seul et même kilogramme. C'est ce que l'on ne peut rencontrer dans le commerce. L'auteur a donc gradué tous ses instruments de manière qu'ils offrent entre eux une liaison, et cela au moyen d'une machine à diviser de son invention, extrêmement simple et ingénieuse, lui permettant de diviser très-exactement des tubes non calibrés. Pour répondre aux besoins des chimistes, il fait construire chez lui et sous ses yeux les appareils dont on pourrait avoir besoin. Tous sont rapportés au kilogramme de Repsold, de Hambourg. M. Mohr m'ayant confié un dépôt de ses instruments, on pourra se les procurer en France aux prix indiqués ci-après. Les flacons de 1000, 500, 300 et 250 CC sont jaugés secs, ceux de 100 sont jaugés humides. Cette différence tient à l'usage qu'on en doit feire.

Les pipettes sont graduées, en supposant qu'après l'écoulement du liquide, on touche soit la surface du liquide, soit la paroi du vase avec les pointes pour en détacher la goutte liquide. Les traits de jauge des flacons et des pipettes sont faits autour du col ou des tubes, ce qui facilite l'exactitude de l'affleurement. Les volumes sont mesurés à la température de 17° $^1/_2$ centigrade.

C. Forthomme.

1° Burettes à pince avec tube en caoutchouc et pince ;

de 50 à 60 CC, donnant $^1/_5$ de CC	6	75
de 70 à 80 CC, *idem*	7	50
de 80 à 90 CC, *idem*	8	50
de 100 à 120 CC, *idem*	10	»
de 35 à 45 CC, donnant $^1/_{10}$ de CC	7	»

2° Burettes à pince avec tube soudé en bas pour le remplissage de 60 à 70 CC, donnant $^1/_5$ de CC .... de 11 f. à 15 50

3° Burettes à caméléon avec pied tourné et tube à écoulement

de 40 CC, donnant $^1/_5$ de CC	8	50
de 50 à 75 *idem*	10	»